WILHELM LAUER und M. DAUD RAFIQPOOR

Die Klimate der Erde

Eine Klassifikation auf der Grundlage der ökophysiologischen Merkmale
der realen Vegetation

ERDWISSENSCHAFTLICHE FORSCHUNG
IM AUFTRAG DER KOMMISSION FÜR ERDWISSENSCHAFTLICHE FORSCHUNG
DER AKADEMIE DER WISSENSCHAFTEN UND DER LITERATUR · MAINZ
HERAUSGEGEBEN VON WILHELM LAUER

BAND XL

Die Klimate der Erde

Eine Klassifikation auf der Grundlage der ökophysiologischen Merkmale der realen Vegetation

von

WILHELM LAUER und M. DAUD RAFIQPOOR

Mit 35 Abbildungen, 16 Texttabellen, 3 Beilagen, Tabellenanhang

FRANZ STEINER VERLAG · STUTTGART 2002

Gefördert durch
das Bundesministerium für Bildung und Forschung, Bonn,
und das Ministerium für Schule, Wissenschaft und Forschung
des Landes Nordrhein-Westfalen, Düsseldorf.

Die Deutsche Bibliothek – CIP-Einheitsaufnahme

Lauer, Wilhelm:
Die Klimate der Erde : eine Klassifikation auf der Grundlage der
ökophysiologischen Merkmale der realen Vegetation ; mit 16 Texttabellen,
3 Beilagen, Tabellenanhang / von Wilhelm Lauer und M. Daud Rafiqpoor. –
Stuttgart : Steiner, 2002
    (Erdwissenschaftliche Forschung ; Bd. 40)
    ISBN 3-515-08072-4

© 2002 by Akademie der Wissenschaften und der Literatur, Mainz. Alle Rechte vorbehalten.
Jede Verwertung des Werkes außerhalb der Grenzen des Urheberrechtsgesetzes ist unzulässig und strafbar. Dies gilt besonders für
Übersetzung, Nachdruck, Mikroverfilmung oder vergleichbare Verfahren sowie für die Speicherung in Datenverarbeitungsanlagen.
Satz: Dr. M. Daud Rafiqpoor, Arbeitsstelle Biodiversitätsforschung (Bonn) der Akademie der Wissenschaften und der Literatur,
Mainz, Meckenheimer Allee 170, 53115 Bonn.
Druck: Rheinhessische Druckwerkstätte GmbH & Co KG, 55232 Alzey.
Gedruckt auf säurefreiem, chlorfrei gebleichtem Papier.
Printed in Germany.

Inhaltsverzeichnis

Verzeichnis der Abbildungen VII
Verzeichnis der Tabellen IX
Vorwort 1

I.	Die bisherigen Klimaklassifikationen	3
1.	Brauchen wir eine weitere Klimaklassifikation?	5
II.	Methodische Grundzüge der neuen Klassifikation	7
1.	Die Bestrahlung des Erdkörpers als genetisches Grundelement der Klimazonierung	7
1.1	Die Bestrahlungszonen der Erde (*Klimazonen*)	10
2.	Wärme- und Wasserhaushalt als Haupteinflußgrößen des Klassifikationssystems (*Klimatypen*)	13
2.1	Die thermische Komponente der Klimatypen (*Isothermomenen*)	20
2.1.1	Phänologische Überlegungen	25
2.1.2	Zur Frage der Wärmesummen	28
2.1.3	Die thermischen Wachstumsbedingungen in den Klimazonen	29
2.1.3.1	Tropen	30
2.1.3.2	Subtropen	32
2.1.3.3	Mittelbreiten	33
2.1.3.4	Polarzone	35
2.2	Die hygrische Komponente der Klimatypen (*Isohygromenen*)	39
2.2.1	Berechnung der potentiellen Landschaftsverdunstung (pLV)	42
2.2.2	Das Problem der Reduktionsfaktoren zur Ermittlung der pLV	44
2.2.3	Reduktionsfaktoren für die Klimastationen der Außertropen	46
2.2.4	Reduktionsfaktoren für Klimastationen der Tropen	48
2.2.5	Bestimmung der humiden Monate	53
2.3	Die Schneedecke als klimatische Einflußgröße	56
2.3.1	Dauer der Schneebedeckung- (*Isochiomenen*)	58
2.3.2	Vegetationssukzession, Schneedecke und Permafrost	68
2.3.3	Ökoklimatische Eigentümlichkeiten der Schneeklimate	69
2.4	Maritimität/Kontinentalität	73
2.5	Die Klimaformel	74
2.6	Klimadiagramme (Beilage III)	76
III.	Interpretation des Kartenbildes	78
1.	Tropen-Zone (A)	78
2.	Subtropen-Zone (B)	84
2.1	Klimatische Sonderphänomene in den Subtropen	87
2.1.1	Die subtropischen Trockengebiete der Erde - *Das Problem der Trockenachsen*	87
2.1.2	Klimatische Asymmetrie der West- und Ostseiten der Kontinente	93
2.1.3	Kalt- und Warmluftvorstöße	93
2.1.4	Die Kulturoasen	95
3.	Mittelbreiten-Zone (C)	98
4.	Polarzone (D)	102
5.	Die Gebirgsklimate im System einer Klimaklassifikation	104
5.1	Klimatische Eigenschaften der Gebirge	105
5.2	Das Gebirgswindsystem	113
6.	Zusammenfassung	115

IV.	Summary		117
V.	Literatur		155
VI.	Tabellenanhang		165
	Tab. I:	Differenz der Äquivalenttemperatur gegen die wahre Temperatur (n. LINKE 1938)	166
	Tab. II:	Reduktionsfaktoren (Uf) für Bodenbedeckungstypen der Außertropen	167
	Tab. III:	Ausgewählte Klimastationen als Beispiel der Klimatypen für die ausgegliederten Klimaregionen	170
	Tab. IV:	Daten ausgewählter Klimastationen	183
		Polarregionen	184
		Kalte Mittelbreiten	188
		Kühle Mittelbreiten	192
		Gebirgsklimate der kühlen Mittelbreiten	210
		Subtropen	213
		Gebirgsklimate der Subtropen	238
		Warmtropen	242
		Kalttropen	266

Verzeichnis der Abbildungen

Abb. 1: Nomogramm der theoretischen täglichen Sonnenscheindauer (n. JUNGHANS 1969) 10
Abb. 2: Strahlungsindex der Trockenheit und Vegetationsformationen der Erde 15
Abb. 3: Strahlungsnutzung durch die Pflanzendecke 16
Abb. 4: Jahressumme des NDVI (1987) aus Daten des ISLSCP 17
Abb. 5: Variationskoeffizient des NDVI (1987) aus Daten des International SLSCP 18
Abb. 6: Jahresgang der Temperatur und der physiologischen Aktivität (aus LARCHER 1994) 27
Abb. 7: Schema der Höhenstufen des Klimas und der Vegetation am Ostabfall der mexikanischen Meseta 31
Abb. 8: Globales Raummuster der *Isothermomenen* 36
Abb. 9: Legendenkonzept und Differenzierung von Klimatypen nach der Dauer der *thermischen* und *hygrischen* Vegetationszeit sowie nach der monatlichen Länge der *Schneebedeckung* 38
Abb. 10: Schema der verschiedenen Verdunstungsarten (pV, pET, pLV) 41
Abb. 11: Berechnungsweg der humiden Monate 43
Abb. 12: Modell der gleitenden Reduktionsfaktoren zur Ableitung der potentiellen Landschaftsverdunstung aus der potentiellen Verdunstung freier Wasserflächen auf Jahresbasis 44
Abb. 13: Schema der Relation von Evaporation und Transpiration nach GENTILLI 46
Abb. 14: Reduktionsfaktoren (Uf) zur Ableitung der potentiellen Verdunstung von nacktem Boden (pBV) und Absolutbeträge der potentiellen Schneeverdunstung (pSV) 48
Abb. 15: Transpirationsraten von Wald- und Gras-Ökosystem in einer afrikanischen Savanne 49
Abb. 16: Regressionsanalyse des Beziehungsgefüges zwischen monatlichem Niederschlag und gewichteten Reduktionsfaktoren für die tropischen Bodenbedeckungstypen 52
Abb. 17: Vergleich von zwei Reduktionsverfahren der potentiellen Verdunstung freier Wasserflächen am Beispiel von Villa Luso/Angola und Niamey/Niger 53
Abb. 18: Globales Raummuster der *Isohygromenen* 54
Abb. 19: Die Klimabereiche der Erde nach ihrer physiographischen Auswirkung auf der Basis der Klassifikation von A. PENCK (1910) in der Darstellung von C. TROLL (1948) 57
Abb. 20: Schematische Darstellung der Klimatypen nach quantitativ ermittelten Parametern *Humidität, Aridität, Nivalität* und *vegetative Aktivität* von Pflanzen 60
Abb. 21: Globales Raummuster der *Isochiomenen* 61
Abb. 22: Verbreitung von Niedrigtemperaturen und Frost auf der Erde 70
Abb. 23: Gegenüberstellung von Temperatur und Niederschlag bzw. pLV und Niederschlag bei der Ermittlung der landschaftsökologisch humiden Monate als Ausdruck des Wasserhaushaltes einer Region am Beispiel der Klimastation Berlin 76
Abb. 24: Abgrenzung der Tropen nach verschiedenen Kriterien 79
Abb. 25: Horizontale Anordnung der Klima- und Vegetationsgürtel in den Tieflandstropen 80
Abb. 26: Räumliches Verteilungsmuster der Vegetation in Abhängigkeit vom Niederschlag und der Anzahl der humiden Monate 81
Abb. 27: Jahresgang des Niederschlags an der Station Cherrapunji 82
Abb. 28: Verlauf der Trockenachse in SW-Afrika 89

Abb. 29: Horizontale und vertikale Veränderung von relativer Feuchte und Lufttemperatur im Bereich der Feuchtluftwüste Südafrikas (n. Daten von JACKSON 1940 und BESLER 1972, aus LAUER 1999) 92

Abb. 30: Digitale Karte der Besonnungsdauer des Páramo de Papallacta (Ostkordillere Ecuador) (n. FISTRIČ 2000) 106

Abb. 31: Vertikalverteilung der Niederschläge in den tropischen Gebirgen mit der Stufe maximaler Niederschläge (schraffiert) (n. LAUER 1976) 107

Abb. 32: Höhenstufen des Klimas und der Vegetation an der humiden Ostabdachung der innertropischen Ostkordillere von Ecuador 109

Abb. 33: Dreidimensionale Anordnung der Klimate in den tropischen Gebirgen 110

Abb. 34: Hypsometrischer Wandel der phänologischen Jahreszeiten im Gebirge 112

Abb. 35: Das Talwindsystem, die hygrische Asymmetrie der Höhenstufen der Vegetation und Lage der Kundensationsstufe an den beiden Flanken des Charazani-Tales in den bolivianischen Anden(n. LAUER 1984) 114

Verzeichnis der Tabellen

Tab. 1:	Mögliche Sonnenscheindauer für europäische Breitengrade (nach LINKE 1938)	9
Tab. 2:	Energiebilanz verschiedener Bodenbedeckungstypen	14
Tab. 3:	Globalstrahlung bei wolkenlosem Himmel für die Nordhemisphäre	19
Tab. 4:	Temperaturschwellenwerte für den Stoffgewinn der natürlichen Vegetation und Kulturpflanzen	22
Tab. 5:	Schwellenwerte des minimalen und optimalen Temperaturanspruchs wichtiger Kulturpflanzen	24
Tab. 6:	Witterungsparameter des Beginns und Endes der thermischen Vegetationszeit für einige *Brassica*-Arten	26
Tab. 7:	Wärmesummenanspruch von Kulturpflanzen	29
Tab. 8:	Jährliche potentielle Verdunstung freier Wasserflächen (pV), optimale Bestandstranspiration (oB) und Reduktionsfaktoren (Uf) zur Bestimmung der pLV	45
Tab. 9:	Beziehung zwischen Niederschlag, Abfluß und Verdunstung in Abhängigkeit von Waldbedeckung in der Ukraine	46
Tab. 10:	Bestimmung von gleitenden Reduktionsfaktoren (Uf) am Beispiel von Grünland	47
Tab. 11:	Niederschlagsschwellenwerte und Reduktionsfaktoren (Uf) zur Bestimmung der potentiellen Landschaftsverdunstung tropischer Landschaften	51
Tab. 12:	Klimadaten der Station Luxemburg berechnet nach Methode der Klassifikation	55
Tab. 13:	Beziehung zwischen Jahresmitteltemperatur und Mächtigkeit des Permafrostes und des Auftaubodens	62
Tab. 14:	Dauer der Anzahl der Tage mit Mitteltemperaturen $\geq 5\,°C$ als "thermische Vegetationszeit" in der borealen Zone	65
Tab. 15:	Kennbuchstaben klimatischer Sonderphänomene nach KÖPPEN	75
Tab. 16:	Wasserverbrauch ausgewählter Kulturpflanzen [l/m^2] der Oasen in SW-Ägypten	96

Vorwort

In der vorliegenden Abhandlung wird eine Klassifikation der Klimate der Erde vorgestellt, die auf der Grundlage des umfangreichen Stationsmaterials aufgebaut ist, mit der *realen Vegetation* als Bezugsbasis. Die *Bestrahlungs-(Beleuchtungs-)zonen* der Erde bilden das übergeordnete Gliederungsprinzip der *Klimazonierung*. Wesentliche Komponenten der *Klimatypisierung* sind ermittelte bzw. berechnete Größen des *Wärme-* und *Wasserhaushaltes*. Der *Wärmehaushalt* wurde als monatliche Dauer der *thermischen Vegetationszeit* durch die ökophysiologischen Ansprüche der realen natürlichen Vegetation und Kulturpflanzen berücksichtigt. Der *Wasserhaushalt* fand seinen Ausdruck durch die monatliche Dauer der *hygrischen Vegetationszeit*, berechnet auf der Basis der *potentiellen Landschaftsverduntsung* als physikalisch begründete Wasserbilanz. Durch die *Interferenz* der Parameter des *Wärme-* und *Wasserhaushaltes* ergibt sich ein Gerüst von quantitativ bestimmten *Klimatypen*. Zur näheren Kennzeichnung der Klimatypen der Außertropen wurden *Maritimität/ Kontinentalität* der Klimate und die Dauer der Monate mit potentieller Schneebedeckung als weitere Kriterien herangezogen. Die Klimate der *Hochgebirge* wurden, im Gegensatz zu den bisherigen Klassifikationen, in ihrer *dreidimensionalen Anordnung* in das rechnerisch konzipierte Klassifikationssystem eingebunden.

Mit der *realen Vegetation* als Grundlage der Klimaklassifikation wird vor allem das Ziel verfolgt, die durch anthropogene Einflüsse oder natürliche Prozesse (Rodung, Wiederaufforstung, Schadstoffemission, Treibhauseffekt, Waldsterben etc.) bedingten Wechselwirkungen des Systems „*Klima-Boden-Pflanze*" als Reaktion der Pflanzendecke auf das Klima und umgekehrt mit Hilfe von Stationsdaten zu quantifizieren.

Die durch die Landnutzung bedingten Veränderungen der Oberflächenbedeckung lösen im *regionalen* Klimasystem im wesentlichen zwei Prozesse aus:
1. Sie führen zur Erhöhung des Rückstrahlvermögens (Albedo) an der Erdoberfläche.
2. Sie verändern den Wasserhaushalt des Bodens und der Vegetation, indem sie die Speicherkapazität des Systems "*Boden-Pflanze*" variieren, die Verdunstungsrate vermindern und den Oberflächenabfluß erhöhen. Dadurch wird dem "*kleinen Kreislauf*" Wasser entzogen und dem "*großen*" weniger zugeführt.

Die Zunahme der Albedo vermindert die vom Erdboden absorbierte Solarstrahlung und führt zunächst zu einer Abnahme der mittleren Bodentemperaturen. Die Temperaturabnahme wird jedoch durch die Reduzierung der Verdunstung kompensiert, weil durch die Zunahme der Albedo auch weniger Energie für die Verdunstung aufgewendet wird. Der Eingriff des Menschen in natürliche Ökosysteme, kann zu merklichen Verschiebungen der Energieflüsse innerhalb des Klimasystems und damit zu signifikanten Veränderungen des regionalen und globalen Klimas führen. Die Veränderungen der Albedo und der Verdunstung sowie ihre Wechselwirkungen, die inzwischen in der Diskussion um die globalen Klimaänderungen recht gut verstanden worden sind (vgl. Bericht der ENQUETE-Kommission *„Schutz der Grünen Erde"* 1994: 5), haben weitreichende Konsequenzen für die Niederschlagsbildungsprozesse, ihre räumliche Verteilung sowie für die atmosphärische Zirkulation. Sie verursachen letztlich eine Verschiebung der Klimazonen (MALBERG & FRATTESI 1995). Der Prozeß der Desertifikation wird z.B. schon heute im Zusammenhang mit der anthropogenen Klimabeeinflussung diskutiert (DICKINSON 1991). Die Klimaklassifikation, die auf den Parametern des Wärme- und Wasserhaushaltes beruht und das ökophysiologische Reaktionsvermögen der realen Vegetation in ihrem zeitlichen Ablauf berücksichtigt, schaltet sich genau in die Nahtstelle der Wechselbeziehung des Systems *„Klima-Boden-Pflanze"*.

Dr. J.R. RHEKER und Frau Dr. T.H. YANG haben sich dankenswerter Weise den minuziösen Rechenarbeiten des umfangreichen Datenmaterials gewidmet. Dr. RHEKER war zudem auch am Entwurf der *"Klassifikation der Klimate von Europa"* maßgeblich beteiligt. Die Abteilungen Kartographie (Frau G. BREUER-JUX, Herr G. STORBECK) und Fotographie (Frau K. LÜCK) des Geographischen Instituts der Universität Bonn haben bereitwillig die Herstellungs- und drucktechnischen Arbeiten der Kartenbeilagen übernommen. Frau M. STRÜDER hat mehrfach das Manuskript nach Schreibfehlern durchgesehen. Ihnen allen sei an dieser Stelle herzlich gedankt.

Das Bundesministerium für Bildung und Forschung (Berlin) und das Ministerium für Schule, Wissenschaft und Forschung des Landes Nordrhein-Westfalen (Düsseldorf) haben den Druck des Bandes und der Kartenbeilagen finanziert. Die Akademie der Wissenschaften und der Literatur, Mainz, schaffte im Rahmen der "Arbeitsstelle Geoökologie (Bonn)" die personellen und finanziellen Voraussetzungen für die Durchführung der Arbeiten. Herr O. MEDING und Frau G. CORZELIUS haben im Lektorat der Mainzer Akademie keine Mühe bei der Herstellung des Bandes gescheut. Ihnen gilt der besondere Dank der Autoren.

Bonn, im Herbst 2001

WILHELM LAUER   M. DAUD RAFIQPOOR

I. Die bisherigen Klimaklassifikationen

Die Fülle der bereits vorhandenen Klimaklassifikationen zeigt, daß bei der Differenzierung der Erdoberfläche in Klimazonen, Klimatypen, Klimagebiete etc. je nach spezifischer Fragestellung unterschiedliche Wege beschritten werden können. Zwei Gruppen von Klimaklassifikationen sind generell zu unterscheiden. Die Gruppe der *sog. genetischen Klimaklassifikationen* differenziert die Erde entweder in Energiebilanzklimate auf der Basis strahlungsklimatologischer Parameter (z.B. TERJUNG & LOUIE 1972), oder sie umfaßt die dynamischen Vorgänge in der Atmosphäre (z.B. ALISSOW 1936, 1950, KUPFER 1954, NEEF 1954, HENDL 1963, LAUER 1995).

Die Gruppe der *sog. effektiven Klimaklassifikationen* verwendet bestimmte Schwellenwerte der Klimaelemente (z.B. Temperatur und Niederschlag) zur Raumtypisierung und bringt sie mit der Verbreitung der Vegetation in Verbindung. Unter diesen Klassifikationen ist zweifellos diejenige von Wladimir KÖPPEN (1900) die bedeutendste. Sie hat größte Verbreitung und Wertschätzung erlangt und ist wegen des prägnanten, logischen Aufbaus sowie des minuziösen Inhalts bis heute eine der meistbenutzten Klassifikationen.

Die von KÖPPEN (1900) vorgelegte erste Klimaklassifikation basierte auf der Verbreitung der Vegetation nach dem Konzept von A. DE CANDOLLE (1874). In der umgestalteten Klassifikation von 1918 bzw. 1923 definierte KÖPPEN die Klimazonen mit Schwellenwerten und Andauerzeiten von Temperatur und Niederschlag sowie der Temperatur/Niederschlags-Indizes und drückte die ermittelten Typen durch eine Buchstabenkombination aus. Trotz des ausgesprochen gut durchdachten Systems weist diese Klimaklassifikation Inkonsequenzen auf, die von vielen Nachfahren diskutiert wurden, u.a. auch von TROLL (1964) im Zusammenhang mit seiner eigenen Klassifikation (vgl. LAUER 1975: 21-23).

Hermann von WISSMANN faßte 1939 den Stand der Forschung zur effektiven Klimaklassifikation zusammen und setzte die gewonnenen Erkenntnisse in eine Karte der Klimagebiete Eurasiens um. Für die Abgrenzung einzelner Klimaregionen benutzte er den mittleren Jahresniederschlag, die mittlere Jahrestemperatur sowie bestimmte Isothermen des kältesten bzw. des wärmsten Monats. Seine Karte basierte ebenfalls auf der Verbreitung von Vegetationsgebieten.

Nikolaus CREUTZBURG benutzte 1950 für die Abgrenzung der *Klimazonen* ebenfalls Schwellen- und Mittelwerte der Temperatur. Die räumliche Differenzierung der *Klimatypen* gründet bei dieser Klassifikation auf der feuchtigkeitsbedingten Gliederung der thermischen Klimagürtel der Erde nach den Humiditäts- bzw. Ariditätsabstufungen, ausgedrückt durch die geschätzte Anzahl der humiden Monate in Anlehnung an Studien von WISSMANN (1939) und WANG (1941). Zusätzlich verwendete CREUTZBURG als wichtiges Abgrenzungskriterium der Klimazonen der Außertropen die *Isochionen* als Linien gleicher Schneedeckendauer (vgl. auch Kap. II.2.3.1).

Die Karte der Jahreszeitenklimate von TROLL & PAFFEN (1964) basiert auf den grundlegenden Kenntnissen der dreidimensionalen Vegetationsgliederung der Erde, wobei die klimatischen Grundelemente Beleuchtung, Temperatur und Niederschlag in jahreszeitlicher Verteilung als "*klimatische Interferenz*" aufgefaßt wurden (TROLL 1964: 6), ohne jedoch für die Raumtypisierung quantifizierte Parameter heranzuziehen. Auch diese Klassifikation geht, wegen ihres qualitativen Charakters, über die klimatische Umschreibung der irdischen Vegetationszonen und -stufen nicht hinaus. Wenigstens zur Charakterisierung des Wasserhaushaltes der Tropen und Teile der Steppen der Außertropen benutzten TROLL & PAFFEN (1964) erstmals das auf breiter Datengrundlage basierende *Isohygromenen*-Konzept von W. LAUER (1950) in Form der Dauer der humiden bzw. ariden Jahreszeiten nach Monaten.

1. Brauchen wir eine weitere Klimaklassifikation?

*"Die Schaffung weiterer Klassifikationen hat wohl erst dann einen Sinn,
wenn eine großzügigere Erfassung möglichst vieler klimatisch-charakteristischer Größen erreicht ist"*
(Karl KNOCH und Alfred SCHULZE 1952)

Hermann FLOHN verwies bei dem Versuch einer Einteilung der Klimazonen auf der Basis der Aerologie darauf, daß für eine großzügige klimatische Übersicht eine *genetische* Klassifikation der Makroklimazonen ebenso unentbehrlich sei, wie die *effektiven* Einteilungen verschiedener Größenordnungen. Diese beiden Prinzipien widersprechen sich im Grundsätzlichen nicht, sondern ergänzen sich gegenseitig. Er betonte ausdrücklich: "Es ist nicht mehr utopisch, für eine wirklich "rationale" Klimazoneneinteilung einwandfreie, *physikalisch fundierte Bilanzen des Wärme- und Wasserhaushaltes* zu fordern. Damit erhält die Auswahl charakteristischer Klimaelemente für eine Abgrenzung effektiver Klimazonen endlich ihren physikalischen Sinn" (FLOHN 1957: 171-172).

Allen bisherigen Klassifikationen, die auf der *Pflanzenwelt* beruhen, ist gemein, daß sie weder bei der großräumigen *Klimazonierung* der Erde noch bei der kleinräumigen *Klimatypisierung* quantitativ ermittelte Parameter heranziehen. Sie projizieren die mit Hilfe qualitativer Schwellenwerte entwickelten Klimatypendarstellung auf das Bild der potentiellen natürlichen Vegetation von Landschaften. Die so gewonnenen Grenzen der Klimatypen korrespondieren durchaus mit Grenzen bestimmter Vegetationsformationen; strenggenommen bleiben sie jedoch nur Erfahrungswerte, denen eine rechnerisch nachvollziehbare Grundlage fehlt. Sie sind, wie TERJUNG & LOUIE (1972: 130) unterstreichen, das Ergebnis anderer Primärprozesse (z.B. Strahlung, Temperatur und Feuchtigkeit), die die klimatischen Besonderheiten eines Raumes nur beschreiben helfen.

Die Autoren der vorliegenden Klimaklassifikation sind der Auffassung, daß das Klima heute in seiner gesamten Komplexität durch die bessere Datenlage, die Anwendung moderner Methoden und zweckgebundener Zielvorstellungen genauer erfaßt werden kann. Die auf *"Mittelwertklimatologie"* basierenden Klassifikationen genügen keineswegs den heutigen Anforderung. Es scheint daher lohnenswert, ein *ökologisch konzipiertes Klassifikationssystem* zu erarbeiten, das auf *empirisch* gewonnenen Daten der Länge der *thermischen* und *hygrischen* Vegetationszeit als Parameter der klimatischen Raumtypisierung aufgebaut ist als *"physikalisch fundierte Bilanzen des Wärme- und Wasserhaushaltes"* (FLOHN 1957: 172).

Die *neue Klassifikation* der Klimate (Beilage I) zeichnet sich durch die *Quantifizierung der Grenzlinien* aus. Sie verwendet den jahreszeitlichen *Bestrahlungsgang* als *genetische* Grundgröße der *Klimazonie-*

rung, quantifiziert nach der breitenkreisabhängigen *jährlichen Schwankung der Tageslänge* (TLS). *Klimatypen*, die die Inhalte der Klimazonen darstellen, entstehen aus der *Interferenz* der rechnerisch ermittelten Parameter des *Wärme-* (Isothermomenen = *Linien gleicher Dauer der thermischen Vegetationszeit in Monaten*) und *Wasserhaushaltes* (Isohygromenen = *Lienen gleicher Dauer der hygrischen Vegetationszeit in Monaten*). Eine Karte der *aktuellen Vegetation und Bodennutzung* der Erde (Beilage II) ist in ihrer vielfältigen räumlichen Differenzierung und ihrer Funktion als dem besten Indikator des irdischen Klimas die *effektive* Bezugsbasis der Klassifikation. *Maritimität/Kontinentalität* und die *monatliche Dauer der potentiellen Schneebedeckung* (Isochiomenen) dienen als weitere wesentliche Parameter zur näheren Charakterisierung der Klimatypen (*Klimaregionen*) der Außertropen.

Das Klassifikationskonzept versucht, die energetischen Komponenten der klimatischen Raumtypisierung auf der Basis der *Daten* einer möglichst großen Anzahl von *Klimastationen* und Auswertung *phänologischer* und *pflanzenphysiologischer Proxidaten* zu bestimmen, um über berechnete Grenzkriterien ein fundiertes Gerüst von Klimazonen und Klimatypen zu entwickeln. Als ein physikalisch wohl durchdachtes Konzept berücksichtigt die Klassifikation die Wechselwirkungen des Systems *Atmosphäre-Erdoberfläche-Vegetation* im Sinne eines ökologischen Regelkreises. Sie hält den *Ist-Zustand* des Klimas in Interaktion mit der aktuellen Pflanzendecke der Erde fest. Sie ordnet sich daher zwischen den *genetischen* und *effektiven* Klimaklassifikationen ein, weil darin genetische Elemente des Klimas ebenso Berücksichtigung finden wie die aktuelle Bodenbedeckung als effektives Element.

Das Konzept bringt erstmalig auch die *Gebirgsklimate* unter Berücksichtigung der dreidimensionalen Anordnung der *Höhenstufung* im Kartenbild zum Ausdruck. Die Einbeziehung der Gebirge in eine Klimaklassifikation ist von größter wissenschaftlicher und praktischer Relevanz, da sie gegenwärtig immer stärker in multidisziplinären Forschungen eingebunden werden. Man hat erkannt, daß sie für wissenschaftliche Untersuchungen Modellcharakter haben, weil in den Gebirgen, als labile Gradienträume der Erde, alle landschaftsökologischen Prozesse schneller ablaufen. Darüber hinaus hängt insbesondere in den Tropen und Subtropen die Lebensgrundlage der Mehrheit der Bevölkerung von den natürlichen Resourcen der Gebirge und den dazugehörigen Vorländern (*highland-lowland interaction*) ab.

II. Methodische Grundzüge der neuen Klassifikation

1. Die Bestrahlung des Erdkörpers als genetisches Grundelement der Klimazonierung

Die solare Bestrahlung, die im Klimasystem in Arbeit umgesetzt wird, beträgt im globalen Mittel 240 W/m². Von dieser Menge stehen 169 W/m² für die Erwärmungs- und Verdunstungsprozesse auf der Erdoberfläche zur Verfügung. Bezogen auf die Menge von 240 W/m² wird etwa ein Drittel der gesamten umgesetzten Bestrahlungsenergie speziell für den Verdunstungsvorgang verwendet (KLAUS & STEIN 2000: 54). Diese quantitative Abschätzung macht deutlich, wie eng Bestrahlung und Energieumsatz im System *"Atmosphäre-Erdoberfläche"* für die Lebensvorgänge auf der Erde miteinander verbunden sind.

Herbert LOUIS hat dargelegt, daß die solaren *Bestrahlungs-(Beleuchtungs-)Zonen* der Erde für eine Klimaklassifikation grundlegend sind, denn "ohne sie gibt es kein feineres Verständnis für die über die Erde hin so große Variationsbreite dessen, was wir Jahreszeiten nennen". Er begründet dies damit, daß "die Grundkomposition des Jahreszeitengefüges durch auffällige Wirkung im Landschaftsbild geprägt ist und somit die solaren Zonen Haupteinheiten einer geographischen Klimaeinteilung sein müssen" (LOUIS 1958: 162).

Sowohl die *Bestrahlungs-(Beleuchtungs-)Zonen* der Erde als auch die *Jahreszeiten* haben ihre Ursache in der *Erdrotation, Erdrevolution* und *Schiefe der Ekliptik*. Sie bewirken eine unterschiedliche Beleuchtung des Erdkörpers, die sich in der *Bestrahlungsdauer* und *Bestrahlungsintensität* im jahreszeitlichen und tageszeitlichen Ablauf ausdrückt. Die *Erdrotation* bestimmt die *Beleuchtungstageszeiten*. Die *Erdrevolution* verursacht zusammen mit der Ekliptikschiefe durch den scheinbaren Gang der Sonne zwischen den Wendekreisen markante, klimawirksame *Beleuchtungsjahreszeiten*. Die solare *Bestrahlungs-(Beleuchtungs-)Intensität* folgt der Formel:

$$I_H = I_0 \cdot \sin h$$

I_H = Bestrahlungsintensität am Ort, I_0 = Solarkonstante
h = Sonnenhöhe (Einfallswinkel der Strahlung, determiniert nach geographischer Breite)

Die *Intensität* der Bestrahlung wird durch ihre Dauer kompensiert. In den Mittelbreiten und Polarregionen kontrastiert die jahreszeitliche Schwankung der Bestrahlung generell sehr stark im Vergleich zu ihrer nahezu ganzjährigen Gleichmäßigkeit in den Tropen und Subtropen. So sind die Anteile der ankommenden Strahlung in den Tropen, insbesondere in den randlichen Trockentropen, am höchsten. In Richtung auf die Polargebiete nehmen sie sukzessive ab. Zur

Zeit des Sommersolstitiums der Nordhemisphäre (21. Juni), wenn die Mittagssonne auf dem nördlichen Wendekreis (23½° Nord) im Zenit (90° über dem Horizont) steht, erlebt der nördliche Polarkreis (66½° Nord) eine Zeit ununterbrochener Helligkeit (*Mitternachtsonne*). Am Pol selbst herrscht 24-stündiger Sonnenschein (*Polartag*). Zu dieser Zeit liegt das *Bestrahlungsmaximum* in den Polarregionen (*strahlungsklimatische Langtagsbedingungen*). Seine Dauer ist allerdings nur sehr kurz (2-3 Monate). Mit dem scheinbaren Wandern der Sonne in Richtung Äquator nimmt die Zeit permanenter Dunkelheit in den Polarregionen allmählich zu. Zur Zeit der Äquinoxien (21. März, 23. September) ist auf den beiden Halbkugeln eine symmetrische Verteilung der Bestrahlungsmenge zu verzeichnen mit dem Maximum am Äquator. An den Polen herrscht in der Zeit des scheinbaren Wanderns der Sonne zwischen den Wendekreisen für 6 Monate jeweils permanente Dunkelheit (*Polarnacht*).

Für das Pflanzenwachstum ist in den jeweiligen bestrahlungsklimatischen Großzonen nicht nur die breitenabhängige Länge der monatlichen *Sonnenscheindauer*, sondern viel mehr die *Bestrahlungsintensität*, die von der Sonnenhöhe abhängt, von grundlegender Bedeutung. Mit wachsender geographischer Breite nimmt wegen des flachen Einfallswinkels der Sonnenstrahlen die Bestrahlungsintensität ab. In den hohen Breiten ist die jährliche Summe der Sonnenscheinstunden gegenüber den niederen Breiten deutlich höher. Die Pflanzenwelt der hohen Breiten ist an die thermischen Minimalbedingungen adaptiert und kann während der kurzen Sommermonate (maximal 1-4 Monate mit >10 °C) ihre generative Aktivität voll entfalten und abschließen.

Die Sonnenscheinstunden im Laufe eines Jahres sind für die Pflanzenwelt ökophysiologisch von grundlegender Bedeutung. Die von der Sonne auf der Erde ankommende Globalstrahlung ist nicht überall gleich hoch und kann auch nicht in gleichem Maße für den Photosynthesevorgang verwertet werden. Tab. 1 ist zu entnehmen, daß die jährlichen Anteile der Globalstrahlung in den tropisch-subtropischen Trockengebieten um etwa. 30° beträchtlich ist. Die Tabelle enthält Angaben über die Monatssummen der theoretischen Sonnenscheindauer für die nördlichen Breitengrade zwischen 36 und 71°. Daraus geht hervor, daß die *Polarregionen* gegenüber den niederen Breiten im Jahresmittel einen deutlichen Überschuß an Sonnenscheinstunden aufweisen. Insbesondere heben sich in den *kalten Mittelbreiten* die Sommermonate (Juni-August) mit Maximalwerten von 720 Sonnenscheinstunden ab gegenüber den *kühlen Mittelbreiten* mit durchschnittlich ca. 100-200 Stunden weniger Sonnenschein. Die Bestrahlungszone der *Subtropen* südlich des 45. Breitengrades verfügt im Sommer im Mittel sogar um ca. 300 Stunden weniger Sonnenschein als die hohen Breiten und Polarregionen. Hier liegen aber die sommerlichen Maximal- und die winterlichen Minimalwerte der Sonnenscheinstunden nicht sehr weit auseinander. Im Winterhalbjahr kehren sich die Verhältnisse vollständig um. Die hohen Breiten weisen wegen der langen Polarnächte ein markantes Strahlungsdefizit auf. Die Mittel- und niederen Breiten haben monatlich immerhin noch bis zu ca. 300 Sonnenscheinstunden (Tab. 1).

Tab. 1: Mögliche Sonnenscheindauer für europäische Breitengrade zwischen 36 und 71° N (aus BAUR 1970, nach LINKE 1938)

Klimazone	geogr. Breite	J	F	M	A	M	J	J	A	S	O	N	D	Jahr
Polarregionen	71	24	179	359	491	703	720	744	582	403	270	78	0	4553
	70	41	190	360	483	686	720	732	565	400	276	101	0	4554
	69	62	199	361	476	666	720	720	551	398	282	129	0	4564
	68	89	207	361	470	638	720	699	540	396	287	150	0	4567
	67	122	214	362	464	612	710	674	530	394	291	166	52	4591
	66	143	220	363	459	588	675	641	522	392	295	178	91	4567
Kalte Mittelbreiten	65	159	225	364	454	574	635	617	514	391	299	189	115	4536
	64	172	230	365	450	564	614	601	507	390	302	199	134	4528
	63	184	235	365	446	554	596	587	501	390	305	208	150	4521
	62	195	240	366	442	545	580	574	495	389	308	216	165	4515
	61	204	244	367	439	537	567	563	490	388	311	223	177	4510
	60	213	248	367	436	529	557	554	485	387	314	229	187	4506
	59	221	252	368	433	522	548	545	480	387	316	235	196	4503
	58	229	256	368	431	516	539	537	475	386	318	241	204	4500
	57	236	260	368	428	510	531	530	471	386	320	246	211	4497
Kühle Mittelbreiten	56	242	264	368	425	504	524	524	467	385	322	251	218	494
	55	247	267	368	422	499	517	518	463	385	324	256	225	4491
	54	251	270	368	420	494	511	513	460	384	326	260	231	4488
	53	255	273	368	418	489	505	508	457	383	328	264	237	4486
	52	259	276	368	416	485	499	503	454	382	330	267	243	4482
	51	263	279	368	414	481	494	498	451	381	332	270	248	4479
	50	267	282	368	412	477	489	493	448	380	334	273	253	4476
	49	271	284	368	410	474	484	488	445	379	336	276	257	4472
	48	275	286	369	408	471	479	483	442	378	337	279	261	4468
	47	279	288	369	406	468	475	479	439	377	338	282	265	4465
	46	282	290	369	405	465	471	475	437	376	339	285	269	4463
Subtropen	45	285	292	369	404	462	467	471	435	375	340	287	273	4460
	44	288	293	369	403	459	463	468	433	375	341	289	277	4458
	43	291	295	369	401	456	459	464	431	375	342	292	281	4456
	42	294	296	369	400	453	456	461	429	374	343	295	284	4454
	41	297	298	370	398	450	452	458	427	374	344	297	287	4452
	40	300	300	370	397	447	449	455	425	373	345	299	290	4450
	39	303	301	370	396	445	446	452	423	372	346	302	293	4449
	38	306	302	370	395	442	443	450	421	372	347	304	296	4448
	37	309	304	370	394	439	440	447	419	371	348	307	299	4447
	36	312	305	371	393	437	437	445	417	371	348	309	302	4446

1.1 Die Bestrahlungszonen der Erde
(Klimazonen)

Die *Bestrahlungs-(Beleuchtungs-)zonen* ergeben sich nach streng mathematischer Einteilung der Erde in Breitenkreise im Zusammenhang mit der Ekliptikschiefe (23½°) und des Einstrahlungswinkels der Sonne. Aus dieser Konstellation resultieren "singuläre" Breitenkreise (*Wende- u. Polarkreise*), an denen im Jahresablauf durch den Einfallswinkel der Sonne klimazonentypische astronomische Besonderheiten (z.B. Äquinoxialzeiten, Sommer- und Wintersolstitien, Polartage und Polarnächte) entstehen.

Die solarklimatischen Grenzen der Großzonen verlaufen nach den astronomischen Gesetzmäßigkeiten breitenkreisparallel. Berücksichtigt man für die Abgrenzung der vier Bestrahlungsgroßzonen [Tropen (A), Subtropen (B), Mittelbreiten (C), Polarregionen (D)] im Rahmen einer Klimakarte zusätzlich geographisch relevante Parameter (wie z.B. die Land/Wasser-Verteilung, die Meeresströmungen, das Relief mit seinen unterschiedlichen Höhen und Expositionen, die Energietransporte in der Atmosphäre), so können diese Grenzgürtel in der Kartendarstellung "tolerabel" von ihrer Ideallinie abweichen (LOUIS 1958: 164). Auf keinen Fall sollten aber rein thermisch definierte Zonen uneingeschränkt mit den Namen der solaren Klimazonen belegt werden. Die absolute Höhe über dem Meeresspiegel und die Meeresströmungen wirken vielfach auf den hygrothermischen Charakter der Landschaften modifizierend ein. Sie führen leicht zu einer unstatthaften Dehnung und damit zu einer Sinnentstellung der von Natur aus so klaren und geographisch so bedeutungsvollen Begriffe der solaren Klimazonen (LOUIS 1958: 164). Dennoch können den *solaren* Klimazonen mit gewisser Einschränkung *thermische* parallelisiert werden, da die Bestrahlungsverhältnisse die Grundvoraussetzung für den Temperaturgang auf der Erde darstellen.

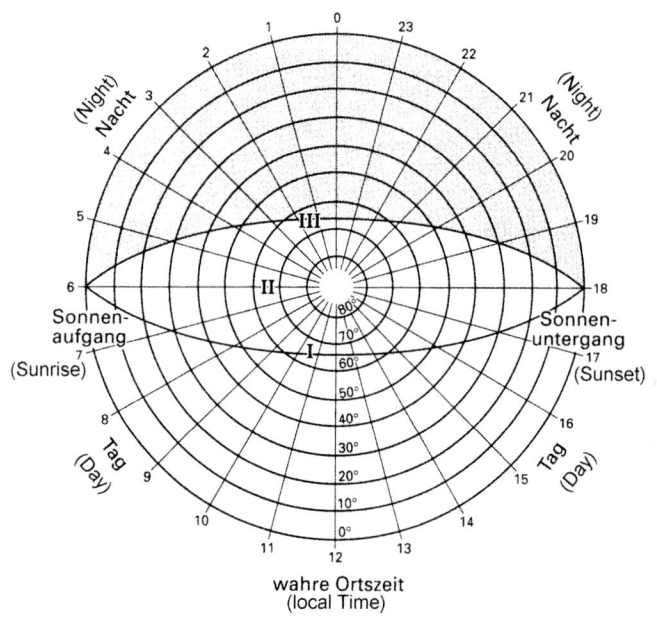

Nordhalbkugel	Datum	Südhalbkugel
I	21.12. (Wintersonnenwende)	III
II	21.03. Und 23.09. (Tag- und Nachtgleiche)	II
III	21.06. (Sommersonnenwende)	I

Abb. 1: Nomogramm der theoretischen täglichen Sonnenscheindauer (n. JUNGHANS 1969)

Die Einteilung der Erde in *Bestrahlungszonen* bildet daher den großen Rahmen der Klimaklassifikation. Die Quantifizierung der Grenzen der solaren Klimazonen erfolgt nach der breitenabhängigen jährlichen *Tageslängenschwankung* (TLS). Sie ergeben sich für die beiden Hemisphären aus der Differenz zwischen der Tageslänge zur Sommersonnewende und der Tageslänge zur Wintersonnenwende. Die Zeitpunkte von Sonnenaufgang und Sonnenuntergang, deren Intervall der Tageslänge entspricht, sind aus Abb. 1 vom Äquator bis zu den Polen für ausgewählte Termine ablesbar. Die Kennziffern im Nomogramm beziehen sich auf die Stichtage der Tag- und Nachtgleichen und der Winter- und Sommersonnenwende. Die *Tageslänge* gibt die Anzahl der astronomisch möglichen Sonnescheinstunden auf einer Horizontalebene für einen bestimmten Tag in Abhängigkeit von der geographischen Breite (d.h. Sonnenstand) an, jedoch ohne Berücksichtigung der Einflüsse der Horizontabschirmung und der Bewölkung.

Die Berücksichtigung der *Strahlung* als Grundgröße einer Klimaeinteilung ist von großer ökologischer Tragweite, da das Pflanzenkleid der Erde für seinen photosynthetischen Kohlenstofferwerb die Sonnenstrahlung benötigt. Klima und Pflanze stehen somit in Wechselwirkung miteinander. Es erschien daher sinnvoll, bei der hygrothermischen Klimaklassifikation den jahreszeitlichen Bestrahlungsgang und die quantitativ bestimmbaren Schwellenwerte der jährlichen *Tageslängenschwankung* als übergeordneten Rahmen einer klimatischen Großgliederung (*Klimazonen*) zu wählen. Die auf die Erde treffende Sonnenstrahlung, die nach der geographischen Breite determiniert ist, beeinflußt durch ihre Dauer und Intensität das irdische Klima maßgeblich und spielt für die Lebensvorgänge in der Biosphäre eine wesentliche Rolle.

Die solaren *Tropen* (A) sind das Gebiet zweimaligen Zenitstandes der Sonne über ebener Fläche. Der stets steile Sonnenstand verändert die Bestrahlung und die Tageslänge in den Tropen nur wenig mit einer jährlichen Tageslängenschwankung (TLS) von etwa 3½ Stunden. Sie beträgt an den Wendekreisen beim Sonnenhöchststand jeweils 10½ bzw. 13½ Stunden. Frost und in ozeanisch beeinflußten Räumen Wärmemangel (z.B. für megatherme Pflanzen) variieren den mathematischen Wendekreis als Tropengrenze gegen die Subtropen. Aufgrund des ganzjährig gleichmäßigen Strahlungsgenusses entsteht in der Tropenzone eine jahreszeitliche Isothermie, die auch für die Gebirge gilt.

Die solare Bestrahlungszone der *Subtropen* (B) liegt zwischen den Wendekreisen (23½°) mit einer jährlichen Tageslängenschwankung von 3½ Stunden und dem 45. Breitenkreis der jeweiligen Hemisphäre mit einer jährlichen TSL von 7 Stunden. Die Subtropen sind durch einen relativ hohen Sonnenstand und extreme Strahlungsexposition in den Gebirgen gekennzeichnet. Die Tageslängendifferenz zwischen Sommer und Winter ist bereits deutlicher ausgeprägt. Relief, Exposition und thermisch unterschiedliche Meeresströmungen differenzieren den Grenzlinienverlauf der solaren Subtropenzone.

Die solarklimatischen *Mittelbreiten* (C) liegen je nach Halbkugel zwischen 45° mit einer jährlichen Tageslängenschwankung von 7 und dem Polarkreis (65½°) mit einer TLS von 24 Stunden. In dieser Zone bestimmt der ausgeprägte *Jahresgang der Bestrahlung* die Witterungsjahreszeiten und kennzeichnet deutlich den Übergangscharakter der Mittelbreiten zwischen den *thermisch* noch bevorzugten Subtropen und den extrem benachteiligten Polarregionen. Die Mittelbreiten sind damit die strahlungsklimatische Zone mit einem echten Hochwinter bei tiefem Mittagssonnenstand und sehr kurzen Tagen sowie einem echten Hochsommer mit hohem Mittagssonnenstand und sehr langen Tagen.

Die solarklimatische *Polarzone* (D) ist durch extreme jahreszeitliche Bestrahlungsunterschiede mit *maximalen Tageslängendifferenzen* gekennzeichnet. Die TLS variiert vom Polarkreis an (66½° Breite) zwischen den Extremen ständiger Helligkeit von 24 Stunden im Hochsommer *(Polarsommer)* und dem totalen Fernbleiben der Sonne bis zu einem halben Jahr mit dem Höhepunkt im Mittwinter *(Polarwinter)* an den Polen. *Polarwinter* und *Polarsommer* bestimmen daher die Jahrezeiten in den Polarregionen. An der Obergrenze der Atmosphäre empfängt der Polarbereich in den wenigen Wochen des Hochsommers wegen der solarklimatischen *Langtagsbedingungen* sogar die höchsten Strahlungsmengen, die auf der Erde vorkommen. Generell reduziert sich aber die solare Bestrahlung in den Polargebieten, da wegen des schrägen Einfalls der Sonnenstrahlen gegenüber den Äquatorialgebieten im Durchschnitt weniger als 40% Sonnenstrahlung am oberen Rand der Atmosphäre ankommt.

2. Wärme- und Wasserhaushalt als Haupteinflußgrößen des Klassifikationssystems
(*K l i m a t y p e n*)

Mit dem Begriff *T y p* wird sprachwissenschaftlich die Wesensart eines Individuums bestimmter Merkmalausprägung definiert. *K l i m a t y p* ist das klimatische Hauptmerkmal eines Raumes, dessen Eigenschaften durch die Haupteinflußgrößen der klimatischen Raumtypisierung (*monatliche Dauer der thermischen und hygrischen Vegetationszeit*) bestimmt werden. *K l i m a t y p e n* bilden die Inhalte der einzelnen *Klimazonen*. Sie entstehen aus der Interferenz von *Isothermomenen* und *Isohygromenen*. Ihre räumliche Manifestation sind die *Klimaregionen*, die durch eine Buchstabenkombination (*Klimaformel*) nach dem Prinzip der Kartenlegende ausgedrückt werden (Beilage I).

Sowohl für das Wettergeschehen als auch für die Prozesse auf der Erde wird Energie benötigt. Sie wird der Erdoberfläche und deren Atmosphäre durch die Strahlung von der Sonne übertragen. Sie kommt aber nur zu einem Bruchteil an der Außengrenze der Atmosphäre an (Solarkonstante). Letztere beträgt im Durchschnitt etwa 1386 W/m² und schwankt zwischen 1400 W/m² (*Perihel*) und 1319 W/m² (*Aphel*) (LAUER 1999).

Für die klimatologischen und pflanzenphysiologischen Erscheinungen und Prozesse sind die *Strahlungsumsatzvorgänge* an der Erdoberfläche von grundlegender Bedeutung. Sie sind vom Wasserdampfgehalt der Luft, von der Bewölkung und der Albedo (Rückstrahlvermögen der einzelnen Oberflächentypen: Land, Wasser, Bodenbedeckung) abhängig.

Wärme- und Wasserhaushalt befinden sich im ökosystemaren Rahmen in einer stetigen Wechselbeziehung. Sie beeinflussen sich gegenseitig auf dem Wege der *Energieübertragung* zwischen Erdoberfläche und der freien Atmosphäre mit Hilfe von *fühlbarer* und *latenter* Wärme. Studien über das wechselseitige ökophysiologische Reaktionsvermögen des aktuellen irdischen Vegetationskleides und der klimatischen Umweltbedingungen belegen, daß eine enge Beziehung zwischen Vegetation und den klimatischen Parametern des Strahlungs-, Wärme- und Wasserhaushaltes besteht (BAUMGARTNER 1984, LARCHER 1994). Bei der Betrachtung der *Wärme-* und *Wasserbilanz* als Haupteinflußgrößen eines ökologisch orientierten Klassifikationssystems ist die Berücksichtigung der *aktuellen Vegetationsbedeckung* von großer Wichtigkeit (BAUMGARTNER 1971), da jede *Veränderung in der Pflanzendecke*, insbesondere im Waldkleid der Erde, die *Strahlungsbilanz* und damit die *thermischen* und *hygrischen* Bedingungen nachhaltig beeinflußt.

Der gegenwärtige Zustand der Vegetationsdecke der Erde nimmt nach ihren Typenmerkmalen (natürliche Vegetation oder Kulturpflanzen) in unterschiedlichem Maße Einfluß auf die Strahlungsumsatzvorgänge an der Erdoberfläche einschließlich der Photosyntheseprozesse, den Wärmehaushalt der Erde, die Windverhältnisse, die Niederschlags- und Aerosolinterzeption sowie die Interaktion zwischen Erdoberfläche und der umgebenden Atmosphäre BAUMGARTNER (1984: 284). PAUCKE & LUX (1978: 135) betonten, daß der Einfluß des Klimas auf das Pflanzenkleid der Erde so wesentlich ist, daß wir unter Berücksichtigung der Vegetationsformationen, deren klimatische Ansprüche bekannt sind, Rückschlüsse auf das Klima ziehen können. "Die Vegetation ist ein hervorragender Anzeiger der klimatischen Bedingungen eines Raumes". Untersuchungen über die Strahlungsumsatzprozesse der Vegetationsformationen bestätigen überdies, daß die Wälder je nach ihrer Oberflächenstruktur hohe Anteile der Globalstrahlung mit einer geringen Albedo von 10-20% absorbieren. BAUMGARTNER (1984: 285) fand heraus, daß die Bilanzwerte der ankommenden Nettostrahlung im Waldkörper doppelt so hoch sind wie im offenen Land (s. auch LARCHER 1994).

Tab. 2: Energiebilanz verschiedener Bodenbedeckungstypen (n. Angaben von BAUMGARTNER 1984: 285)

Vegetationsformation	Albedo (α)	Nettostrahlung (Q)	fühlbare Wärme (L)	latente Wärme (V)	Ratio L/V
Tropischer Regenwald	10	110	25	85	0,3
Laub-Mischwald	15	65	20	45	0,4
Nadelwald	10	80	25	55	0,5
Savanne	25	65	25	40	0,6
Grasland	20	65	20	45	0,4
Offene Landschaft (feucht)	20	70	25	45	0,6
Nackte Sandfläche	30	45	25	20	1,2
Kulturland (Getreide)	25	60	25	35	0,7
Urbane Räume	30	45	30	15	2,0
Halbwüste	30	45	35	10	3,5
Vollwüste	35	70	65	5	13,0

Die hohe Strahlungsabsorption in einem Waldökosystem hat eine hohe Bestandstranspiration zur Folge. Durch die Veränderung des Pflanzenbestandes verändern sich die Strahlungsumsatzvorgänge mit ihren Konsequenzen für den Wärmehaushalt. Entwaldung verringert sowohl den Energieinput in der Biosphäre als auch die Effizienz der Solarstrahlung zur Erneuerung des Biomassenreservoirs. Dies beruht auf der Tatsache, daß die Absorption hoher Nettoeinstrahlungsmengen durch einen Waldbestand im Zusammenhang mit ausreichender Feuchtigkeit dazu führt, daß ein Waldökosystem mehr Biomasse produzieren und daher gegenüber den unbewaldeten Landschaften auch mehr verdunsten kann (BAUMGARTNER 1984: 285, LARCHER 1994: 217-220). Entwaldung hat zur Folge, daß der Anteil der *fühlbaren* Wärme in der Atmosphäre ansteigt. Hingegen geht der Anteil der *latenten* Wärme, der mit dem Wasserdampffluß in der Atmosphäre zusammenhängt, stark zurück (Tab. 2).

ALBRECHT (1965) entwarf zur Bilanzierung des Wärmehaushaltes der Erdoberfläche Karten des Verhältnisses von latenter und fühlbarer Wärme (L/V), worauf ebenso seine Formel der *"natürlichen Verdunstung"* basiert. Auch BUDYKO (1974) hat die Energiemenge (E_N), die durch die jeweiligen Vegetationseinheiten zur Verdunstung gefallener Niederschläge (N) benötigt wird, zur Strahlungsbilanz in Beziehung gesetzt und durch die Anwendung der *Bowen-Ratio* einen *"Strahlungsindex der Trockenheit"* (Q/E_N) entwickelt. In seinem Kartogramm (Abb. 2) korrespondieren die errechneten Werte zur Klimagliederung weitgehend mit der Verbreitung der großräumigen Vegetationseinheiten der Erde.

OLADIPO (1980: 207) untersuchte unter Anwendung von BUDYKOs *"Strahlungsindex der Trockenheit"* die Wasserbilanzierung von Landschaften Westafrikas. Er stellte fest, daß in den Regenwaldgebieten der monsunal beeinflußten Westküsten sowie an der Einmündung des Niger minimale Index-Werte (0,5) erreicht werden. Die Sahara-Randgebiete zeigen Indexwerte von >20 mit Maximalwerten von >50 in den Vollwüstengebieten um die Station Bilma.

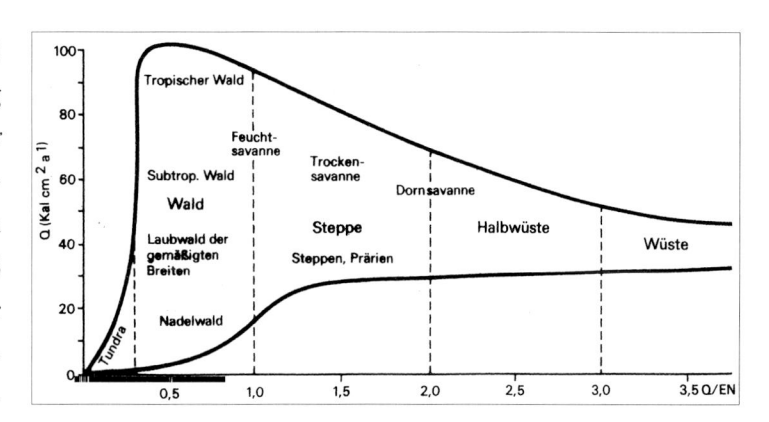

Abb. 2: Strahlungsindex der Trockenheit und Vegetationszonen der Erde (verändert n. BUDYKO 1974)

Dies veranschaulicht die Verschiebung der *Bowen-Ratio* zu Gunsten des fühlbaren Wärmestroms von den tropischen Regenwäldern in Richtung auf die randtropisch-subtropischen Trockengebiete. Abb. 3 weist aus, daß in den perhumiden äquatorialen Regenwäldern mit größter Biomassenproduktion die höchsten Anteile der Globalstrahlung (>1,6%) zur photosynthetischen Nettoprimärproduktion verwendet werden, während im Bereich der vegetationslosen wüstenhaften Regionen maximal 0,02% der ankommenden Globalstrahlung (vgl. Tab. 3) in Photosynthese gebunden werden können (LARCHER 1994: 139). Die großen Trockengebiete der Erde sind trotz ihrer hohen Einstrahlungsquoten die eigentlichen Defiziträume des photosynthetischen Strahlungsumsatzes, da die spärliche Pflanzendecke lediglich einen Bruchteil der dort ankommenden Globalstrahlung (<0,4%) umsetzen kann (LARCHER 1994: 139). Die Karte der Strahlungsnutzung durch Vegetation (vgl. Abb. 3) weicht daher vom Bild der Globalstrahlung der Erde ab. Sie entspricht vielmehr dem räumlichen Verteilungsmuster der optimalen oberirdischen Biomassenproduktion, die in Abb. 4 durch ein Bild des *Normalized Difference Vegetation Index* (NDVI) des NOAA-Satelliten dargestellt ist.

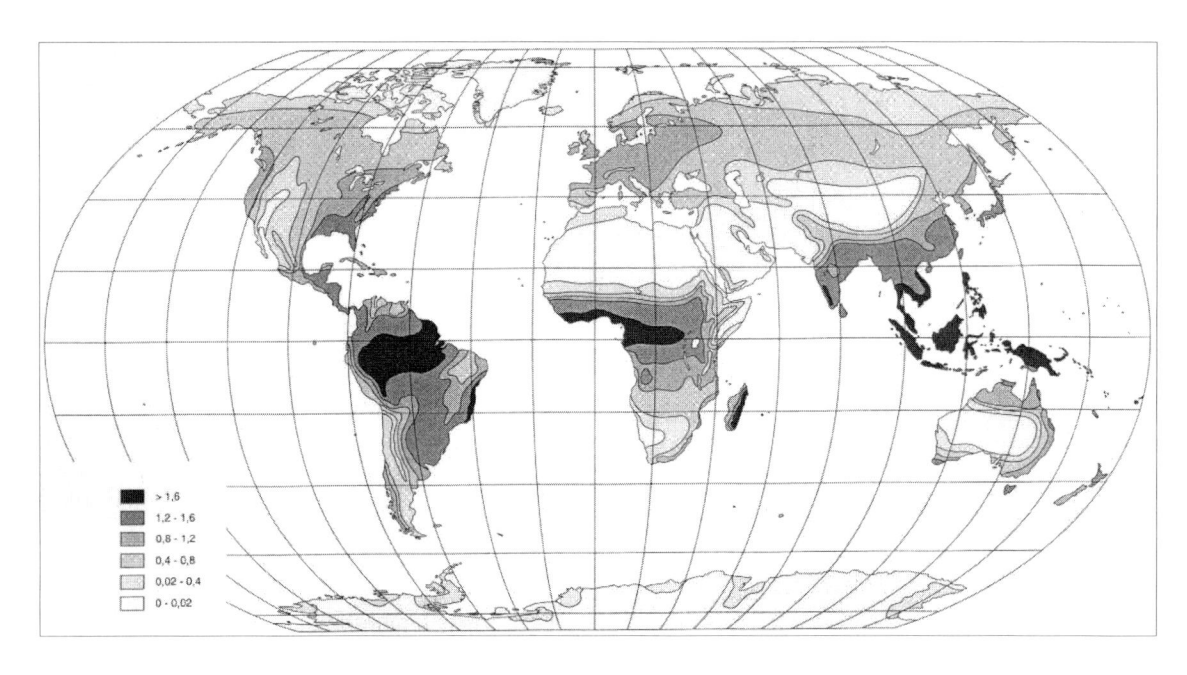

Abb. 3: Strahlungsnutzung durch die Pflanzendecke (verändert n. LARCHER 1994)

Als Vergleich wurden in Abb. 5 zusätzlich aus den globalen multitemporalen NDVI-Daten des *International Land-Surface-Climatology Project* die Variationskoeffizienten (VK) für das Jahr 1987 berechnet[1]. Der resultierende Wert für jedes Pixel kann als Indikator für die jährliche Variabilität der Photosyntheseleistung aufgefaßt werden. Niedrige Werte der Variationskoeffizienten sind in blauen und roten Farbtönen, hohe in grünen Farbtönen dargestellt. Abb. 5 zeigt für die trockenen und feuchten Warmtropen sowie für die Subtropen niedrige Werte der Variationskoeffizienten. Mit zunehmender Breitenlage nehmen die Werte der Variationskoeffizienten generell zu (BARTHLOTT, LAUER, PLACKE 1996, BARTHLOTT, KIER, MUTKE 1999). Das Verteilungsmuster der Jahressummen des NDVI korreliert signifikant mit einer hohen Photosyntheseleistung der Vegetationsformationen in den niederen Breiten als Ausdruck hoher Strahlungsbilanz. Es korreliert ebenso mit einer geringen Photosyntheseleistung der Vegetationsdecke in den hohen Breiten bzw. in den Trockengebieten der Erde. Dies bestätigt im Ansatz die Grundkonzeption der Klassifikation, daß die latitudinalen Gradienten der Energiekonzentration in der Pflanzensubstanz (Photosyntheseleistung) dem regionalen Wechsel des Pflanzenkleides nach den solaren Klimazonen auf der Erde entsprechen.

---

[1] Die Autoren danken Herrn Dr. Gerald BRAUN (DLR/Köln-Wahn) für die Bearbeitung und Bereitstellung der NDVI-Bilder

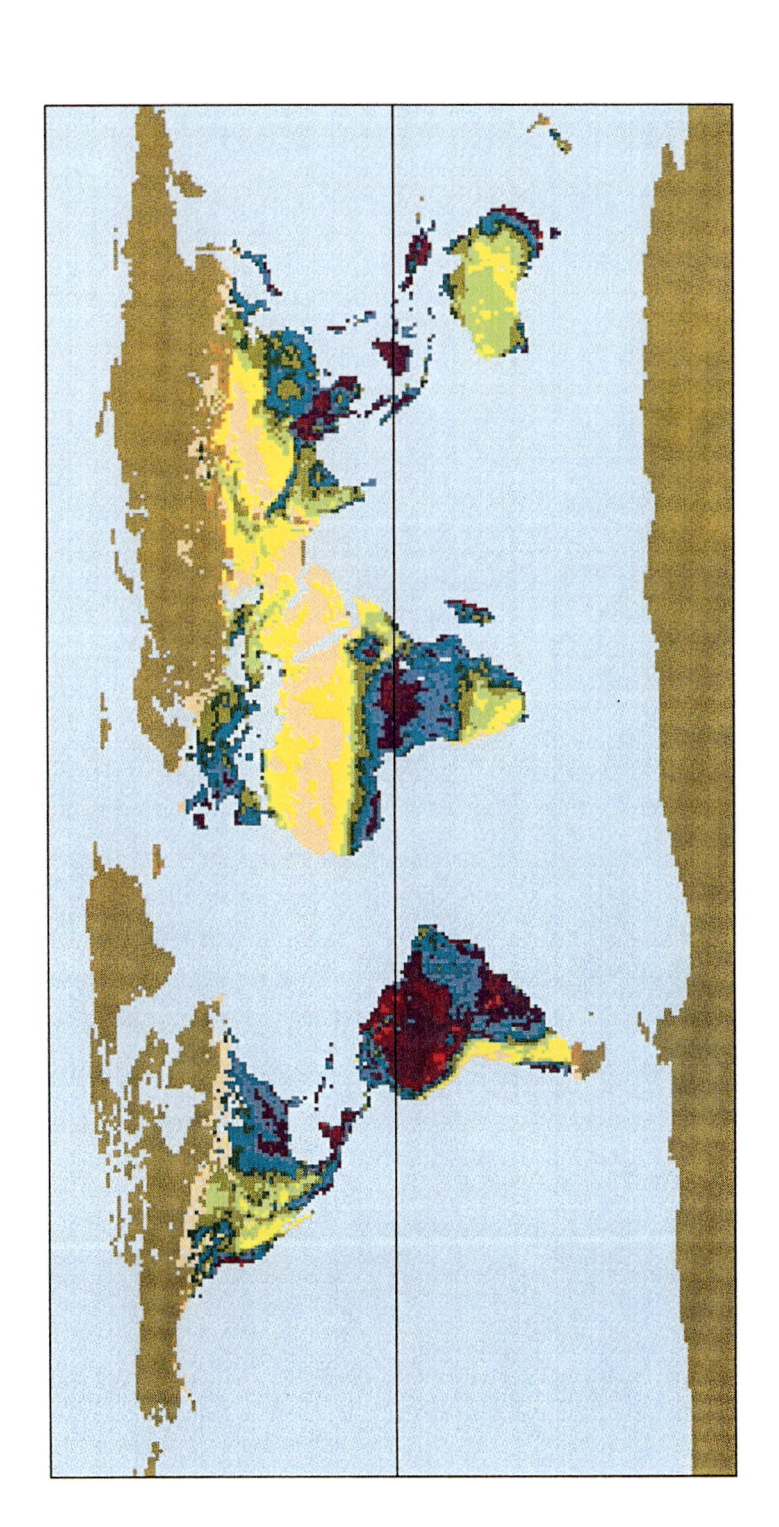

	−1.9794
	−0.6127
	0.5638
	1.0333
	1.5055
	1.9761
	2.2111
	2.6805
	2.9166
	3.1527
	3.3861
	3.6222
	3.9388

Die 1 × 1° NDVI-Monatskomposite wurden aus 8 × 8 km GAC-Daten (Global Area Coverage) durch die Global Inventory Monitoring and Modeling Study Group am Goddard Space Flight Center der NASA erstellt.

DLR

Abb. 4: Jahressumme des NDVI (1987) aus Daten des *International Satellite Land Surface Climatology Projects* (ISLSCP), berechnet durch G. BRAUN (DLR) nach NDVI-Monatskompositen

| 1.0 |
| 16.0 |
| 46.0 |
| 62.0 |
| 92.0 |
| 107.0 |
| 138.0 |
| 153.0 |
| 184.2 |
| 199.4 |
| 214.7 |
| 230.0 |

Die 1 x 1° NDVI-Monatskomposite wurden aus 8 x 8 km GAC-Daten (Global Area Coverage) durch die Global Inventory Monitoring and Modeling Study Group am Goddard Space Flight Center der NASA erstellt.

Abb. 5: Variationskoeffizient des NDVI (1987) (Quelle: vgl. Abb. 4)

Tab. 3: Globalstrahlung bei wolkenlosem Himmel (Q+q) in kcal · cm^{-2} für die Nordhemisphäre (n. Angaben von BUDYKO 1963)

Breite	J	F	M	A	M	J	J	A	S	O	N	D	Jahr
80	0,0	0,0	2,5	9,6	17,9	20,3	18,9	10,8	3,6	0,4	0,0	0,0	84,0
75	0,1	0,6	4,0	11,2	18,7	20,9	19,7	12,3	5,3	1,7	0,2	0,0	94,7
70	0,2	1,4	5,8	12,7	19,4	21,4	20,3	13,7	7,0	3,0	0,7	0,1	105,7
65	0,8	2,5	7,6	14,1	20,1	21,9	21,0	15,1	8,8	4,5	1,5	0,4	118,3
60	1,7	3,9	9,6	15,4	20,8	22,3	21,6	16,4	10,5	6,1	2,6	1,2	132,1
55	3,0	5,6	11,5	16,6	21,5	22,7	22,1	17,7	12,3	7,7	4,1	2,3	147,1
50	4,7	7,5	13,5	17,8	22,1	23,0	22,5	18,8	14,2	9,6	5,8	3,8	163,3
45	6,6	9,4	15,4	19,0	22,6	23,3	22,9	20,1	16,0	11,6	7,7	5,7	180,3
40	8,7	11,5	17,0	20,0	22,9	23,5	23,2	20,1	17,6	13,4	9,7	7,7	195,3
35	10,8	13,6	18,5	21,0	23,0	23,5	23,3	21,8	18,8	15,1	11,8	9,6	210,8
30	12,7	15,2	19,5	21,6	23,0	23,5	23,3	22,2	19,8	16,5	13,6	11,4	222,3
25	14,3	16,5	20,3	21,8	22,9	23,4	23,1	22,3	20,5	17,6	15,0	13,1	230,6
20	15,5	17,5	20,8	21,8	22,6	22,9	22,7	22,2	21,0	18,5	16,3	14,5	236,3
15	16,6	18,3	21,0	21,6	22,0	22,2	22,1	21,8	21,1	19,2	17,3	15,7	238,9
10	17,4	19,0	21,0	21,3	21,2	21,2	21,2	21,2	21,1	19,6	18,0	16,6	238,8
5	18,0	19,5	20,8	20,8	20,4	19,8	20,1	20,5	20,8	19,9	18,6	17,3	236,5
0	18,5	19,8	20,4	20,2	19,2	18,0	18,7	19,6	20,4	20,0	19,0	18,0	231,8

Bei der Berechnung des Wasserhaushaltes von Räumen ist die *Äquivalenttemperatur* als Ausdruck des Gesamtwärmeinhalts eines Luftquantums für die ökophysiologischen Prozeßabläufe in der Biosphäre sehr wichtig. Die Zerlegung der Äquivalenttemperatur in ihre Komponenten (*fühlbare* und *latente* Wärme) liefert den wesentlichen Interpretationsansatz für ökologische Fragestellungen, was im Grunde das Hauptanliegen der vorliegenden Klassifikation darstellt.

LAUER & FRANKENBERG (1982) haben in einer Studie die Äquivalenttemperatur berechnet und die Relation der *fühlbaren* (L) und *latenten* Wärme (V) in Weltkarten umgesetzt. Die Zerlegung der Äquivalenttemperatur erfolgte mit Hilfe der Formel von LINKE (1938) (s. Anhang: Tab. I) auf der Basis der Klimadaten der Wetterhütte (Lufttemperatur, relative Feuchte und Luftdruck). Die Autoren gelangten zu der Feststellung, daß die Relation dieser beiden Grundkomponenten des Wärmeinhalts eines Luftquantums (L/V) eine fundierte Größe für die räumlich orientierten biogeographischen Fragestellungen bietet (LAUER & FRANKENBERG 1982: 138; HANN 1907).

Grundsätzlich kann man davon ausgehen, daß jede Änderung im Pflanzenbestand Einfluß auf das Klima hat, oder umgekehrt jede Klimaänderung mit einem Wandel des Pflanzenbestandes verbunden ist. Die aus der Strahlungsbilanz zur Transpiration bzw. Evaporation verbrauchte Wärmeenergie an der Erdoberfläche ist für ökophysiologische Prozeßabläufe der Pflanzenwelt von besonderer

Bedeutung. Zugleich ist die Temperatur als fühlbare Wärme eine Komponente der Strahlungsbilanz. Sie wird beim Strahlungsumsatz von der Vegetation als Ausdruck der realen Bodenbedeckung maßgeblich gesteuert (KESSLER 1985).

In der vorliegenden Klassifikation wurden in Anlehnung an die Forderungen FLOHNs (1957), daß "für eine großräumige klimatische Einteilung physikalisch begründete Parameter von Wärme und Feuchtigkeit berücksichtigt werden müssen", die Wechselwirkungen zwischen strahlungsklimatischem Wärmeumsatz, der Bestandstranspiration und Biomassenproduktion als quantifizierte Parameter von Wärme- und Wasserhaushalt für eine klimatische Raumtypisierung (*Klimatypen*) berücksichtigt.

Als thermische Parameter der *Klimatypen* dienen ökophysiologisch relevante monatliche Dauer der thermischen Vegetationszeit (*Isothermomenen*). Als hygrische Parameter wurden die berechneten Werte der monatlichen Dauer der hygrischen Vegetationszeit (*Isohygromenen*) der aktuellen Pflanzendecke der Erde verwendet. Durch die *Interferenz* beider Linienelemente ergeben sich ökologische *Klimatypen*, die in der Karte (Beilage I) nach dem Prinzip der Kartenlegende durch zonentypische Flächenfarben dargestellt sind. Das Klassifikationskonzept gründet sich daher auf das *reale Pflanzenkleid* der Erde, weil die Pflanzen einerseits Wärme und Wasser für ihren Lebenskreislauf nutzen, andererseits den Wärme- und Wasserhaushalt wesentlich über ihr Transpirationsverhalten steuern. Den Wasserhaushalt modifizieren sie über die Bestandstranspiration, den Wärmehaushalt über die Ströme *fühlbarer* (L) und *latenter Wärme* (V). Je höher die Transpirationsleistung eines Pflanzenbestandes ist, umso mehr Wärme wird für den Verdunstungsvorgang verbraucht und um so mehr verschiebt sich die *Bowen-Ratio* (L/V) zugunsten des latenten Wärmestroms (vgl. Tab. 2).

2.1 Die thermische Komponente der Klimatypen
(*Isothermomenen*)

Bei allen bisher bekannten Klassifikation dienten bestimmte Schwellen- und Mittelwerte der Temperatur bzw. Temperaturextreme als Grundlage einer Abgrenzung von Klimaregionen nach thermischen Kriterien. Diese auf *"Mittelwertklimatologie"* basierende Größen vermögen keineswegs die komplexen ökophysiologischen Mechanismen der Pflanzenwelt, die für die Energieumsatzvorgänge zwischen Erdoberfläche und der freien Atmosphäre von großer Bedeutung sind, im einzelnen zu erklären. Daher wurde angestrebt, ein brauchbares Kriterium als *thermische Komponente* der Klimaklassifikation zu definieren.

Das *Isothermomenen*-Konzept geht von der Überlegung aus, daß in den Außertropen mit sehr hoher jahreszeitlicher Veränderlichkeit des Wärmehaushaltes der Lebensrhythmus der Pflanzen und damit die räumliche Differenzierung der Klimatypen vorwiegend thermisch geprägt ist. In den ganzjährig isothermen Tropen hingegen werden sowohl der Lebensrhythmus der Pflanzen als auch die klimatische Raumtypisierung in erster Linie durch die hygrische Komponente bestimmt.

Das von uns entwickelte *Isothermomenen*-Konzept beruht auf der Bestimmung der Länge der *thermischen Vegetationszeit* (in Monaten) als Ausdruck des *Wärmehaushalts* eines Gebietes. Ein kalendarischer Monat gilt als *thermisch*-bedingter Hauptwachstumsmonat, wenn in diesem die dominierende natürliche oder kultürliche Pflanzenwelt - vom Wärmehaushalt her - einen deutlichen Stoffgewinn erzielt bzw. fruktifiziert. Dies geschieht in den dargestellten Klimaregionen (Beilage I) pflanzenbestandstypisch bei verschiedenen Wärmeniveaus.

Heinrich WALTER (1960: 60) definiert die Dauer der thermischen Vegetationszeit in den Außertropen als *die frostfreie Periode des Jahres* auf Monatsbasis, die durch das *Erreichen bzw. Unterschreiten* bestimmter *Temperaturschwellenwerte* limitiert ist. Die Vegetationszeit, in der die *Holzpflanzen* mit Stoffproduktion beginnen, setzt nach ihrem Ergrünen ein, wenn die Tagesmittel eine bestimmte Temperatur (meist 10 °C) erreicht bzw. überschritten haben. Beim Unterschreiten eines spezifischen Wärmeniveaus im Herbst tritt Laubverfärbung und damit der Abschluß der Assimilationstätigkeit ein. Der optimale Temperaturbereich zwischen Anfang und Ende der vegetativen Phase ist bei den meisten Pflanzen in der Regel nicht breiter als 10-25 °C (LARCHER 1980: 55). Beginn und Ende der generativen Phase der Pflanzenwelt ist in den vier solaren Klimazonen (Beilage I) durch bestandstypische *Temperaturschwellenwerte* (Tab. 4) limitiert. Sie variieren je nach Klimazone und Vegetationsformation, da jeder spezifische Pflanzenbestand beim Erreichen bzw. Überschreiten bestimmter Temperaturniveaus von einer relativen Ruheperiode in die volle vegetative Phase übergeht.

In den *Außertropen* können Wachstums- und Entwicklungsphasen der Vegetation im allgemeinen durch die Anzahl der Monate mit Mitteltemperaturen >10 °C umschrieben werden (LARCHER 1994). Da mit zunehmendem Strahlungsgenuß im Jahresablauf von den Polarregionen in Richtung Äquator auch die Zahl der Tage mit Mitteltemperaturen >10 °C zunimmt, verlängert sich in gleicher Richtung auch die thermische Vegetationszeit, und es entsteht eine kontinuierliche Abfolge des thermischen Klimas von 0 bis 12 thermischen Vegetationsmonaten von den Polarregionen über die Mittelbreiten und Subtropen bis zu den inneren Tropen.

In den ganzjährig isothermen *Tropen* gibt es nur noch eine *höhenstufenspezifische* Abfolge der *thermischen Schwellenwerte* mit entsprechenden Vegetationsformationen. Die tropischen Pflanzen können in jeder Höhenstufe unter der Voraussetzung positiver Feuchtebilanz ihre Biomassenproduktion - wenn auch mit zunehmender Höhe langsamer - ganzjährig fortsetzen. In der Nähe der Tropengrenze greifen zunehmend Merkmale aus den Außertropen (Kaltlufteinbrüche, Frost) auf die Tropen über, die die Lebensbedingungen der an die Isothermie des Klimas adaptierten tropischen Pflanzen zusehends erschweren.

Tab. 4: Temperaturschwellenwerte für den Stoffgewinn der natürlichen Vegetation und Kulturpflanzen (n. Angaben von FRÖHLICH & WILLER 1977; LAUER & KLAUS 1975; LAUER 1981; LAUER & RAFIQPOOR 1986, 2000; WINIGER 1979, 1981; FRANKE 1982, 1985; REHM & ESPIG 1984; GEISLER 1980; LARCHER 1980, 1994; WALTER 1960; WALTER & BRECKLE 1986, 1994)

Tropen (A)

tierra nevada 1 °C	Hochgebirgsvergletscherung					
tierra subnevada 3 °C	subnivale Frostschuttstufe					
	Super-Páramo	Super-Pajonales	Puna brava			Hochgebirgs-Kältewüsten
tierra helada 6 °C	Páramo	Feuchtpuna	Trockenpuna	Dorn- und Sukkulenten-Puna	Wüstenpuna	
tierra fría 12 °C	Höhen- und Nebelwälder	feuchte Sierra	trockene Sierra	Dorn- und Sukkulenten-Sierra	Wüstensierra	hochmontane Vollwüsten
tierra templada 18 °C	tropische Wolken- und Bergwälder	montane Feuchtwälder und Feuchtsavannen	montane Trockenwälder und Trockensavannen	montane Dornwälder und Dornsavannen	montane Wüstensavannen	montane Vollwüsten
tierra caliente 27 °C	tropische Tieflands-Regenwälder	tropische Tieflands-Feuchtwälder und Feuchtsavannen	tropische Tieflands-Trockenwälder und Trockensavannen	tropische Tieflands-Dornwälder und Dornsavannen	tropische Tieflands-Wüstensavannen	tropische Tieflands Vollwüsten

Subtropen (B)

Vegetationsformation	Thermischer Schwellenwert (°C)
Subtropischer Feuchtwald	12
Nadelhöhenwald	10
Sommergrüner Laubwald	10
Hartlaubgehölze	12
Steppen	11
Pampa	11
Halbwüsten	11
Wüsten	11
Hochgebirgsformation	6
Kulturland	10

Mittelbreiten (C)

Vegetationsformation	Thermischer Schwellenwert (°C)
Borealer Nadelwald	5
Nadelfeuchtwald	5
Temperierter Laubwald	7
Laub-Mischwald	10
Steppen	10
Patagonische Steppen	7
Halbwüsten	10
Wüsten	10
Hochgebirgsformation	5
Kulturland	7

Polarzone (D)

Vegetationsformation	Thermischer Schwellenwert (°C)
Tundra	5
Subpolare Frostschuttzone	3

[In den Mittelbreiten und Polarregionen werden alle Monate mit T<-1 °C als Monate mit Schneeverdunstung behandelt]

Aus Tab. 4 geht hervor, daß die megathermen Pflanzen in der *tierra caliente* (*Warmtropen*) für ihren Kohlenstofferwerb mindestens 18 °C und Frostfreiheit benötigen. Für die generative Entwicklung der Pflanzen der äquatorialen *Kalttropen* variieren die Temperaturschwellenwerte zwischen ~18 °C an der Wärmemangel- und absoluten Frostgrenze bei ca. 2000 m ü. NN und ~1 °C in der Nähe der Schneegrenze (ca. 4800 m ü. NN). Für das Wachstum der *megathermen* Kulturen der tropischen Niederungen (z.B. Bananen, Maniok, Kaffee, Kakao, Papaya, Ölpalme, Chirimoya) werden höhere thermische Schwellenwerte (>20 °C) benötigt. Die *meso-* bis *mikrothermen* Kulturen der *tierra fría* und *tierra helada* (z.B. Kartoffeln, Oca, Papaliza, Izaño, Ullucu in der Neuen Welt) können bei niedrigen thermischen Schwellenwerten (<18 °C) fruktifizieren.

In den *Subtropen* schwanken die Temperaturschwellenwerte zur Bestimmung der thermischen Vegetationsmonate zwischen 12 °C für die subtropischen Feuchtwälder der Ostseiten der Kontinente bzw. der mediterranen Hartlaubgewächse und 6 °C für die Hochgebirgsformationen. Der Temperaturschwellenwert für die subtropischen Nadelhölzer und die sommergrünen Laubwälder liegt bei 10 °C. Bei den thermisch anspruchsvolleren subtropischen Kulturen muß die Schwelle von 10 °C erreicht sein, um die volle Photosyntheseleistung zu erbringen. Obgleich die subtropischen Niederungen generell durch makrotherme Temperaturbedingungen gekennzeichnet sind, nimmt in Richtung auf die Hochplateaus und Hochgebirge die Anzahl der thermischen Vegetationsmonate kontinuierlich ab. Dies bedingt eine thermische Höhenstufenabfolge, die sich sukzessive bis in die hekistothermen Gebiete des ewigen Eises mit keinem einzigen thermischem Vegetationsmonat fortsetzt (vgl. Kap. II.2.3).

In den *kühlen Mittelbreiten* liegt die Temperaturschwelle für das Wachstum der Laub-Mischwälder bei 10 °C. Die temperierten Laubwälder gedeihen bereits bei Temperaturen um 7 °C. Auch die meisten Kulturen der Mittelbreiten sind thermisch anspruchsloser und verlangen für den Beginn ihrer generativen Phase etwa 7 °C Wärme (s. Tab. 4); für die borealen Nadelwälder der *kalten Mittelbreiten* bzw. Hochgebirgsflora liegt die Temperaturschwelle bei 5 °C. Allerdings benötigen auch die Nadelwälder der kalten Mittelbreiten für die optimale Entfaltung ihrer Photosyntheseleistung eine Temperaturschwelle von >10 °C. Die Nadelbäume der hohen Breiten unterbrechen ihre winterliche Ruheperiode bereits beim Überschreiten von 5 °C im Frühjahr. Der Abschluß der generativen Aktivität vollzieht sich auch sehr abrupt während der kurzen herbstlichen Übergangszeit bei Monatsmitteltemperaturen um 5 °C.

In der *borealen Zone* der hohen Breiten ist für die Bestimmung der Dauer der thermischen Vegetationszeit ebenfalls der Schwellenwert von 10 °C Monatsmitteltemperatur maßgebend, da dieser Wert dem minimalen Wärmebedarf der Baumvegetation während der Wachstumsperiode entspricht (WALTER & BRECKLE 1991: 432). Wenn auch die borealen Baumarten der hohen Breiten bereits bei Temperaturen um 5 °C die Winterruhe unterbrechen (TRETER 1993, TUHKANEN 1984) und mit der Photosynthese beginnen, benötigen sie in wenigstens 3-4 Monaten Temperaturen von ≥10 °C für ihre vollständige Samenreife. Die *kalten* Mittelbreiten werden daher im Kartenbild (Beilage I) von den *warmen* Mittelbreiten durch eine *Isothermomene* getrennt, an deren äquatorwärtiger Seite Gebiete mit 5-6 thermischen Vegetationsmonaten (Laub-Mischwälder der *kühlen* Mittelbreiten) vorkommen. An der polwärtigen Seite dieser markanten *Isothermomene* ordnen sich die borealen Nadelwälder der *kalten* Mittelbreiten ein mit einer thermischen Vegetationszeit von 3-4 Monaten (>10 °C).

Tab. 5: Schwellenwerte des minimalen und optimalen Temperaturanspruchs wichtiger Kulturpflanzen (n. FRANKE 1982, 1985; REHM/ESPIG 1984; GEISLER 1980; LARCHER 1980, 1994)

Kulturpflanzen	minimaler Temperatur [°C]	optimaler Temperatur [°C]	optimaler Niederschlag [mm]
Kokos-Palme (*Cocos nucifera*)	24	26-27	1250-2500
Yams (*Dioscorea spec.*)	20	25-30	1500 und mehr
Zuckerrohr (*Saccharum officinarum*)	18-20 bei 15 °C stellt Wachstum ein	25-28	100-1200 als Minimum
Maniok (*Manihot esculenta*)	20	>27	>500-1500 und mehr
Kakao (*Theobroma cacao*)	>20	25-28	1500-2000
Kaffee (*Caffea spec.*)	18	>22	500 - >2000
Tee (*Camellia sinensis*)	18	28	1500-2500
Ananas (*Ananas comosus*)	>18	>20	600-2500
Hirse (*Panicum spec.*)	12-15	32-37	>200
Süßkartoffel (*Ipomoea batata*)	10	26-30	500-900
Tabak (*Nicotina tabacum*)	>15	25-35	400-2000
Reis (*Oryza sativa*)	12-18	30-32	1250-1500
Oliven (*Olea europea*)	12-15	18-22	500-700
Sesam (*Sesamum indicum*)	12-15	25-27	400-500
Kürbis (*Cucurbita spec.*)	>15	37-40	
Baumwolle (*Gossypium spec.*)	18	30	600-1500
Erdnuß (*Arachis hypogaea*)	15	30	500
Mais (*Zea mays*)	12-15	30-35	500-700
Kartoffel (*Solanum tuberosum*)	8-10	16-24	*
Winterweizen (*Tritium aestivum*)	4-6	15-30	250-900
Roggen (*Secale cereale*)	4-6	25-30	wie Weizen
Gerste (*Hordeum vulgare*)	4-6	20-25	150-900
Hafer (*Avena sativa*)	4-6	25-30	wie Weizen
Zucker- & Beta-Rüben (*Beta vulgare*)	4-5	20-25	500
Wintergetreiden	4-6	20-30	
Sommergetreiden	6-8	20-25	
Wiesengräser	3-4	um 25	
Koniferen Bäume	4-10	10-25	
Laubbäume	<10	15-25	

* Zur Keimung benötigt die Kartoffel kein Wasser, das Wachstum ist in trockenem wie in feuchtem Milieu möglich

Innerhalb der borealen Nadelwaldzone werden in mehr als 6 Monaten Mitteltemperaturen von über 5 °C erreicht. Die Zeiten mäßiger Monatsmitteltemperaturen von >5 °C gehen mit den sommerlichen Langtagsbedingungen einher. Diese strahlungsklimatische Situation ist sowohl für die Stoffproduktion borealer Holzgewächse als auch für die Vegetation der Tundra von hoher ökologischer Relevanz, da die kurze Zeit (>10 °C) von jeweils 3-4 (Taiga) bzw. 1-2 Monaten

(Tundra) wohl kaum für den Abschluß des generativen Zyklus dieser Vegetationsformationen ausreicht. Innerhalb der arktischen Tundra (Beilage III: Nome, Reykjavik, Murmansk, Dudinka) überschreiten die Monatsmitteltemperaturen in ca. 4-6 Monaten die 5 °C-Marke. In den *hochpolaren* Frostschuttregionen ist schließlich die Temperatur *der* limitierende Faktor jeglichen Lebens. Die Primärproduktion entspricht in diesen Gebieten jenen der Wüsten (IVES 1974: 4) (vgl. auch Abb. 4 u. 5). In den Polarregionen schwanken die thermischen Schwellenwerte des Pflanzenwachstums zwischen 5 und 3 °C.

Differenzierte Angaben zu dem optimalen und minimalen Wärmeanspruch von Kulturpflanzen sind in Tab. 5 zusammengestellt. Die Daten belegen, daß zwar viele Kulturpflanzen der Mittelbreiten darunter die *Wintergetreidearten* bei 5 °C, *Senf, Winterraps, Winterrübsen* und *Rettich* bei 6 °C, *Hafer* und *Kartoffel* bereits bei Temperaturen <10 °C mit dem Wachstum beginnen, aber sie können ihren optimalen photosynthetischen Kohlenstofferwerb erst bei einer Monatsmitteltemperatur von 10 °C erreichen. Dagegen verlangen die *subtropischen* Kulturen mehr Wärme: *Mais* ~13 °C, *Kürbis, Sorghum, Baumwolle, Rizinus, Erdnuß* >15 °C. Bei den megathermen *tropischen* Kulturen liegt der minimale Wärmeanspruch noch höher: *Bananen, Maniok, Tee, Ananas, Chrimoya, Kaffee, Ölpalme* etc. >20 °C. Es gibt daher keine Vegetationszeit, die für die Pflanzen aller Klimazonen gleichzeitig gültig ist.

2.1.1 Phänologische Überlegungen

Wachstums- und Ruhephasen der Pflanzen sind signifikanter Ausdruck der thermischen Eigenschaften einer Region. Untersuchungen über die Vegetationsperiode von Kulturpflanzen ergaben, daß Strahlung und Temperatur wesentliche Einflußgrößen der thermischen Vegetationszeit darstellen. Besonders wirksam ist der Einfluß der Strahlung auf Anfang und Ende der Wachstumsperiode. Für einige *Brassica*-Arten (*Senf, Winterraps, Winterrübsen, Rettich*) konnte nachgewiesen werden, daß der strahlungsenergetische Gesamthaushalt der untersuchten Arten im Frühjahr etwa das 6-fache der Herbstmengen entspricht. Die Daten (Tab. 6) lassen eindeutig erkennen, "daß im Frühjahr Temperatur durch Strahlung, im Herbst Strahlung durch Temperatur substituierbar sind" (BEINHAUR 1980: 168).

Die *phänologischen Phasen* verschiedener Pflanzenformationen stellen insbesondere in den *Außertropen* ein wertvolles Hilfsmittel zur Bestimmung der Dauer der thermischen Vegetationsperiode in einer Region dar. Sie geben praktische Hinweise auf die örtlichen und witterungsbedingten Unterschiede im Eintrittstermin der phänologischen Jahreszeiten. Die phänologischen Termine der Vegetation, insbesondere der Kulturpflanzen, sind in den *Mittelbreiten* und *Subtropen* wegen der jahreszeitlichen Periodizität des Klimas markant ausgebildet und daher auch gut untersucht. Sie können als Reaktion der Vegetation auf den Jahresgang der Temperatur interpretiert und als ein wertvoller Indikator des thermischen Klimas eines Raumes bezeichnet werden.

Tab. 6: Witterungsparameter des Beginns und Endes der thermischen Vegetationszeit für einige *Brassica*-Arten (n. Angaben von BEINHAUER 1980)

Kulturpflanzen	Mittlere Bestandstemperatur (für die helle Zeit) [°C]	Mittlere Bodentemperatur (Wurzelraum) [°C]	Tagesmittel der Lufttemperatur in Standardhütte [°C]	Tagessumme der photosynthetisch aktiven Strahlung [Micro Einstein/cm²/d]	Tagessumume der Globalstrahlung [J/cm²/d]
Beginn der thermischen Vegetationszeit					
Winterraps *Brassica napus oleifera*	7,8	5,4	6,0	1376	293
Winterrübsen *Brassica napus oleifera*	7,8	5,4	6,0	1376	293
Ende der thermischen Vegetationszeit					
Winterraps *Brassica napus oleifera*	8,8	8,6	7,1	698	51
Winterrübsen *Brassica campristris oleifera*	8,5	8,9	7,3	585	43
Senf *Sinapia alba*	7,5	8,1	6,9	442	1
Ölrettich *Raphanus sativus oleifera*	7,9	8,1	6,9	533	20

"Der Zeitpunkt des Eintritts von *Phänophasen des ersten Halbjahres* hängt häufig vom Überschreiten spezifischer *Temperaturschwellenwerte* ab. Das läßt sich durch den Vergleich der Temperaturverteilung im Gelände mit phänologischen Terminen aufzeigen. Das Aufbrechen der Knospen, der Laubaustrieb, der Blühbeginn von Bäumen und Sträuchern und das Auflaufen der Saat sind erst möglich, wenn die Luft- und auch die Bodentemperatur regelmäßig einen jeweils spezifischen Grenzwert überschritten haben. Im allgemeinen liegt die Temperaturschwelle für das Öffnen der Knospen und das Aufblühen bei 6-10 °C, bei Frühjahrsblühern und Gebirgspflanzen tiefer (0-6 °C), bei Spätblühern etwas höher (z.B. bei vielen ringporigen Bäumen zwischen 10 und 15 °C, bei den Getreiden um 15 °C. Pappeln, Birken und einige *Coniferen*-Arten treiben schon knapp über 0 °C aus" (LARCHER 1994: 247-250).

Das Wachstum der Pflanzen ist generell bei Temperaturen um 0 °C so gering, daß es für die Entwicklung der meisten Arten praktisch kaum eine Rolle spielt. Bereits bei Tagesmitteltemperaturen von +2 bis +3 °C beginnen Hasel und Erle zu stäuben. Bei Tagesmitteltemperaturen von über 5 °C blühen schon einige Kern- und Steinobstbäume: Mandel bei 6,2 °C, frühe Pflaume bei etwa 8,5 °C, Aprikosen und Pfirsiche bei 8,8 °C, Birnen bei 10,4 °C und Äpfel bei 11,5 °C.

Für die phänologischen Termine des *zweiten Halbjahres* wie z.B. Fruchtreife, Laubverfärbung, Blattfall und Erntetermine von Feldfrüchten, d.h. Termine für den Abschluß des vegetativen Zyklus der Pflanzen, ist vor allem das Zusammenspiel von Temperaturschwellenwert und Wärmesummen entscheidend. In den hochmaritimen Gebieten Mitteleuropas mit milden Temperaturen blühen z.B. sogar Pflanzen mediterraner Herkunft (*Aprikosen, Mandeln, Feigen*). Sie gelangen jedoch wegen der geringen Wärmesummen nur selten zur vollständigen Fruchtreife. Auch der Wein, der im Rheintal bei Bonn seine nördliche thermische Wachstumsgrenze erreicht, erlangt kaum die Qualität von Tafeltrauben.

TOTSUCA (1963) hat die Dauer der Vegetationsperiode, d.h. die Zahl der Monate mit mittlerer Lufttemperatur >10 °C an Orten verschiedener geographischer Breite in Abhängigkeit von der Tageslänge und der mittleren Lufttemperatur während der Vegetationsperiode untersucht. Er stellte fest, daß in den niederen Breiten ganzjährig oder fast das ganze Jahr über vegetationsgünstige Temperaturen unter *Kurztagsbedingungen* herrschen. In den mittleren und hohen Breiten mit ausgeprägter und mit zunehmender Breitenlage wachsender strahlungsklimatischer *Langtagsbedingungen* wird die Vegetationszeit auf einen kurzen Zeitraum im Sommerhalbjahr eingeengt. Die Vegetation ist durchaus in der Lage, ihren *Lebenszyklus* mit der *Klimarhythmik* zu koordinieren. Aus Abb. 6 geht hervor, daß wärmeangepaßte Ökotypen der Mittelbreiten erst bei erheblich angestiegenen Monatsmitteltemperaturen mit Austrieb beginnen. Dies ergibt sich aus der langen Anlaufphase der Überschneidung der Lebensrhythmus- und

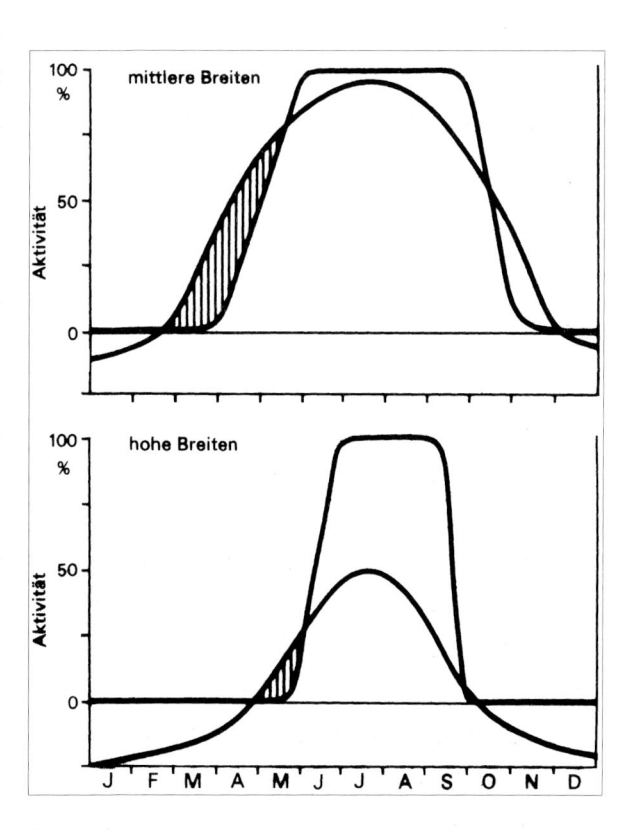

Abb. 6: Jahresgang der Temperatur (sinusförmige Kurve) und der physiologischen Aktivität (eckige Kurve) als Beispiel für die Koordination von Klimarhytmik und Vegetationsdynamik bei Bäumen der Mittel- und hohen Breiten der Nordhemisphäre (Veränd. n. LANGLET aus LARCHER 1994)

der Temperaturkurve (Abb. 6: schraffierter Bereich). Der steile Kurvenverlauf des Lebenzyklus der Vegetation kälteadaptierter Ökotypen der höheren Breiten (eckige Kurve) zeugt davon, daß sie bereits bei einem geringen Temperaturanstieg ihre Winterruhe beenden, mit Biomassenzuwachs beginnen und ihn ebenso abrupt abschließen (LARCHER 1994: 243). Verpflanzungsversuche haben gezeigt, daß kälteadaptierte Ökotypen, die in wärmeren Gebieten versetzt werden, verfrüht austreiben und von Frühfrösten überrascht werden können. Außerdem schließen sie ihr Wachstum, das auf eine kürzere Vegetationsperiode eingestellt ist, viel zu früh ab und nutzen einen erheblichen Teil der günstigen Jahreszeit nicht aus.

Hinsichtlich der Bestimmung der thermischen Vegetationzeit wird man für die *Mittelbreiten* als Hauptwachstumsperiode wohl die Jahreszeit mit Tagesmitteln von >10 °C berücksichtigen müssen, da beim Erreichen bzw. Überschreiten dieser Temperaturschwelle mit dem völligen Ergrünen vieler Pflanzen zu rechnen ist (WALTER 1960). Allerdings sind die nordischen Pflanzen der borealen Zone, wie z.B. die *Fichte*, thermisch sicher anspruchsloser und können bereits beim Erreichen von 5 °C-Marke ihre winterliche Ruhephase unterbrechen (s. Abb. 6), während Pflanzen der südlichen Breiten erst bei höheren Temperaturen mit dem Wachstum beginnen (WALTER 1960: 66).

2.1.2 Zur Frage der Wärmesummen

Für den Lebensrhythmus der Pflanzen ist nicht nur allein die Dauer der thermischen Vegetationszeit, sondern auch die *Temperaturintensität (T_i)* als Wärmesumme während der vegetativen Periode entscheidend. Sie gibt die Wärmesumme der Tage an, an denen in der Vegetationszeit ein zonentypischer thermischer Schwellenwert erreicht bzw. überschritten wird. Die Temperaturintensität (T_i) ist somit ein temperaturbedingter Zeitintegral (Grad-Tage) mit günstigen thermischen Bedingungen für die pflanzliche Stoffproduktion. Aus der Tab. 7 geht hervor, daß eine Wärmesumme von 1000 °C der minimalen Wärmemenge entspricht, bei der überhaupt noch Ackerbau möglich ist. Die meisten Kulturpflanzen der *Mittelbreiten* erreichen ihre volle Reife bei Wärmesummen zwischen 1500-3000 °C. Die *subtropischen* Kulturen verlangen für den kompletten Abschluß ihres rhythmischen Lebenszyklus in der Regel Wärmesummen von >3500 °C. In den immerfeuchten, gleichmäßig temperierten *tropischen Niederungen* können Wärmesummen von über 9000 °C erreicht werden, so daß hier die thermisch anspruchsvollsten Kulturen gedeihen. Die in Tab. 4 ausgewählten Temperaturschwellenwerte zeigen eine recht gute Koinzidenz mit den Wärmesummen der solaren Strahlungszonen der Tabelle 7.

Tab. 7: Wärmesummenanspruch von Kulturpflanzen (n. Angaben von SELJANINOW 1937, WALTER 1960: 68)

Klimazonen	Wärmesummen	Kulturpflanzen
kalte und kühle Mittelbreiten	1000-1400 °C	Wurzelfrüchte: Futterrübe, Frühkartoffel
	1400-2200 °C	Getreidearten, Kartoffel, Lein, Futterpflanzen
	2200-3500 °C	Mais, Sonnenblumen, Zuckerrüben, Winterweizen, Soja, Wein, an der thermischen Obergrenze Anbau von Melonen und Reis
Subtropen	3500-4000 °C	Einjährige subtropische Gewächse: Baumwolle, Tabak, Rizinus, Kenaf, Erdnuß, Luffa
	>4000 °C	Ausdauernde subtropische Kulturen: Feige, Lorbeer, Tee, Citrus
Tropen	>4000 - >9000 °C	Ananas, Kakao, Ölpalme, Banane, Kaffee, Papaya, Kautschuk

Die *Temperaturintensität* wird von der *Maritimität* bzw. *Kontinentalität* des Klimas eines Raumes maßgeblich beeinflußt. Im *maritimen* Klima des westlichen Mitteleuropas (Rennes/Frankreich 6 Monate >10 °C, August-Mittel 18,1 °C; St. Helier, Kanal-Insel/Großbritannien 8 Monate mit >10 °C, August-Mittel 18,2 °C) ist beispielsweise die thermische Vegetationszeit oft sehr lang (7-9 Monate), aber die Tagesmittel gehen selbst im Sommer nicht viel höher, was einer geringen Temperaturintensität gleichkommt. Im *kontinentalen* Klima Osteuropas (Charkow/Ukraine 5 Monate mit >10 °C, Juli-Mittel 21,1 °C; Simferopol/Ukraine 6 Monate mit >10 °C, Juli-Mittel 21,6 °C) hingegen ist die thermische Vegetationszeit zwar kürzer (5-6 Monate), der Sommer mit hohen T_i-Werten jedoch so heiß, daß viele Pflanzen zum Fruchten kommen, deren Samen im westlichen Mitteleuropa nicht einmal ausreifen (WALTER 1960). Die Wärmesumme während der Vegetationsperiode gibt an, welche thermische Ansprüche die Pflanze an das Klima stellt. In den beigegebenen Klimadiagrammen (Beilage III) koinzidieren die *Wärmesummen* mit einem *"Temperaturüberschuß"*, der sich aus der Summe der Temperaturen über einem zonentypischen Temperaturschwellenwert während der thermischen Vegetationszeit ergibt.

2.1.3 Die thermischen Wachstumsbedingungen in den Klimazonen

Das Leben auf der Erde wird durch die solare Strahlung in Gang gehalten. Ein Teil der von der Sonne zugestrahlte Energie wird durch Pflanzen über ihre Photosyntheseleistung als latente chemische Energie gebunden (LARCHER 1994: 47). Die Pflanzen orientieren sich mit ihren Energieansprüchen an dem Strahlungsumsatz und den Temperaturbedingungen der entsprechenden *solaren Bestrahlungszone* auf der Erde, weil sie phylogenetisch an das vorherrschende quantitative und qualitative Strahlungsangebot und dessen Umsetzung in thermische Energie an ihre Wuchsstandorte angepaßt sind.

2.1.3.1 Tropen

Der Pflanzenwelt der *Tropen* stehen thermisch ganzjährig günstige Wachstumsmöglichkeiten zur Verfügung. Die inneren Tropen kennen wegen der ausgesprochen isothermen, ständig feuchten Klimabedingungen bis in die Gipfelregionen der hohen Gebirge kaum eine thermische Periodizität im Jahresablauf. Der Wechsel von Regen- und Trockenzeit ruft - wie sonst auch in den wechselfeuchten Tropen - eine Art phänologischer Phasen hervor, die gegenüber den Außertropen mit großen jahreszeitlichen Temperaturschwankungen jedoch nicht so markant in Erscheinung treten. Es wirkt sich die bereits ausgesprochen geringe Tageslängenschwankung der Bestrahlung (ca. 3½ Stunden an den Wendekreisen) im Laufe eines Jahres auf die Entwicklungsvorgänge der Vegetation aus, da die tropische Pflanzenwelt auf äußerst schwache photoperiodische Reize reagiert (LARCHER 1994: 250-251). In den megathermen, immerfeuchten inneren Tropen gibt es aber in allen Höhenstufen viele ausdauernde Pflanzen mit kontinuierlichem Wachstum, wie z.B. viele Baumfarne und Palmen sowie eine Reihe von Großstauden (*Papaya*) und *Musa*-Arten (LARCHER 1994: 240-241) in den Niederungen und die großen Schopfblatt-Pflanzen (Espeletien) in der Höhenstufe des Páramo. Dennoch sind in den Äquatorialgebieten mit Regen zu allen Jahreszeiten rhythmische Phänophasen eine feste Regel im Leben der Blütenpflanzen. Dies kann man insbesondere bei den Hochgebirgspflanzen am deutlichsten erkennen, wie Beobachtungen aus den Páramos der inneren Tropen bestätigen (RAUH 1988, LAUER, RAFIQPOOR, THEISEN 2001).

Offensichtlicher als die schwache jährliche Temperaturschwankung bewirkt der Wechsel zwischen Regen- und Trockenzeit eine auffällige Periodizität im generativen Lebenszyklus der Pflanzen, vor allem in den *wechselfeuchten Tropen*, so daß bei vielen Arten - besonders im Hochgebirge - die Blüte schon vor dem Ausklingen der Regenzeit einsetzt und sich in der Trockenzeit voll entfaltet.

Für die Lebensorganisation tropischer Pflanzen sind von Natur aus thermische Schwellenwerte vorgegeben. Der *optimale* Temperaturbereich für den Kohlenstofferwerb immergrüner tropischer Laubbäume liegt z.B. zwischen 25-30 °C. Die Kältegrenze der CO_2-Aufnahme wird mit 0 bis 5 °C erreicht (LARCHER 1994: 97). Die Vegetation der *Kalttropen* wächst unter makro- bis oligothermen Bedingungen. Sie kann wegen der Isothermie des Klimas ganzjährig fruktifizieren. Die Pflanzen der *tierra fría* und *tierra helada* sind in der Lage, unter den thermischen Minimalbedingungen des tropischen Tageszeitenklimas den leichten Nachtfrösten gut zu widerstehen, da der Frost nicht tief in den Boden eindringen kann, um die pflanzliche Stoffaufnahme im Wurzelraum völlig zu unterbinden. Im Frostklima der tropischen Hochgebirge bietet die Wollbehaarung (*Diplostephium rupestre*) und das nächtliche Zusammenschließen der Blätter z.B. über den Sproßscheitel von Riesenrosetten (*Espeletien, Senecionen*) einen Abkühlungsschutz. In der *tierra helada* und *tierra subnevada* mit Temperaturen zwischen 5-1 °C sind die Páramopflanzen mit ihren physiologischen Anpassungsmerkmalen (Wollbehaarung, polsterförmiger Wuchs) an die leichten Nachtfröste bestens adaptiert und zeigen kaum eine auffällige Schädigung bzw. Unterbrechung in ihrem Lebenszyklus. Ihr Wachstum ist allerdings sehr langsam. Die einzelnen Freilejones (z.B. *Espeletia hartwegiana, Espeletia schulzii*) der Páramo-Formationen der Nordanden Kolumbiens und Ecuadors können mehrere hundert Jahre alt werden, ebenso wie die Llareta-Polster (*Azoerella compacta*) der Trockenpuna in den Anden Südboliviens.

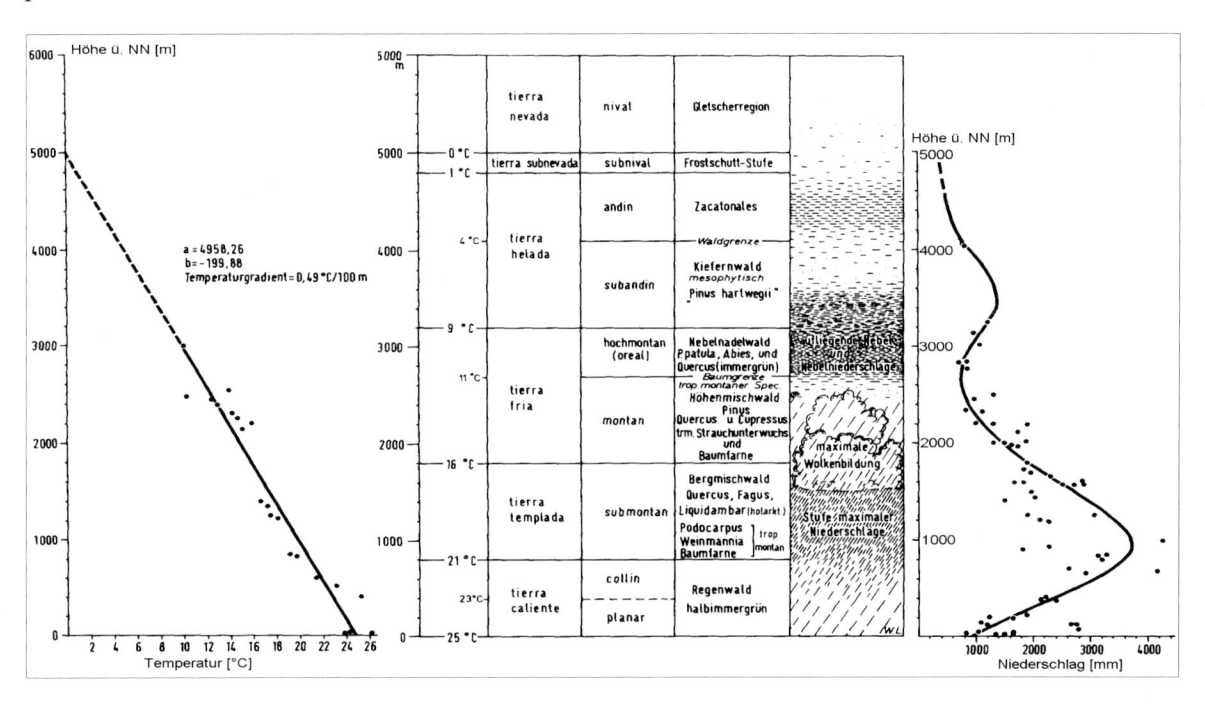

Abb. 7: Schema der Höhenstufen des Klimas und der Vegetation am Ostabfall der mexikanischen Meseta

Zu den *Randtropen* hin nimmt die Tagesschwankung der Temperatur merklich zu. Es schalten sich Einflüsse aus den Außertropen ein (strengerer Frost, regelmäßige Kalturteinbrüche), die die Lebensbedingungen der tropischen Pflanzen verschärfen. Eine jahreszeitliche Periodizität im Lebensrhythmus der Pflanzen äußert sich in den randlichen Tropen durch den Wechsel zwischen Regen- und Trockenzeiten. Dennoch sind die Pflanzen auch in den äußeren Tropen an die noch tropischen Bedingungen weitgehend angepaßt. In den Gebirgen der Randtropen beider Hemisphären sind Elemente aus den boreal/arktischen bzw. patagonisch/antarktischen Florenreichen als ausgesprochene Adaptationsformen eingewandert. Sie vermischen sich zum Teil bis in die Stufe der *tierra templada* mit den makrothermen Florenelementen (Abb. 7) und bereichern dadurch die floristische Vielfalt dieser Regionen. Die *Pinus hartwegii*-Bestände in Mexiko, die in 4100 m ü. NN die obere Waldgrenze bilden oder die *Pinus patula* mit zahlreichen immergrünen *Quercus*-Arten in den Nebelwäldern am Ostabhang der mexikanischen Meseta sowie die *Quercus-, Carpinus-, Liquidambar*-Arten, die sich mit den montanen tropischen Elementen der *tierra templada* bis etwa 800 m ü. NN vermischen (LAUER 1973), kennzeichnen den klimatisch bedingten *Übergangscharakter* der Vegetation der Randtropen. Das gleiche Phänomen kann man auch in den Hochgebirgen der randlichen Tropen Südostasiens (OHSAWA et al. 1985) und im Himalaya feststellen, wo boreale Elemente (*Abies kawakamii, Juniperus squamata* in Taiwan; *Betula utilis, Quercus semicarpifolia* und *Quercus aquifolioides* in Westhimalaya) an der oberen Waldgrenze verbreitet sind und sich zum Teil sogar bis in die Bergwaldstufe durchsetzen (OHSAWA 1990: 328).

2.1.3.2 Subtropen

Die *Subtropen* sind Räume mit heißem Sommer und mildem Winter, jedoch ohne markante Übergangsjahreszeiten. In den *Subtropen* mit ausgeprägtem thermischen Jahreszeitenklima herrscht im Winter regelmäßiger Frost, teilweise sogar bis in die Niederungen, mit zum Teil großer Eindringtiefe in den Boden. Dies betrifft vor allem die kontinentalen und hochkontinentalen subtropischen *Binnenländer*, Hochländer und Hochgebirge mit strengem Winter und sehr heißem Sommer.

In den Subtropen werden die Entwicklungsschübe und die Ruheperiode der Pflanzen durch klimatische Ungunstfaktoren, wie z.B. Frost oder exzessive Trockenheit, zeitlich limitiert und geregelt. In den *Sommerregensubtropen* der *Ostseiten* der Kontinente konvergieren die thermischen und hygrischen Vegetationszeiten. Dort entscheidet vor allem die Menge und die jahreszeitliche Verteilung der Niederschläge über die optimale Biomassenproduktion der Vegetationsformationen. Die artenreichen subtropischen Lorbeerwälder, die an den feuchten Ostseiten der Kontinente während der sommerlichen Vegetationsperiode noch fast tropisch anmuten, sind an die jahreszeitlich wechselhaften hygrothermischen Standortbedingungen bestens adaptiert. Das Temperaturoptimum zum Kohlenstofferwerb liegt bei den immergrünen, lorbeerblättrigen Laubbäumen zum Teil noch wie in den warmen Tropen zwischen 25-30 °C. Der Übergang von den Tropen in die Subtropen vollzieht sich hier unmerklich, da die warm-feuchten subtropischen Ostseitenklimate meist durch warme Meeresströmungen (Agulhas-Strom, Brasil-Strom, Ostaustral-Strom, Golfstrom) zusätzlich unterstützt werden (Durban, Sydney, Jacksonville).

Die derbblättrige Vegetation der *Winterregensubtropen* an den trockeneren *Westseiten* der Kontinente optimiert dagegen ihr Wachstum bei Temperaturen zwischen 15-35 °C, wobei sie gegenüber den hygrophilen Arten der humiden und perhumiden Subtropen kälteresistenter sind. Bei den subtropischen Hartlaubgewächsen liegt die Kältegrenze des Kohlenstofferwerbs zwischen -5 und -1 °C (LARCHER 1994). An vielen Stationen der maritimen *Winterregensubtropen* wird in mindestens 7-8 Monaten eine Mitteltemperatur von 12 °C erreicht bzw. überschritten. Dort beginnt die Vegetationsperiode, je nach Grad der thermischen Kontinentalität entsprechender Räume, bereits ab Ende Februar bzw. Mitte März bei ausreichendem winterlichen Bodenwasservorrat und noch anhaltenden Frühjahrsniederschlägen. In den maritimen subtropischen *Winterregengebieten* ist eine fast ganzjährige thermische Vegetationszeit möglich (Lissabon). Viele immergrüne Hartlaubgewächse sind in der Lage, die episodisch auftretenden, leichten Fröste gut zu verkraften. Nur die Zitrusfrüchte, die ursprünglich im Altertum aus dem Raum SE-Asien (Indien, Indonesien) ins Mittelmeergebiet eingebracht worden sind (REHM & ESPIG 1983: 165), leiden darunter. Die immergrünen Pflanzen der subtropischen Hochländer legen lediglich im Hochwinter aus thermischen Gründen eine kurze, 1-2 monatige Ruhepause ein. Vor allem für Kulturpflanzen und immergrüne Arten der natürlichen Vegetation sind Frühjahr und Herbst, jeweils zum Ausklang bzw. zum Beginn der Regenzeit bei noch hinreichend warmen Temperaturen Zeiten verstärkter Stoffproduktion. In den heißen Sommermonaten müssen die Pflanzen wegen Wassermangels ihre Transpirationsleistung stark zurücknehmen. Denn im Sommer, wenn für den Stoffgewinn thermisch optimale Bedingungen vorherrschen, muß die Vegetation durch stomatäre Regulation ihr Transpirationsverhalten den von Tag zu Tag veränderlichen Verdunstungsbedingungen anpassen (LARCHER 1994: 217-218). Damit ist bei den mediterranen Hartlaubgewächsen die physiologische Aktivität im Sommer aus hygrischen Gründen drastisch eingeschränkt.

2.1.3.3 Mittelbreiten

Im Bereich der *Laub-Mischwälder* der *kühlen Mittelbreiten* setzt die photosynthetische Stoffproduktion der Pflanzen nicht mit Beginn der Blüte, sondern erst mit ihrem völligen Ergrünen ein (WALTER 1960). Ebenso wird bei vielen mitteleuropäischen Bäumen (Buche, Eiche, Roßkastanie) das Ende des vegetativen Zyklus mit der Laubverfärbung erst im Spätherbst (10.-20. Oktober) erreicht. Die optimalen Temperaturen für den Kohlenstofferwerb sommergrüner Laubbäume liegen zwischen 15-25 °C. Für die europäischen Mittelbreiten kann man den Zeitraum zwischen Mitte Mai und Mitte Oktober als die eigentliche pflanzenökologisch aktive thermische Vegetationsperiode ansehen. In dieser Zeit ist an den meisten submaritim/subkontinentalen mitteleuropäischen

Klimastationen der Tagesmittelwert von 10 °C bereits überschritten und somit die Voraussetzung für einen deutlichen Stoffgewinn der vollständig ergrünten Pflanzen erfüllt. Die Zeitspanne zwischen dem echten Frühling und Spätherbst kann daher für Mitteleuropa als thermische Vegetationszeit mit Tagesmitteltemperatur von >10 °C angenommen werden, in der fast alle Pflanzen nach der Keimung und Belaubung mit Stoffproduktion beginnen und im Herbst bei Laubverfärbung mit dem *Unterschreiten* der Tagesmittel von 10 °C ihre generative Entwicklung abschließen. Diese Zeitspanne umfaßt maximal 5-6 Monate (in einigen Mittelgebirgstälern und an der deutschen Weinstraße sogar örtlich bis zu 7 Monate). Die nördliche Begrenzung der sommergrünen Laub-Mischwälder der kühlen Mittelbreiten fällt mit der nördlichen Arealgrenze der Eiche (*Quercus robur*) zusammen und korreliert mit einer *Isothermomene*, an deren Äquatorseite in mindestens 5 Monaten eine Mitteltemperatur von über 10 °C herrscht.

In den *borealen Nadelwäldern* der *kalten Mittelbreiten* und in den *Hochgebirgen* darf jedoch im ersten und letzten Monat der thermischen Vegetationszeit die Temperaturschwelle von 5 °C nicht unterschritten werden. Die optimalen Temperaturen für die Nettoprimärproduktion liegen für die immergrünen Nadelbäume zwischen +10 bis +25 °C und die Kältegrenze der CO_2-Aufnahme bei -5 bis -3 °C (LARCHER 1994). Der vollständige Abschluß des gesamten Lebenszyklus zwischen Beginn und Ende der generativen Phase der borealen Wälder beruht allerdings auf dem Überschreiten eines Temperaturschwellenwertes von 5 °C im Zusammenspiel mit der Wärmesumme in der Vegetationszeit. In *Zentral-* und *Ostsibirien* ist das Klima hochkontinental. Dies drückt sich in niedrigen Januar- und relativ hohen Juli-Temperaturen aus (Jakutsk: Januar -43,2 °C, Juli +18,8°C). Hier steigt das Thermometer in maximal 5-6 Monaten im Jahr über die Nullgradgrenze. Davon wird in etwa 3½ Monaten die 10 °C-Marke deutlich überschritten. Im Süden dieser Zone, d.h. in der sogenannten Wiesensteppe (Charkow, Wolgograd, Odessa), ist im Durchschnitt in maximal 3-4 Monaten Frost zu erwarten, allerdings mit abnehmender Intensität zum Frühjahr hin. An ihrer Nordgrenze ist im Übergang zur Taiga (Kirow, Tobolsk) in mindestens 7 Monaten mit zum Teil strengem Frost zu rechnen. Die Temperaturintensität kompensiert mit hohen Wärmesummen im Sommer unter strahlungsklimatischen Langtagsbedingungen die kurze Dauer der thermischen Vegetationsperiode von 3-4 Monaten mit einer Mitteltemperatur von >10 °C. Die Pflanzen sind an die kalten Klimabedingungen adaptiert und können auch unter erschwerten Verhältnissen gedeihen. Die Nadelholzarten benötigen für die Vervollständigung ihres Lebenszyklus wenigstens einen warmen Monat mit Temperaturen >10 °C, während bei den Laubholzarten dafür in mindestens 3 Monaten die Mitteltemperatur von >10 °C erreicht sein muß (WALTER & BRECKLE 1986: 365). Die Zeitspanne mit einer Mitteltemperatur von ≥10 °C dauert in der südlichen Taiga 4 Monate und in der mittleren Taiga 3 Monate. In der nördlichen Taiga ist sie noch kürzer (WALTER & BRECKLE 1994: 470 ff).

2.1.3.4. Polarzone

In der *arktischen Tundra* beginnt die Vegetationszeit um Mitte Juni und endet bereits Mitte September. In dieser Zeit entfalten die Heidegewächse und Zwergsträucher unter den tageszeitlichen Temperaturen von z.T. >15 °C ihre maximale Photosyntheseleistung. Die zeitliche Dauer der thermischen Optimalbedingungen ist in der südlichen Tundra auf höchstens 3 Monate limitiert. Am Übergang zur subpolaren *Frostschutzzone,* dauert die thermische Vegetationszeit maximal 2½ Monate (WALTER & BRECKLE 1986: 510). In der vegetationslosen Frostschuttzone übersteigen die Temperaturen nur in den Hochsommermonaten von Mitte Juli bis Mitte August die 0°-Marke mit Maximalwerten zwischen 3 und 4 °C (Dikson, Kap Tscheljuskin, Beilage III).

Hier ist sogar in den Kernsommermonaten Frost möglich. Andererseits kann sich die Bodenoberfläche tagsüber durch die Einstrahlung auf bis zu >16 °C erwärmen. In der arktischen Tundra, besonders in der subpolaren Frostschutzzone, ist auch im Sommer der Schneefall keine Seltenheit. Die langandauernde Schneedecke von Anfang September bis Ende Juni (ca. 8-10 Monate) ist nicht mehr als 30 cm mächtig (WALTER & BRECKLE 1986: 492-513).

Unter der Prämisse, daß sich die vegetationsgünstigen mit vegetationsungünstigen Zeiträumen durch die jahreszeitliche Periodik der Klimaparameter abwechseln, wurden aus den hier diskutierten Stations- und pflanzenphysiologischen Proxidaten Temperaturschwellenwerte zur Bestimmung der thermischen Vegetationszeit der natürlichen und kultürlichen Pflanzenwelt festgelegt (vgl. Tab. 3). Diese tragen den spezifischen Charakteristika der aktuellen Vegetationsbedeckung der Erdoberfläche in ihrem Wandel von den tropischen Regenwäldern bis zu den subpolaren Frostschuttregionen Rechnung.

Das *Isothermomenen*-Konzept, das nach diesen Grundüberlegungen entwickelt wurde, konnte erstmalig in Verbindung mit dem *Isohygromenen*-Konzept in einer Karte der hygrothermischen Klimatypen der Außertropen am Beispiel Europas erprobt werden (LAUER & FRANKENBERG 1986). In Abb. 8 ist das Bild der räumlichen Verteilung der *Isothermomenen* dargestellt. Die Tropen nehmen flächenmäßig als Gebiete sehr langer thermischer Vegetationszeit große Areale ein. Die Kalttropen ragen als kleine Inseln mit weniger als 12 thermischen Vegetationsmonaten aus der heißen Umgebung heraus. Auffällig ist der nahezu breitenkreisparallele Verlauf der Isothermomenen in den Außertropen mit Ausbuchtungen und enger Scharung im Bereich der Hochländer und Hochgebirge.

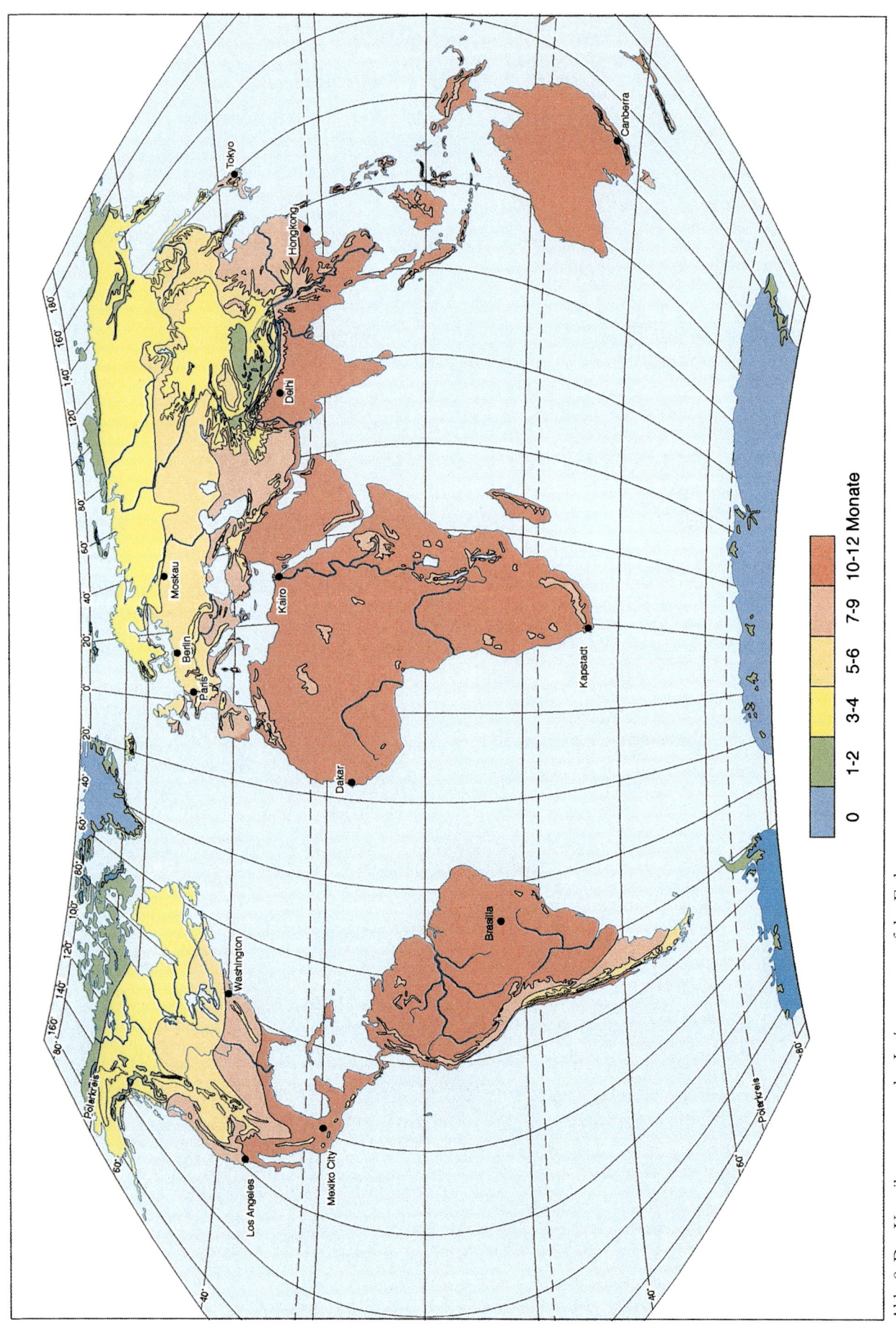

Abb. 8: Das Verteilungsmuster der *Isothermomenen* auf der Erde

In der Kartendarstellung (Beilage I, s. Abb. 8) sind die Einheiten der Länge der *temperaturbedingten* Wachstumsperiode der realen Vegetation (*Isothermomenen*), die in der Kartenlegende zwischen 0 und 12 Monaten variieren, auf 6 Klassen reduziert und in Buchstaben-Symbolen zusammengefaßt: 10-12 Monate = sehr lange (sl), *megatherme* Vegetationszeit; 7-9 Monate = lange (l), *makrotherme* Vegetationszeit; 5-6 Monate = mittlere (m), *mesotherme* Vegetationszeit; 3-4 Monate = kurze (k), *mikrotherme* Vegetationszeit; 1-2 Monate = sehr kurze (sk), *oligotherme* Vegetationszeit; 0 Monat = keine (e), *hekistotherme* Vegetationszeit. Zu der letzgenannten Gruppe gehören die polaren Eisflächen. Außerhalb der Polarregionen treten solche Gebiete in den vergletscherten Hochgebirgen aller Klimazonen der Erde auf (Abb. 9, Beilage I).

In den *Außertropen* sind nahezu alle thermischen Abstufungen der Kartenlegende vertreten. Die *Tropen* hingegen gliedern sich thermisch in die *Warmtropen* der Niederungen als Gebiete ganzjähriger Wachstumsphase (12 thermische Vegetationsmonate) und in die *Kalttropen* der Gebirge mit 12 und weniger thermischen Vegetationsmonaten. In den perhumiden *inneren* Tropen erstreckt sich die ganzjährige Wachstumsphase bis in die Nähe der Schneegrenze. In den *äußeren* Tropen tritt eine hygrische Wachstumsunterbrechung auf. In den Hochgebirgsregionen der ausgesprochenen *Randtropen* können thermische Einschränkungen in der Wachstumsperiode der Pflanzen auftreten, da hier Einflüsse aus den Außertropen (Frost, Kaltlufteinbrüche) nicht ausgeschlossen werden.

In den *Subtropen* reduziert sich die thermische Vegetationszeit sukzessive von 12 Monaten auf geringere Werte. Räume *megathermer* bis *makrothermer* Wachstumsbedingungen herrschen flächenhaft in den maritim/submaritimen subtropischen Tiefländern vor. Kürzere thermische Vegetationszeiten sind in den kontinentalen und hochkontinentalen Binnenländern, Hochländern und Hochgebirgen typisch. Die subtropischen Hochgebirge lassen sich in Höhenstufen mit *mesothermen* bis *hekistothermen* Vegetationszeiten unterteilen (Beilage I).

In den kühlgemäßigten, maritimen *Mittelbreiten* dominieren Flächen mit 5-6 thermischen Vegetationsmonaten (Beilage I). Die *"Mesothermie"* des Klimas erstreckt sich an den hochozeanischen Küsten der Westseiten der Kontinente bis in die Subpolarregionen (Beilage III: Bergen). In den hochkontinentalen, kaltgemäßigten Binnenländern der Mittelbreiten geht die thermische Vegetationszeit rasch auf 3-4 Monate und weniger zurück. Sie sinkt gegen die vergletscherten Gebirgsregionen und kalten hohen Breiten der *Polarzone* auf 2 bis 0 Monate ab.

Abb. 9: Legendenkonzept und Differenzierung von Klimatypen nach der Dauer der *thermischen* und *hygrischen* Vegetationszeit sowie nach der Länge der Monate mit potentieller *Schneebedeckung*

KLIMA-ZONEN	KLIMATYPEN									Dauer der Schneebedeckung (Monate) (Isochiomenen)	
	Dauer der thermischen Vegetationszeit nach Monaten (Isothermomenen)			*Dauer der hygrischen Vegetationszeit (Monate) (Isohygromenen)*							
				perarid **pa**	arid **a**	semiarid **sa**	subhumid **sh**	humid **h**	perhumid **ph**		
				0	1-2	3-4	5-6	7-9	10-12		
TROPEN **A** TLS = 3h	Kalttropen (lang)	l	≤12	A l pa	A l a	A l sa	A l sh	A l h	A l ph	0	hekistonival
	Warmtropen (sehr lang)	sl	12	A sl pa	A sl a	A sl sa	A sl sh	A sl h	A sl ph		schneefrei
SUBTROPEN **B** TLS = 7h	oligotherm (sehr kurz)	sk	1-2	B sk pa	B sk a	B sk sa	B sk sh	B sk h	B sk ph	8-11	nival
	microtherm (kurz)	k	3-4	B k pa	B k a	B k sa	B k sh	B k h	B k ph	3-7	subnival
	mesotherm (mittel)	m	5-6	B m pa	B m a	B m sa	B m sh	B m h	B m ph	1-3	seminival
	macrotherm (lang)	l	7-9	B l pa	B l a	B l sa	B l sh	B l h	B l ph	<1	oligonival
	megatherm (sehr lang)	sl	10-12	B sl pa	B sl a	B sl sa	B sl sh	B sl h	B sl ph		
MITTEL-BREITEN k ü **C** h l TLS = 12h k a l t TLS = 24h	megatherm (sehr lang)	sl	10-12		C sl a	C sl sa	C sl sh	C sl h	C sl ph		
	macrotherm (lang)	l	7-9		C l a	C l sa	C l sh	C l h	C l ph		
	mesotherm (mittel)	m	5-6		C m a	C m sa	C m sh	C m h	C m ph	1-5	seminival
	microtherm (kurz)	k	3-4		C k a	C k sa	C k sh	C k h	C k ph	3-7	subnival
	oligotherm (sehr kurz)	sk	1-2			C sk sa	C sk sh	C sk h	C sk ph	8-11	nival
POLAR-REGIONEN **D** vergletscherte Gebiete in A-D	microtherm (kurz)	k	3-4				D k sh	D k h	D k ph	8-11	nival
	oligotherm (sehr kurz)	sk	1-2				D sk sh	D sk h	D sk ph		
	hekistotherm (keine)	e	0	D e ph	D e ph	D e ph	D e ph	D e ph	D e ph	12	pernival

(Der aufgerasterte Bereich kennzeichnet die auf der Klimakarte nicht vorhandenen Klimatypen)

2.2 Die hygrische Komponente der Klimatypen
(Isohygromenen)

Seit den ersten Klimaklassifikationsversuchen Wladimir KÖPPENs im vorigen Jahrhundert wurde immer wieder angestrebt, die relevanten Parameter (*Wärme* und *Feuchtigkeit*) für eine klimatische Raumtypisierung zu optimieren. Bis in jüngster Zeit wurden Monats- oder Jahresmittelwerte sowie geschätzte Andauerzeiten des Niederschlags als *hygische Komponente* der sog. effektiven Klimaklassifikationen verwendet. Ab Mitte der 40er Jahre bemühte man sich verstärkt um eine bessere methodische Erfassung der *hygrischen Komponente*, um die *Verdunstung* als die wesentliche Einflußgröße einer klimatischen *Wasserbilanz* bei der Beurteilung der hygrischen Eigenschaften von Landschaften im Rahmen einer weltweiten Klimaklassifikation zu berücksichtigen.

Der erste Schritt in diese Richtung war die Klassifikation von Albrecht PENCK (1910). Er entwickelte bei dem "Versuch einer Klimaklassifikation auf physiogeographischer Grundlage" erstmalig unter Heranziehung der Verdunstung ein Schema der klimatischen Einteilung irdischer Landschaften. Er unterschied nach qualitativer Abschätzung der Humidität (*Verdunstung*) vornehmlich nach geomorphologischen Kriterien, insbesondere nach dem Fließverhalten oberirdischer Gewässer (*Hydrographie*), drei klimatische Haupt*provinzen*, ohne sie jedoch kartographisch darzustellen:
1. Die humide Klimaprovinz *(Niederschlag>Verdunstung ⇒ Abfuhr des Wasseüberschusses durch Flüsse)*
2. Die aride Klimaprovinz *(Niederschlag<Verdunstung ⇒ kein Oberflächenabfluß möglich)*
3. Die nivale Klimaprovinz *(Schneeiger Niederschlag>Ablation ⇒ Abfuhr des Wasserüberschusses durch Gletscher)*

Die *drei Klimaprovinzen* wurden durch *zwei* wichtige *Grenzen* voneinander geschieden, von denen die eine durch das Gleichgewicht von Verdunstung und Niederschlag (*Trockengrenze*), die andere durch das von schneeigem Niederschlag und Ablation (*Schneegrenze*) charakterisiert ist: "die *Schneegrenze* trennt die konstant beschneiten Gebiete von den *aper* werdenden, also nur zeitweilig vom Schnee bedeckten Teilen des Landes" (PENCK 1910: 238). Seit diesen ersten Überlegungen Albrecht PENCKs zur Klassifikation der Klimate mit Bezug auf die Verdunstung wurden mehrere Konzepte zur Bestimmung der potentiellen Verdunstung von Landschaften vorgestellt (THORNTHWAITE 1943, 1948; HAUDE 1954; ALBRECHT 1962, 1965; PAPADAKIS 1965, 1966, 1975). Es hat auch nicht an Versuchen gefehlt, die hygrischen Parameter der Klimaklassifikation auf die Gegebenheiten genormter Landschaftsausschnitte zu beziehen, um ihr Evapotranspirationsverhalten (ETP) zu bestimmen (PENMAN 1948).

LAUER hat in seiner Dissertation 1950 auf der Basis des umgewandelten Ariditätsindexes von E. DE MARTONNE (1926) das *Isohygromenen*-Konzept zur Berechnung der humiden Monate entwickelt. In dem frühen Ansatz benutzte LAUER die mit einem Korrekturfaktor addierte Monatsmitteltemperatur als Ersatz für die Verdunstung von Landschaftsräumen. Die praktische Anwendung dieser Studie war der Entwurf der *Isohygromenenkarten* Afrikas und Südamerikas und ihre Beziehung zu den Vegetationsgürteln (LAUER 1952). Er kam zu dem Ergebnis, daß die Verbreitung der natürlichen Vegetationsgürtel in diesen beiden Kontinentalräumen mit Hilfe eines aus der jahreszeitlichen Niederschlags- und Temperaturverteilung gebildeten Index (*Isohygromenen*) klimatisch zu begründen ist. 1987 entwickelten LAUER & FRANKENBERG zu einer genaueren Bestimmung der humiden Monate einen *pflanzenökologischen Trockengrenzschwellenwert* als Quotient der *aktuellen* (aV) und der *potentiellen* Verdunstung (pV) von Landschaften: [aV/pV]. Die Verdunstung freier Wasserflächen, die die Wasseraufnahmefähigkeit der Atmosphäre unter den gegebenen energetischen Bedingungen widerspiegelt (potentielle Verdunstung), wurde mit Hilfe der Formel von PAPADAKIS (1966) berechnet. Über dem Festland ist die Verdunstung oft wegen Wassermangels deutlich geringer als die potentielle Evapotranspiration. Demzufolge ist auch die Bestimmung der Evapotranspiration zur Ermittlung der Gebietsevapotranspiration oft mit Schwierigkeiten verbunden. Um das Verdunstungsverhalten eines gegebenen Erdausschnitts besser zu erfassen, wurde deshalb der Begriff *potentielle Landschaftsverdunstung* (pLV) geprägt. Zu ihrer Ermittlung geht man von einer beliebig evaporierenden Bodenoberfläche und einem beliebig transpirierenden Pflanzenbestand aus unter der Maßgabe pflanzenphysiologisch stets optimaler Wasserversorgung des Systems *"Boden-Pflanze"*. Den räumlichen Ausdruck fand dieses Konzept in einer Karte der hygrothermischen Klimatypen des Ostabfalls der mexikanischen Meseta (LAUER & FRANKENBERG 1978). Mit dieser Karte wurde erstmalig ein quantifiziertes System zur Definition von Aridität und Humidität von Landschaftsräumen vorgestellt. Die Begriffe *voll-* und *semihumid* bzw. *semi-* und *vollarid* wurden durch feste oder gleitende Werte definiert. Der Quotient von aV/pV = 1,0 drückt den pflanzenökologischen Trockengrenzschwellenwert aus. Er liegt zwischen voll- und semihumid ebenfalls bei dem Quotienten von aV/pV = 1,0. Der Schwellenwert zwischen semihumid und semiarid variiert je nach den pflanzenökologischen und edaphischen Randbedingungen der Verdunstung von 1,0 bis 0,5. Unterhalb von 0,5 beginnt der Bereich der vollen Aridität.

Für den afrikanischen Kontinent legten LAUER & FRANKENBERG (1981) eine ähnlich konzipierte Klimakarte vor, jedoch mit einem methodisch weiter verfeinerten Verfahren zur Berechnung der potentiellen Landschaftsverdunstung (pLV) als Ausdruck des Wasserhaushaltes. Die Entwicklung einer eigenen Formel zur Berechnung der potentiellen Verdunstung (pV) schien notwendig, weil sich herausstellte, daß die noch für Mexiko benutzte Verdunstungsformel von PAPADAKIS (1966) für Afrika nicht anwendbar war. Gerade in Gebieten mit hoher relativer Feuchte versagte dessen Formel. Dies ergab sich aus Vergleichsberechnungen mit Hilfe von *Class-A-Pen*-Daten und denen nach PENMAN (1948). KUTSCH (1978) stellte fest, daß die von LAUER & FRANKENBERG (1981) neuentwickelte Formel durchaus realistische Werte der Verdunstung (pV) auch in zeitlich kürzerer Dimension ergibt; die Werte unterschätzen eher die Verdunstung.

Nach BAUMGARTNER et al. (1996: 341) wird die potentielle Landes- bzw. Landschaftsverdunstung theoretisch erst dann erreicht, wenn die Pflanzen in nahezu gleicher Höhe in vollem Wachstum begriffen sind, der Boden vollkommen beschattet und im Boden Wasser "im Überfluß" verfügbar ist. Nach dem Klassifikationskonzept wird die *potentielle Landschaftsverdunstung* (pLV) definiert als die *potentielle Evapotranspiration* eines realen Landschaftsausschnittes unter der Annahme optimaler Wasserversorgung im Boden. Diese garantiert mit möglichst wenig Bodenfeuchte noch eine generative Entwicklung der Pflanzen. Sie bezieht sich dabei stets auf die Pflanzenwelt, die momentan auf dem Boden stockt. Diese Definition basiert darauf, daß die klimatische Verdunstung für die reale Landschaft - d.h. Boden mit Vegetation - über die Transpiration bzw. Evaporation die potentielle Verdunstung freier Wasserflächen (pV) erheblich modifiziert. Die *potentielle Landschaftsverdunstung* (pLV) unterscheidet sich daher von der *potentiellen Evapotranspiration* (pET) im Sinne von THORNTHWAITE (1948) insofern, als sie nicht von einer überall gleich dichten Vegetationdecke ausgeht, sondern die realen Verhältnisse des *evaporierenden* Bodens und der *transpirierenden* Vegetation berücksichtigt. Sie geht auch nicht, wie das *ETP-Konzept* PENMANs (1948), von einem stets gleichen Transpirationsverhalten der Vegetation aus, sondern berücksichtigt den Jahresgang der optimalen Transpiration realer Vegetationsbestände einer Landschaft (LAUER & FRANKENBERG 1981b: 34) (Abb. 10).

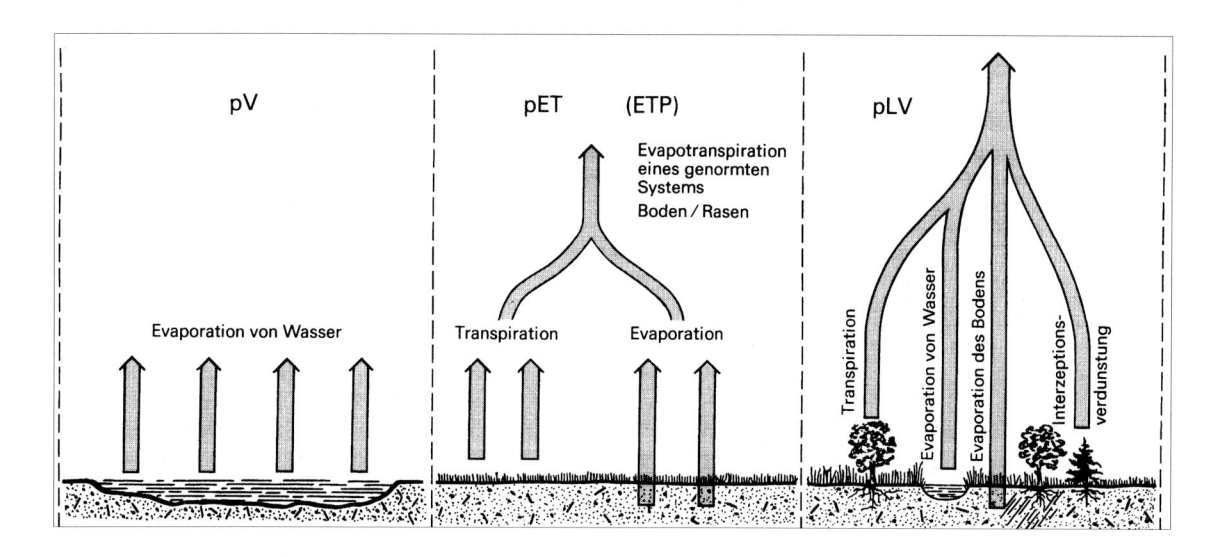

Abb. 10: Schema der verschiedenen Verdunstungsarten (pV, pET, pLV)

2.2.1 Berechnung der potentiellen Landschaftsverdunstung (pLV)

Für die praktische Bilanzierung des Wasserhaushaltes von Räumen mit kontinentalem Ausmaß haben LAUER & FRANKENBERG (1981) nach geeigneten Parametern gesucht, die die *potentielle Landschaftsverdunstung (pLV)* physikalisch hinreichend genau beschreiben sollten. In der *Äquivalenttemperatur* (Tae) - als Maß des für den Verdunstungsvorgang verfügbaren Gesamtwärmeinhalts eines Luftquantums - und im *Sättigungsdefizit* (s) - als Parameter der Wasseraufnahmefähigkeit eines Luftquantums - wurden **die** *physikalischen Größen* gefunden, mit deren Hilfe sich die potentielle Verdunstung freier Wasserflächen (pV) möglichst genau berechnen läßt.

Ausgangspunkt bei der Ermittlung der potentiellen Landschaftsverdunstung (pLV) auf Monatsbasis ist die Berechnung der monatlichen Werte der potentiellen Verdunstung freier Wasserflächen (pV) mit Hilfe der an vielen meteorologischen Stationen der Erde gemessenen Klimaelemente *Niederschlag, Lufttemperatur, relative Feuchte* und *Luftdruck* (Abb. 11). Für die Berechnung der potentiellen Verdunstung freier Wasserflächen (pV) entwickelten LAUER & FRANKENBERG (1981) folgende Formel:

$$pV = \frac{Tae \cdot rS}{12} \quad \dots\dots\dots\dots\dots\dots\dots\dots\dots\dots 1$$

Tae = Äquivalenttemperatur; rS= relatives Sättigungsdefizit

Die *Äquivalenttemperatur (Tae)* läßt sich mit Hilfe der Formel nach LINKE (1938) berechnen:

$$Tae = \frac{cp'}{cp} \cdot T + f \cdot 1548 \frac{E}{p} (1 - 0{,}001t) \quad \dots\dots\dots\dots 2$$

Tae = Äquivalenttemperatur; cp = Wärmekapazität trockener Luft; cp' = Wärmekapazität feuchter Luft;
T= absolute Temperatur; f = relative Feuchte; E = maximaler Dampfdruck; p = Luftdruck; t = gemessene Lufttemperatur

Die Werte für die *Äquivalenttemperatur (Tae)* wurden den Tabellen aus dem Meteorologischen Taschenbuch (1970, nach LINKE 1938) (s. Anhang Tab. I) interpoliert unter Zuhilfenahme der verfügbaren Stationsdaten der wahren Temperatur [°C], der relativen Feuchte [%] und des Luftdrucks [hPa]. Die Werte der Tabelle beziehen sich auf 100% relativer Feuchte. Das *Sättigungsdefizit* (s) drückt die Differenz zwischen dem maximal möglichen und dem tatsächlich vorhandenen Dampfdruck aus. Es steht in sehr enger Beziehung zur relativen Feuchte, die sich aus dem Verhältnis der wirklich vorhandenen und der maximal möglichen Menge des Wasserdampfes berechnen läßt. Ist zum Beispiel ein Luftvolumen vollständig mit Feuchtigkeit gesättigt (rF≈100%), so nähert sich die Verdunstungskraft (Sättigungsdefizit) dem Wert Null.

Die Klimate der Erde auf ökophysiologischer Grundlage 43

```
┌─────────────────────┐      ┌─────────────────────┐      ┌─────────────────────┐
│ Lufttemperatur [°C] │      │ relative Feuchtigkeit [%] │  │   Niederschlag [mm] │
│ und Luftdruck [hPa] │      └─────────────────────┘      └─────────────────────┘
│ als Grundlage der   │
│ Ermittlung der      │
│ Äquivalenttemperatur│
│ (Tae) aus den       │
│ Tabellen von LINKE  │
│ (1938)              │
└─────────────────────┘
```

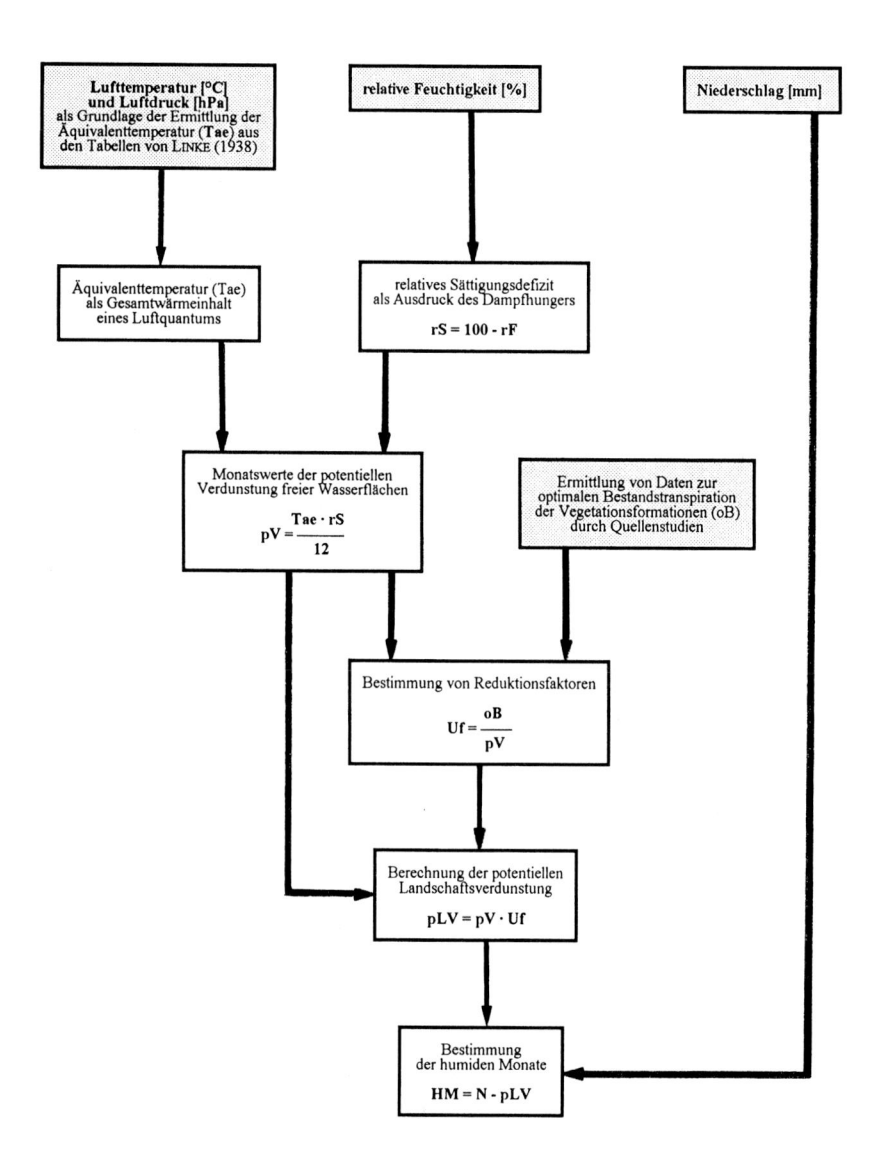

Abb. 11: Berechnungsweg der humiden Monate

Wird man an einer Klimastation die gemessene relative Feuchte (rF) von der maximal möglichen (100 %) abziehen, erhält man ein Maß für die Verdunstungskraft bzw. Wasseraufnahmefähigkeit der überlagernden Luftschicht an der betreffenden Station. Dies stellt die Grundlage der im Klassifikationskonzept verwendeten Größe des *relativen Sättigungsdefizits* (rS) dar, das als Ausdruck des *"Dampfhungers"* an einer Station angesehen wird. Sie läßt sich berechnen mit der Formel:

$$rS = 100 - rF \dotfill 3$$

Im relativen Sättigungsdefizit (rS) ist implizit auch den Faktor Wind eingeschlossen, weil Wind sehr eng mit rS korreliert. In der Formel zur Berechnung der potentiellen Verdunstung freier

Wasserflächen (pV) sind somit alle wesentlichen, die Verdunstung beeinflussenden Parameter enthalten: ein *Energie-Term*, ein *Sättigungsdefizit-Term* und indirekt auch der Faktor *Wind*.

Durch den Einsatz der Äquivalenttemperatur an Stelle der gemessenen Lufttemperatur bei der Berechnung der potentiellen Verdunstung freier Wasserflächen (pV) berücksichtigt man die *fühlbare* und *latente Wärme* als die verdunstungsrelevanten Komponenten des Wärmeinhaltes eines Luftquantums an einer Station. Erst die Relation von beiden gestattet Rückschlüsse auf das hygrothermische Klima: je höher der resultierende Wert, um so weniger Wärme ist in latenter Form gebunden und um so geringer ist das Feuchtevolumen in Relation zur vorhandenen fühlbaren Wärme und umgekehrt. KRÜGER (1942) untersuchte bereits in seiner Dissertation die Raummuster der Äquivalenttemperatur und ihre Bedeutung für die Vegetation.

2.2.2 Das Problem der Reduktionsfaktoren zur Ermittlung der potentiellen Landschaftsverdunstung (pLV)

Die klimatische Verdunstung ist für die reale Landschaft im Grunde genommen eine theoretische Größe. Es ist mehrfach bewiesen worden, daß sich das Transpirationsverhalten unterschiedlich bedeckter Oberflächen sogar auf engstem Raum verändert. Für ein Savannengebiet in Afrika konnte BALEK (1977) bei gleichen klimatischen Bedingungen deutliche Differenzen der Evapotranspiration unterschiedlicher Bedeckungstypen nachweisen (s. Kap. II.2.2.4). Um aus Daten der Tankverdunstung (*Class-A-Pan*) die wirkliche Verdunstung eines Raumes zu berechnen, wurden frühzeitig zur Abschaltung des sogenannten *"Oaseneffektes"* Korrekturfaktoren eingesetzt, die für humide Gebiete zwischen 0,9 und 0,7 und für aride Gebiete zwischen 0,5 und 0,6 lagen (WALTER 1973: 188).

Zur praktischen Berechnung der oben definierten potentiellen Landschaftsverdunstung (pLV) aus den berechneten monatlichen Werten der Verdunstung

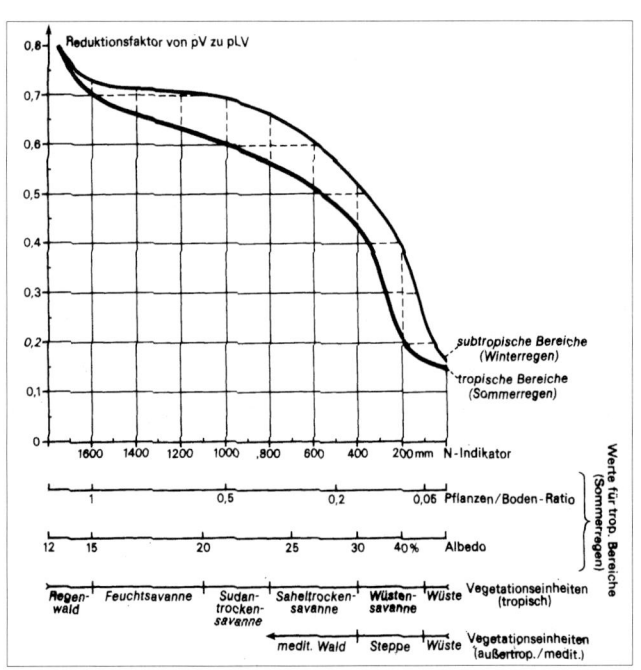

Abb. 12: Modell der gleitenden Reduktionsfaktoren zur Ableitung der pLV aus der potentiellen Verdunstung freier Wasserflächen (pV) auf Jahresbasis

freier Wasserflächen (pV) mußten *monatliche Reduktionsfaktoren* (Uf) ermittelt und eingesetzt werden. Diese tragen dem saisonalen Wandel der Transpiration der gegebenen realen Vegetationseinheiten und der Evaporation des Bodens im System *Klima-Boden-Pflanze* Rechnung. Die potentielle Landschaftsverdunstung (pLV) läßt sich praktisch mit Hilfe eines *Reduktionsfaktors* (Uf) aus der pV berechnen:

$$pLV = pV \cdot Uf \quad \dots \dots \dots \dots \dots \dots \dots \dots \dots \dots \dots \dots \quad 4$$

LAUER/FRANKENBERG (1978, 1981b) entwickelten auf der Basis der vorgenannten Überlegungen ein Modell der *"gleitenden Reduktionsfaktoren"*, indem die *Jahresniederschlagsmenge* unter Berücksichtigung von *Albedo* und einer *Boden/Pflanzen-Ratio* eingebaut wurde (Abb. 12). Der Kurvenverlauf gleicht der Form nach der Reduktionskurve der potentiellen Evapotranspiration von HOLDRIDGE (1959, 1962).

Zur Bestimmung der Reduktionsfaktoren auf *Monatsbasis* wurden in der vorliegenden Klassifikation Angaben zur *Bestandstranspiration* (oB) der natürlichen und kultürlichen Vegetation der umfangreichen Literatur entnommen. Sie belegen, daß die Verdunstung freier Wasserflächen von der potentiellen Landschaftsverdunstung positiv oder negativ abweicht (Tab. 8).

Die *Bestandstranspiration* drückt bei den Vegetationsbeständen im Grunde die potentielle *Landschaftsverdunstung* (pLV) aus, da sie in einem Landschaftsausschnitt die transpirierenden Pflanzen und den evaporierenden Boden berücksichtigt (LARCHER 1994: 213-216). Da aber erdweit noch keine detaillierte, flächendeckende Angaben zur Bestandstranspiration verschiedener Vegetationsformationen vorliegen, kann aus der pLV das Verdunstungsverhalten von Landschaften annähernd bestimmt werden.

Tab. 8: Jährliche potentielle Verdunstung freier Wasserflächen (pV) (eigene Berechnungen), optimale Bestandstranspiration (oB) (aus LARCHER 1994: 219) sowie daraus abgeleitete Reduktionsfaktoren (Uf) zur Bestimmung der jährlichen potentiellen Landschaftsverdunstung (pLV). (mittlere oB = Mittel aus Maximal- und Minimalwerten der Bestandverdunstung)

Vegetationstyp	oB	mittlere oB	pV	Uf	pLV
Regenwälder	1500-2000	1750	1132	1,54	1743,28
Tropische Baumplantagen	2000-3000	2500	1526	1,63	2487,38
Immergrüne Nadelwälder	300-600	450	332	1,3	431,6
Laubwälder der Mittelbreiten	500-800	650	575	1,13	649,75
Hartlaubgehölze	400-500	450	804	0,55	442,20
Waldsteppen	200-400	300	561	0,53	297,33
Subtrop. Trockensteppen	um 200	um 200	1091	0,18	196,38
Grünland, Mähwiesen, Weiden	300-400	350	660	0,69	448,50
Getreidefelder	400-500	450	650	0,69	448,50
Alpine Schuttfluren	10 bis 20	15	15	1,0	15

oB (mm): mittlere optimale Bestandsverdunstung; (pV) [mm]: Verdunstung freier Wasserflächen; Uf: Reduktionsfaktoren als Quotient von oB ÷ pV; (pLV) (mm): potentielle Landschaftsverdunstung

Tab. 9: Beziehung zwischen Niederschlag, Abfluß und Verdunstung in Abhängigkeit von Waldbedeckung in der Ukraine (n. Angaben von MOLCHANOV, aus BAUMGARTNER 1984)

Ratio	Waldbedeckung					
	0	20	40	60	80	100%
A/N	42	33	26	24	21	18%
V/N	58	67	74	76	79	82%

(N = Niederschlag, A = Abfluß, V = Verdunstung)

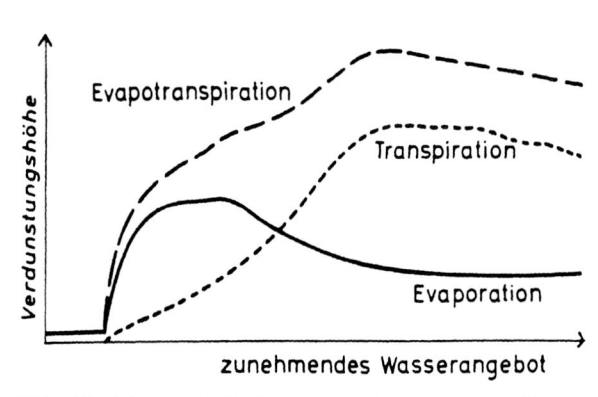

Abb. 13: Schema der Relation von Evaporation und Transpiration (nach GENTILLI 1953, aus KELLER 1961)

Tabelle 8 weist aus, daß unter mehr oder weniger gleichen klimatischen Bedingungen die Wälder wegen ihrer größeren Massenentwicklung erkennbar mehr transpirieren als die offenen, unbewaldeten Areale (LARCHER 1994: 219). Auch BAUMGARTNER (1984: 285) hat nachgewiesen, daß "in den Mittelbreiten die Evapotranspiration eines Waldes mit >850 mm pro Jahr erheblich höher ist als die des nackten Bodens mit 400-500 mm/Jahr". Für die Ukraine hat MOLCHANOV (1966) das Verhältnis zwischen Wasserverbrauch durch Vegetation (Transpiration) und dem oberflächlichen Abfluß mit dem prozentualen Anteil der Waldbedeckung in Beziehung gesetzt. Daraus ergibt sich, daß bei zunehmender Waldbedeckung die Verdunstung stetig wächst, während sich der Abfluß sukzessive verringert (vgl. auch BAUMGARTNER 1984: 285) (Tab. 9).

2.2.3 Reduktionsfaktoren für die Klimastationen der Außertropen

Zur Entwicklung der monatlichen Reduktionsfaktoren für die Klimastationen der *Außertropen* wurden zunächst aus der Literatur Angaben über die Monatswerte der *optimalen Bestandsverdunstung* (oB) für jeden auf der Karte der realen Vegetation und Bodennutzung (Beilage II) ausgegliederten Bodenbedeckungstyp zusammengestellt. Die monatlichen Werte der potentiellen Verdunstung freier Wasserflächen (pV) wurden für die innerhalb derselben Bodennutzungsregion liegenden Stationen nach der Formel 1 berechnet und anschließend aus den berechneten pV-Werten aller in der gleichen Bodennutzungszone liegenden Stationen Mittelwerte der monatlichen potentiellen Gebietsverdunstung freier Wasserflächen (pV) bestimmt. Durch die *Division* der monatlichen Werte der optimalen Bestandstranspiration (oB) durch die monatliche potentielle Gebietsverdunstung freier Wasserflächen (pV) ergaben sich *monatliche* Werte für Reduktionsfaktoren (Uf), die nunmehr zur Berechnung der pLV aller Stationen des gleichen Bodenbedeckungstyps eingesetzt werden konnten:

$$\mathrm{Uf} = \frac{\mathrm{oB}}{\mathrm{pV}} \quad \dots\dots\dots\dots\dots\dots\dots\dots\dots\dots\dots\dots\dots\dots\dots\dots\dots\; 5$$

Uf = Reduktionsfaktor; oB = optimale Bestandstranspiration (aus der Literatur);
pV = potentielle Verdunstung freier Wasserfläche (berechnet n. Formel 1)

In Tab. 10 ist die Bestimmung der Reduktionsfaktoren (Uf) am Beispiel von Grünland exemplarisch aufgeführt. Nach diesem Schema wurde für alle auf der Karte der realen Vegetation vorkommenden Landschaftstypen der *Außertropen* unter Berücksichtigung von Kontinentalität und Maritimität *'gleitende'* monatliche Reduktionsfaktoren festgelegt (s. Anhang, Tab. II).

Tab. 10: Bestimmung von gleitenden Reduktionsfaktoren (Uf) am Beispiel von Grünland (nach Angaben von WENDLING 1975, KAVIANI 1974, KELLER 1961, KONSTANTINOV 1966, PENMAN 1963, PŘIBÁN & ONDOK 1980, WECHMANN 1964, LARCHER 1994)

Skala	J	F	M	A	M	J	J	A	S	O	N	D	Jahr
oB	7,7	11,9	30,1	60,02	111,3	130,9	128,1	102,9	63,7	34,3	12,6	6,3	700
pV	14,8	17,6	28,4	43,5	62,1	77,5	83,5	74,7	56,9	34,9	21,2	14,4	529,5
Uf	0,52	0,68	1,06	1,38	1,79	1,69	1,53	1,38	1,12	0,98	0,59	0,44	1,32

oB (mm): optimale Bestandstranspiration von Grünland gemittelt nach Angaben verschiedener Autoren
pV (mm): Monatsmittelwerte der berechneten Gebietsverdunstung freier Wasserflächen aller Stationen im Bereich des Bodenbedeckungstyps Grünlandzone
UF : Reduktionsfaktoren als Ratio von oB/pV

Der Vorteil des Einsatzes der *'gleitenden'* Reduktionsfaktoren bei der Berechnung der pLV liegt darin, daß man damit den saisonalen, von Station zu Station wechselnden Verdunstungsanspruch der Atmosphäre berücksichtigen kann. In Gebieten mit einem für die pflanzliche Stoffproduktion günstigen Wärme- und Wasserhaushalt können beispielsweise höhere pLV-Werte errechnet werden als in Räumen ungünstiger Wärme- und Wasserhaushaltsbedingungen. Somit ergibt sich innerhalb einer jeden Bodenbedeckungsregion ein differenziertes Bild der potentiellen Landschaftsverdunstung.

Bei der Ermittlung der Reduktionsfaktoren nach dem oben beschriebenen Schema sind allerdings zwei insbesondere für die Kulturlandschaften *außertropischer* Räume wesentliche Voraussetzungen nicht erfüllt. In den Monaten der Nacherntezeit (sog. *Brachezeit*) und in denen mit *Schneebedeckung* wird keine potentielle Landschaftsverdunstung bestimmt, da man in diesen Monaten nicht von einer Biomassenoptimierung der Vegetation ausgehen kann. Für diese Zeiten sind Reduktionsfaktoren bzw. Absolutwerte zur Ableitung einer potentiellen Verdunstung unbedeckter Böden (pBV) bzw. einer potentiellen Schneeverdunstung (pSV) berechnet worden (Abb. 14).

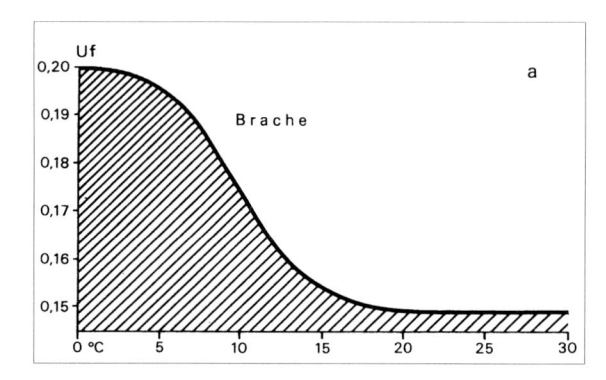

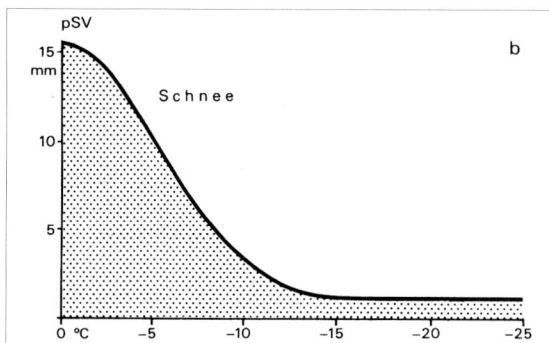

Abb. 14: Reduktionsfaktoren (Uf) zur Ableitung der potentiellen Verdunstung von nacktem Boden (pBV) (links) und Absolutbeträge der potentiellen Schneeverdunstung (pSV) (rechts)

Die Bestimmung der humiden Monate erfolgt durch die Gegenüberstellung der berechneten pBV- bzw. pSV-Werte mit den Niederschlagswerten der entsprechenden Monate. Die Anzahl der Monate ohne Pflanzenbedeckung wurde für die Mittelbreiten phänologischen Karten von SCHNELLE (1965, 1970) entnommen. Als Monate mit Schneebedeckung wurden nach den Bestimmungen des Deutschen Wetterdienstes (1980) solche definiert, in denen im langjährigen Mittel in mehr als der Hälfte der Tage Schneebedeckung auftritt. Es sind dies Monate mit einer Mitteltemperatur von ≤-1 °C. Bei der Berechnung der pLV wird in den sogenannten Schneemonaten unabhängig davon, ob die schneebedeckten Gebiete Vegetation tragen oder als unbedeckter Boden gelten, von einer spezifischen Schneeverdunstung ausgegangen.

2.2.4 Reduktionsfaktoren für Klimastationen der Tropen

Im Rahmen der vorliegenden Klassifikation erfolgt die Einteilung der Klimate sowohl in den warmen als auch in den kalten Tropen durch die Veränderung der Parameter des Wasserhaushalts. Dabei ist zu berücksichtigen, daß bei einer kleinräumigen Differenzierung der Klimate nach hygrischen Kriterien nicht die Niederschlagsmenge allein, sondern vor allem die Dauer der humiden und ariden Zeiten ausschlaggebend ist LAUER (1952).

Es ist bekannt, daß in den unterschiedlich dichten Vegetationsbeständen eines einzelnen tropischen Landschaftsraumes verschiedene Verdunstungsverhalten erwartet werden können. Die tropischen *Regenwälder* verdunsten in der Regel erheblich mehr als dies ein mit Wasser gefüllter Verdunstungstank (*Class-A-Pan*) im Regenwald-Milieu aufzeigt; in den tropischen Baumplantagen gleicher klimatischer Prägung ist die Bestandsverdunstung sogar noch höher (LARCHER 1994:

219, vgl. Tab. 8). Dies beruht auf der Tatsache, daß die Absorption hoher Nettoeinstrahlungsmengen durch einen Waldbestand im Zusammenhang mit ausreichender Feuchtigkeit dazu führt, daß ein Waldökosystem mehr Biomasse produzieren und daher gegenüber den unbewaldeten Landschaften auch mehr verdunsten kann (BAUMGARTNER 1984: 285). Für ein *Savannengebiet* in Afrika konnte BALEK (1977) unter gleichen klimatischen Voraussetzungen nachweisen, daß dort ein Waldökosystem im Mittel wesentlich mehr verdunstet als ein Grasökosystem (Abb. 15). In den wüstenhaften Regionen der *Trockengebiete* der Erde ist die Landschaftsverdunstung sehr stark eingeschränkt, da in der Regen-, vor allem aber in der Trockenzeit die spärliche, dürre, nahezu laublose Vegetationsdecke entweder gar nicht oder nur geringfügig in der Lage ist zu transpirieren. Die geringe Vegetationsdichte im Sinne einer verminderten oberirdischen Phytomasse steht in linearer Beziehung zur abnehmenden Niederschlagshöhe (WALTER 1973). Die Erkenntnis, daß ein unbewachsener Boden erheblich weniger Wasser verdunsten kann als ein bewachsener, wurde bereits von LAUER & FRANKENBERG (1981: 39 ff.) ausführlich diskutiert. In den Trockenmonaten ist vor allem in Räumen mit negativer Wasserbilanz die potentielle Landschaftsverdunstung (pLV) stark eingeschränkt gegenüber den Monaten mit ausreichendem Niederschlag.

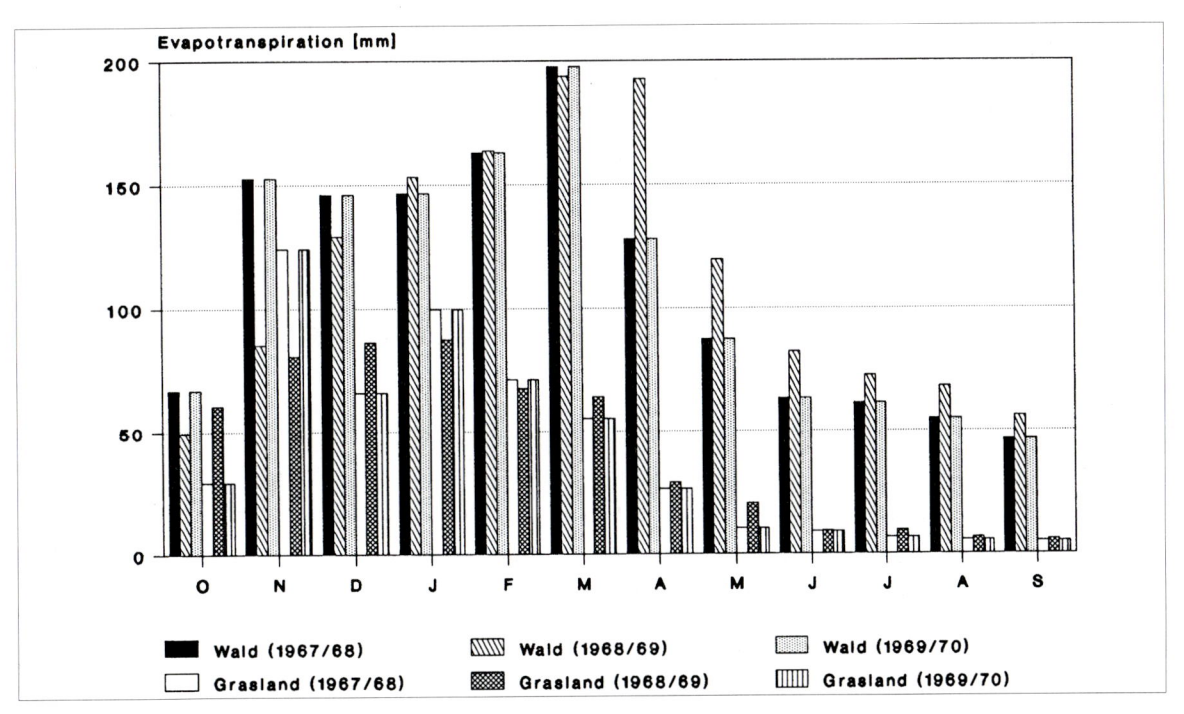

Abb. 15: Transpiration von Wald- und Gras-Ökosystemen in einer afrikanischen Savanne
(n. Angaben von BALEK 1977)

Nicht nur in den Trockengebieten der Erde, sondern auch in den durch Brandrodung freigelegten Lichtungen der tropischen Regenwälder geht die Bestandstranspiration gegenüber dem dichten Wald schlagartig zurück. Durch die Entwaldung wird die Rückstrahlung (Albedo) von der Erdoberfläche erhöht. Nach der Umwandlung einer Waldfläche in Acker- bzw. Weideland nimmt die Albedo von etwa 12 auf 22% zu. In den Tropen werden 80% der umgewandelten Strahlungsenergie für die Verdunstung von Wasserdampf verbraucht und nur 20% für die direkte Erhöhung der Temperatur. Durch die Rodung verschiebt sich die Energiebilanz der *Bowen-Ratio*, d.h. die Relation zwischen *fühlbarer* und *latenter* Wärme, zugunsten des fühlbaren Wärmestroms, was zu einer Verringerung der Bewölkung und damit einer Veränderung des Strahlungshaushaltes führt. Dies hat auch eine nachhaltige Veränderung des Wasserhaushaltes zur Folge, weil auf der gerodeten Fläche die Verdunstung und damit der Wasserdampfgehalt der Luft abnimmt. (Bericht der Enquete-Kommission des Bundestages "Schutz der Grünen Erde" 1994: 518, Bonn).

Als Folge der Entwaldung ändert sich das Verhältnis der gesamten Blattfläche eines Waldbestandes zu der von ihr bedeckten Bodenoberfläche. Untersuchungen zum Blattflächenindex weisen auf sehr enge Beziehung der Bestände zum Niederschlag bzw. den lokalen Wasserverhältnissen hin. Die Entwaldung beeinflußt die Wasserbilanz erheblich, wenn man bedenkt, daß die Pflanzen für die Produktion von jedem Kilogramm organischer Substanz 400-600 Kilogramm oder Liter Wasser transpirieren (WALTER 1963: 84). In einer empirischen Studie in SW-Afrika konnte WALTER (1963: 87) nachweisen, daß zwischen der Biomassenproduktion und der Niederschlagsmenge ein linearer Zusammenhang besteht. Durch die Rodung verringert sich der Blattflächenindex (WALTER 1973: 191). Die Rodung des Regenwaldes gleicht somit einer plötzlichen *"Aridisierung"* der abgeschlagenen Waldfläche, weil dadurch die Albedo erhöht, der Anteil der latenten Wärme im Gesamtwärmeinhalt eines Luftquantums zugunsten der fühlbaren Wärme verschoben und somit die Bestandstranspiration herabgesetzt wird. WALTER (1973: 188) fordert daher, daß die gemessenen Werte der großklimatischen Verdunstung mit *Class-A-Pan* wegen des *"Oaseneffekts"* mit einem *Korrekturfaktor* multipliziert werden muß, der für semiaride Gebiete 0,7, für humide 0,8-0,9, für aride 0,5-0,6 ist.

Diese Überlegungen legen die Annahme nahe, daß in den *wechselfeuchten Tropen* die regengrünen Feuchtwälder, Trockenwälder und Trockensavannen in Monaten der *Trockenzeit* wegen stark reduzierter grüner oberirdischer Biomasse in der Vegetationsdecke die potentielle Landschaftsverdunstung auf ein Minimum reduziert sein muß. Umgekehrt sind die regengrünen Wälder der wechselfeuchten Tropen durchaus in der Lage, bei ausreichendem Niederschlag und voller Belaubung in der *Regenzeit* erheblich mehr zu transpirieren. Sie gleichen in dieser Zeit quasi einem echten Regenwald mit dem kompletten ökophysiologischen Reaktionsvermögen. Deshalb müssen für die tropischen Landschaften *gleitende monatliche Reduktionsfaktoren* entwickelt werden, mit deren Hilfe sich das Verdunstungspotential verschiedener Teilregionen innerhalb der einzelnen tropischen Bodenbedeckungstypen nach dem zeitlichen Wandel topoklimatischer

Merkmale kleinräumig besser berechnen lassen. Für die tropischen Landschaften entwickelten LAUER & FRANKENBERG (1978: 50, 1981: 38) gleitende Reduktionsfaktoren auf der Basis des *Jahresniederschlags* als Indikator in Verbindung mit der Albedo und einer sog. Boden/Pflanzen-Ratio (vgl. Abb. 12). Dieses Konzept wurde zur Ermittlung der *monatlichen* Werte der Reduktionsfaktoren erweitert. Ausgehend von Daten der optimalen Bestandstranspiration (oB) wurden zur Berechnung der *monatlichen* potentiellen Landschaftsverdunstung (pLV) gleitende Reduktionsfaktoren ermittelt unter Berücksichtigung der *monatlichen* Niederschlagssummen.

Um das wahre Verdunstungsverhalten tropischer Landschaften annähernd zu bestimmen, wurden zunächst auf der Basis von Daten zur optimalen Bestandstranspiration (vgl. Tab. 8) für alle tropischen Landschaftstypen zwischen den innertropischen Regenwäldern und den randtropischen Wüsten zwei Reduktionswerte für die jeweils optimale und minimale Niederschlagsversorgung der Bestände festgelegt (Tab. 11). Dabei wurden die berechneten monatlichen pV-Werte der Regenwaldstationen z.B. mit einem Faktor 1,5 multipliziert, wenn in dem entsprechenden Monat ≥200 mm Niederschlag gefallen war; andernfalls wurde der berechnete monatliche pV-Wert mit 0,8 reduziert. Den verwendeten Reduktionsfaktorwerten (1,5 und 0,8) liegen empirische Befunde zum Transpirationsverhalten von Regenwäldern zu Grunde, die zeigen, daß in den tropischen Regen- und Bergwäldern eine Bestandsverdunstung von 1500-2000 mm/Jahr erreicht werden kann (LARCHER 1994, vgl. auch Tab. 8).

Tab. 11: Niederschlagsschwellenwerte und Reduktionsfaktoren (Uf) zur Bestimmung der pLV tropischer Landschaften

tierra helada und tierra fria	Páramo	Feuchtpuna	Trockenpuna	Dornpuna	Wüstenpuna	
	Höhen- und Nebelwald	Feucht-Sierra	Trocken-Sierra	Dorn-Sierra	Höhen(halb)wüste	
	N≥100 mm: Uf = 1,0 N <100 mm: Uf = 0,5	N≥75 mm: Uf = 0,8 N <75 mm: Uf = 0,5	N≥50 mm: Uf = 0,6 N <50 mm: Uf = 0,4	N≥30 mm: Uf = 0,4 N <30 mm: Uf = 0,2	N≥30 mm: Uf = 0,2	
tierra templada und tierra caliente	Bergwald (z.T. Wolkenwald)	montane Feuchtsavanne	montane Trockensavanne	montane Dornsavanne	montane Halbwüste	montane Wüste
	Regenwald	Feuchtsavanne (Kulturland)	Trockensavanne	Dornsavanne	Wüstensavanne	Vollwüste
	N≥200 mm: Uf = 1,5 N <200 mm: Uf = 0,8	N≥150 mm: Uf = 1,2 N <150 mm: Uf = 0,7	N≥125 mm: Uf = 1,0 N <125 mm: Uf = 0,5	N≥100 mm: Uf = 0,7 N< 100 mm: Uf = 0,4	N≥50 mm: Uf = 0,5 N <50 mm: Uf = 0,3	N≤50 mm Uf = 0,2

Anschließend wurden zur Bestimmung der *gleitenden Reduktionsfaktoren* für 192 tropische Klimastationen aus den berechneten monatlichen pV-Werten nach den *Niederschlagsschwellenwerten* der Tab. 11 mit Hilfe der zwei festgelegten Uf-Werten jeweils die monatlichen Werte der potentiellen Landschaftsverdunstung (pLV) bestimmt. Aus den so ermittelten Monatswerten der pLV wurde anschließend ein gewichteter Jahresmittelwert der pLV berechnet. Auch aus den monatlichen pV-Werten wurde ein gewichteter Jahres-pV-Wert gebildet. Durch die Division der Jahres-pLV durch die Jahres-pV ergab sich ein *gewichteter **Uf**-Jahresmittelwert* für die entsprechende Station. Für dieselben Stationen wurde auch aus der Summe der Monatsniederschläge und ihrer Division durch den Wert 12 ebenfalls ein gewichteter "Mittelwert" für den Jahresniederschlag berechnet. Dadurch ergab sich für jede Station ein Wertepaar aus **Uf**-Mittelwert und **N**-Mittelwert, mit deren Hilfe anschließend eine lineare Regression berechnet wurde (Abb. 16). Die Regressionsgrade, die mit einem Korrelationskoeffizienten von r=0,93452 den engen Zusammenhang zwischen den **Uf**-Werten und den monatlichen Niederschlagsmengen aufzeigt, wurde als Bezugsbasis zur Bestimmung der **Uf**-Werte herangezogen.

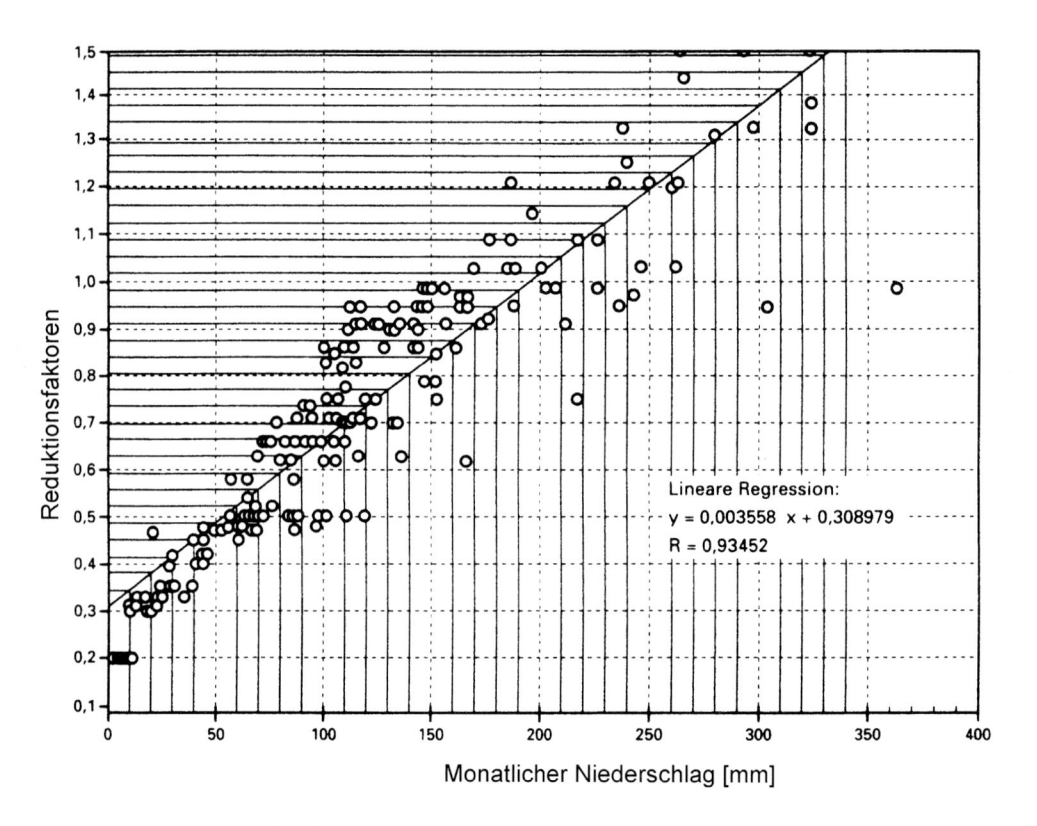

Abb. 16: Regressionsanalyse des Beziehungsgefüges zwischen monatlichem Niederschlag und gewichteten Reduktionsfaktoren für die tropischen Bodenbedeckungstypen

Die Tatsache, daß die durchgeführte Regressionsanalyse (Abb. 16) statistisch eine Art "Zirkelschluß" darstellen könnte, wurde in Kauf genommen, weil sich durch die Verwendung von nur zwei **Uf**-Werten der optimalen bzw. minimalen Niederschlagsversorgung nach der Tab. 11 insbesondere an den Stationen der wechselfeuchten Tropen - und hier speziell in den Monaten der Trockenzeit - hohe pLV-Werte ergaben, die dem tatsächlichen Verdunstungsverhalten des jeweiligen Monats widersprechen. Zwei Beispieldiagramme (Abb. 17) aus den wechselfeuchten Tropen Afrikas demonstrieren diesen Umstand sehr eindruckvoll.

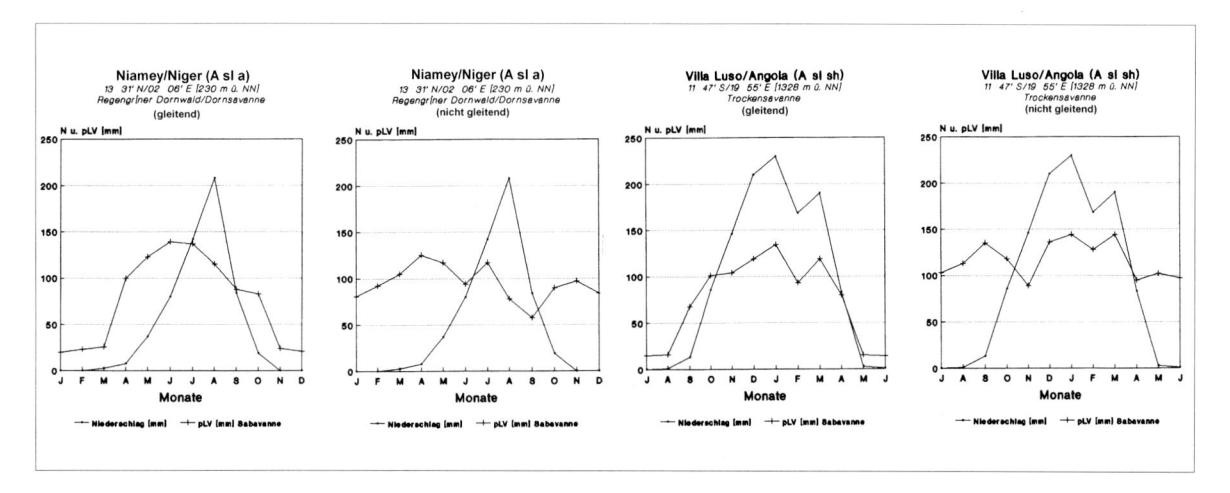

Abb. 17: Vergleich der gleitenden (jeweils links) und nicht gleitenden (jeweils rechts) Reduktionsverfahren der potentiellen Verdunstung freier Wasserflächen (pV) zur Ermittlung der potentiellen Landschaftsverdunstung (pLV) für zwei afrikanische Savannen-Stationen

Die Werte der monatlichen potentiellen Landschaftsverdunstung (pLV) einer Station ergeben sich als Produkt des berechneten pV-Wertes und des aus der Regressionsgrade mit Hilfe des Monatsniederschlags abzulesenden Uf-Wertes. Die pLV wird mit Hilfe folgender Formel berechnet:

$$pLV = pV \cdot Uf \dotfill 6$$

2.2.5 Bestimmung der humiden Monate

Humide und aride Monate des Jahres gelten nach dem landschaftsökologischen Konzept der vorliegenden Klassifikation als quantitativer Ausdruck des Wasserhaushaltes an einem Standort. Sie ergeben sich aus der Differenz der monatlichen Werte des Niederschlags (N) und der potentiellen Landschaftsverdunstung (pLV). Ein *Monat* ist bestandsökologisch *humid*, wenn in diesem der gefallene Niederschlag (N) die potentielle Landschaftsverdunstung (pLV) wenigstens erreicht. Er läßt sich aus folgender Formel ableiten:

$$hM = N - pLV \dotfill 7$$

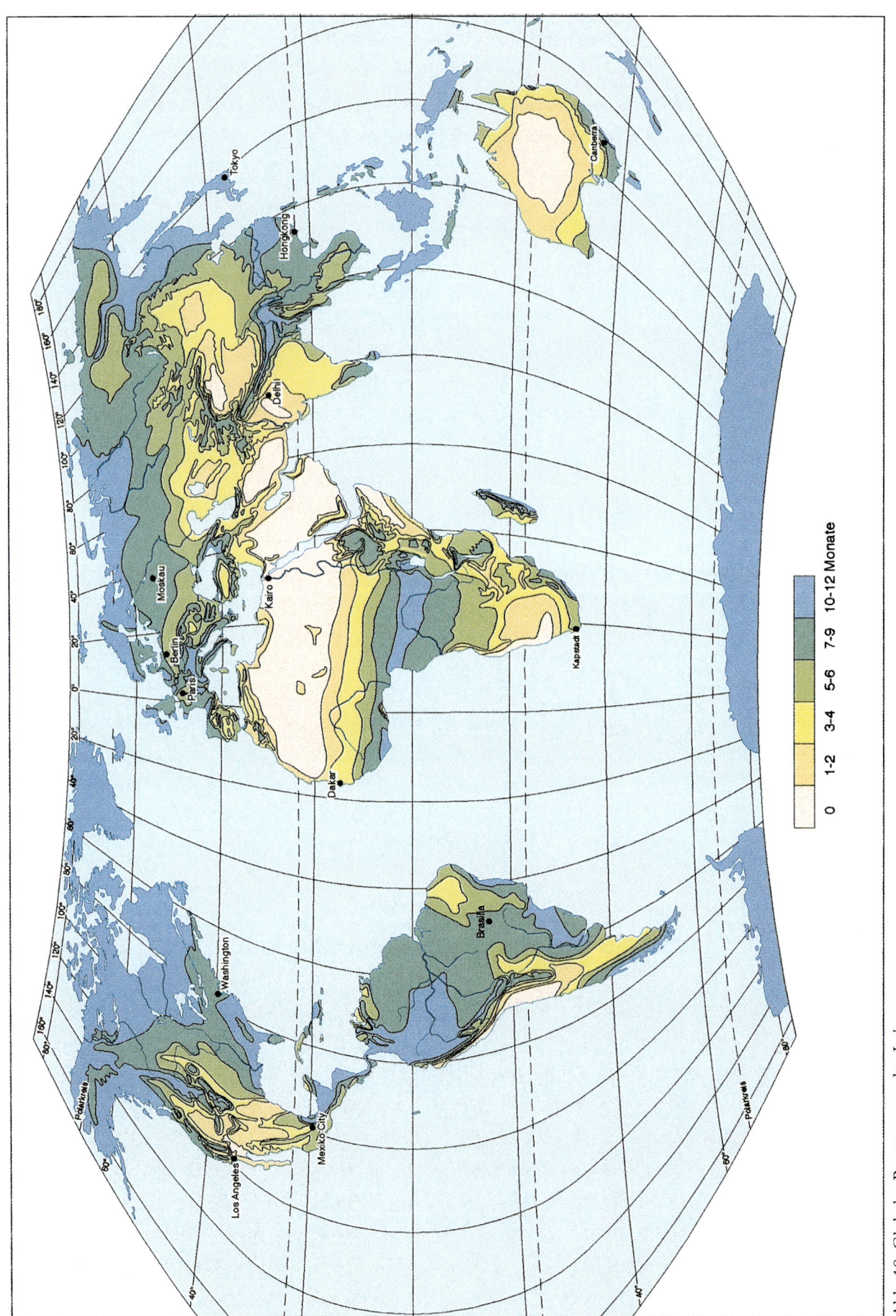

Abb. 18: Globales Raummuster der *Isohygromenen*

Die Anzahl der humiden Monate (hM) wurde als sogenannte *Isohygromenen* (Linien gleicher Anzahl humider Monate) in der vorliegenden Klassifikation zur räumlichen Differenzierung des hygrischen Klimas von Landschaften eingesetzt.

Exemplarsich sollen in Tab. 12 am Beispiel der Klimastation Luxemburg die in der vorliegenden Klimaklassifikation verwendeten und berechneten Daten nach den o.g. Formeln unter Einsatz der LINKEschen Tabellen zur Bestimmung der Äquivalenttemperatur vorgeführt werden. In Abb. 18 sind die Linien gleicher Andauer der humiden Monate (*Isohygromenen*) als *hygrischer Parameter* der Klimatypisierung dargestellt (Beilage I). Die Raummuster der *Isohygromenen* und *Isothermomenen* (vgl. Abb. 8 u. Abb. 18) ergeben jeweils ein einfaches Isolinienbild. Erst aus deren Interferenz entsteht das komplizierte Bild der hygrothermischen Klimatypen der Erde (Beilage I). Durch den Einsatz der Andauerwerte der *thermischen* und *hygrischen Vegetationszeit* als Ausdruck des Wärme- und Wasserhaushalts von Landschaften zeichnen die hygrothermischen *Klimatypen* im wesentlichen die klimatischen Bedingungen eines Standorts einschließlich seines Umfeldes nach (*Klimaregionen*). Die Klimaklassifikation berücksichtigt die Prozeßabläufe im Sinne eines *ökologischen Regelkreises*, in dem die wechselseitige Prägung von Klima und Vegetation in Form der Steuerung des Wärme- und Wasserhaushaltes durch die zeitlich und räumlich stark variierende Vegetationsdecke in die Berechnungen einbezogen wird. Damit unterscheidet sich dieses Konzept von den bisherigen Klassifikationen, weil hier erstmalig die *rechnerisch* ermittelten Parameter des Wasser- und Wärmehaushaltes bei der Differenzierung der Klimatypen in räumliche Einheiten Anwendung finden, ausgehend vom *realen Vegetationskleid* der Erde.

Tab. 12: Klimadaten der Station Luxemburg, berechnet nach der angewandten Methode des Klassifikationsansatzes

Luxemburg: 49° 37' N/6° 3' E; Höhe ü. NN: 334 m
Klimatyp: C m h β = Mesothermes, humides, submaritimes Klima der kühlen Mittelbreiten
Bodenbedeckungstyp: *Laub-Mischwald*

Klimaelemente	J	F	M	A	M	J	J	A	S	O	N	D	Jahr
Temperatur	0,3	1,0	4,9	8,5	12,8	15,7	7,4	16,7	13,8	9,0	4,6	1,3	8,0
Luftdruck	975,8	975,9	975,6	975,4	975,3	977,0	976,5	975,4	977,5	976,8	975,6	974,7	975,9
rel. Feuchte	89	85	76	72	73	75	75	77	80	86	90	93	81
Niederschlag	73	56	43	54	60	64	66	74	63	55	64	68	740
Tae	10,3	10,5	13,3	17,5	22,8	27,6	31,3	29,4	24,3	18,2	13,3	10,8	19,1
rS	11	15	24	28	27	25	25	23	20	14	10	7	19
Uf	0,42	0,57	0,79	1,00	1,57	1,34	1,33	1,27	1,22	1,07	0,81	0,65	1,00
pV	9	12	25	38	48	54	61	53	38	20	11	6	375
pLV	4	7	20	38	75	72	81	67	47	22	9	4	446
N-pLV	69	49	23	16	-15	-8	-15	7	16	33	55	64	294

Im Kartenbild (Beilage I, s. Abb. 9) wurden die *Isohygromenen* als die Länge der durch *Feuchtigkeit* bestimmten Wachstumsperiode der realen Vegetation in einer 12er Skala der Anzahl der humiden Monate aufgeteilt und auf 6 Humiditätsstufen von ökologischer Relevanz reduziert: 10-12 (*perhumid*, ph), 7-9 (*humid*, h), 5-6 (*subhumid*, sh), 3-4 (*semiarid*, sa), 1-2 (*arid*, a), 0 (*perarid*, pa).

Die *Tropen* werden deutlich durch die *hygrische* Abstufung gegliedert, da die negative Wasserbilanz in der Trockenzeit eine Wachstumsunterbrechung hervorruft. Auch in den *Subtropen* dominiert die hygrische Komponente, die thermische überwiegt bei der Höhenstufen der Klimate der Hochgebirge. In den *Mittelbreiten* und *Polarregion* treten eher die Flächen der thermisch bestimmten Vegetationszeit als Gliederungsmerkmale farblich in Erscheinung.

2.3 Die Schneedecke als klimatische Einflußgröße

Albrecht PENCK unterschied in seiner Klassifikation von 1910 zwischen einer *nivalen Klimaprovinz*, die im Hochgebirge durch die *Schneegrenze* gegen eine *subnivale* bzw. *seminivale Klimaprovinz* abgegrenzt ist sowie einer *Polarprovinz* der hohen Breiten, deren Äquatorialgrenze durch das Eintreten des dauerhaft gefrorenen Bodens definiert wird. Die Polargrenze der *subnivalen Klimaprovinz* liegt nach PENCK bei der Isotherme -1 bis -2 °C des kältesten Monats. Sie entspricht nahezu der Lage der Baumgrenze sowohl polwärts als auch im Gebirge. Die *nivale* Klimaprovinz ist eine humide Region, in der wegen geringer Verdunstung und Schmelzwirkung ein Jahresüberschuß an Schnee vorhanden ist. PENCK unterschied zwischen einem *vollnivalen* Typ mit Niederschlägen nur in fester Form (wie im Inneren Grönlands und in der Antarktis) und einem *seminivalen*, in dem "der schneeige Niederschlag gelegentlich durch Regenfälle unterbrochen und gegen die *polare* Provinz durch das Eintreten des gefrorenen Bodens abgegrenzt wird" (PENCK 1910). Zu dem letztgenannten Typ gehört außerhalb der Polarregionen die eisfreie *subnivale* Höhenstufe der Hochgebirge unterhalb der permanenten Schneegrenze. "In der *subnivalen* Provinz kann man ebenso wie in der *polaren* nach der *Dauer der Schneedecke* zwei Unterprovinzen unterscheiden, nämlich die eine mit überwiegend aperer Zeit und andere mit zeitlich überwiegender Schneebedeckung. Die Grenze dieser beiden Unterprovinzen dürfte im großen und ganzen mit der Baumgrenze zusammenfallen, und wir unterscheiden daher sowohl in der *polaren* als auch in der *subnivalen* Provinz bewaldete und unbewaldete Unterprovinzen" (PENCK 1910: 243-245).

In den Räumen *humiden Klimas* unterscheidet PENCK nach dem Fließverhalten der Gewässer bzw. der Menge des Versickerungswassers zwischen der *polaren* und der *phreatischen* Klimaprovinz. In der *polaren* ist das Bodenwasser wegen des langen Winters in Permafrost gebunden. Während der kurzen Sommer taut der Permafrost bis zu einer gewissen Tiefe auf, und das Schmelzwasser fließt ab. In der *phreatischen* Klimaprovinz wird das Versickerungswasser als Bodenspeicherwasser festgehalten. So umfaßt die humide Klimaprovinz PENCKs das Gebiet mit Niederschlagsüberschuß ($N \geq V$) als auch die nivale Region, in der der Schneeniederschlag die Ablation übersteigt ($S \geq A$). "Die *phreatischen* Klimaprovinzen kennzeichnen sich dadurch, daß ein Großteil des gefallenen Niederschlags je nach der Durchlässigkeit in den Boden einsickert und erst nach Durchlaufung eines unterirdischen Weges sich zu den Flüssen gesellt" (PENCK 1910: 241-242). In den *phreatischen* Klimaprovinzen wird je nach Abflußverhalten der Gewässer und des versickerten Anteils des Niederschlagswassers ebenfalls zwischen einer *vollhumiden* und einer *semihumiden* Unterprovinz unterschieden. Auch die *aride* wird je nach hygrischen Eigenschaften des betreffenden Raumes in *voll-* und *semiarid* unterteilt, wobei kein Abfluß stattfindet, da jedwedes vorhandene Wasser durch die Verdunstung "entfernt" (PENCK 1910: 238) werden kann. Fließende Gewässer können nur als Fremdlingsflüsse mit Ursprung in den humiden Regionen die aride Gebiete durchqueren (Nil).

Diese klimatische Einteilung fand durch PENCK leider keine kartographische Umsetzung. Carl TROLL fügte 1948 in seinem Beitrag *"Der subnivale oder periglaziale Zyklus der Denudation"* die PENCKschen Klimaprovinzen in ein Beziehungsdreieck ein (Abb. 19) unter Berücksichtigung der Gebiete der ewigen Gefrornis (*vollgelid*) und solche, in denen die solifluidalen Prozesse wirksam werden. Die Südgrenze der letztgenannten legte er durch die Strukturbodengrenze fest. Bei dem Versuch, im Beziehungsdreieck auch die *Schneegrenze* in den *Hochgebirgen* der Erde zu berücksichtigen, verlegt TROLL diese an die *äußere Grenze des seminivalen* Bereiches. Dabei versteht er unter "semi-" bzw. "subnival" mit Recht ein Gebiet, in dem die solifluidalen Prozesse bis an die

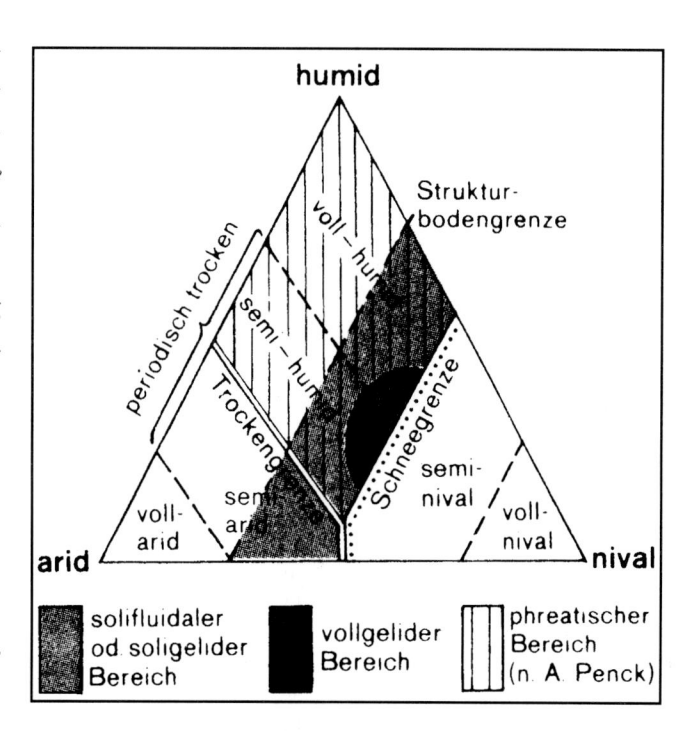

Abb. 19: Die Klimabereiche der Erde auf der Basis der Klassifikation von A. PENCK (1910) in der Darstellung von C. TROLL (1948) (aus LAUER 1999)

Grenze des ewigen Eises (im Hochgebirge bis an die Schneegrenze) reichen (TROLL 1948: 5). Trotz des richtigen Verständnisses von den Begriffen *nival* und *subnival* ergibt sich in der Darstellung von TROLL leider ein verzerrtes Bild der räumlichen Gewichtung und Verbreitung der polaren Eisgebiete bzw. der nivalen Bereiche der Hochgebirge, der Permafrostgebiete sowie jener Bereiche, in denen die solifluidale Bodenabtragung wirksam wird (Tundra, Taiga). Die von TROLL (1948: 5) in das Dreieck eingetragene Schneegrenze stimmt weder mit der eigentlichen polaren Grenze des ewigen Eises noch mit der klimatischen Schneegrenze der Hochgebirge überein, sondern korrespondiert in der horizontalen Richtung eher mit der Südgrenze der borealen Nadelwälder der kalten Mittelbreiten. Dort ist die äußere Grenze des sporadischen Permafrostes zu erwarten. In den kontinentalen Gebieten der borealen Zone ist im Laufe des Jahres mit einer mindestens sechsmonatigen potentiellen Schneebedeckung zu rechnen. Der Begriff *"vollgelid"* bezieht sich nach TROLL auf die *"ewige Gefrornis"* (Permafrost, Dauerfrostboden) als ein wesentliches Merkmal der polaren und subpolaren Zone, die bis in die boreale Zone hineinreicht. Der Bereich der solifluidalen Morphodynamik umfaßt in seinem Dreieck etwa die Hälfte des gesamten Bereiches humider und arider Klimaprovinzen.

2.3.1 Dauer der Schneebedeckung - *(Isochiomenen)*

Für eine zusätzliche klimatische Charakterisierung der Außertropen wurden in der vorliegenden Klassifikation I s o c h i o m e n e n als *Linien gleicher monatlicher Dauer der potentiellen Schneebedeckung* empirisch bestimmt. Als potentiell schneebedeckt gelten in den *Polarregionen* und *Mittelbreiten* nach Vorgaben des Deutschen Wetterdienstes Monate, in denen im langjährigen Mittel in mehr als der Hälfte der Tage Schneebedeckung auftritt. Es sind in der Regel Monate mit einer Mitteltemperatur von ≤-1 °C.

Diese Kriterien haben auch Gültigkeit für die Gebirge und die hochgelegenen kontinentalen Binnenländer der *Subtropen*, da hier der Übergang von der kalten zur wärmeren Jahreszeit und umgekehrt ziemlich abrupt erfolgt. In hochkontinentalen Gebieten der Subtropen können in den Übergangsjahreszeiten sogar Monate mit einer Mitteltemperatur von 0 °C als Schneemonate angesehen werden, da dort bereits zum Beginn und Ende der kalten Jahreszeit jeweils in der einen Monatshälfte (im Herbst in der zweiten, im Frühjahr in der ersten) die Mitteltemperaturen weit unter dem Gefrierpunkt liegen können. So wird der Aufbau und Verbleib der Schneedecke unterstützt. In den anderen Monatshälften erfolgt ein abrupter Übergang der Temperaturen weit in den positiven Bereich. Dies führt zur raschen Schmelzung der ohnehin sehr dünnen Schneedecke.

In den *Mittelbreiten* und *Polarregionen*, vor allem der Nordhemisphäre, wird der Schnee als fester Aggregatzustand des Wasserhaushaltes zu einem wesentlichen Faktor der klimatischen Raumtypisierung. Dauer und Mächtigkeit der Schneedecke, die durch Maritimität und Kontinentalität des Klimas maßgeblich beeinflußt werden, bestimmen die Humiditätsmerkmale des Klimas dieser Räume. Da mit zunehmender geographischer Breite die Wärme als Hauptfaktor der Klimatypisierung in den Vordergrund tritt, unterliegt die Dauer der Schneedecke in erster Linie den Gesetzmäßigkeiten des Wärmehaushaltes von Landschaften. Die Dauer der potentiellen Schneebedeckung ist für die klimatische und edaphische Humidität in den hohen Breiten und Teilen der kontinentalen Hochländer und Hochgebirge der Subtropen klimatisch von Bedeutung.

In den *subtropischen* Niederungen Vorder- und Mittelasiens mit kontinentalem und hochkontinentalem Klima kann zwar regelmäßig etwas Schnee fallen. Die Schneedecke ist allerdings nur von kurzer Dauer, weil in den häufigen winterlichen Sonnentagen unter langandauerndem Hochdruckeinfluß die dünne Schneedecke rasch aufgezehrt wird. In den maritimen subtropischen Tiefländern gehören Schneefälle zu den seltenen Ausnahmen, wie z.B. im Winter 1997 in Rom.

In den *Tropen* gibt es nur in den Hochgebirgen oberhalb der klimatischen Schneegrenze eine lange Schneebedeckung. In den ausgesprochenen Trockengebieten, wie z.B. im zentralen Teil der andinen Trockenachse, kann sich selbst in Höhen >6000 m (z.B. am Vulkan Llullaillaco, Chile) keine permanente Schneedecke aufbauen. Unterhalb der klimatischen Schneegrenze stellt der Schneefall in der subnivalen Höhenstufe der tropischen Hochgebirge wegen der Jahresisothermie des Klimas eine kurzfristige Erscheinung dar. Die tropischen Tiefländer sind absolut schneefrei. Als Ausnahme gelten die ausgesprochenen Randtropen, die im Zuge einer kräftigen Meridionalzirkulation von episodischen Kaltlufteinbrüchen aus den Außertropen betroffen werden können, wie im Winter 1998/99 in Florida (USA). Diese schädigen die megathermen tropischen Kulturen erheblich. In Abb. 20 ist schematisch die Anordnung der irdischen Klimate nach den Parametern *Humidität, Aridität, Nivalität* sowie der *vegetativen Aktivität* der Pflanzen dargestellt. Im Diagramm dienen die *Isohygromenen* und *Isothermomenen* als Haupteinteilungskriterien der Klimaklassifikation. Das Verteilungsmuster der *Isochiomenen* (Abb. 21) wurde unter Berücksichtigung der Kontinentalität der Klimate und der Mächtigkeit des Permafrostes in Übereinstimmung mit der zonalen Anordnung der Vegetationsformationen den sechs Stufen der thermischen Vegetationszeit angepaßt. Da in den hohen Breiten die Temperatur für Wachstum und Entwicklung der Vegetationsformationen den limitierenden Faktor darstellt (LARSEN 1974: 349-351), unterliegen *Isochiomenen* -

wie die *Isothermomenen* - den Gesetzmäßigkeiten des Wärmehaushalts von Landschaften. In der Klimakarte (Beilage I) sind die *Isochiomenen* als markante blaue Linien dargestellt. Die *Nivalität* der Klimate wurde unter Berücksichtigung der thermischen Abstufung und der Maritimität/Kontinentalität der Klimate sowie der klimatischen Vegetationstypen in sechs Kategorien aufgeteilt: *pernival* (12 Monate), *nival* (8-11 Monate), *subnival* (3-7 Monate), *seminival* (1-5 Monate), *oligonival* (<1 Monat), *hekistonival* (0 Monat).

Abb. 20: Schematische Darstellung der Klimatypen nach quantitativ ermittelten Parametern *Humidität, Aridität, Nivalität* und *vegetative Aktivität* von Pflanzen

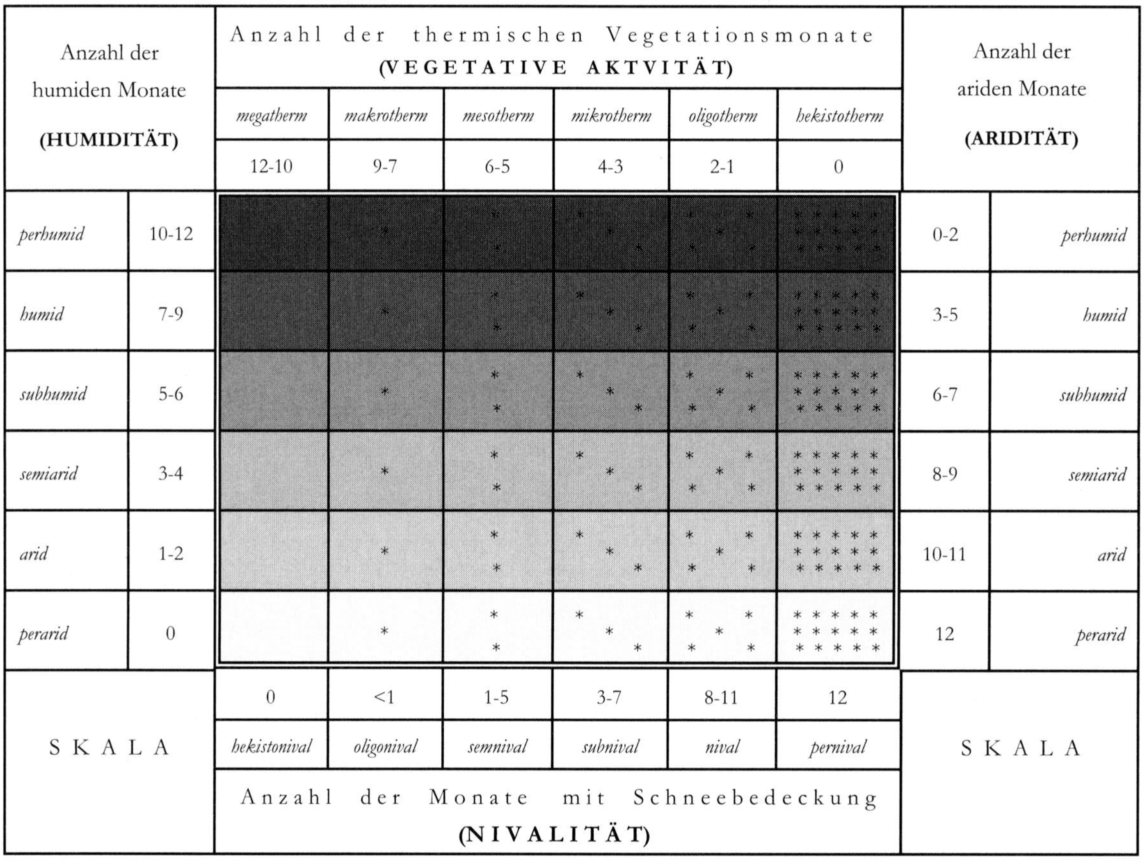

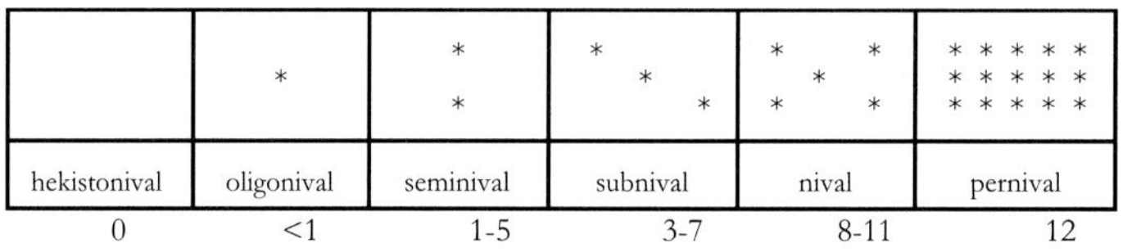

Anzahl der humiden Monate (HUMIDITÄT)		Anzahl der thermischen Vegetationsmonate (VEGETATIVE AKTVITÄT)						Anzahl der ariden Monate (ARIDITÄT)	
		megatherm	makrotherm	mesotherm	mikrotherm	oligotherm	hekistotherm		
		12-10	9-7	6-5	4-3	2-1	0		
perhumid	10-12							0-2	perhumid
humid	7-9							3-5	humid
subhumid	5-6							6-7	subhumid
semiarid	3-4							8-9	semiarid
arid	1-2							10-11	arid
perarid	0							12	perarid
SKALA		0	<1	1-5	3-7	8-11	12	SKALA	
		hekistonival	oligonival	semnival	subnival	nival	pernival		
		Anzahl der Monate mit Schneebedeckung (NIVALITÄT)							

hekistonival	oligonival	seminival	subnival	nival	pernival
0	<1	1-5	3-7	8-11	12

Typen der Nivalität und die Länge der Schneebedeckung in Monaten

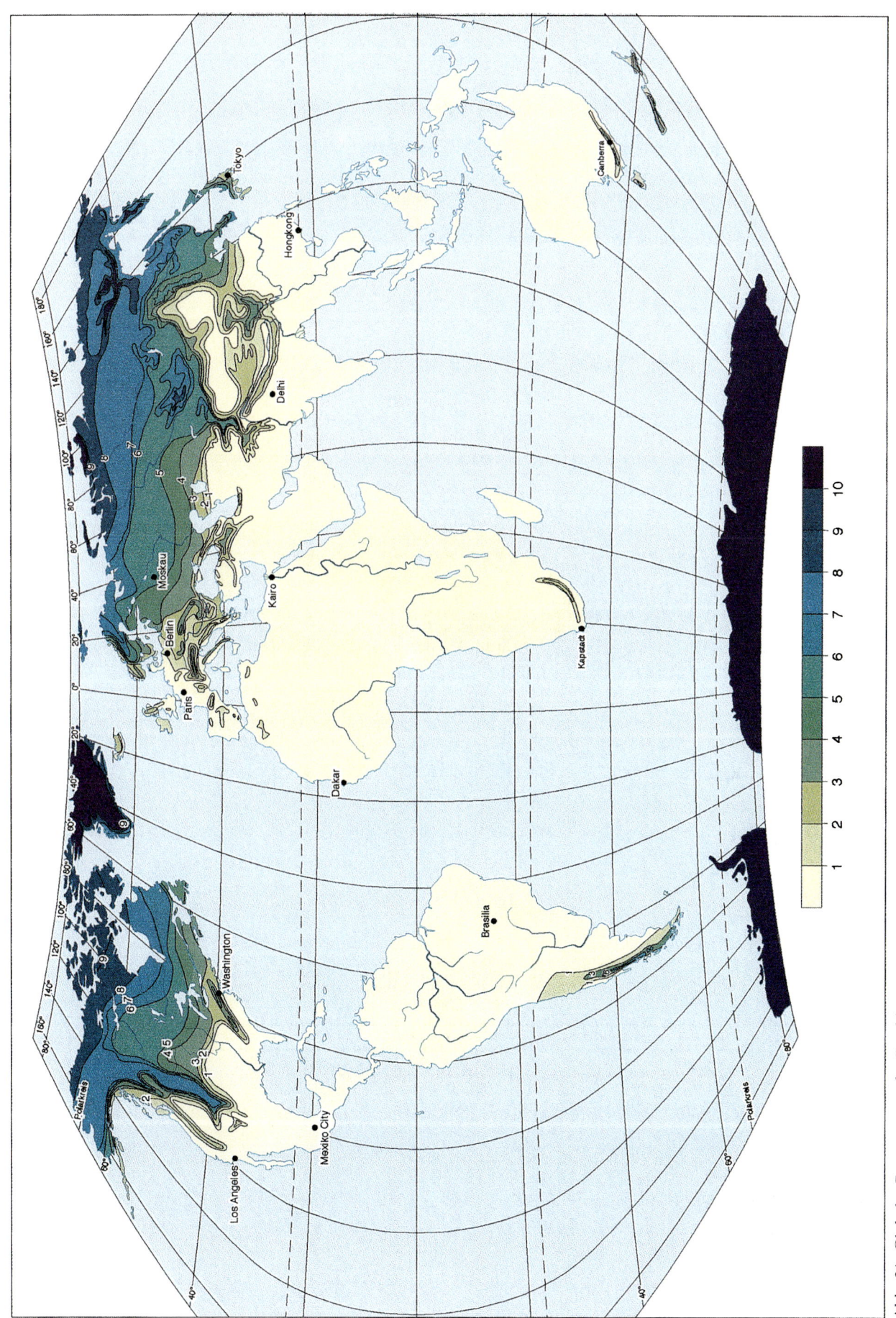

Abb. 21: Globales Raummuster der Isochiomenen

Die sechs Stufen der Nivalität lassen sich folgendermaßen quantifizieren (Beilage I):

1. *pernivale Zone*: Eisflächen hochpolarer Gebiete der Nord- und Südhalbkugel, ganzjährige Schneebedeckung, Jahresmitteltemperatur <-15 °C.

2. *nivale Zone*:

    a: *Frostschuttbereich und Fleckentundra (BÜDEL 1948: 41) der Polarregionen*: kontinuierlicher Permafrost, 10-11 Monate Schneebedeckung, polwärts Jahresisotherme -15 °C äquatorwärts -7/-8 °C, Dauerfrostboden, Auftauschicht <10-20 cm.

    b: *Tundra* und *Waldtundra* der *Subpolarregionen*: kontinuierlicher Permafrost, 8-10 Monate Schneebedeckung, Nordgrenze Jahresisothermen von -7/-8 °C, Südgrenze -3/-4 °C, Auftauzone <50-100 cm.

3. *subnivale Zone der borealen Nadelwälder der kalten Mittelbreiten*: diskontinuierlicher Permafrost, West-Ost-Gefälle der Schneebedeckungsperiode von 3 bis 7 Monaten je nach Kontinentalität des Klimas, Mächtigkeit der Auftauschicht 100-200 cm, Jahresisotherme polwärts -3/-4 °C äquatorwärts -1 °C, im Übergangsgürtel der *Nadel- und Laubwälder* z.T. sporadischer Permafrost in kontinentalen Gebieten, Auftautiefe >3 m.

4. *seminivale Zone der Laub-Mischwälder der kühlen Mittelbreiten*: Kontinentalität des Klimas bestimmt zeitliche Dauer und räumliche Differenzierung der Schneedecke von 1-5 Monaten, im Norden noch sporadischer Permafrost, in Gebirgsregionen unterhalb der klimatischen Schneegrenze 4-6 monatige Schneebedeckung.

5. *oligonivale Zone der Subtropen*: sporadischer Schneefall in den Niederungen, in den kontinentalen Hochländern und Hochgebirgen z.T. regelmäßige und langandauernde Schneebedeckung.

6. *hekistonivale Zone der Tropen*: nur in den Hochgebirgen oberhalb der klimatischen Schneegrenze permanente Eisbedeckung, Niederungen absolut schneefrei.

Klimatologisch ist die Berücksichtigung der Dauer der Schneebedeckung für die Auftautiefe des Permafrostes (Tab. 13) und die Ökophysiologie der Pflanzen der hohen Breiten von großer Wichtigkeit.

Tab. 13: Beziehung zwischen Jahresmitteltemperatur und Mächtigkeit des Permafrostes (n. Angaben von IVES 1974)

Permafrostzone	Mächtigkeit (m)		Jahresmitteltemperatur (°C)
	Permafrost	Auftauschicht	
Kontinuierlich	<500-60	>0,2-1,0	-15 bis -7/-8
Diskontinuierlich	12	2,0	-3 bis -4
Sporadisch	>1	<3,0	-1 bis -3

In der Zone des *kontinuierlichen* Permafrostes liegt die Jahremitteltemperatur ständig unter 0 °C. Der Boden ist ganzjährig bis zu einer Tiefe von 300-500 m gefroren. Nur wenige Zentimeter der obersten Bodenschicht taut während des kurzen Sommers auf. Die Oberfläche ist im Durchschnitt nur in 3 Monaten schneefrei. Unter diesen ökologischen Bedingungen können neben der thermisch anspruchslosen Flora der Tundra hier und da nur einige wenige niederwüchsige Fichten, Lärchen und Pappeln mit flachem Wurzelsystem gedeihen. Diese Zone umfaßt in Eurasien und Nordamerika den Bereich der Frostschutzzone, der Tundra und zum Teil auch der Waldtundra mit einer stetigen Zunahme der Auftauschicht, des Bedeckungsgrades und der Baumflora von Nord nach Süd. Am Übergang zum diskontinuierlichen Permafrost beträgt die Mächtigkeit des Auftaubodens bereits 1-1,5 m (vgl. Tab. 13). An der Nordgrenze dieser Zone (*Frostschutzzone*) kommen keine höheren Pflanzen vor. Es können hier und da nur Flechten und Moose (*Flechtentundra*) unter schwierigen klimatischen Bedingung gedeihen. In der Frostschuttzone beträgt die Länge der *thermischen Vegetationszeit* weniger als ein Monat, d.h. in keinem Monat des Jahres wird eine Mitteltemperatur von 10 °C erreicht (Beilage III, Kap Tscheljuskin: D sk ph β).

Weiter südlich schließt zunächst der Bereich der "*Fleckentundra*" und dann der eigentlichen *Tundra* an. In der Zone der arktischen Tundra und Waldtundra bleibt die Schneedecke 8-10 Monate liegen. Die Vegetation hat unter *oligothermen* Wachstumsbedingungen in nur 1-2 Monaten die Möglichkeit, bei Mitteltemperaturen von >10 °C zu fruktifizieren und ihren generativen Lebenszyklus abzuschließen.

Entlang eines schmalen Streifens mit diskontinuierlichem Permafrost (*Waldgrenzökoton*) vollzieht sich der Übergang von der Waldtundra in die boreale Nadelwaldzone, und zwar ziemlich genau entlang der *Isochiomene* 8. Die Länge der thermischen Vegetationszeit (Monate >10 °C) wächst innerhalb der Übergangszone von <1 Monat im Norden auf bis zu 3 Monate an ihrer Südgrenze.

In der nach Süden anschließenden Zone der *borealen Nadelwälder* ist die räumliche Variationsbreite der Monate mit Schneebedeckung sehr groß. Sie richtet sich nach der thermischen Kontinentalität des Klimas. Die Südgrenze der borealen Nadelwälder wird in den hochmaritimen Gebieten Skandinaviens durch die *Isochiomenen* 2 bzw. 3 markiert, in den hochkontinentalen Gebieten Ostsibiriens dagegen mit der *Isochiomene* 7. Dazwischen liegen, je nach Grad der Kontinentalität, zahlreiche Übergangsgebiete unterschiedlicher Schneedeckendauer. Dies begründet auch die Überschneidung der Anzahl der Monate mit Schneebedeckung in den *semi-* (1-5 Monate) und *subnivalen* (3-7 Monate) Regionen der hohen Breiten (vgl. Abb. 20).

Auch im Bereich der *Laub-Mischwälder* der kühlen Mittelbreiten Eurasiens und Nordamerikas wird die Dauer der Schneebedeckung von der Maritimität/Kontinentalität des Klimas maßgeblich beeinflußt. Die maritimen Tiefländer an den Westseiten der Kontinente sind aufgrund des Einflusses der warmen Meeresströmungen fast ganzjährig schneefrei. In den kontinentalen Binnenländern Nordamerikas baut sich die mächtige Schneedecke (110-150 cm) bereits früh im Winter auf und bleibt unter ständigen Neuaufwehungen bis April liegen. Im Bereich von Mittel-Quebec kann sie sogar bis spät in den Mai hinein verweilen. In Weißrußland beträgt die Dauer der winterlichen Schneedecke 4-5 Monate. Im hochkontinentalen Ostsibirien hält sie sich sogar 7-8 Monate. Wegen der niedrigeren Wintertemperaturen, die zusätzlich durch die zunehmende Kontinentalität des Klimas von West nach Ost verschärft werden, baut sich über weiten Teilen Eurasiens eine langandauernde Schneedecke auf. Der Schneefall beginnt bereits im Oktober/November und dauert bis März/ April. In den westlichen Teilen der GUS-Staaten kann die Schneedecke Mächtigkeiten von bis zu 3 m erreichen. Im hochkontinentalen Osten hingegen beträgt sie ca. 30 cm (Beilage III, Ochotsk: C k ph δ 8). Die Anzahl der Monate mit Schneebedeckung variiert in Eurasien von weniger als 1 Monat an der strahlungsklimatischen Grenze der Subtropen bis auf >10 Monate an der arktischen Küste Sibiriens (Beilage I). Im äußersten Westen Rußlands bleibt die Schneedecke wegen der Mittwinter-Schmelzprozesse, die durch maritime Luftmassen aus dem atlantischen Sektor ausgelöst werden, nur etwa 3 Monate liegen (LYDOLPH 1977). Für große Teile der Agrarlandschaft in den GUS-Staaten gilt eine Schneebedeckung von 3-6 Monaten. Im nordöstlichen Teil der europäischen GUS-Staaten, in West- und Ostsibirien sowie in Ostrußland - abgesehen von einigen südlichen Beckenlandschaften - beträgt die Schneedeckendauer >6 bis >9 Monate.

Auch an den Westküsten Japans (Sapporo) kommt es im Hochwinter zu heftigen Schneestürmen. Die beachtliche Schneedecke kann hier etwa 1-3 Monate liegen bleiben, da sich in den Wintermonaten (Dezember-Januar) durch die Verstärkung des Hochdruckgebietes in der Zeit nach dem Schneefall jeweils für mehrere Tage und Wochen eine persistente Schönwetterperiode einstellt, in der sich die nächtliche Ausstrahlung intensiviert und die Nachttemperaturen mit absoluten Minima von <-20 °C (MÜLLER 1983) so weit absinken, daß eine verzögerte tägliche Erwärmung die mächtige Schneedecke nur langsam aufzehren kann.

Für den Lebensrhythmus der borealen Vegetationsformationen sind die Bestrahlungsverhältnisse von außerordentlich großer Wichtigkeit. Die Sommertage, die zur Zeit der Sommersonnenwende am Polarkreis fast 24 Stunden betragen, kompensieren unter strahlungsklimatischen Langtagsbedingungen die auf die Jahresbilanz bezogene Bestrahlungsungunst. In den *kalten* Mittelbreiten wird in der Regel der Zeitraum mit Temperaturen >5 °C in der frostfreien Periode des Jahres als *thermische Vegetationszeit* definiert (TRETER 1993: 17). Das Über- und Unterschreiten dieser thermischen Schwelle beeinflußt die Biomassenproduktion. Die Periode mit einer Mitteltemperatur von >5 °C dauert an der Südgrenze der borealen Nadelwälder ca. 7 Monate (ozeanisch), unter kontinentalen Bedingungen ~5 Monate. An der Grenze zur Tundra dauert sie zwischen 4½ und 3 Monate, stellenweise sogar 1-2 Monate, je nach Kontinentalitätsgrad (Tab. 14).

Tab. 14: Dauer der "thermischen Vegetationszeit" (Tage mit Mitteltemperaturen >5 °C) in der borealen Zone Nordamerikas und Eurasiens in Abhängigkeit von der Kontinentalität der Klimas (n. Daten von TUHKANEN 1984, aus TRETER 1993)

Boreale Subzone	Nordamerika		Eurasien	
	ozeanisch	kontinental	ozeanisch	kontinental
nördliche	120-130	92-136	120-142	82-122
mittlere	130-142	123-150	120-170	120-140
südliche	142-220	150-173	130-200	135-162
hemiboreale	220-236	165-178	200-230	162-175

Der Wechsel von warmen Sommer- zu den kalten Wintertemperaturen erfolgt in der borealen Zone ziemlich abrupt. Dementsprechend sind auch die *Übergangsjahreszeiten* sehr kurz. Insbesondere tritt das Frühjahr recht verzögert ein, weil trotz des relativ hohen Sonnenstandes die noch bestehende Schneedecke und der Bodenfrost die Wirkung der Frühjahrstemperaturen für die physiologische Aktivität der Vegetation einschänken. Nur während des kurzen Sommers (Juni-August) steigen die Temperaturen auf >10 °C (maximal 15 °C) an. Die thermisch anspruchslosen sommergrünen Baumarten der kontinentalen und hochkontinentalen borealen Zone nutzen diese 3 bis maximal 4 warmen Monate zur Vervollständigung ihres generativen Zyklus. Im kurzen Hochsommer wird in den kontinentalen und hochkontinentalen Gebieten die gesamte Niederschlagsmenge einschließlich der Feuchtigkeit aus der aufgetauten Schneedecke und dem Bodenfrost durch die Verdunstung aufgebraucht, so daß die Sommermonate durchaus arid sind (Beilage III, Warchojansk: D k sh δ 7; Jakutsk: C k sh δ 7).

Die *Gebirge* der kühlen Mittelbreiten *Europas* weisen eine regelmäßige Schneebedeckung von etwa 4 Monaten auf (Kahler Asten, Feldberg, Brocken, Mont-Vantoux). In den *Hochgebirgen* (Alpen) ist die Dauer der Schneebedeckung noch länger (Pic-du-Medi: 6 Monate; Zugspitze: 8 Monate; Sonnblick: >8 Monate). In den Gebirgen der kalten Mittelbreiten *Skandinaviens* baut sich die Schneedecke bereits Anfang September auf und greift allmählich auf die Tiefländer über, wo ab Anfang Oktober der Niederschlag in fester Form fällt. In den arktischen Landschaften Skandinaviens bleibt die Schneedecke für >6 Monate (Oktober-Mai) liegen, im südlichen Norrland, in Mittelfinnland und Südnorwegen immerhin bis zu 6 Monate (Ende November bis Anfang April). Das schwedisch-finnische Hochland weist ebenfalls 6-7 Monate mit Schneebedeckung auf (JOHANNSSEN 1970: 49-50). Im Einflußbereich des Golfstroms an der Westküste Norwegens bleibt sogar in der Nähe des Polarkreises (Beilage III, Tromsø: D k ph α 3) die Schneedecke maximal 3 Monate (Januar-März) liegen. Südlich dieser Linie konvergiert die Dauer der Schneebedeckung sukzessive gegen Null (Beilage III: Bergen: C m ph α). In den Hochgebirgen der Mittelbreiten *Zentralasiens* sind wegen der höheren Kontinentalität des Klimas die Schneebedeckungszeiten mit 6-10 Monaten extrem lang (vgl. Beilage I).

Die Schneeklimate gehören ausnahmslos zu den landschaftsökologischen Eigenheiten der Nordhalbkugel. Auf der *Südhemisphäre* beschränken sie sich wegen geringer Landmassen in den hohen Breiten nur auf einige Gebirgsmassive in der dreidimensionalen Betrachtung der Höhenstufen (Anden in Chile und Argentinien, neuseeländische Alpen). Die Tiefländer der hohen Breiten der Südhemisphäre bleiben aber keineswegs schneefrei. Im hochozeanischen, wintermilden südlichen *Südamerika* sind die Westküsten fast schneefrei. Die Gletscher aus der Hochkordillere driften sehr weit ins Tiefland und branden stellenweise gegen das offene Meer. Im östlichen Vorland der Anden *Patagoniens* verursachen Tiefsttemperaturen - vor allem Winterfröste - in Verbindung mit Kaltlufteinbrüchen aus der Antarktis länger andauernde Kälteperioden, die z.T. mit episodischen Schneefällen verbunden sein können. Bei normaler Witterung bleiben im südlichen Ostpatagonien und Feuerland die langjährigen Mitteltemperaturen des kältesten Monats um +2 °C so hoch, daß eine Schneedecke von wenigen Zentimetern Mächtigkeit - ähnlich wie in Südengland, Holland oder am Niederrhein - nur für eine sehr kurze Periode liegenbleibt. "Die normale *Schneedeckenarmut* ermöglicht einen ganzjährigen Weidegang als entscheidende Voraussetzung für die Schafweidewirtschaft großen Stils als typischer Ausdruck der *gemäßigten* Winterbedingungen in den *südhemisphärischen* hohen Mittelbreiten" (WEISCHET 1996: 278). Längere Schneebedeckung ist in Ostpatagonien die Ausnahme. Bleibt der Schnee für einige Tage liegen, fügt er der Weidewirtschaft empfindliche Verluste zu, da die Schafzucht auf ganzjährigen Weidegang angewiesen ist. Wegen der generell höheren Maritimität des Klimas gegenüber der Nordhalbkugel sind extrem niedrige Temperaturen relativ selten; die Jahresschwankung der Temperatur ist ausgeglichener. Daher kann die winterliche Schneedecke auch nicht für lange Zeit liegenbleiben. Als absolut schneefrei gelten jedoch nur Gebiete jenseits der Äquatorialgrenze des Schneefalls, die nahezu parallel zur absoluten Frostgrenze verläuft und sich von den subtropischen Niederungen in die Kalttropen fortsetzt.

Südlich der strahlungsklimatischen Grenze der Mittelbreiten weisen nur noch die Hochplateaus und Hochgebirge (die Hochländer Anatoliens, Irans, Afghanistans, Tibets, das Hindukusch-Karakorum-System, Westhimalaya, die Rocky Mountains, die Anden Chiles und Argentiniens) eine zeitweilige Schneebedeckung auf. Deshalb benutzte CREUTZBURG (1950) in seiner Weltklimakarte die *Isochionen* als Linien gleicher Schneedeckendauer zur Abgrenzung der Klimate der Außertropen mit der Begründung: "Da die Dauer der Schneebedeckung mehr thermisch als durch die Menge der Schneeniederschläge bestimmt sein dürfte, scheint die *Schneedeckendauer* vorläufig ein brauchbares Kriterium für die Abstufung der gemäßigten und kalten Klimate - wenigstens in der Nordhemisphäre - geben zu können".

In den *kontinentalen* und hochkontinentalen *Subtropen* sind Zeiten mit geschlossener Schneedecke jeweils die Hochwintermonate je nach Halbkugel von Dezember-Februar, bzw. Juni-August, wenn die Monatsmitteltemperaturen weit unter 0 °C absinken und die Niederschläge ausnahmslos in fester Form fallen. In den *maritimen* Subtropen unterliegt die Schneebedeckung dem hypsometrischen Landschaftswandel und beschränkt sich auf die Höhenstufen der Hochgebirgsregionen. Dort wächst mit zunehmender Höhe auch die Länge der Monate mit Schneebedeckung an. Der Schnee bleibt oberhalb der klimatischen Schneegrenze - sofern diese erreicht wird - ganzjährig liegen. In den *kontinentalen* Hochgebirgen der Subtropen (z.B. Zentralanatolien, Vorderer Orient, südliche Rokies) schmilzt die Schneedecke meist im Hochsommer fast vollständig ab. Damit unterliegt die Dauer der Schneebedeckung auch in den Subtropen einem maritim/kontinentalen und hypsometrischen Wandel.

In *Nordamerika* setzt die Schneeakkumulation in den *subtropischen* Bereichen der Kaskadengebirge und in der Sierra Nevada bereits im November, z.T. auch später, ein und endet um Mitte Mai. Dies entspricht einer Dauer der Schneebedeckungsperiode für die Sierra Nevada von ca. 5-6 Monaten. Im Hochsommer wird allerdings die Schneedecke von der hohen Einstrahlung der Subtropensonne vollständig aufgezehrt. Von den Schneeschmelzwässern profitiert die reiche Agrarlandschaft an der Westabdachung der Sierra Nevada und im Bereich der kalifornischen Längssenke (Sacramento- und San Joaquin-Tal). In der gleichen Breitenlage der östlichen Rockies verursacht ebenfalls die winterliche Zyklogenese aus der Westwinddrift bereits im November heftige Schneefälle (Wintermaximum des Niederschlags). Bei einer Wiedererwärmung zum Frühjahr hin setzt die Schneeschmelzphase ein. Sie führt im Hochsommer unter sengender subtropischer Sonne bis in die Gipfelregionen des Gebirges - abgesehen von kleinen Firnflecken - zur vollständigen Aufzehrung der gesamten Schneedecke. Nur in den nördlichen Rockies (in den Staaten Alberta und Britisch Colombia) ist in den niederschlagsreicheren kühlen Mittelbreiten eine permanente Schneeakkumulation (Vergletscherung) möglich. Hier können sich auch im Hochsommer durch konvektive Prozesse Schneeschauer ereignen und das Niederschlagsdefizit zusätzlich ergänzen.

In den *Tropen* kann es in der subnivalen Höhenstufe gelegentlich bei "geeigneten" Wetterbedingungen zu Schnee- und Hagelschauern kommen (BENDIX & RAFIQPOOR 2001). Der Schnee bleibt hier allerdings nur für Stunden liegen. Sobald sich die Wolkendecke aufgelöst hat, taut die dünne Schneedecke durch die intensive Sonneneinstrahlung wieder auf. Eine permanente Schneebedeckung kann daher nur oberhalb der klimatischen Schneegrenze erwartet werden, wo es je nach Luv/Lee-Effekt und Exposition zur differenzierten Schneeakkumulation und Vergletscherung kommt.

Die Höhenstufen der Klimate der tropischen Gebirge kann mit Hilfe des Diagramms (vgl. Abb. 20) nur bedingt erfaßt werden. Man könnte zwar das *perhumide, hekistotherme, pernivale* Klima als Region des ewigen Eises in den Hochgebirgen der inneren Tropen interpretieren und ebenso die *oligothermen, perhumiden, nivalen* Klimate als typisch für die Höhenstufe des Páramo ansehen. Dies wäre allerdings nicht ganz gerechtfertigt, da die tropischen Landschaften auch in der Höhe einer jahreszeitlichen Isothermie unterliegen. Die Eigenart der hygrothermischen Klimate der tropischen Hochgebirge hat LAUER seit 1950 mehrfach charakterisiert und quantitativ belegt (LAUER 1975, 1981, 1986, 1995).

2.3.2 Vegetationssukzession, Schneedecke und Permafrost als landschaftsökologisches Kennzeichen der hohen Breiten

In dem Zono-Ökoton der *Waldtundra* stehen Vegetation und Bodeneis in der Übergangszone vom kontinuierlichen zum diskontinuierlichen Permafrost in einem ständigen Kampf miteinander. Der Wald verhindert die Bestrahlung der Bodenoberfläche, vermindert gleichzeitig die Mächtigkeit der winterlichen Schneedecke und fördert die Abkühlung des Bodens und damit auch das Wachstum der Bodengefrornis. Diese schränkt bei zunehmender Mächtigkeit die Eindringtiefe der Baumwurzel ein und führt zum Absterben der Bäume (*Frosttrocknis*). Danach wird der Bereich des durch *Frosttrocknis* abgestorbenen Waldes durch die Tundrenvegetation ersetzt. Die lockergefügte Vegetationsdecke der Tundra läßt mehr Sonnenstrahlung in den Boden eindringen. Die Bodentemperaturen steigen bis in beachtliche Tiefen. Infolgedessen nimmt die Mächtigkeit der Auftauschicht zu. Dies begünstigt wiederum das Aufkeimen der Baumsämlinge und löst damit einen erneuten Sukzessionszyklus aus, der bald zum Waldwuchs mit den oben beschriebenden Konsequenzen führt (s. TRETER 1993: 35). Da Vegetation und Permafrost im Kampf miteinander stehen, ergibt sich die mosaikartige Struktur der Waldtundra im Bereich des diskontinuierlichen Permafrostes.

Die räumliche Verbreitung verschiedener Permafrosttypen deckt sich mit dem Areal bestimmter Vegetationsformationen. In *Nordamerika* fällt z.B. die polare Baumgrenze mit der Südgrenze des kontinuierlichen Permafrostes zusammen, der Bereich des diskontinuierlichen stimmt weitgehend mit dem Verbreitungsgebiet der Waldtundra überein (TRETER 1993). In *Westsibirien* kommt Permafrost nur im nördlichen Teil vor. Der kontinuierliche Typ beschränkt sich auf Tundra und Waldtundra. Die südliche Grenze der diskontinuierlichen Dauerfrostgebiete verläuft in etwa parallel der Südgrenze der nördlichen Taiga (TRETER 1993: 33). Mittel- und Südtaiga gehören zu den Räumen mit diskontinuierlichem bzw. sporadischem Permafrost. Im *osteuropäischen Tiefland* und in *Finnoskandien* kommen beide Typen nur in Tundra und Waldtundra vor. Im diskontinuierlichen Dauerfrostgebiet beherbergen nur die vermoorten Geländeteile Bodeneis.

2.3.3 Ökoklimatische Eigentümlichkeit der Schneeklimate der hohen Breiten als natürliche Umweltbelastung für die Pflanzen

Es gibt bekanntlich kaum einen Ort auf der Erde, an dem für die pflanzlichen Organismen keine Streßsituation existiert; denn "Streß ist kein Ausnahmezustand, sondern Bestandteil jeglichen Lebens" (LARCHER 1994). Streß ist jedoch für die Funktionstüchtigkeit und Steigerung der Anpassung von Organismen an ihre Umwelt von fundamentaler Bedeutung. Auf abiotisch günstigen Standorten unterliegen die Pflanzen beispielsweise einem Wettbewerbsdruck und somit dem *Verdrängungsstreß*, auf Grenzstandorten einem *klimatisch-edaphischen Streß* (LARCHER 1994: 263). Unter den abiotischen Umweltbelastungen gibt es eine Vielzahl *klimatischer* Faktoren, die Streßsituationen hervorrufen: 1. *Strahlungs*-Streß durch Lichtmangel und Strahlungsüberflutung. 2. *Temperatur*-Streß als Folge zu hoher oder zu tiefer *Temperaturen* mit ihren Begleiterscheinungen Hitzetod, Frosttrocknis, Bodenfrost, Schnee- und Eisbedeckung. 3. *Niederschlags*armut und Dürre. 4. *Wind*.

Von großer Relevanz in unserem Zusammenhang sind in erster Linie die strahlungsklimatisch bedingten *Niedrigtemperaturen*, die in den hohen Breiten als Ergebnis einer negativen Bilanz im Wärmehaushalt der Eroberfläche als Begrenzungs- bzw. *Streßfaktor* für die Vegetationsformationen wirksam werden und landschaftsökologisch u.a. über die Länge der potentiellen Schneebedeckung zur Geltung kommen.

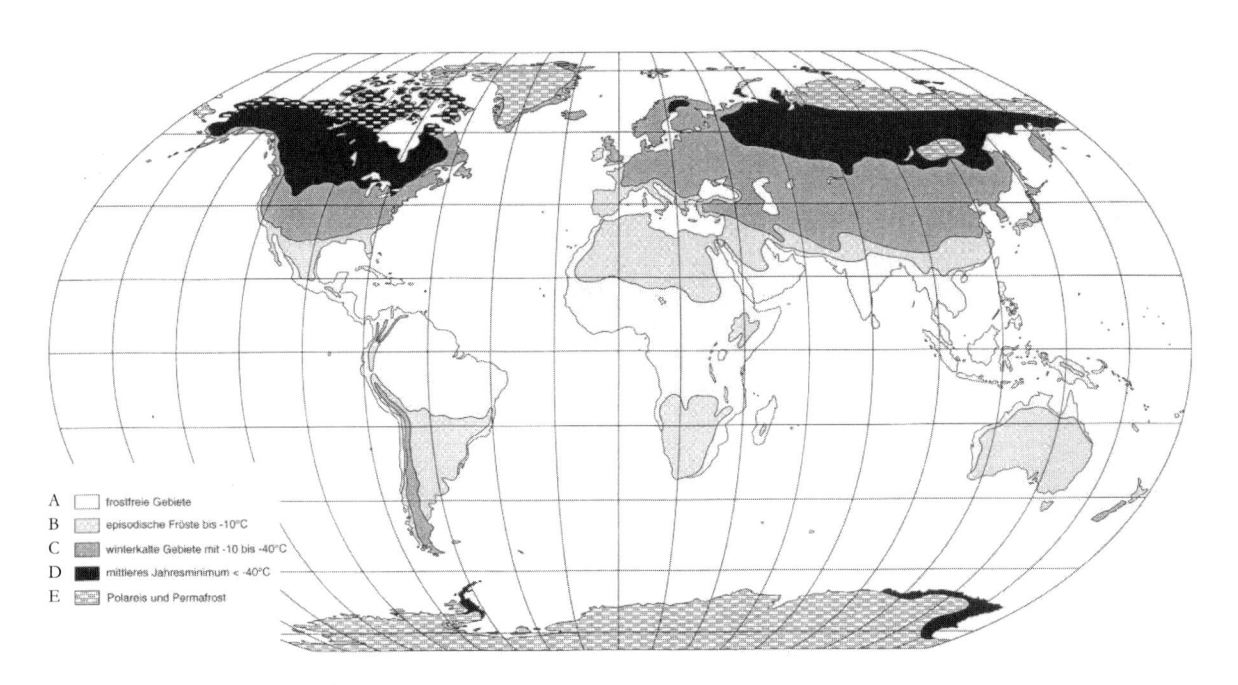

Die Kältezonen (A- E) entsprechen den Ausbreitungsarealen unterschiedlich resistenter Pflanzentypen
A = frostfreie Gebiete der Tropen mit *kälte- und frostempfindlichen Pflanzen*; B = Gebiete mit episodischen Frösten bis -10 °C und Pflanzen, die durch *Gefrierdepression* und *gute Unterkühlung* geschützt sind; C = winterkalte Gebiete mit mittlerem Jahresminimum zwischen -10 und -40 °C sowie *begrenzt gefriertoleranten* Pflanzen und Bäumen mit Tiefunterkühlbarkeit des Holzkörpers; D = Gebiete mit mittlerem Jahresminimum <-40 °C und völlig *gefrierbeständigen* Pflanzen; E = Polareis und Permafrost (weiße Symbole in D)

Abb. 22: Verbreitung von Niedrigtemperaturen und Frost auf der Erde (verändert nach LARCHER 1994)

Wie bereits dargelegt, ist in den kalten Mittelbreiten und Polarregionen die Strahlungsbilanz im Winter negativ wegen des zu niedrigen Sonnenstandes und aufgrund der länger andauernden nächtlichen Ausstrahlungsphasen. Daraus ergeben sich ganzjährig niedrige Temperaturen mit einer kurzen thermischen Vegetationszeit und langer Schneebedeckungsperiode (Beilage I). Eine Karte von Niedrigtemperaturen und Frost auf der Erde (Abb. 22) macht deutlich, daß Gebiete mit ausgesprochenen Niedrigsttemperaturen (Abb. 22: D u. E) mit den Zonen *seminivalen* bis *pernivalen* Klimas zusammenfallen, die in Beilage I durch eine dichte Scharung der Isochiomenen charakterisiert sind. Abb. 22 verdeutlicht überdies, daß in den höheren Breiten, insbesondere in den kontinentalen und hochkontinentalen kalten Mittelbreiten und Polarregionen, von Natur aus frostbeständigere Arten verbreitet sind. In den kühlen und kalten Mittelbreiten können sich nur solche Pflanzenformationen ausbreiten, die begrenzt gefriertolerant sind. Die niederen Breiten sind schließlich die Verbreitungsgebiete makro- und megathermer Pflanzen.

Die Klimate der *Arktis* sind generell durch eine geringe jährliche Sonneneinstrahlung und spärliche Niederschlagsmengen gekennzeichnet. Wegen der niedrigen Temperaturen ist die Verdunstung gering. In der *Subarktis* kommt etwas mehr Sonnenstrahlung am Erdboden an. Die Niederschläge sind im Vergleich zu den arktischen Breiten geringfügig höher, so daß die potentielle Landschaftsverdunstung leicht ansteigt. Die Gesamtverdunstung bleibt allerdings auch hier gering. Infolgedessen wird der größte Teil des Wasserüberschusses durch die Flüsse abgeführt. Daher stellt "die Temperatur für Wachstum und Entwicklung der Vegetationsformationen der höheren Breiten den limitierenden Faktor dar" (LARSEN 1974: 349-351).

Aus klimatischscher Sicht sind neben der Temperatur die Dauer der winterlichen Schneedecke und die Beschaffenheit des Permafrostes für den *Wasserhaushalt* in den kalten Mittelbreiten und Polarregionen von entscheidender Bedeutung. Die Mächtigkeit der Auftauschicht nimmt im Verbreitungsgebiet des Permafrostes von den nördlichen zu den südlichen Breiten kontinuierlich zu. Die Auftauschicht ist in der Regel zu Beginn der warmen Jahreszeit mit Wasser gesättigt, weil das Bodenwasser wegen des unmittelbar darunter liegenden Permfrostes nicht in die Tiefe versickern kann. Dadurch kommt es bei geeigneten Bedingungen (Hangneigung und Exposition) zur freien und halbgebundenen Solifluktion. In den Hohlformen des Geländes bilden sich Wassertümpel, die unter humiden Klimabedingungen zur Vermoorung neigen.

Der *Permafrost* ist insbesondere in den kontinentalen, relativ ariden Gebieten *Ostsibiriens* von großer landschaftsökologischer Tragweite. Die Polarregionen außerhalb des Gebiets des ewigen Eises sind Räume mit kurzen Übergangsjahreszeiten, in denen die Sommermonate, insbesondere in den kontinentalen Gebieten, meist durch exzessive Trockenheit gekennzeichnet sein können (Beilage III: Tschokurdach, Werchojansk, Jakutsk, Oimjakon). Hier fallen in der Regel im Jahresablauf maximal bis zu 300 mm Niederschlag. Ohne Permafrost müßten diese Gebiete mit Steppen- bzw. Halbwüstenformationen bedeckt sein. Statt dessen gedeihen hier dichte sommergrüne Lärchenwälder (meist *Larix dahurica*), deren Vorkommen in erster Linie auf die Wasserversorgung durch das Auftauen der gefrorenen Herbst- und Winterniederschläge in der Auftauzone des Permafrostes zurückgeführt werden kann. Dabei gilt der Grundsatz: Je dünner die Auftauschicht ist, umso lichter ist der Waldbestand.

Wie einem West-Ost-Profil der Klimadiagramme verschiedener Stationen zwischen Bretagne an der Westküste Europas (Brest) und der Pazifikküste des fernen Ostrußlands (Beilage III: Ochtosk) zu entnehmen ist, herrscht - mit Ausnahme eines schmalen hochmaritimen Streifens entlang der Atlantikküste - auch in den *kühlen Mittelbreiten* Westeuropas, Eurasiens, West- und Ostsibiriens überall während der Wintermonate eine positive, in den Sommermonaten eine negative Wasserbilanz. Dies ist ein Zeichen dafür, daß auch in den kontinentalen kühlen Mittelbreiten der saisonale Humiditätscharakter der Landschaft im Wesentlichen durch die Dauer der Schneebedeckung bestimmt wird. Sie schwankt entlang des umschriebenen West-Ost-Streifens zwischen 0 Monat an der Atlantikküste und >5 Monaten in den hochkontinentalen Steppen der Mongolei. Die lange Schneedecke bewirkt im Zusammenhang mit niedrigen Wintertemperaturen eine drastische Reduzierung der potentiellen Landschaftsverdunstung. Es entspricht quasi der Ablation einer freien Schneedecke. Das aus der Schneeschmelze entstammende überschüssige Wasser dient, sofern es nicht durch die Verdunstung aufgezehrt und durch Abfluß abgeführt wird, der Auffüllung der Bodenspeichervorräte. In den Hochsommermonaten ist die Vegetation einem beachtlichen Wasserstreß ausgesetzt. In mindestens 4-6 Monaten (Mai-September) tritt an fast allen kontinentalen Gebieten der kühlen und kalten Mittenbreiten eine negative Wasserbilanz auf. Diese Landschaften reagieren hinsichtlich der klimatischen Humidität ähnlich wie die mediterranen Winterregengebiete (Winter: $N>pLV$; Sommer: $N<pLV$). Die Vegetation drosselt ihre Transpirationsleistung während der langen Strahlungstage im Sommer für eine erfolgreiche Überwindung der Streßsituation. Die sommerlichen Regengüsse lindern im Zusammenhang mit den winterlichen Bodenwasserspeichervorräten den Wasserstreß und fördern die Stoffproduktion zusätzlich.

Die *boreale Zone* gehört landschaftsökologisch zu den humiden Klimaten der Erde. Auch PENCK (1910) rechnet sie zur "humiden Klimaprovinz" mit eingeschränkter Bedeutung des phreatischen Wassers (s. Kap. II.2.3). In den *Polarregionen* ist die mehrmonatige *klimatische Humidität* keineswegs ein Ergebnis des hohen Niederschlagsaufkommens. Vielmehr ist sie die Folge der *negativen Strahlungsbilanz* und einer damit verbundenen fehlenden, aber notwendigen Energie für die Verdunstung bei fast ganzjährig niedrigen Temperaturen, die die potentielle Landschaftsverdunstung erheblich reduzieren. Sobald sich in diesen Gebieten die Schneedecke aufgebaut hat, geht mehr als 80-90% der Einstrahlung durch die enorm hohe Albedo der Schneedecke verloren. Damit ist ein hoher Verlust an Wärmeenergie von der Schneeoberfläche her verbunden (JOHANNSSEN 1970). Auf der geschlossenen Schneedecke selbst kommt es zur Sublimation (*Schneeverdunstung*). Die lange Periode positiver Wasserbilanz beruht in den kalten Mittelbreiten und Polarregionen auf einer Art *"Kältehumidität"*, deren zeitliche Dauer mit der winterlichen Schneebedeckungsperiode signifikant korreliert. Mit anderen Worten: die klimatische Humidität der hohen Mittelbreiten und Polarregionen ist in erster Linie eine Folge der langandauernden Schneebedeckung, die durch das hohe Defizit der Strahlungsbilanz im Winter gesteuert wird. Umgekehrt übernimmt die Schneedecke aber die Schutzfunktion der darunterliegenden Fläche gegenüber den großen Temperaturschwankungen. Am Ende des Winters verzögert der Abschmelzvorgang der Schneedecke in den hohen Breiten den Frühlingseinzug, weil in dieser Jahreszeit nahezu die gesamte, in die langwellige Wärmestrahlung umgesetzte Energie aus der Strahlungsbilanz in latente Wärme überführt und für die Schneeschmelzprozesse verbraucht wird. Infolgedessen kann die Oberflächentemperatur nicht viel über den Gefrierpunkt ansteigen bis die gesamte Schneedecke abgeschmolzen ist. Sobald aber die Bodenoberfläche schneefrei geworden ist, setzt die Evapotranspiration im sehr feuchten Milieu ein. Dies verhindert wiederum einen raschen Anstieg der Lufttemperatur. Dieser Vorgang dauert bis in den Spätfrühling hinein an. Ab dann steigt die Lufttemperatur bei nunmehr höherem Sonnenstand sehr abrupt an mit dem Ergebnis, daß in den hohen Breiten ein rascher Wechsel vom Winter zum Sommer und umgekehrt mit sehr kurzen Übergangsjahreszeiten stattfindet. *Kurze Übergangsjahreszeiten* sind somit ein wichtiges Charakteristikum der Klimate der hohen Breiten und Polarregionen.

Die *Verdunstung* ist in den Gebieten mit langer winterlicher Schneebedeckung nur auf wenige Monate des Sommerhalbjahres beschränkt. Insbesondere in Zentralasien und Ostsibirien fallen nur mäßige Niederschläge (Werchojansk 155 mm, Murmansk 386 mm, Dudinka 267 mm, Dikson 266 mm). Die Sommermonate sind unter den strahlungsklimatischen Langtagsbedingungen in der Regel klimatisch sogar arid (Oimjakon, Jakutsk, Werchojansk), da wegen der intensiven Einstrahlung die Luft tagsüber stark erwärmt wird und die relative Feuchte abnimmt. Die spärlichen Niederschläge werden während der langen Sommertage durch die hohe Verdunstungskraft der Luft (Dampfhunger) restlos aufgezehrt. Die Vegetation ist gezwungen, ihr Wasserdefizit aus der Bodenfeuchte der Auftauzone des Permafrostes zu decken, um den sommerlichen *Trockenzeitstreß* zu überstehen. Die klimatische Trockenheit macht für landwirtschaftliche Kulturen sogar eine Bewässerung notwendig.

Im Kartenbild (Beilage I, Abb. 9) wurde die monatliche Dauer der potentiellen Schneebedeckung (*Isochiomenen*) als ausdrucksvolle blaue Isolinien dargestellt. Der Verlauf der *Isochiomenen* ist insbesondere in den Polarregionen und den kalten Mittelbreiten der Nordhemisphäre sowie in den subtropischen Hochgebirgen sehr auffällig. Die Abstufung der Dauer der Schneedecke in der Klimakarte erfolgte in Anlehnung an das hygrische Gliederungsprinzip der Kartenlegende. Sie reicht von 0 bis 12 Monate und wurde in eine 6-stufige Skala eingeteilt: *pernival, nival, subnival, seminival, oligonival, hekistonival*.

2.4 Maritimität/Kontinentalität

Im Rahmen der vorliegenden Klassifikation wurde der Grad der *thermischen Kontinentalität* als ein weiterer wesentlicher Parameter der klimatischen Raumtypisierung der Außertropen herangezogen. Die thermische Kontinentalität läßt sich durch die Jahresamplitude der Lufttemperatur erfassen.

Sie basiert auf dem Einfluß des Meeres bzw. der Festländer auf die Klimate einer Region. Da sie auch von der geographischen Breite abhängt, kann man daraus unmittelbar nur die Kontinentalität eines nach geographischen Koordinaten fixierten Gebietes ablesen. Auf ähnliche Weise läßt sich mit Hilfe der Niederschlagsverteilung die *hygrische Kontinentalität* von Räumen ermitteln. Da jedoch der Jahresgang des Niederschlags innerhalb der gleichen geographischen Breite nach den Gegebenheiten des Reliefs stark wechselt, kann man dadurch nur die hygrische Kontinentalität kleinerer Gebiete bestimmen. Für die Berechnung der *thermischen Kontinentalität* verwendete IVANOV (1959) eine Formel (s.u.), in der die Jahres- und Tagesschwankung der Temperatur als thermische und das Sättigungsdefizit als hygrischer Parameter des Klimas in Abhängigkeit von der geographischen Breite ihren Ausdruck finden.

$$K = \frac{A_J + A_T + 0{,}25\, D_F}{0{,}36\, \varphi + 14} \cdot 100$$

K = Kontinentalitätsgrad (%), A_J = Jahresschwankung der Temperatur, A_T = Tagesschwankung der Temperatur, D_F = Sättigungsdefizit, φ = geographische Breite 14 = Konstante

Die mit Hilfe dieser Formel berechneten Kontinentalitätswerte sind so abgestuft, daß ein *"indifferentes"* Klima, bei dem sich maritime und kontinentale Einflüsse die Waage halten, den Wert 100% erhält (BLÜTHGEN 1966). Die Linie von 100% fällt im Durchschnitt mit dem Verlauf der Küstenlinien zusammen und trennt (hoch)maritime [<100%, (α)] von submaritim/subkontinentalen [100-120%, (β)] und kontinentale [120-200%, (γ)] von hochkontinentalen [>200%, (δ)] Gebieten.

Die *thermische Kontinentalität* beeinflußt die beiden Hauptparameter der Klimatypisierung: Die *thermische Vegetationszeit* modifiziert sie, indem sie bei den Pflanzen den Reifeprozeß durch hohe Wärmesummen beschleunigt (vgl. Kap. II.2.1.2). Die *hygrische Vegetationszeit* modifiziert sie vor allem über die Länge der potentiellen Schneebedeckung (vgl. Kap. II.2.3.1). In der Klimakarte (Beilage I) wurde der Kontinentalitätsgrad für die außertropischen Regionen in Anlehnung an die Weltkarte von IVANOV (1959) als dünne graue Linien dargestellt. Sie setzen sich in den Tropen wegen der Jahresisothermie des Klimas nicht mehr fort.

2.5 Die Klimaformel

Die *Interferenz* von *Isothermomenen* und *Isohygromenen* ergibt ein Muster von *hygrothermischen Klimatypen*, die in der beigegebenen Karte (vgl. Beilage I, Abb. 9) als Farbflächen ausgewiesen und durch

Buchstabenkombinationen (*Klimaformeln*) kenntlich gemacht sind. Der Grad der *Kontinentalität* des Klimas wird durch *griechische* Buchstaben (α, β, γ, δ) und die Länge der Schneebedeckung als arabische Ziffer der Klimaformel angehängt. Eine Buchstabenkombination läßt sich folgendermaßen umschreiben: **B m h β 3** = *subtropisches, mesothermes, humides, subkontinentales Klima mit dreimonatiger Schneebedeckung* (= subkontinentales subtropisches Klima mit 5-6 thermischen, 7-9 hygrischen Vegetationsmonaten und drei Monaten Schneebedeckung).

Im vorliegenden Klassifikationssystem kann man durch das Anhängen der in der Klassifikation von KÖPPEN (1923) definierten Zusatzbuchstaben (wie z.B. *n* = häufiger Nebel, *ns* = Sommernebel, *nw* = Winternebel; *w* = wintertrocken, *s* = sommertrocken, *m* = Monsunregen etc.) (Tab. 15) die örtlichen Besonderheiten des Klimas eines Raumes exakt beschreiben.

Tab. 15: Kennbuchstaben einiger ausgewählter klimatischer Sonderphänomene nach der Klassifikation von KÖPPEN (1923) zur Erweiterung der eigenen Klimaformel

G	Gebirgsklima
H	Höhenklima oberhalb 3000 m
a	heiße Sommer, Mitteltemperatur des wärmsten Monats >22 °C
b	warme Sommer, Mitteltemperatur des wärmsten Monats <22 °C, mindestens 4 Monate >10 °C
c	nur 1-4 Monate >10°, kältester Monat >-38 °C
d	strenge Winter, Mitteltemperatur des kältesten Monats <-38°C
f	beständig feucht, genügender Regen oder Schnee in allen Monaten
g	Gangestyp des jährlichen Temperaturganges mit Maximum vor der Sonnenwende und der sommerlichen Regenzeit
h	heiß, Jahresmitteltemperatur >18 °C
i	isotherm, Differenz der extremen Monate <5°
k	winterkalt, Jahresmitteltemperatur <18 °C, wärmster Monat >18 °C
l	lau, alle Monate 10-22 °C
m	Monsunregen, Urwaldklima trotz einer Trockenzeit
n	häufiger Nebel
n'	Nebel selten, aber hohe Luftfeuchtigkeit bei Regenlosigkeit, Sommer <24 °C
n"	desgl. bei Sommertemperatur 24-28 °C
n'"	desgl. bei sehr hoher Temperatur (Sommer >28 °C)
s	trockenste Zeit im Sommer der betreffenden Halbkugel
w	trockene Zeit im Winter der betreffenden Halbkugel
s'w'	wintertrocken, Regen zum Herbst hin verschoben
s'w"	desgl. Regenzeit gegabelt, mit kleiner Trockenzeit dazwischen
t'	Kap-Verdischer Wärmegang mit in den Herbst verschobener wärmster Zeit
t"	sudanischer Wärmegang (ebenda) mit kühlstem Monat nach der Sommersonnenwende
x	Regenmaximum im Frühsommer, Minimum im Spätwinter
x'	ähnlich mit seltenen aber heftigen Niederschlägen zu allen Jahreszeiten
x"	zwei Regenzeiten: Frühsommer + Spätherbst

Demnach kann beispielsweise ein subtropisches (B), megathermes (sl), semiarides (sa), (hoch)maritimes (α) Klima mit Sommernebel (ns) an der Westküste des Kaplandes mit der Formel **B sl sa α ns** ausgedrückt werden.

2.6 Klimadiagramme

Für eine schnelle Orientierung über die klimatischen Eigenschaften eines Raumes sind Klimadiagramme ein wirksames Hilfsmittel. Um aber mit Hilfe eines Klimadiagramms schlüssige Aussagen über die klimatischen Bedingungen eines Gebietes zu treffen, müssen geeignete Parameter ausgewählt werden, deren Berechnung physikalisch hinreichend fundiert ist.

Die hygrothermischen Eigenschaften eines Raumes, was freilich bei der ökoklimatischen Interpretation im Vordergrund stehen muß, kann in einem Klimadiagramm durch die Gegenüberstellung von *Temperatur* und *Niederschlag* kaum umfassend ausgedrückt werden. Nur die *potentielle Landschaftsverdunstung* (pLV) als entscheidende Größe der klimatischen *Wasserbilanz*, die für den Verdunstungsvorgang wichtigen

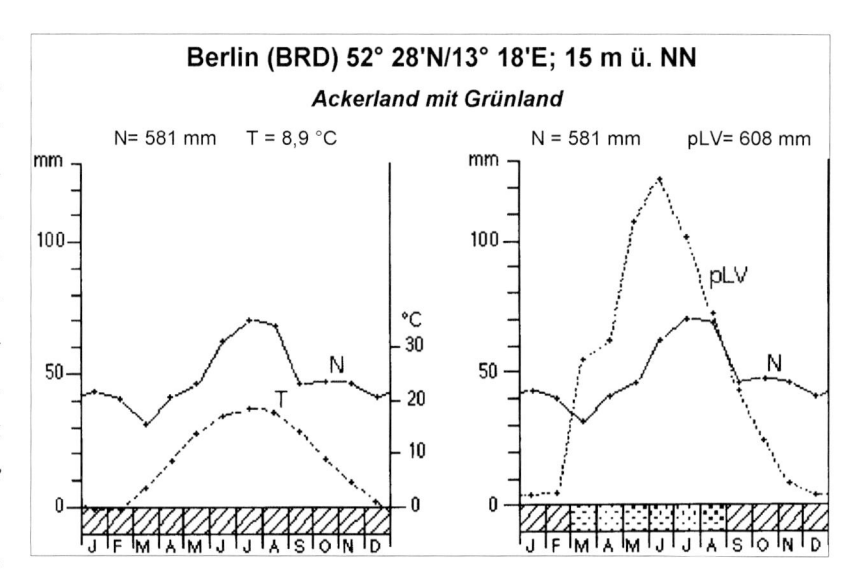

Abb. 23: Gegenüberstellung von Temperatur und Niederschlag bzw. pLV und Niederschlag bei der Ermittlung der Anzahl der humiden Monate als Ausdruck des Wasserhaushaltes einer Region am Beispiel der Klimastation Berlin

Komponenten *fühlbare* und *latente* Wärme beinhaltet, kann im Zusammenhang mit Niederschlag über die wahren hygrischen Eigenschaften eines Landschaftsausschnittes Auskunft geben. In Abb. 23 sind zwei Darstellungsverfahren für die Station Berlin ausgewählt. Zum einen sind die Klimaelemente Niederschlag (N) und Lufttemperatur (T), zum anderen Niederschlag und pLV einander gegenübergestellt. Je nach Parameterauswahl ergib sich für dieselbe Klimastation eine unterschiedliche Anzahl von humiden Monaten. Durch die Berücksichtigung von Temperatur und Niederschlag erhalten alle 12 Monate an der Station Berlin einen humiden Charakter mit erheblichem Wasserüberschuß. Wird hingegen die Temperatur durch potentielle Landschaftsverdunstung (pLV) als realistische Bezugsgröße des Verdunstungsterms ersetzt, so zeichnet sich der Zeitraum zwischen Mitte März bis Mitte September, d.h. nahezu die gesamte thermische Vegetationsperiode, als ökoklimatisch aride Phase aus. Erst nach Mitte September beginnt die klimatisch humide Periode, die sich dann über das gesamte Winterhalbjahr erstreckt, als Ausdruck positiver Wasserbilanz.

Dieses einfache Beispiel macht deutlich, daß bei der Bestimmung des Humiditätscharakters einer Landschaft die Temperatur die Verdunstung nicht ersetzen kann. Die im verdienstvollen Klimadiagramm-Weltatlas von WALTER & LIETH (1965) dargestellten Diagramme vermitteln sicherlich einen raschen Überblick über den Jahresgang des Niederschlags und der Temperatur der betreffenden Stationen. Sie sind jedoch im Hinblick auf die *landschaftsökologische Wasserbilanz* zur klimatischen Charakterisierung eines Raumes nicht geeignet. Es wäre daher sehr zu wünschen, daß alle landschaftsökologisch arbeitenden Wissenschaftsdisziplinen die in der vorliegenden Abhandlung vorgeführten, physikalisch fundierten Berechnungs- und Darstellungsverfahren hinsichtlich der ökoklimatischen Wasserbilanz von Räumen berücksichtigen würden (vgl. WALTER 1955). Der Klimakarte (Beilage I) sind aussagekräftige *Klimadiagramme* (Beilage III) beigefügt, in denen ökophysiologisch wichtige Parameter in ihrem jahreszeitlichen Ablauf dargestellt sind. Sie enthalten die Monatswerte der Lufttemperatur (T), des Niederschlags (N) und der potentiellen Landschaftsverdunstung (pLV). Die Verschneidung der Kurven von N und pLV gibt die landschaftsökologische Wasserbilanz des betreffenden Zeitraums wieder. In Monaten mit positiver Wasserbilanz (N≥pLV) verläuft die Niederschlagskurve über der Kurve von pLV, womit ein *Niederschlagsüberschuß* ausgedrückt wird (dunkelblaue Farbe). Der im Diagramm in hellblauer Farbe dargestellte Bereich kennzeichnet den durch die Verdunstung aufgebrauchten Anteil des gefallenen Niederschlags (*Niederschlagaufbrauch*). Er steht den Pflanzen nicht mehr zur Verfügung. Monate mit negativer Wasserbilanz (N<pLV = *Niederschlagsdefizit*) sind rot wiedergegeben. Die Länge der thermischen Vegetationszeit ist durch die Schnittpunkte der Linien des bestandstypischen thermischen Schwellenwertes mit der Temperaturkurve dargestellt. Die daraus resultierende Fläche (senkrecht schraffiert) drückt die Zeitspanne mit *Temperaturüberschuß* (*Wärmesumme*) aus. An der Basisleiste der Diagramme sind die Länge der thermischen *Vegetationszeit* (maigrün) und die Monate der thermischen *Vegetationsruhe* (gelb) eingetragen. Die Zeitspanne des Niederschlagsüberschusses (*humide Monate*) ist blau schraffiert. Mit roter Punktsignatur sind die *ariden Monate* im Jahresablauf markiert. Die Basisleiste des Diagramms verdeutlicht, inwieweit sich thermische und hygrische Vegetationszeiten überlappen oder auseinanderklaffen. Daraus ist die Gunst der Klimafaktorenkonstellation für den optimalen Biomassenzuwachs der Pflanzenformationen abzulesen.

III. Interpretation des Kartenbildes

Wegen der Asymmetrie der Land/Wasser-Verteilung nehmen die *Klimazonen* (vgl. Kap. II.1.1, Bleilage I) in den Kontinentalräumen beider Hemisphären unterschiedlich große Flächen ein. Dennoch hat die *Tropenzone* auf den beiden Halbkugeln ein nahezu symmetrisches Verteilungsbild. Wegen der geringen Landmasse und der Tatsache, daß die Kontinente in der *Südhemisphäre* nicht weit nach Süd reichen, sind die Klimatypen der *Subtropen* und *Mittelbreiten* auf kleine Areale begrenzt, einige davon sind sogar nicht ausgebildet. Die Klimatypen der *kalten Mittelbereiten* beschränken sich auf die Höhenstufen der Gebirge (Anden, Neuseeland); diejenige der *Subpolarzone* nehmen begrenzte Gebiete am Rande des antarktischen Eisschildes ein. Die *hochpolaren* Eisregionen hingegen erreichen in der Antarktis kontinentale Ausmaße mit großem Einfluß auf die Klimate der hohen Breiten der Südhalbkugel. Auf der Nordhemisphäre sind geschlossene Eisgebiete nur auf Grönland anzutreffen.

1. Tropen-Zone (A)

Die Grenzlinien der solaren Klimazone der *Tropen* verlaufen strenggenommen entlang der Wendekreise. Da mit gewissen Einschränkungen die *solaren* Klimazonen mit den *thermischen* parallelisiert werden können, sind diese Grenzen im Kartenbild nach klimatologischen Überlegungen dem Geschehen an der Erdoberfläche (Landwasserverteilung, Einflüsse der Meeresströmungen) angepaßt. Die Analyse der wirklichen Gegebenheiten in der Natur, insbesondere des Pflanzenkleides als dem besten Indikator des Wärme- und Wasserhaushaltes macht es möglich, genauere Anhaltspunkte darüber zu finden, welche thermische und hygrische Eigenschaften des Klimas für die Tropen bestimmend sind und welche Grenzbedingungen vorliegen.

Es gibt eine Reihe von Merkmalen zur Abgrenzung der Tropen gegen die Subtropen, die insbesondere im Bereich der Trockengebiete im engen Raum zusammenlaufen (Abb. 24): die absolute Frostgrenze, die 18 °C-Isotherme des kältesten Monats und die Gleichgewichtslinie der Jahres- und Tagesschwankung der Temperatur. Außerdem wechseln die Regenregime meist vom Sommer (Tropen) zum Winter (mediterrane Subtropen) und schließlich auch die Arealgrenzen der Florenreiche (LAUER 1975, FRANKENBERG 1978). Diese Grenzen sind fließend und verlaufen in einem Übergangsraum, in dem viele Eigenschaften des Tropengürtels ausklingen. Grenzen dieser Art sind ohnehin Momentaufnahmen in der Geschichte des Erdballs, dessen physikalisches und biotisches

Bild einem ständigen Wandel unterliegt. Da die Klassifikation gerade auf den Veränderungen der biotischen und abiotischen Parameter aufgebaut ist, läßt sich dieser Wandel mit Hilfe des Klassifikationskonzepts am besten erfassen.

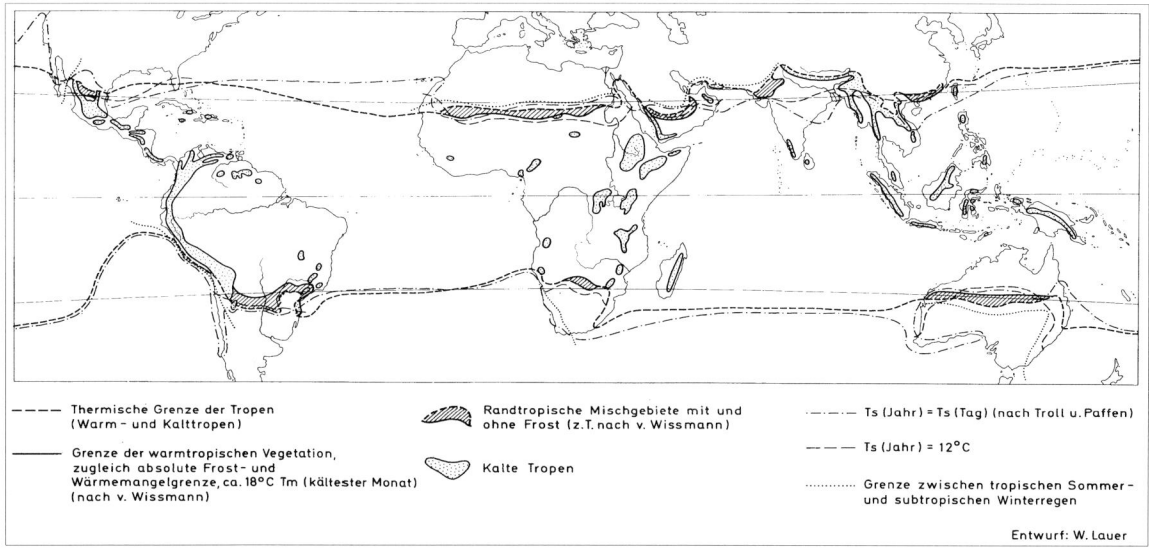

Abb. 24: Abgrenzung der Tropen nach verschiedenen Kriterien (Quelle: LAUER 1975)

Das Kartenbild (Beilage I) zeigt eine deutliche Dominanz von klimazonenspezifischen Grundfarben. In der ganzjährig isothermen Tropenzone wechseln die Farben von grün zu gelb, entsprechend der vom Äquator in Richtung auf die tropisch-subtropischen Trockengebiete abnehmenden Humidität. Obwohl jede Klimaregion durch die Interferenz von hygrischen und thermischen Faktoren geprägt ist, zeichnet sich in den Tropen eine hygrische Dominanz der Klimatypen ab, so z.B. in Afrika als Musterbeispiel (Abb. 25), vom immerfeuchten tropischen Regenwald (A sl ph) im Bereich des Kongobeckens (Beilage III, Borumbu: A sl ph) über alle Humiditätsstufen zum vollariden tropisch-subtropischen Trockenraum der Sahara (Beilage III, Niamey: A sl a; Timbuktu: A sl pa; Tamanrasset A sl pa).

In den Tropen besteht zwischen der großräumigen Anordnung der Vegetationsformationen und der hygrischen Zonierung (s. Abb. 25) und Höhenstufung (Abb. 26) des Klimas ein enger Zusammenhang. Die durch die atmosphärische Zirkulation bewirkte regelhafte Veränderung des Regenregimes zwischen dem Äquator und den Wendekreisen differenziert die Tropen in humide (*Feuchttropen*) und aride (*Trockentropen*) Bereiche unterschiedlicher Abstufungen. Durch den Abnahmegradient der Lufttemperatur mit der Höhe entstehen warme (*Warmtropen*) und kalte (*Kalttropen*) Höhenstufen im Bereich der tropischen Gebirge.

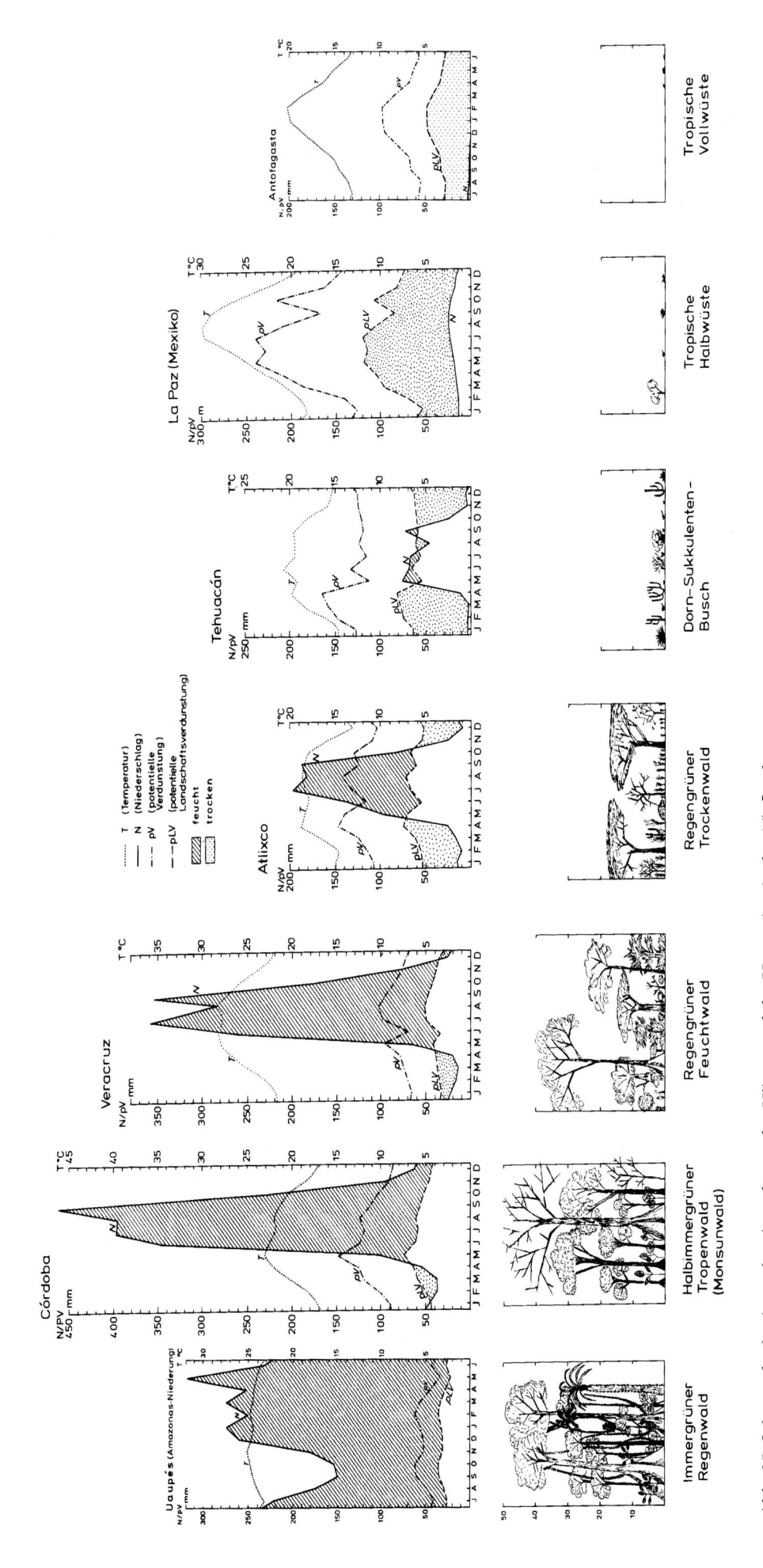

Abb. 25: Schema der horizontalen Anordnung des Klimas und der Vegetation in den Tieflandstropen

Im solaren Regelfall wird die Regenzeit von den inneren zu den Randtropen immer kürzer, dafür die Trockenzeit immer länger bei fast gleichzeitiger Abnahme der Menge der Niederschläge. Die Niederschlagsjahreszeiten verkürzen sich von 12 humiden Monaten in den äquatorialen Regenwaldgebieten bis hin zu 12 ariden Monaten in den wüstenhaften Bereichen der tropisch-subtropischen Trockengebiete (vgl. Abb. 25). Die Niederschlagsmengen nehmen in der gleichen Richtung zwischen den humiden Gebieten mit Höchstwerten von mehreren tausend Millimetern bis in die trockensten Wüstenregionen mit Werten von 50 mm und weniger ab. Im Trockengrenzbereich, wo sich Niederschlag und potentielle Landschaftsverdunstung die Waage halten (N = pLV), schwanken die Niederschläge im Intervall zwischen ca. 800-1200 mm bei etwa gleicher Anzahl humider bzw. arider Monate.

Auffällig ist in der solaren Strahlungszone der Tropen (Beilage I) die geringe Ausdehnung perhumider Regionen mit 10-12 hygrischen Vegetationsmonaten. Solche Gebiete treten gehäuft im südostasiatischen Archipel auf (Beilage III, Sandakan: A sl ph, Pontianak: A sl ph). In Südamerika ist das perhumide Klimagebiet Amazoniens (Beilage III, Iquitos: A sl ph; Uaupés: A sl ph) durch einen Korridor am unteren Amazonas (Santarém: A sl h) mit einer hygrischen Zeit von 7-9 Monaten geteilt. Das Guayana-Bergland und die Nordostabdachung der Anden zwischen Kolumbien und Süd-Bolivien zeichnen sich durch ein perhumides Klima (A sl ph) aus. Ebenso entstehen durch passatische *Luveffekte* an den Ostküsten der randlichen Tropen perhumide, megatherme Charakterlandschaften (Beilage III, Antalaha: A sl ph), wie ebenso in Bereichen *monsunaler* Effekte an den Westseiten der Landmassen in den inneren (Beilage III, Douala: A sl ph; Morovia: A sl ph) und randlichen Tropen. Die Station Cherrapunji (A sl ph) (Abb. 27) liegt im randtropischen Monsungebiet Indiens an einem Bergsporn unterhalb der Kondensationsstufe des Wolkenwaldes in etwa 1313 m ü. NN. Gegen diesen Bergsporn branden durch flache mosunale Strömung permanent Luftmassen, die große Feuchtigkeitsmengen im Golf von Bengalen aufnehmen. Sie entladen in der ersten Kondensationsstufe enorm hohe Niederschlagsmengen. Während einer 34-jährigen Be-

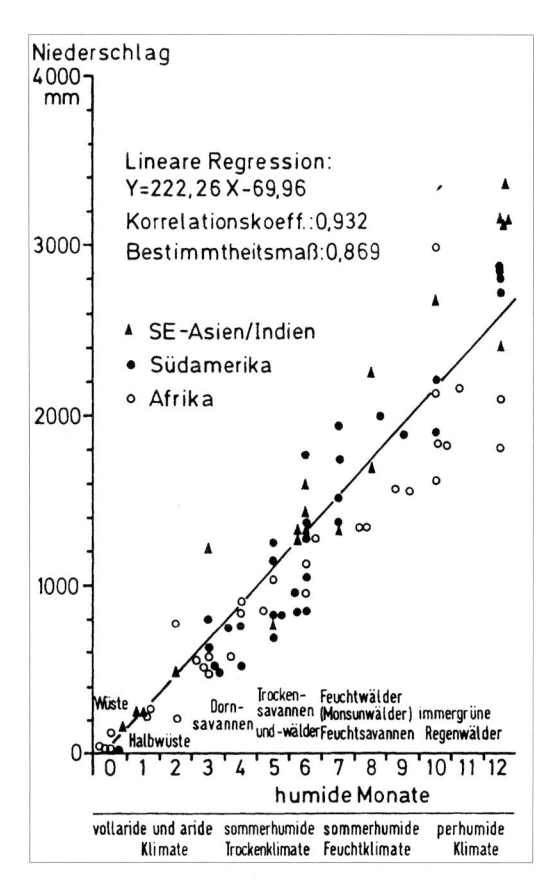

Abb. 26: Räumliches Verteilungsmuster der Vegetation in den Warmtropen in Abhängigkeit von Niederschlag und Anzahl der humiden Monate

obachtungsperiode fielen in den Monaten Juni, Juli und August im Durchschnitt jeweils 2695, 2446 bzw. 1781 mm Niederschlag (MÜLLER 1983: 162). Die Niederschlagsmengen der einzelnen Monate der Hauptmonsunzeit übertreffen jeweils die Jahressumme der Niederschläge, die an fast allen tropischen Regenwaldstation im Bereich des Kongobeckens registriert werden (Borumbu: A sl ph, 1816 mm; Bangui: A sl ph, 1911 mm; Yangambi: A sl ph, 1828 mm). Die randtropischen Niederungen der weiteren Umgebung von Cherrapunji zeichnen sich durch ein megathermes, humides Klima (A sl h) aus.

Der *Höhenwandel* zwischen *Warm-* und *Kalttropen* wird in der Karte (Beilage I) durch den Wechsel der Farbe von grün-gelb in grünlich bis blaue Tönung ausgedrückt. Kennzeichnendes Merkmal der Gebirge der *inneren Tropen* ist eine ganzjährige thermische Vegetationszeit unter perhumiden Bedingungen. Die in der Kartenlegende dargestellten thermischen Eigenschaften (*megatherm, makrotherm, mesotherm, mikrotherm, oligotherm, hekistotherm*) haben in den tropischen Gebirgen

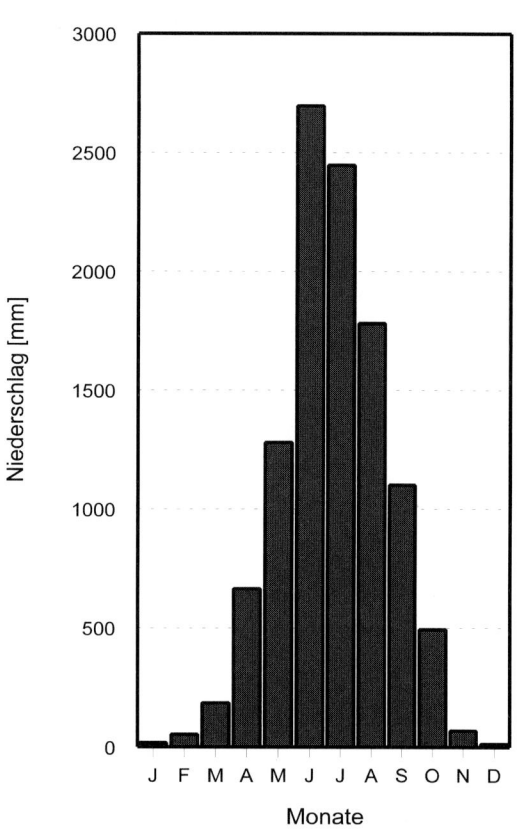

Abb. 27: Jahresgang des Niederschlags an der Monsunstation Cherrapunji: (25° 15' N/91° 44' E, 1313 m). Jahresniederschlag = 10.798 mm

eine völlig andere Bedeutung. Sie beziehen sich nicht wie in den Außertropen auf die Länge der thermischen Vegetationszeit im Laufe eines Jahres, sondern jeweils auf die thermischen Ansprüche der Vegetationsformationen, die sie für ihre physiologische Anpassung und die Gestaltung ihres Lebenzyklus unter *ganzjähriger Isothermie* des Klimas benötigen. Die immergrünen Pflanzen der perhumiden Warmtopen der *tierra caliente* sind beispielsweise *megatherm*. Das bedeutet, daß sie zwar eine ganzjährige Wachstumsperiode besitzen, sie können aber oberhalb der absoluten Frostgrenze nicht gedeihen. Die *"Megathermie"* bezieht sich in den Tropen also auf die physiologische Anpassung der Vegetation an einen bestimmten thermischen Schwellenwert für den ganzjährigen Stoffgewinn. *Makrotherme* Merkmale haben die Vegetationsformationen der immergrünen Berg- und Wolkenwälder der *tierra templada* bis in die Höhen weit oberhalb der absoluten Frostgrenze, d.h. 18 °C-Isotherme des kältesten Monats. In der Stufe der *tierra fría* kommen die immergrünen Nebelwälder vor, deren Pflanzen bei ganzjähriger Wachstumsperiode durch *mesotherme* Merkmale gekennzeichnet sind. In den immergrünen Wäldern dieser Höhenstufe findet man keine megatherme Florenelemente der tropischen Tiefländer. In der Stufe der *tierra helada* haben sich die *mikrothermen* Pflanzen des Páramo angesiedelt mit spezifischen Adaptations- und Lebensformen an das ständig kalt-nasse Klima dieser Höhenstufe. Auch sie setzen ihren vegetativen Zyklus bei täglichem Frostwechsel bis in die Nähe der Schneegrenze ganzjährig fort.

In den tropischen Hochgebirgen nimmt, ähnlich wie in den tropischen Niederungen, in Richtung auf die kontinuierlich trockener werdenden randlichen Tropen die Anzahl der ökologisch humiden Monate ab, in Anlehnung an die sich fast kalendarisch verkürzende Regenzeit. Eine hygrische Differenzierung von Páramo bzw. Pajonales (10-12 humide Monate) über Feucht- (7-9 humide Monate), Trocken- (5-6 humide Monate) und Dornpuna (3-4 humide Monate) bis hin zur Hochgebirgskältewüste mit 0 humidem Monat, jedoch *"langer"* thermischer Vegetationszeit, kennzeichnet die klimatische Höhenstufung der tropischen Gebirge. Aus diesen Gründen wurde in den Gebirgen der Tropen zwischen einer Stufe der *Warmtropen* unterhalb der Wärmemangel- und absoluten Frostgrenze und einer darüber liegenden Stufe der *Kalttropen* unterschieden. Warm- und Kalttropen wurden je nach Länge der *hygrischen* Vegetationszeit differenziert.

Im Kartenbild (Beilage I) ragen die *Gebirgsräume* der Erde innerhalb des *zonalen* Klimatyps als kalte Inseln aus der wärmeren Umgebung heraus. Die Klimate der Gebirge sind in ihrer dreidimensionalen Anordnung nach den hygrothermischen Merkmalen der Höhenstufen dargestellt mit einer hypsometrisch kürzer werdenden thermischen Vegetationszeit. Hygrisch treten sie, vor allem in den Außertropen, als Inseln hoher Feuchtigkeit in Erscheinung.

2. Subtropen-Zone (B)

Die solare Strahlungszone der *Subtropen* liegt zwischen den Wendekreisen (23½°) und dem 45. Breitenkreis mit einer mittleren jährlichen Solarstrahlungssumme von jeweils 230 bzw. 180 kcal/cm^2 (BUDYKO 1963: 40). Die Subtropen bilden eine Übergangszone zwischen den durch Strahlungsüberschuß charakterisierten Tropen und den durch markante solarklimatische und thermische Jahreszeiten gekennzeichneten Mittelbreiten ein.

In der Karte (Beilage I) sind die *Subtropen* ihrem *warmgemäßigten* Klimacharakter nach durch rote und braune Farbtöne dargestellt. Typisch für diese Zone ist ein kleinräumiges *Ineinandergreifen* der *Isothermomenen* und *Isohygromenen*, größtenteils bedingt durch das stark gegliederte Relief entlang der Faltengebirgsstränge Eurasiens, Nord- und Südamerikas, der australischen Alpen und der südafrikanischen Randgebirge. Die Vielfalt der hygrothermischen Klimate vor allem in den kleingekammerten Hochländern der Subtropen schafft die Grundlage für eine hohe Diversität der Biota (Tiere, Natur- und Kulturpflanzen) und damit ebenso günstige Bedingungen für den Menschen. Nicht zuletzt deshalb waren die Subtropen der alten Welt (Ägypten, Mesopotamien, Griechenland, die Mediterranais) die Wiege der frühen menschlichen Zivilisation.

Auffällig in der Subtropenzone ist der markante klimatische Unterschied zwischen den *West-* und *Ostseiten* der Kontinente, der im Kartenbild durch unterschiedliche Farbtöne ausgedrückt ist. Die *Westseiten* stehen im Sommerhalbjahr unter dem Einfluß der quasi-stationären subtropischen Antizyklonen, die Trockenheit verursachen. Im Winterhalbjahr geraten sie unter die Herrschaft der Mittelbreiten-Westwinddrift, die Niederschläge bringt. Daraus ergibt sich der alternierende Charakter der Klimate der subtropischen Winterregengebiete. An den *Ostseiten* der Kontinente bestimmen permanente Höhentröge das Klima der Subtropen mit sommerlichen Regenmaxima. In den subtropischen *Binnenländern* herrscht ein trockenes Kontinentalklima mit zum Teil spärlichen Sommerregen. Die Gebirgslandschaften der Subtropenzone sind gegenüber den umrahmten Trockenlandschaften Inseln hoher Feuchtigkeit, die sich zudem durch eine hygrothermische Höhenstufung auszeichnen. Sie sind die agrarklimatischen Gunstzonen der Trockengebiete mit ausgedehnten Bewässerungslandschaften und hoher Bevölkerungskonzentration.

Das makro- bis megatherme europäische *Winterregengebiet* zeichnet sich durch ein hygrisches Nord-Süd-Gefälle aus. Die Gebirgsregionen der Mediterranais sind durch die Interferenz der thermischen und hygrischen Parameter nach Höhenstufen kleinräumig gegliedert. Die *subtropischen Winterregengebiete* nehmen an den Westseiten der Kontinente räumlich begrenzte Areale ein, da die zumeist N-S-streichenden Gebirgszüge als Barriere bzw. Klimascheide wirken und die Winterregengebiete räumlich stark einschränken (Kalifornien, Mittelchile, Südafrika) (vgl. Beilage I). Dort, wo langgestreckte, N-S-verlaufende Kettengebirge fehlen, wie beispielsweise in den europäischen Mediterranais, erreicht das Winterregengebiet flächenmäßig seine größte Ausdehnung. In diesem Bereich kann die zyklonale Aktivität der Westwinddrift im Winter ungehindert tief in den Kontinent eindringen. Die wandernden Zyklonen beeinflussen im Winter das gesamte Mittelmeergebiet einschließlich Nordafrika und den Vorderen Orient. Verstärkt wird die Zyklogenese im europäischen Mediterrangebiet zusätzlich durch dynamische Aspekte des warmen Mittelmeers. Infolgedessen können sich regenbürtige Effekte - wenn auch mit abnehmender Niederschlagstendenz - als Ausläufer sogar bis in die vorderasiatischen Gebirgslandschaften (vom anatolisch-iranischen Hochland über das Hindukusch-Karakorum-System bis nach West-Himalaya) durchsetzen und diese Regionen mit spärlichen Winterregen versorgen. Von den winterlichen zyklonalen Aktivitäten profitieren hier vor allem die Luvseiten der Gebirge (Beilage III, Chorog: B m sh γ 4) bis sie schließlich im oberen Indus-Tal und West-Himalaya völlig ausklingen (RAFIQPOOR 1979, REIMERS 1992, WEIERS 1995). Die Ostabdachungen des Hindukusch-Pamir-Karakorum-Systems erhalten ebenso spärliche Sommerregen aus dem Niederschlagsregime der flachen Monsunzirkulation bzw. des schwachen Sommerregens des tibetischen Hochlandes. Die Überschneidung von monsunalen Sommerregen mit den Niederschlägen der Ausläufer der Westwinddrift im Winter schaffen in den Grenzgebirgen Afghanistans (Safid-Koh, Ostabdachung des Hindukusch) günstige Voraussetzung für Baumwachstum. Hier gedeihen deshalb z.T. dichte Bestände aus Steineiche (*Quercus baloot*) und Nadelhölzern himalayischen Provenienz (*Cedrus deodara*) (VOLK 1954, FREITAG 1971, RAFIQPOOR 1979).

Die subtropischen Winterregengebiete des Kaplandes (Beilage III, Kapstadt: B sl sh α) und Südaustraliens um Perth (B sl sh β) und Adelaide (B sl sa γ) reichen nicht weit genug nach Süden. Die wandernden Zyklonen der südhemisphärischen Westwinddrift streifen die Südspitzen beider Kontinente nur randlich mit der Konsequenz, daß die Winterregengebiete hier nur sehr kleinräumig ausgebildet sind.

In den *Winterregengebieten* liegt die phyto-ökologisch und hygrothermisch optimale Vegetationsphase vornehmlich in den Übergangszeiten (Frühjahr und Herbst), da im Winter die thermische und im Sommer die hygrische Vegetationszeit eingeschränkt ist (Beilage III: Rom, B l h β; Bengasi, B sl sa γ); Iraklion, B sl sh β). Der durch starke klimatische Periodizität bedingte Lebensrhythmus der Pflanzen bewirkt, daß gerade die subtropischen Winterregengebiete als ausgesprochene Gunsträume gelten, wo die natürliche Vegetation hohe Artendiversität aufweist (BARTHLOTT, LAUER, PLACKE 1996) mit einer ebenso großen Vielfalt von Kulturpflanzen. Die Pflanzen nutzen für ihre

Biomassenproduktion während der hygrothermisch günstigen Phasen neben den Frühjahrs- und Herbstregen zusätzlich auch die winterlichen Bodenwasserspeichervorräte (Beilage III, Lissabon: B sl sh β; Madrid: B l sh β; San Francisco: B sl sh α). Die Kulturpflanzen (Obst, Feldfrüchte, Wein) kommen allerdings ohne künstliche Bewässerung nicht aus.

In den Subtropen konzentrieren sich Gebiete prononcierten Winterregens vor allem auf die *Gebirgslandschaften* (Sierra Nevada Kaliforniens, südliche Rockies, Hindukusch-Karakorum-System), während die Niederungen, Hochplateaus und große Talungen [Great Basin, anatolisches und iranisches Hochland, Täler und Beckenlandschaften des Hindukusch-Karakorum-Systems (Kabul: B l sa γ)] von exzessiver Trockenheit betroffen sind. In einigen Landschaften beteiligen sich auch die Sommerniederschläge mit fast gleichem prozentualen Anteil am Gesamtniederschlagsaufkommen (Great Basin). Sie vermögen aber, vor allem in den Hochplateaus, den enormen Verdunstungsverlust nur teilweise zu kompensieren (Beilage III, Ankara: B l sh γ), so daß hier zum Teil subhumide bis semiaride Charakterlandschaften entstehen, als riesige Kornkammern auf der Basis des Regenfeldbaus (Zentralanatolien, die Kolchis, Steppen des Fergana-Beckens).

In *Nordamerika* vollzieht sich der Übergang von der strahlungsklimatischen Zone der Subtropen an der maritimen Ostseite des Kontinents von den subtropischen Feuchtwäldern (Appalachian *Oak Forests*) in die sog. Northern Hardwoods (*Acer-Betula-Fagus-Tsuga*) der kühlen Mittelbreiten im Bundesstaat Massachusetts. Das Verbreitungsgebiet der Laub-Mischwälder erstreckt sich in Nordamerika nach Westen etwa bis zum 95. Längengrad. Entlang dieser Linie verläuft offenbar eine markante, N-S-gerichtete klimatische Trockengrenze (JÄTZOLD 1962; s. Beilage I). In den kontinentalen Räumen des mittleren Westens der USA westlich des o.g. Meridians ist die Landschaft erheblich trockener. Hier erfolgt der Übergang von den Subtropen in die Mittelbreiten fast unmerklich innerhalb der Prärien und Plains. An der Westseite des Kontinents vollzieht sich an der Subtropen/Mittelbreitengrenze der Übergang von der Hartlaubformation der mediterranen Winterregen-Subtropen Kaliforniens in die temperierten Laub-Mischwälder der kühlen Mittelbreiten im Bundesstaat Washington.

Während die *nordhemisphärischen Subtropen* eine Staffelung hygrothermischer Klimatypen von hochmaritimer (α) bis hochkontinentaler (δ) Ausprägung aufweisen, verursachen in der *Südhemisphäre* die geringe Ausdehnung der Binnenländer und die riesigen Meeresflächen unter gleichen strahlungsklimatischen Bedingungen eine höhere Maritimität der Klimate mit mäßiger Temperaturschwankung. Dies hat zur Folge, daß in den südhemisphärischen Subtropen die thermische Vegetationszeit länger ist. Das thermische Niveau liegt auf der Südhalbkugel im Mittel etwas niedriger als Orte gleicher Breitenlage auf der Nordhemisphäre.

Auf der *Südhalbkugel* vollzieht sich im südlichen Südamerika der Übergang von den Subtropen in die Mittelbreiten fast unmerklich an der Westküste des Kontinents bei einem mittleren Jahresniederschlag von 3000-4000 mm um den 40. Breitengrad (vgl. Beilage I und III, Valdivia: C/B sl ph α; Concepcion, B sl h α). Vegetationsgeographisch wechseln die subtropischen Laubwälder um Temuco und Concepción in die temperierten valdivianischen Regenwälder. Die sogenannten "Sommer-Lorbeerwälder" dieser Zone bestehen aus Südbuchen (*Notofagus*-Arten) und *Drimys winteri* mit deutlicher physiognomischer Verwandtschaft zu den subtropischen Lorbeerwäldern der Nordhemisphäre, die den strahlungsklimatischen Akzent der subtropischen Breiten erkennen lassen. Landeinwärts nehmen die Niederschläge im Bereich des chilenischen Längstales zunächst bis auf 1200-1300 mm ab, um an der Kordillerenwestabdachung erneut anzusteigen. Im Lee der Kordillere vollzieht sich dieser Übergang nahezu unmerklich im Bereich der semiariden bis subhumiden patagonischen Steppen. Die gleichen Verhältnisse findet man in Neuseeland und Tasmanien vor, wenn auch dort wegen der hochmaritimen Insellage generell günstigere hygrothermische Bedingungen auch für die Lee-Seiten der Gebirge gelten mögen (Beilage I).

Die Kulturpflanzen stellen in den Subtropen andere Ansprüche an das Klima als in den Mittelbreiten. Gerade der intensive subtropische Strahlungsgenuß wird für viele Pflanzen, die aus den höheren Breiten in den Subtropen kultiviert werden, zu einem erheblichen Streßfaktor. Die Erfahrung der Landwirte in der Subtropenzone Mittelchiles beweist, daß in dieser Breite Futtergräser aus Mittel- und Westeuropa sehr bald nach der Saat verschwinden, während portugiesische Arten perennieren können. "Darin kann man wohl den Akzent subtropischer Strahlungsbedingungen in einem Klima erkennen, das mit Methoden der Mittelwertklimatologie kaum vollkommen zu fassen ist" (WEISCHET 1996: 328-329). Dies bestätigt einmal mehr die Bedeutung der Vegetation als dem besten Indikator des Klimas. Mit der Berücksichtigung der Vegetation als Anzeiger der klimatischen Standortbedingungen kommt man über die Rückkoplungsmechanismen im System *Klima-Boden-Vegetation* den ökoklimatischen Besonderheiten eines Gebietes näher.

2.1 Klimatische Sonderphänomene in den Subtropen

2.1.1 Die subtropischen Trockengebiete der Erde
(Das Problem der Trockenachsen)

Die ausgedehnten *Trockengebiete* der Erde liegen im Bereich der antizyklonal beeinflußten tropisch-subtropischen Westseiten der Kontinente. Wegen der spärlichen Vegetation in den Trockengebieten wird ein verschwindend geringer Anteil der ankommenden kurzwelligen Strahlung in latente Verdunstungswärme übergeführt. Die potentielle Landschaftsverdunstung (pLV) ist äußerst gering. Sie weicht in erheblichem Maße von der potentiellen Verdunstung freier Wasserflächen (pV) ab (Beilage III: El Goléa). Ausgedehnte Trockengebiete der Erde liegen im nördlichen Teil des afrikanischen Kontinents im Bereich der Sahara einschließlich der Arabischen Halbinsel, im subtropischen Vorderen Orient und Zentralasien, in den tropisch-subtropischen Halbwüsten und Wüsten Südafrikas, Nord- und Südamerikas und Australiens. Es sind Gebiete alternierenden Klimas mit maximaler Variabilität der Niederschläge.

Die äquatorseitigen Bereiche der subtropisch-tropischen Trockengebiete der Erde liegen unter dem Einfluß der tropischen Passat-Zirkulation, ihre polseitigen unter der Herrschaft der zyklonalen Westwinddrift der Mittelbreiten. Die Niederschlagsversorgung dieser Räume hängt daher von den abgeschwächten Ausläufern der regenbürtigen tropischen und außertropischen Windsysteme ab. Die spärlichen Niederschläge beider Systeme können sich räumlich zuweilen überlappen. Das *Überschneidungsgebiet* der sommerlich tropischen und winterlich außertropischen Regenregimes bildet meist einen schmalen Streifen jeweils im zentralen Teil der Trockengebiete der Erde, die als "*Trockenachsen*" bezeichnet werden.

Die *Trockenachsen* sind Gradient- und Risikogebiete der Erde mit hoher Niederschlagsvariabilität. Die *Überschneidung von zwei Regenregimes* sowie die Lage und Reliefbedingungen haben große Auswirkungen auf die Artenvielfalt der Biota in diesen Räumen. Die Trockenachsen korrespondieren zwar generell mit den trockensten Landstrichen der Erde, weil in ihrem Bereich die Einflüsse tropischer und außertropischer Regenregime ausklingen. Sie tragen aber nicht überall die gleichen hygrischen Merkmale. Während das Kerngebiet der Trockenachse in der zentralen Sahara (Libysche Wüste, Tanezrouft, Ténéré) weder von den Ausläufern des tropischen noch von denen des außertropischen Niederschlagsregimes erreicht wird, bilden die Trockenachsen in den großen Trockengebieten Nordamerikas (Sonora-Wüste), Südwestafrikas und Südaustraliens ein markantes *Überschneidungsgebiet* zwischen zwei Regenregimes mit hinreichendem Niederschlag für eine artenreiche Flora mit den speziellen Adaptationsformen. Gerade die *Überlappung* von zwei Niederschlagstypen ist für die Entwicklung und Vielfalt der Flora (*Biodiversität*) von großer ökologischer Bedeutung (BARTHLOTT, LAUER, PLACKE 1996). Die Riesenkakteen in der Sonora-Wüste Nordamerikas bzw. das Durchdringen von artenreichen Blatt- und Stammsukkulenten in der Bergregion um Richtersveld (Kapland) und Springbock (Namaqualand) in Südwestafrika verdanken diesem Phänomen ihr Dasein.

Während in den Trockengebieten Nordamerikas, Südafrikas und Südwestaustraliens wegen des alternierenden Charakters des Klimas sich die Niederschläge aus den beiden Regenregimen regelmäßig periodisch überlappen, gibt es in der andinen Trockendiagonale Südamerikas nur eine episodische Überschneidung von ephemeren Niederschlagsereignissen. In den perariden Bereichen der zentralen Sahara überschneiden sich die Sommer- und Winterregen nur noch im Ahaggar-Gebirge, ihre Kernbereiche sind völlig regenlos.

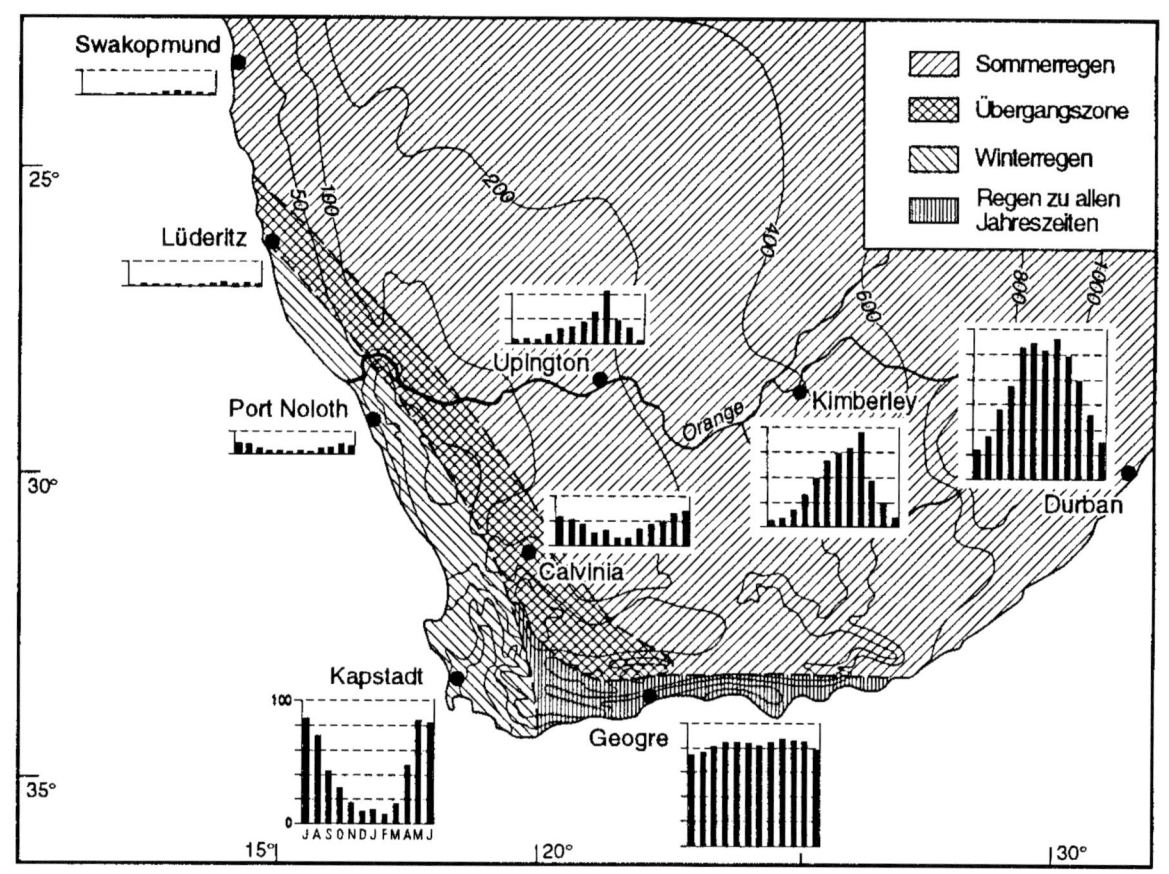

Abb. 28: Verlauf der Trockenachse in SW-Afrika als Überschneidungsgebiet von Winter- und Sommeregen

Ein auffälligstes Beispiel ist die Trockenachse des Kaplandes in SW-Afrika (Abb. 28). Das westliche Kapland ist ein ausgesprochenes Winterregengebiet. Der Einflußbereich des Winterregens umfaßt aber nur einen etwa 200-300 km breiten Streifen, der sich nach NW keilförmig verjüngt und in der Lüderitz-Bucht unmittelbar an der Küste ausstreicht.

Im zentralen Teil dieses SO-NW-verlaufenden Landstriches *überschneiden* sich vor der Küste der Kap-Provinz die *Winter-* und *Sommerregen* unter kontinuierlicher Zunahme des Kontinentalitätsgrades von der Küste zum Binnenland (Beilage III, Port Noloth: B sl pa α; Calvinia: B sl sa β; Upington: B sl pa γ). Es lassen sich drei Regionen unterschiedlicher Regenregimes mit ökologischen Konsequenzen differenzieren:

1. In den Halbwüsten des *Winterregengebietes* unmittelbar an der Küste fallen im langjährigen Mittel <200 mm Niederschlag. Die Luft ist sehr feucht, die potentielle Landschaftsverdunstung gering (Beilage III, Port Noloth: B sl pa α). Wegen der kühlen Meeresströmung (*Benguelastrom*) und der persistenten dichten Nebeldecke sind im Küstengebiet die Temperaturen vergleichsweise niedrig. Vegetationskundlich dominieren hier *blattsukkulente* Zwergsträucher im Wechsel mit der formenreichen Familie der *Mesembryanthemaceen*. Sie bieten durch die Regengüsse während des Spätwinters und des beginnenden Frühjahrs (August-September) als *"blühende Wüste"* ein farbenprächtiges Bild.

2. Die Halbwüstengebiete des tropisch-subtropischen *Sommerregens* östlich der Achse des Übergangsgebietes (Beilage III, Upington: B sl pa γ) werden von *stammsukkulenten* Gewächsen (*Euphorbiaceen, Crassulaceen, Liliaceen*) beherrscht.

3. Im *Überschneidungsgebiet* (*Trockenachse*) (Beilage III, Calvinia: B sl sa β) vermischen sich bei sehr geringen *Winter- und Sommerregen* blatt- und stammsukkulente Flora, wobei je nach Relief- und Substratverhältnissen die Stammsukkulenten die wärmebegünstigten Expositionen bevorzugen, während die Blattsukkulenten eher die Standorte kühl-feuchter Luft favorisieren.

In den subtropischen Trockengebieten *Nordamerikas* zeichnet sich die Trockenachse im Kartenbild (vgl. Beilage I) durch den gelblichen Farbton als ein breiter Übergangsstreifen zwischen den Winter- und Sommerregengebieten ab. Sie überquert als eine Diagonale die Rocky Mountains von SW nach NO. Ihre Einflüsse sind durch die Abnahme der Humidität der Klimate an der Ostabdachung des Roky Mountains bis in die Nähe des Polarkreises zu spüren (Beilage I). Die hochkontinentalen, trockenen Täler und ausgedehnten intramontanen Beckenlandschaften verzeichnen zwar betont Sommerregen, erhalten aber auch im Winter für das Trockengebiet beachtliche Niederschlagsmengen. Die Interferenz beider Niederschlagsregime schafft im Bereich der *Trockenachse* Nordamerikas um Phoenix (B sl a δ), El Paso (B sl a δ) und Tuscon im Bundesstaat Arizona - genauso wie in SW-Afrika - ökologisch günstige Bedingungen für das Gedeihen von Riesen-Kakteen und unterstützt zusätzlich die hohe Biodiversität der Flora dieser Landstriche (BARTHLOT, LAUER, PLACKE 1996). Östlich der nordamerikanischen "Küstenkordillere" konzentrieren sich die Einflüsse des Winterregens auf die Luvseiten der hohen Gebirge (z.B. Sierra Nevada). An der

Ostabdachung der Rocky Mountains kommen sie kaum mehr zur Geltung (Beilage III, Denver: B m sa γ).

Die Trockenachsen sind aus landschaftsökologischer Sicht sensible Räume, in denen sich der Wandel des Klimas mit nachhaltigen Konsequenzen für Landschaft und Menschen am schnellsten dokumentiert. Sie waren auch in den früheren Epochen der Erdgeschichte von klimatischen Veränderungen betroffen. Archäologische Funde (fossile Knochenreste, Felsbilder) des neolithischen Klimaoptimums aus dem Raum der Sahara und der Kalahari zeugen von einer markanten Nordwärtsverlagerung der tropischen Zirkulation, die diesem Raum reichlich Niederschläge mit üppiger Flora und entsprechender Fauna bescherte. Gerade diese Übergangsgebiete wurden infolge des Trockenerwerdens des Klimas menschenleer, da infolge des Klimawandels das ökologische Gleichgewicht empfindlich gestört und Flora, Fauna und Mensch die Lebensgrundlage entzogen wurde.

Auch im Bereich der Trockenachse der Anden existieren altindianische Grabstätten (*Chulpas*) aus der Zeit des postglazialen Wärmeoptimums. Sie zeugen von einer dichten Besiedlung des südlichen Altiplano Boliviens unter feuchteren Klimabedingungen (MESSERLI et al. 1992). Die *Chulpas* kommen in großen Gruppen vornehmlich auf den fluvialen Terrassen und entlang der heute periodisch fließenden Gewässer (z.B. Río Desaguadero) vor. Sie werden von den aufgelassenen, in inkaischer Technik hergestellten Kulturterrassen an Berghängen der heute dünnbesiedelten Trocken- und Dornpuna in Südbolivien begleitet.

Ein auffälliges ökologisches Phänomen sind die *Nebel* entlang der Westküsten der tropisch-subtropischen Trockengebiete. Die durch die quasi-stationären subtropischen Antizyklonen zirkulationsdynamisch angetriebenen kalten Meeresströmungen (*Humboldt-, Kalifornien-, Benguela-, Kanaren-Strom*) lassen an den Westküsten der entsprechenden Kontinentalräume das kalte ozeanische Tiefenwasser aufquellen ("*Upwelling*"). Sie unterstützen die Bildung einer dichten Nebeldecke mit scharfer Obergrenze an der Inversionsschicht. Wo der Nebel mit Gegenständen in Kontakt kommt, wird Wasser ausgeschieden. Die ökologisch wirksamen Bodennebel bedingen das Aufkommen einer reichhaltigen, niederwüchsigen Flora, wie z.B. die Lomavegetation in der Atacama-Wüste. Die Pflanzen (*Tillandsia purpurea, Tillandsia straminea, Tillandsia latifolia*) dieser Landstriche haben die Fähigkeit, mit Hilfe der feinen Haare an der Blattoberfläche das Wasser aus dem gesättigten Nebel herauszukämmen. Die Lomavegetation belebt die sonst wüstenhafte Küstenregion (*Feuchtluftwüste*). Das gleiche Phänomen ist an der Küste der Namib zu beobachten (Abb. 29). Dort tritt unter dem Einfluß der kühlen *Benguela-Strömung* das *Feuchtluftwüsten-Phänomen* auf. Die südatlantische Antizyklone und die kalten Auftriebswässer verursachen eine Temperaturinversion unterhalb 800 m ü. NN. Die Temperatur nimmt auf ca. 15 °C ab, die relative Feuchte bis auf 100% zu. Es entsteht dichter Nebel an der Inversionsuntergrenze. Die Mächtigkeit des Hochnebels wächst proportional zur Abkühlung nach unten hin häufig bis zu 300 m. In Walvis-Bay (Namibia) ist die mittlere Jahrestemperatur von 16 °C für die Breitenlage um 5° C zu kalt. Landeinwärts steigen die Temperaturen an. Die Hochnebeldecke löst sich nach etwa 50-70 km landeinwärts auf. An der Küste fällt aus dem Nebel vereinzelt leichter Sprüh- und Nieselregen, der über dem Meer stärker ist als über dem Land. Die Nebelnässe versorgt eine spärliche Vegetation, insbesondere zahlreiche Flechten und Geophyten mit Feuchtigkeit. Die 20-jährige Niederschlagsreihe von Walvis-Bay hat ein langjähriges Mittel von 11 mm, mit dem Hauptanteil von 3 mm im März. Eine ausgesprochene *Binnenwüste* ist nicht ausgebildet, da die *Feuchtluftküstenwüste* im Binnenland in eine Halbwüste mit schwachen Sommerregen übergeht.

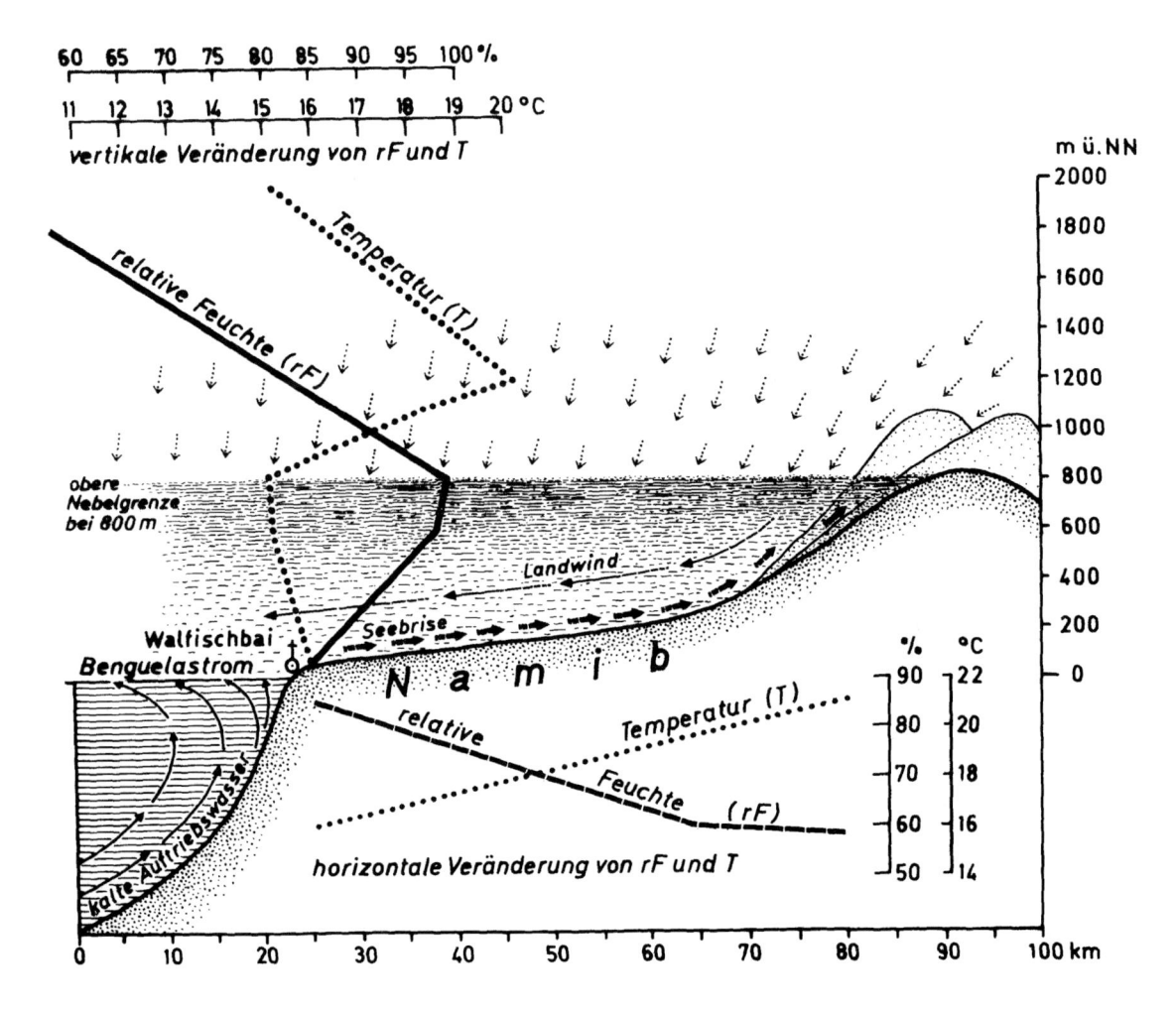

Abb. 29: Horizontale und vertikale Veränderung von relativer Feuchte und Lufttemperatur im Bereich der *Feuchtluftküstenwüste* Südafrikas (n. Daten von JACKSON 1940 und BESLER 1972) (aus LAUER 1999)

Die Nebelbildung verlagert sich an den Küsten der Feuchtluftwüsten im Jahresablauf (vgl. Beilage I) durch leichtes Wandern der Zirkulationssysteme mit *Sommernebelmaxima* vorwiegend im polwärtigen und *Winternebelmaxima* im äquatorwärtigen Teil. Der unter dem Einfluß der kalten Meeresströmungen entstandene Küstennebel mildert die exzessive Strahlung und verleiht dem Klima dieser Landstriche einen hochmaritimen Charakter. Nicht selten werden die nebelmilden *Wüstenküsten* daher vor allem von älteren Menschen als Gebiete angenehmen Klimas zu Erholungszwecken aufgesucht.

2.1.2 Klimatische Asymmetrie der West- und Ostseiten der Kontinente

In den *Sommerregen-Subtropen* der *Ostseiten der Kontinente* fällt die hygrische Vegetationsperiode mit der thermisch günstigen Jahreszeit zusammen. Auflandige, monsunartige Wetterlagen im Sommer und außertropische Kaltlufteinbrüche im Winter sorgen jeweils für ergiebige bzw. spärliche Regenfälle je nach Luv- und Lee-Effekten. Auf der Basis langandauernder Humidität und ebenso langer thermischer Vegetationszeit entstehen an den subtropischen Ostseiten der Kontinente *agrarische Gunsträume* wie an den Ostküsten Ostasiens (Beilage III, Xian: B l sh γ; Wen-Xhou: B l ph β; Tokyo: B l ph β), der USA (Jacksonville: B sl ph α), Südamerikas (Buenos Aires: B sl ph α), Südafrikas (Durban: B sl h α) und Australiens (Sydney: B sl ph α).

Klimatische *Sonderphänomene* ereignen sich an den subtropischen *Ostseiten* des *asiatischen Kontinents*, und zwar vorwiegend an den Westküsten Japans und Koreas. Hier verwirbeln sich im Winter die aus dem kontinentalen Kältehoch des tibetischen Plateaus herabfließenden Kaltluftkörper mit den wärmeren ozeanischen Luftmassen im Bereich des japanischen Meeres. Sie verursachen z.T. ergiebige Schneestürme mit winterlichen Niederschlagsmaxima. Ebenso sorgen die Kaltlufteinbrüche aus den Polarregionen in Verbindung mit der kalten Meeresströmung *(Oya-Shio)* im Winter an den Ostküsten der Mittelbreiten Ostasiens für ergiebige Niederschläge. An den subtropischen Westseiten der Kontinente konzentrieren sich die schneelosen Winterregengebiete.

2.1.3 Kalt- und Warmluftvorstöße

In *Südamerika* dringen vor allem im Winter mit den Ausläufern einer Meridionalströmung während einer Low-Index-Zirkulation (LAUER 1999: 122) *antarktische* Luftmassen tief in den Kontinent hinein. Dabei stößt kalte Luft so rasch bis in die tropischen Teile des Landesinnern vor, daß sie auf ihrem weiteren Weg nach Norden kaum die Möglichkeit findet, sich zu erwärmen. Solche Wetterlagen verursachen große Temperaturstürze, die in den Subtropen und den randlichen Tropen des brasilianischen Paraná-Beckens bis ins südliche Minas Gerais und sogar im Staat São Paulo die megathermen Kulturen (Zitrusfrüchte, Bananen, Kakao, Kaffee) der Niederungen schädigen und Ernteausfälle verursachen. *Kaltlufteinbrüche* (*"friagems"*) führen in den tropischen Tiefländern zu solch empfindlichen Temperaturstürzen, daß beispielsweise im Beni-Tiefland bis in den Vormittag hinein Temperaturen um etwa 10 °C gemessen werden können (eigene Beobachtung in Riberalta, Bolivien, im Juli 1994). Solche Wetterlagen werden von zähen advektiven Wolkenfeldern mit ganztägigem Nieselregen begleitet. Kühl-nasse Witterung dieser Art wird von den leichtbekleideten Bewohnern der tropischen Niederungen als unangenehm empfunden, so daß sie an solchen Tagen den Aufenthalt im Freien weitgehend meiden.

Gelegentlich findet auf dem südamerikanischen Kontinent aus entgegengesetzter Richtung ein Meridionaltransport tropisch-subtropischer, *warmer Luftmassen* entlang der Kordillerenachse bis nach Ostpatagonien statt, die im Sommer das Temperaturniveau bis auf >+38 °C anheben. Selbst in der kühleren Jahreszeit werden bei derartigen Wetterlagen Temperaturen von bis zu +20 °C im kältesten Monat gemessen (WEISCHET 1996: 330). In Ostpatagonien kommt es bei solchen Wetterlagen zu sintflutartigen Niederschlägen von ca. 50 mm in 24 Stunden, die in den Trockensteppen die Bodenerosionsprozesse intensivieren.

In den Subtropen nehmen generell von der Küste zum *Binnenland* mit wachsendem Kontinentalitätsgrad die Niederschläge und damit auch die Länge der hygrischen Vegetationszeit ab (Beilage I). In den Prärien und Plains (Beilage III, Denver: B m sa γ; Dallas: B l h γ), in der argentinischen Pampa (Beilage III, Buenos Aries: B sl ph α), in den Binnenländern Asiens (Beilage III, Wen-Zhou: B l ph β), Südafrikas und Australiens liegen die großen Kornkammern der Erde. Sie gehören aber auch zu den agrarischen Risikogebieten, bedingt durch die hohe Variabilität der mittleren thermischen und hygrischen Vegetationszeit in Intervallen von Jahren. In Ostasien nimmt landeinwärts die Trockenheit zu, gepaart mit einer hypsometrischen Abnahme der Anzahl der thermischen Vegetationsmonate bis auf die Höhe des tibetischen Hochplateaus (Beilage I). Von dort an steigt zum Pamir-Hindukusch-Karakorum-System hin die Anzahl der humiden Monate bei zunächst fast gleichbleibender thermischer Vegetationszeit erneut an. Gleichwohl nimmt die Humidität an den westlichen Abdachungen des Gebirgsmassivs Zentral-Afghanistans (Kohe-Baba) wieder ab. Der gesamte Vordere Orient ist durch exzessive Trockenheit geprägt (Beilage III, Tehran: B l sa γ; Kabul: B l sa γ).

2.1.4 Die Kulturoasen

In den ariden und perariden subtropisch-tropischen Trockengebieten der Erde liegen die großen *Kulturoasen*. Sie entwickeln ein selbständiges, mesoskaliges, humides Topoklima, das sich wie eine Kalotte über eine sonst peraride Umgebung ausbreitet. Um die ökoklimatischen Besonderheiten der Kulturoasen zu demonstrieren, soll die subtropische Wüstenstation Kairo innerhalb einer klassischen Kulturoase im Bereich des Nil-Deltas vorgestellt werden.

An der *Wüsten*-Station Kairo fallen im langjährigen Mittel mit sehr hoher Variabilität ca. 26 mm Regen pro Jahr. Die monatlichen Niederschlagsmengen überschreiten kaum 5 mm. Um die Problematik der potentiellen Landschaftsverdunstung in einer *Vollwüste* zu verstehen, wurde zunächst die *potentielle Landschaftsverdunstung* (pLV) nach den Reduktionsfaktoren einer *Vollwüste* berechnet (Beilage III: Kairo-Vollwüste), mit der Vorstellung, daß sich die Station außerhalb der Oase befinden würde. Der Jahresgang des Niederschlags, der pLV und der Temperatur zeigen in diesem Fall ein für eine Wüstenstation typisches Bild. Die pLV-Kurve liegt über der Kurve des Niederschlags; die Temperaturkurve übertrifft die pLV-Kurve deutlich. Das bedeutet, daß in der *Wüstenregion* um die Oase-Kairo der erhebliche Anteil der ankommenden kurzwelligen Sonnenstrahlung in *fühlbare Wärme* umgesetzt wird, da entweder keine oder nicht genügende Feuchtigkeit für die Überführung der langwelligen Wärmestrahlung in *latente* Verdunstungswärme vorhanden ist. Generell ist in der Wüste die Wasseraufnahmefähigkeit der Luft wegen intensiver Sonneneinstrahlung enorm hoch. Da die Wüste aber pflanzenleer ist (*geringe Transpiration*) und dem trockenen Boden auch keine Feuchtigkeit entzogen werden kann (*geringe Evaporation*), bleibt die potentielle Landschaftsverdunstung (pLV) verschwindend gering. Die wenigen "Spezialisten" (wie die *Fenestraria* in der Namib), sofern sie in den Wüstenregionen vorkommen, entwickeln Anpassungsmerkmale, mit deren Hilfe sie die extreme Trockenheit physiologisch überstehen können. Solche Pflanzen sind meistens Tiefwurzler mit zum Teil unscheinbaren oberflächlichen Assimilationsorganen. Sie sind in der Lage, die zum Überleben notwendige Feuchtigkeit aus dem nächtlichen Tau, der infolge extremer tageszeitlicher Temperaturschwankungen entsteht, aufzunehmen. Vom landschaftsökologischen Standpunkt aus überlebt die spärliche Pflanzenwelt der Wüste unter extrem schwierigen hygrischen Bedingungen. Daher müssen bei der Berechnung der potentiellen Landschaftsverdunstung (pLV) die enorm hohen Werte der potentiellen Verdunstung freier Wasserfläche (pV) mit einem sehr kleinen Faktor (0,15) reduziert werden.

Der Kurvenverlauf der Temperatur zeigt an der Wüstenstation Kairo zwar einen deutlichen Jahresgang, doch liegen selbst die Mitteltemperaturen der Wintermonate weit über 13 °C. Das absolute Minimum der Lufttemperatur beträgt während der 25 jährigen Beobachtungsperiode +1 °C im Februar (MÜLLER 1983). Daher ist an der Station Kairo sogar in den Wintermonaten mit günstigen thermischen Bedingungen für das Pflanzenwachstum zu rechnen, wenn auch episodische Fröste nicht völlig ausgeschlossen werden können.

In der O a s e von Kairo werden Dauerkulturen (Dattelpalme, Olivenbäume), Körner-, Hack- und Hülsenfrüchte sowie Futterpflanzen angebaut. Der Nil spendet für die üppige Landwirtschaft im Deltabereich ausreichendes Bewässerungswasser. In einer subtropischen Kulturoase wie Kairo, wo genügend Bewässerungswasser für den Verdunstungsvorgang vorhanden ist, ist die *potentielle Landschaftsverdunstung* (pLV) sehr hoch. Um das Wechsel- und Zusammenspiel von Wärme- und Wasserhaushalt sowie ihre landschaftsökologische Bedeutung für die generative Entwicklung der Anbaukulturen einer Oase zu demonstrieren, wurde im Diagramm der "subtropischen Bewässerungsoase" (Beilage III, Kairo: Mitte) unter der Annahme optimaler Wasserversorgung die pLV als Produkt von potentieller Verdunstung (pV) und Reduktionsfaktoren einer Kulturoase berechnet. Das Diagramm bringt trotz der Berücksichtigung des Oaseneffektes die hohe Verdunstungskraft der überlagernden Luftschicht in einer subtropischen Kulturoase beispielhaft zum Ausdruck.

Wenn man sich in der Nil-Oase befindet, "riecht" die Luft förmlich nach Feuchtigkeit wegen der enormen Verdunstung. Dort werden durch intensive Bewässerungswirtschaft alljährlich reichlich Landbauprodukte geerntet. Um festzustellen, inwiefern die Bewässerungswirtschaft die potentielle Landschaftsverdunstung (pLV) im Bereich des Nil-Deltas beeinflußt, wurde für die klimatische Wasserbilanz einer Kulturoase die Menge des verwendeten Bewässerungswassers als *quasi-Niederschlagsinput* der pLV gegenübergestellt.

Tab. 16: Wasserverbrauch [l/m²] ausgewählter Kulturpflanzen der Oasen in Südwest-Ägypten (umgerechnet nach Angaben von BLISS 1983, 109) im Vergleich mit den monatlichen Niederschlagsmengen (letzte Tabellenzeile) einer Regenwald-Station (Borumbu/Zaïre)

Kulturen	J	F	M	A	M	J	J	A	S	O	N	D	(l/m²)
Weizen	168	208	190								158	120	844
Tomaten	181	212	226	86							120	133	958
Reis					212	235	234	228	201				1108
Palmen	87	85	119	131	154	171	170	165	143	125	99	86	1535
Olivenbäume	76	77	104	115	135	150	149	144	125	110	86	75	1418
Borumbu/Zaïre	72	87	145	185	158	141	175	166	180	210	192	105	1861

Für die Nil-Oase liegen leider keine Angaben zum Wasserverbrauch der Bewässerungskulturen vor. BLISS (1983) berichtet jedoch über den Wasserverbrauch einiger Kulturen in der Oase *Bahriya* und *Farāfra* in der westlichen Wüste Ägyptens (Tab. 16). Man könnte für die Abschätzung der Transpirationsleitung der Oasenkulturen in Kairo durchaus die Daten der Oasen West-Ägyptens verwenden, da sie unter gleichen klimatischen Bedingungen in derselben geographischen Breite liegen. Dabei eignen sich die Angaben über den Wasserverbrauch *("Gießwassergaben")* von Dauerkulturen (Dattelpalmen und Olivenbäume) am ehesten als Ersatz für den Niederschlagsinput, weil die Dauerkulturen im Laufe des Jahres bei ausreichendem Bewässerungswasser und nahezu ausgeschalteter großer thermischer Periodizität des Klimas ihren Stoffgewinn ohne große Unterbrechung fortsetzen können. In einem weiteren Diagramm (Beilage III) ist für die Kulturoase-Kairo die Menge des monatlich verwendeten Bewässerungswassers (BWW) einer Palmenkultur als quasi *Niederschlagsinput* den langjährigen monatlichen Niederschlagsmengen der Station Kairo hinzugefügt und zusammen als *Gesamtwasserangebot* (GWA) dargestellt. Das Klimadiagramm macht deutlich, daß in der Nil-Oase das Gesamtwasserangebot für die Palmenkulturen durchaus für eine nahezu ganzjährige positive Wasserbilanz hinreicht. Lediglich in den Kernsommermonaten (Mitte Juni bis Mitte August) könnten die Palmenkulturen einem Trockenheitsstreß ausgesetzt sein. Der Boden verfügt jedoch aus den Vormonaten über soviel Speichervorrat, daß die Kulturen das kleine Wasserdefizit ohne große Anstrengung kompensieren können.

Der Vergleich der Diagramme Kairo-Wüste und Kairo-Oase (Beilage III) macht deutlich, daß, im Gegensatz zur Wüste, in der Kulturoase eine hohe Umsetzung der fühlbaren in die latente Wärme stattfindet. Dies drückt sich im Kurvenverlauf von Temperatur und pLV aus, wobei die pLV-Kurve die Kurve der Temperatur bei weitem übertrifft. Durch die Zufuhr von Bewässerungswasser kommt der Wasserhaushalt der Oase-Kairo einem tropischen Feuchtwald und seinem Verdunstungsverhalten nahe. Auch diesem Phänomen wurde durch den Vergleich des Klimadiagramms der Kultur-Oase (Beilage III, Kairo-Bewässerungsoase: B sl ph γ) mit dem Klimadiagramm einer tropischen Regenwald-Station (Beilage III, Borumbu: A sl ph) Rechnung getragen (s. Tab. 16). Das gleiche Phänomen trifft für alle Kulturoasen der subtropisch-tropischen Trockengebiete der Erde zu, wie dies die Diagramme der Kultur-Oase El Goleá in Algerien belegen (Beilage III).

3. Mittelbreiten-Zone (C)

Die solarklimatischen *Mittelbreiten* liegen auf beiden Hemisphären zwischen dem strahlungsklimatisch definierten 45. Breitenkreis mit einer Tageslängenschwankung (TLS) von 7 Stunden und einer mittleren jährlichen Solarstrahlungssumme von 180 kcal/cm^2 sowie den Polarkreisen mit einer TLS von 24 Stunden, an denen noch eine mittlere jährliche Solarstrahlungssumme von ca. 112 kcal/cm^2 ankommt (BUDYKO 1963: 40).

In den Mittelbreiten läßt sich eine äquatorwärtige *kühlgemäßigte* Variante mit 5 und mehr thermischen Vegetationsmonaten von einer *kaltgemäßigten* mit 4 und weniger polwärts unterscheiden. Diese Differenzierung kommt im Kartenbild (Beilage I) durch den Wechsel der beige-grünen in die violette Farbtönung zum Ausdruck. Die Trennlinie ist durch eine intensiv rot gezeichnete *Isothermomene* markiert. Der Verlauf dieser Linie wird in den pazifischen Gebirgen Westkanadas sowie im Gebirgssystem Ostsibiriens und Transbaikals durch Reliefeinfluß modifiziert. Im Gegensatz zu den niederen Breiten, in denen die räumliche Differenzierung des Klimas in erster Linie durch den hygrischen Parameter (*Isohygromenen*) erfolgt, tritt in den höheren Breiten eher der thermische Parameter (*Isothermomenen*) als Hauptmerkmal der klimatischen Raumtypisierung in den Vordergrund.

Die Mittelbreiten sind gekennzeichnet durch die *Witterungsjahreszeiten* Frühling, Sommer, Herbst und Winter als Ausdruck des Jahresgangs der Besonnung. Das wesentliche klimadynamische Merkmal ist die *Westwindzirkulation* mit Regen zu allen Jahreszeiten und sehr hoher täglicher Veränderlichkeit der Witterung, verursacht durch häufige Austauschvorgänge tropischer und polarer Luftmassen. Durch unterschiedlich hohe Jahresamplituden der Lufttemperatur im Binnenland wird der Kontinentalitätsgrad zu einem wesentlichen Klimafaktor. Dies bedingt zusammen mit den *Meeresströmungen* eine thermische Asymmetrie der West- und Ostseiten der Kontinente (Beilage I). Der warme *Nordpazifikstrom* und der Barriereneffekt des pazifischen Gebirgssystems bewirken z.B., daß an den Westküsten des borealen *Nordamerika* ein schmaler Streifen perhumiden, meso- bis makrothermen, hochmaritimen Klimas (Beilage III, Kodiak: C m ph α, Vancouver: C l h α) entsteht mit einer nur wenige Tage dauernden winterlichen Schneedecke. Ähnliche Auswirkungen hat der *Golfstrom* an den Küsten Mittel- und Nordeuropas (Beilage III, Brest: C l ph α; Bergen: C m ph α). Dadurch ziehen sich boreale Nadelwälder an der Westküste Norwegens bis 65° 30' zurück, im Wirkungsbereich des *Nordpazifikstroms* bis 55° 30' N. Hingegen sorgt der kalte *Labradorstrom* an der Ostseite Nordamerikas für ein sehr weites Vordringen (bis etwa 43,5° N) der borealen Waldformationen gegen Süden. In Ostasien reichen die Einflüsse der borealen Klimate im Zuge des kalten *Oya-Shio-* und *Kuro-Shio-Stroms* südwärts bis 44° nördlicher Breite. Infolgedessen wird die Nordhälfte der Insel Hokaido von borealen *Koniferen-*Arten eingenommen.

Das europäische Binnenland *kühlgemäßigten,* mesothermen Klimas weist im Kartenbild hygrisch eine weitgehend einheitliche Fläche von 7-9 humiden Monaten auf. Der Kontinentalitätsgrad nimmt in *Eurasien* von West nach Ost zu (Beilage III, Brest: C m ph α; Berlin: C m sh β; Moskau: C m h γ; Kustanai: C m h δ). Kennzeichnendes Merkmal des hygrischen Klimas der ausgedehnten Binnenländer ist eine auffallend negative ökoklimatische Wasserbilanz im Sommer. In den kontinentalen Gebieten können die Bodenspeichervorräte des Winterhalbjahres das sommerliche Wasserdefizit nur teilweise kompensieren. In den mesothermen, humiden, kontinentalen Landschaften der kühlen Mittelbreiten sind westlich des Urals *Laub-Mischwälder* verbreitet, östlich davon schließen sich unter Zunahme der Kontinentalität die Baumsteppen und Steppen Zentralasien an, die nahezu unmerklich in die subtropischen Steppen übergehen.

In *Nordamerika* nehmen die *kühlen* Mittelbreiten verhältnismäßig kleine Flächen ein. Vor allem Gebiete mesothermen, semiariden (C m sa) und subhumiden (C m sh) Klimas sind auf kleine Areale an der Ostabdachung des Rocky Mountains beschränkt, bedingt durch den Verlauf der Trockenachse (vgl. Kap. III. 2.1.1). Entsprechende Klimatypen erstecken sich in *Eurasien* vom Osten Mitteleuropas bis zu den kasachischen Steppen und dem Oberlauf des Jenissei (Beilage I). Der mittlere Westen Kanadas ist innerhalb eines Dreiecks zwischen Winnipeg, Calgary und Edmonton durch mesothermes, humides kontinentales Klima (Beilage III, Winnipeg: C m h γ 5) geprägt, ebenfalls wegen des Einflusses der Trockenachse. Dieser Klimatyp erstreckt sich nördlich der strahlungsklimatischen Grenze der Subtropen als schmaler Streifen bis an die Ostküste Kanadas. Begrenzte Gebiete perhumiden, mesothermen, kontinentalen Klimas (C m ph γ) konzentrieren sich in Nordamerika auf die Umgebung der Großen Seen.

Das ganzjährig humide Klima der *borealen Zone* ist im Grunde *Schneeklima* (TROLL 1964) (vgl. Kap. II.2.3). In den *kalten* Mittelbreiten nimmt in *Eurasien* polwärts die Dauer der thermischen Vegetationszeit sukzessive ab, die hygrische hingegen zu, bedingt durch die lange *Schneebedeckung* (vgl. Kap. II: 2.3). Ihre Nordgrenze wird beim Unterschreiten von 3 thermischen Vegetationsmonaten (>10 °C) an der polaren Baumgrenze erreicht. In den *kalten* Mittelbreiten liegt überall die Hauptregenzeit im Sommer. Die Niederschlagsmenge wird in *Eurasien* von der Zyklogenese aus der Westwinddrift gesteuert mit einem deutlichen West-Ost-Gradient, so daß große Teile des hochkontinentalen *Ostrußland* jährlich gerade noch 300 mm Niederschlag erhalten. Der kurze Hochsommer ist in den kalten hohen Breiten stellenweise sogar durch negative Wasserbilanz geprägt (Beilage III, Oimjakon: C k h δ 8). Gebiete mikrothermen, subhumiden, hochkontinentalen Klimas

(Beilage III, Jakutsk: C k sh δ7) beschränken sich auf geschlossene Beckenlandschaften in Ostsibirien (vgl. Beilage I). Wesentliches Merkmal der *kalten* Mittelbreiten im fernen Ostrußland ist das äquatorwärtige Vordringen der Gebiete mikrothermer Klimate unterschiedlicher Humiditätsstufen im Bereich des transbaikalischen Gebirgssystems, wo auch die thermische Kontinentalität ein Maximum erreicht (C k h δ bis C k a δ).

In *Nordamerika* tragen große Teile der *kalten* Mittelbreiten die Eigenschaften eines mikrothermen, perhumiden, kontinentalen Klimas (Goose Bay: C k ph γ 7) bei unterschiedlicher Dauer der Schneebedeckung (Beilage I). Hier erstrecken sich die borealen Klimate entlang des Rocky Mountains südwärts bis in die Nähe der strahlungsklimatischen Grenze der Subtropen. Das Yukon-Becken in Alaska zeichnet sich aus durch mesotherme humide Klimabedingungen (C m h γ 7) mit einer langen Schneebedeckung. Die Kontinentalität des Klimas ist in der borealen Zone *Nordamerikas* gegenüber dem eurasiatischen Gegenstück gering. Gebiete hochkontinentalen Klimas sind nicht ausgebildet.

Ähnlich wie in den maritimen Regionen des borealen Eurasiens vollzieht sich in *Nordamerika* in den Gebieten geringer Kontinentalität der Übergang von den borealen Nadelwäldern in die Laub-Mischwälder der sogenannten *"southeastern mixedforests"*. In den Gebieten hoher Kontinentalität des mitteleren Westen Kanadas und der Vereinigten Staaten schließen sich, ähnlich wie in den hochkontinentalen Steppen Eurasiens, an der Südgrenze der borealen Nadelwälder die Baumsteppen an, sog. *"parklands"* als Wechsel von Nadel- und Laubhölzern mit Grasflächen. In den *kalten* Mittelbreiten *Nordamerikas* ist die *"Kernzeit"* der thermischen Vegetationsperiode (>10 °C) maximal 3-4 Monate lang. Die 10 °C-Schwelle der Monatsmitteltemperatur, die zur Fruchtreife der Baumvegetation in mindestens 2-3 Monaten erforderlich ist, fehlt in der Umgebung der Hudson Bay. Die große Meeresbucht gefriert sehr früh im Herbst und trägt sogar im August noch Eisschollen. Vor allem ihre Ostküste zeitigt im langjährigen Mittel selbst im Hochsommer Temperaturen von ~8 °C (MÜLLER 1983). Diese thermische Ungunst verdrängt an der Ostküste des Sees den Baumwuchs weit gegen Süden.

Auf der *Südhalbkugel* nimmt in der *Mittelbreiten-Zone (C)* das Festland kleine Bereiche ein. Wegen der N-S-Ausrichtung der Andenkette und des neuseeländischen Gebirgsrückens nehmen die Klimaregionen der Mittelbreiten eine Meridionalerstreckung an. Der Gebirgsverlauf bewirkt eine markante hygrische Asymmetrie mit perhumiden, hochozeanischen Bedingungen im Luv der Gebirge. Die thermischer Vegetationszeit ist lang bei generell milden Temperaturen geringer Jahresamplitude (Beilage III, Puerto Montt: C sl ph α). In den Steppen Ostpatagoniens kommen im Lee des Gebirges bei noch intensiver Einwirkung der Westwinddrift Räume kontinentaleren

Klimas vor (Beilage III, Colonia Sermiento: C sl sa γ). Entsprechend kraß ist auch der Übergang von üppiger Regenwaldvegetation im Luv (Beilage III, Valdivia: C/B sl ph α) zu den trockenen Grasländern (Beilage III, Ushuaia: C m ph α) im Lee der Anden. Die heideartige Vegetation des perhumiden Südpatagonien entspricht physiognomisch den "atlantischen Heiden" der Nordhalbkugel. Wegen der geringen Landmasse ist im Kontinentalbereich der Südhemisphäre ein der *borealen* Zone der Nordhalbkugel vergleichbares Klima nicht ausgebildet. Nur in den Hochgebirgen entstehen durch den hypsometrischen Wandel *mikrotherme* perhumide Klimabedingungen (C k ph).

Die *Gebirge* (vgl. auch Kap. III.5) der *Mittelbreiten-Zone (C)* ragen generell als kühl-feuchte Inseln aus einer milderen Umgebung heraus und differenziern die Klimate der Mittelbreiten zusätzlich. In den Gebirgen sind die sonnenexponierten mittleren Hanglagen mäßiger Neigung die klimaökologischen Gunstzonen mit maximaler thermischer Vegetationszeit. Tiefer liegende Talgründe sind wegen Kaltluftansammlung thermisch benachteiligt. Zu den Gipfelregionen hin nimmt die *thermische Vegetationszeit* ab. Sie konvergiert in den Hochgebirgen bei etwa 2800 m gegen Null (Beilage III: Innsbruck: C l ph β, Feldberg: C m ph α, Mt. Washington: C k ph β, Zugspitze: C sk ph α). Die im Mittel positive Wasserbilanz in größeren Höhen der Gebirge verursacht trotz intensiver Sonneneinstrahlung eine große Schneeakkumulation, die das Wasserreservoir für die künstliche Bewässerung in den Vorländern darstellt.

In den *Mittelbreiten* der *Südhalbkugel* sind die *"subantarktischen" Inseln* (Südgeorgien, Kerguelen, St. Paul-, Macquarie-, Südsandwich-, Campbell-Inseln etc.) zwischen ca. 50° und 60° ein ausgesprochenes klimatisches *Sonderphänomen*. Sie haben das thermisch ausgeglichenste, ewig kühle und nasse Klima der Erde (10-12 humide Monate). Die Jahresschwankung der Temperatur beträgt nur ca. 3,5 °C, die Tagesschwankung ist in den einzelnen Monaten mit 0,5-2 °C geringer als die Jahresschwankung, was der ganzjährigen Isothermie am nächsten kommt. Sie entspricht in etwa den hygrothermischen Eigenschaften der immerfeuchten, subnivalen Höhenstufe der tropischen Hochgebirge (TROLL 1964). Auch die physiognomischen und ökologischen Anpassungsmerkmale der Vegetationsformationen (Büschelgräser, Zwergspalierrasen, Hartpolsterfluren, wollige Stauden) erinnern floristisch zum Teil an die Páramo-Stufe der innertropischen Hochgebirge.

4. Polarzone (D)

Die solarklimatische *Polarzone* ist durch maximale Tageslängendifferenzen der Sonnenbestrahlung gekennzeichnet (vgl. Kap. II.1). Sie ist in der Karte (Beilage I) mit drei Stufen einer blauen Farbskala in hygrothermische Klimatypen (Klimaregionen) untergliedert. Eine Isothermomene trennt die mikrothermen, *subpolaren* Tundrengebiete mit 3-4 thermischen Vegetationsmonaten (Beilage III, Reykjavik: D k ph α) von der oligothermen, fast vegetationslosen Frostschuttregion des *subpolaren* Klimatyps mit <2 thermischen Vegetationsmonaten (Beilage III, Kap Tscheljuskin: D sk ph β). Der hekistotherme, perhumide, pernivale, *hochpolare* Klimatyp (D e ph) entspricht den polaren Eiskalotten unterschiedlichen Kontinentalitätsgrades je nach Halbkugel. Für die räumliche Differenzierung der Klimatypen spielt neben den solarklimatischen Aspekten auch die atmosphärische Zirkulation eine wichtige Rolle. Sie steuert die jahreszeitliche Verlagerung des polaren Kältehochs und damit das klimatische Geschehen in der Polarzone.

Die Klimate der *Subpolarzone*, die auf der Norhemisphäre vollständig ausgebildet sind (Beilage I), fehlen auf der Südhalbkugel gänzlich, mit Ausnahme beschränkter Areale am Rande des antarktischen Eisschildes. Die *hochpolare* Eiskalotte der Südhalbkugel ist ein *Kontinent* mit Höhen von >4000 m ü. NN; der *Nordpol* hingegen ist ein *Meeresbecken*. Die ausgedehnte Eismasse bewirkt, daß die Südpolarregion einerseits hohe Anteile der ankommenden Globalstrahlung wieder in den Weltraum reflektiert. Ihr kontinentaler Charakter verursacht durch große Reliefenergie eine zusätzliche Auskühlung. Daher weist die Station Wostock eine Jahresmitteltemperatur von -55 °C auf, während an der driftenden Station Alpha im arktischen Eismeer im Jahresmittel -18 °C gemessen wurden, wegen der Trägheit und des Wärmespeichervermögens des Wassers.

In der *Polarzone* ist der *Schnee* der entscheidende klimatische Faktor. In den subpolaren und polaren Klimaregionen ist nicht die Niederschlagsmenge, sondern der lange, kalte Winter mit >8 Monaten Schneebedeckung und eingeschränkter Verdunstung die Ursache einer langen (7-9 Monate) bis sehr langen (10-12 Monate) *"Kältehumidität"* (Beilage III, Dikson: D sk ph β 9). Die maritimen Subpolarregionen der *Westseiten* der Kontinente sind durch milde Meeresströmungen thermisch begünstigt. Durch die Wirkung des *Golfstroms* entstehen z.B. an den Westküsten Nord-Norwegens (Beilage III, Tromsø: D k ph α) sowie im Bereich der atlantischen Inseln (Südgrönland, Island) (Beilage III, Reykjavik: D k ph α) thermisch recht ausgeglichene perhumide, Klimabedingungen. Die Monatsmitteltemperaturen liegen, wenn auch im niedrigen Niveau, ganzjährig vorwiegend im positiven Bereich. Das langjährige Januar-Mittel an der Station Reykjavik beträgt nur -0,3 °C. Die geringe Jahresamplitude der Lufttemperatur gestattet im hochmaritimen Milieu mit Temperaturen >5°C in 3-5 Monaten das Wachstum von heideartigen Gewächsen (*atlantische Heiden*).

Die *Ostseiten* der Kontinente (Nordamerika, Ostrußland) sind auch in der Polarzone durch kontinentale Klimate geprägt, bedingt zusätzlich durch den Einfluß der kalten Meeresströmungen, die ganzjährig die Küstenregionen mit polarem Wasser umspülen und die thermische Vegetationszeit (D sk ph β) erheblich verkürzen (vgl. Kap. III.2.1.2).

Die kontinentalen *Subpolarregionen* zeigen eine höhere Schwankungsbreite im Jahresgang der Lufttemperatur mit sehr kurzer Dauer der thermischen Vegetationszeit (1-2 Monate). Die durch lange Sommertage und hohen Kontinentalitätsgrad bedingten höheren Wärmesummen der kurzen Wachstumsperiode garantieren der thermisch genügsamen Vegetation der Tundra dennoch einen erfolgreichen Lebenszyklus (Beilage III, Nome: D k ph β, Dudinka: D k ph β). Das *hochpolare Eisklima* kommt auf der Nordhemisphäre im Bereich der geschlossenen Eisdecke Grönlands (D e ph γ) vor mit durchweg kontinentalem Charakter und winterlichen Temperaturen um -20 °C sowie 1-2 schwach über dem Gefrierpunkt liegenden Monatsmitteltemperaturen im Juli und August. Am Rande der permanenten Eisdecke der *Antarktis* gibt es eine Reihe nichtdauervereister Gebiete, die mit 1-2 thermischen Vegetationsmonaten die Eigenschaft der oligothermen Frostschutzzone besitzen. Hier können zuweilen Flechten und Moose unter erschwerten thermischen Bedingungen gedeihen.

In der *Polarzone* ist die Zeit mit monatlichen Mitteltemperaturen von >5 °C (thermische Vegetationszeit nach TUHKANEN 1984) auf nur wenige Monate beschränkt. Sie verlängert sich von den Hochpolarregionen mit <1 Monat bis an die Nordgrenze der kalten Mittelbreiten sukzessive auf 5 Monate. Daß die Vegetationsformationen der subpolaren *Tundra* trotzdem ihren Lebenszyklus während der kurzen thermischen Vegetationszeit im Sommer vollständig abschließen können, liegt daran, daß in diesen Breiten im Sommer die Tage überdurchschnittlich lang sind. Eine damit verbundene lange tägliche Sonneneinstrahlung und Bodenerwärmung schaffen günstige Wachstumsbedingungen für die mikrotherme Vegetation dieser Zone. Sie nutzt die *sehr kurze* Periode (1-2 Monate) mit Temperaturen >10 °C im Hochsommer zum erfolgreichen Abschluß ihres generativen Zyklus', um beim Unterschreiten der 5 °C-Marke im Herbst wieder in die Winterruhe einzutreten.

5. Die Gebirgsklimate
im System der Klimaklassifikation

In einem Klassifikationssystem ist die Quantifizierung der *Gebirgsklimate* und ihrer Höhenstufen in den einzelnen Klimazonen sowie ihre Darstellung im Kartenbild ein wichtiges Anliegen zu einer vergleichenden Betrachtung innerhalb der Klimazonen der Erde (LAUER 1990, 1992, 1996; LAUER, RAFIQPOOR, FRANKENBERG 1996).

Wladimir KÖPPEN (1884) berücksichtigte in seiner "Karte der Wärmegürtel der Erde" auch die "Höhenklimate". Er übertrug aber die horizontalen thermischen Klimate aufgrund einer errechneten Temperaturabnahme mit der Höhe auf die vertikale Dimension. Es war insofern unbefriedigend, als er ohne Rücksicht auf den grundsätzlich andersartigen Tages- und Jahresgang der Temperatur in den Gebirgen verschiedener Klimagürtel die "Gebirgsklimate generell nur vom Standpunkt ihrer tundrenartigen Kältesteppenvegetation oder ihrer Vegetationslosigkeit" (CREUTZBURG 1950: 67) bewertete. Auch bei den späteren Klassifikationen rechnete KÖPPEN (1900, 1923) das fast schneelose, aride bis peraride, hochkontinentale Hochlandklima des tibetischen Hochplateaus zu den sogenannten "Eisklimaten".

E. DE MARTONNE (1909) faßte die Hochlandklimate als höhenbedingte Variation der Klimate der Tiefländer. In seiner Darstellung der nordamerikanischen Gebirgen blieb er aber inkonsequent. Er unterschied zwischen den *Hochlandklimaten* und dem *Hochgebirgsklima* als sogenannte "alpine Klimate", und zwar "nicht im Anschluß an die jeweiligen großen Klimagruppen, sondern im Anschluß an die polaren, extrem kalten Klimate" (CREUTZBURG 1950: 67).

Es war der Verdienst Herrmann v. WISSMANNs (1939), erstmalig die Hochgebirgsklimate als eine durch größere Höhenlage bedingte Abwandlung der benachbarten Tieflandsklimate aufgefaßt zu haben. Er blieb in seiner Vorstellung nicht konsequent, weil er davon ausging, daß sich in jedem Gebirge die *thermischen Horizontalgürtel* in einer hypsometrischen Abfolge erneut übereinander anordnen. "So gibt es bei v. WISSMANN eine subtropische Stufe der tropischen Gebirge, eine boreale Feuchtstufe und eine subarktische Tundrenstufe in den Alpen" (CREUTZBURG 1950: 67).

CREUTZBURG sah die Gebirgsklimate als vertikale Modifikation der jeweiligen Tieflandklimate. Er stellte fest, daß die vertikale Gliederung des Klimas in thermischer wie in hygrischer Hinsicht anderen Gesetzmäßigkeiten unterliegt als die Klimate der entsprechenden Tiefländer. Vor allem kommen bei den Gebirgsklimaten die unterschiedlichen klimatischen Verhältnisse der jeweiligen Klimagürtel markant zum Ausdruck. Er forderte außerdem, daß bei der Darstellung der Höhenklimate in einer Karte die Gebirgsklimate von den Hochlandklimaten unterschieden werden müßten. Unter Berücksichtigung der regionalen Differenzierung hielt er daher eine Dreiteilung der Höhenstufen in *montane* (etwa bis zur Grenze des Wolkenwaldes), *alpine* (zwischen Wolkenwald- und Schneegrenze) und *hochalpine* Stufe (oberhalb der Schneegrenze) für sinnvoll (CREUTZBURG 1950: 68). In seiner Klimakarte von 1950 verzichtete er jedoch "aus Maßstabsgründen" auf die Darstellung der klimatischen Höhenstufen der Hochgebirge.

TROLL & PAFFEN (1964) behandelten die Gebirge zwar als ein Sonderphänomen und kennzeichneten sie durch eindrucksvolle schwarze Linien in ihrer Karte eingezeichnet, stellten ihnen jedoch unter Berücksichtigung der hygrothermischen Merkmale der Höhenstufen keine quantifizierte klimatische Aussagekraft zur Seite.

Die neue Klassifikation ermöglicht die Datstellung einer differenzierten, *dreidimensionalen*, ökologisch begründeten *Höhenstufung der Gebirgsklimate* nach Parametern des Wärme- und Wasserhaushaltes sowie des hypsometrischen Wandels der Vegetation. Konsequenterweise ergeben sich *zonentypische* Gebirgsklimate als kontinuierliche Fortsetzung der Klimate der Gebirgsfußregionen.

5.1 Klimatische Eigenschaften der Gebirge

Innerhalb des zonalen und regionalen Makroklimas sind die *Gebirgsklimate* aufgrund der Reliefgestalt als vertikale Variante des entsprechenden Klimagürtels ausgebildet. In den Gebirgen vollzieht sich der hypsometrische Wandel der Höhengrenzen des Klimas (TROLL 1948, LAUER 1976, 1986), der Flora (HOLTMEIER 2000, LAUER, RAFIQPOOR, THEISEN 2001) und Fauna (MARTENS 1984, HOLTMEIER 1999) der morphologischen Prozeßkombinationen und des Formenschatzes (HÖLLERMANN 1967, RAFIQPOOR 1994), der Landnutzung und Siedlungen (MURRA 1972, SCHOOP 1982) und der physiologischen Adaptationsbedingungen des Menschen (WARD 1984) in einer klaren Höhenstufenabfolge. Die Gebirge stellen wegen der raschen hypsometrischen Abnahme der Temperatur und der damit verbundenen kürzeren thermischen Vegetationszeit einen *"Selektionsfilter"* für den Artenbestand dar. Auf die Gebirgsfußregionen folgen die Höhenstufen der Gebirge mit *zonentypischen* und *höhenstufenspezifischen* hygrischen und thermischen Eigenschaften. Diese Verhältnisse gelten für alle Gebirge der Erde.

In Abhängigkeit von der Höhe wandelt sich im Gebirge Strahlungs-, Wärme- und Wasserhaushalt grundsätzlich ab gegenüber den Gebirgsfußregionen. Insbesondere ist die Strahlungsintensität bei voller Besonnung in großen Höhen stärker. Die hohe Absorptionsrate von Sonnen- und Himmelsstrahlung durch Gestein, Boden, Vegetation, Wasser, Schnee und Eis bewirkt, daß die Flächen in der Höhe im Verhältnis zur umgebenden Atmosphäre eine stärkere Überwärmung erfahren. Im Gebirgsklima nimmt die direkte Sonneneinstrahlung im Verhältnis zur diffusen Himmelsstrahlung aufgrund der höheren Reinheit der Luft zu. Ein besonders auffälliges Phänomen ist die *Bestrahlungsasymmetrie* verschieden exponierter Hänge, insbesondere in den Gebirgen der Subtropen und Mittelbreiten. In den *Tropen*, wo die Sonne bis zur Zenitstellung aufsteigt, sind die Expositionsunterschiede stark abgeschwächt. In den äquatorialen Hochgebirgen ist die Bestrahlung am intensivsten. Die Expositionsunterschiede sind nahezu aufgehoben. In einer aus der Landsat-TM-Szene für das Papallacta-Gebiet (Ostkordillere Ecuador) berechnete digitale Strahlungskarte (Abb. 30) ergeben sich in den durch Steilhänge abgeschatteten Talbereichen nur begrenzte Einschränkungen der potentiell verfügbaren Solarstrahlung (FISTRIĆ 2000). Im Niveau von 4000 m fällt die Strahlungsabschwächung durch Schlagschatten besonders gering aus. Begrenzte Gebiete extremer Abschattung treten nur im Kraterbereich des Vulkans Antisana (5758 m ü. NN) im Südosten des Kartenausschnittes auf. Sie kommen in der digitalen GIS-Ebene durch mittlere Besonnungsdauer deutlich zum Ausdruck. In Gebieten zwischen den Wendekreisen und den Polarkreisen sind die Bestrahlungsunterschiede zwischen Sonnen- und Schattenseiten verschärft ausgebildet mit dem Kulminationspunkt um den 40. Breitengrad. Jenseits des Polarkreises schwächen sich die Unterschiede zwischen Sonnen- und Schattenhang im Gebirge erneut ab, weil im Polarsommer die Sonne den Horizont vollständig umwandert.

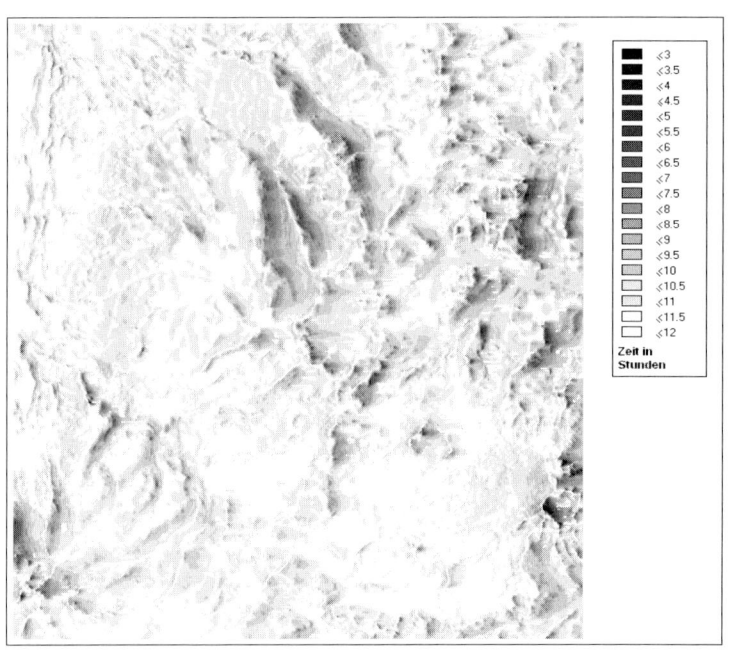

Abb. 30: Digitale Karte der Besonnungsdauer des Páramo de Papallacta (Ostkordillere Ecuador) (n.FISTRIĆ 2000)

Die *absolute Feuchtigkeit* in der Atmosphäre nimmt mit steigender Höhe exponentiell ab. Doch gilt das nicht grundsätzlich für die daraus resultierenden Niederschläge, da der Kondensationsprozeß vom Zusammenspiel der Lufttemperatur und der relativen Feuchte abhängt. Während in den Gebirgen der *Außertropen* die *Maximalzonen* der *Niederschläge* in Folge des horizontalen Wasserdampftransports als Produkt von Wasserdampfgehalt und Windgeschwindigkeit in Höhen zwischen 3000 und 4000 m liegen, fallen in den Gebirgslandschaften der *Tropen* mit vorwiegend konvektivem Niederschlagsgeschehen die Maxima der Niederschläge zwischen 1000 und 2000 m ü. NN

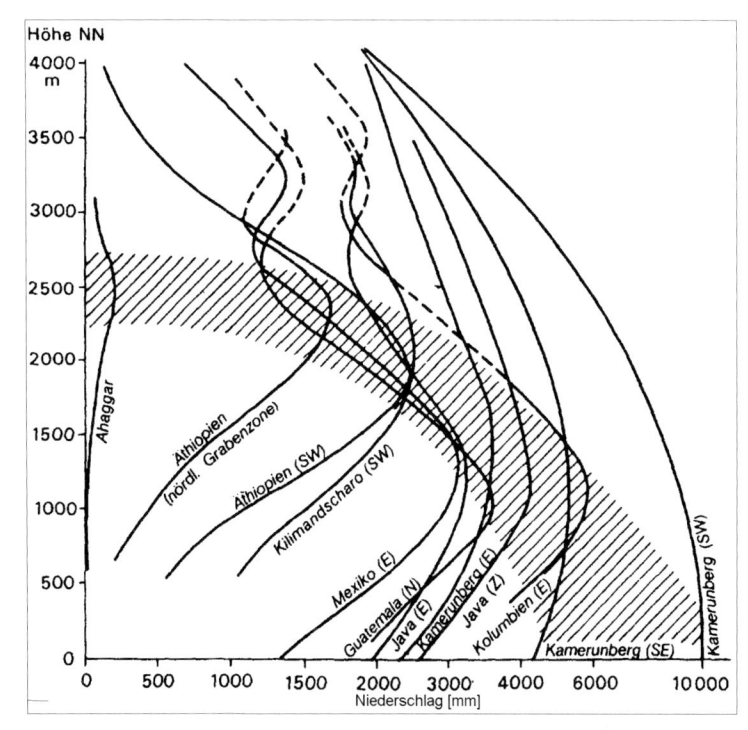

Abb. 31: Vertikalverteilung der Niederschläge in den tropischen Gebirgen mit der Stufe maximaler Niederschläge (schraffiert) (n. LAUER 1976)

(Abb. 31). Nach dem Ausfällen des Niederschlags in einer ersten Maximalstufe herrscht bald ein beträchtliches Sättigungsdefizit vor, das mit steigender Konvektion wieder abgebaut wird. Es tritt nach erneuter Sättigung wieder Kondensation jedoch mit schwächerem Niederschlagsmaximum auf. Dieser Vorgang kann sich mehrfach wiederholen. Die Höhe der ersten Kondensationsstufe hängt in den Gebirgen vor allem von der hygrischen Beschaffenheit der Fußregion ab. In der monsunal beeinflußten *perhumiden* Fußstufe des Kamerunbergs z.B. liegt das erste Kondensationsniveau nahezu in der Nähe des Meeresspiegels, bedingt durch die flache Monsunzirkulation, die ständig feuchte Luftmassen aus der Guinea-Bucht heranführt. Mit wachsender Entfernung vom Äquator in Richtung der randlichen Trockentropen nimmt die Periodizität der Niederschläge zu mit gleichzeitiger Verkürzung der Länge der humiden Monate. Dementsprechend steigt auch die Stufe maximaler Niederschläge an. Am Rande der *perariden* Trockentropen (Ahaggar-Gebirge) liegt sie am höchsten. Die Niederschläge nehmen an den Luvseiten der Gebirge insbesondere in Gebieten, in denen das advektive Klimageschehen die Niederschlagsprozesse bestimmt, durch den Staueffekt des Gebirgskörpers mit zunehmender Höhe zu. Abb. 32 zeigt am Beispiel der inneren Tropen an der Ostabdachung der Ostkordillere Ecuadors den Übergang von den warmtropischen Regen- und Bergwäldern in die kalttropische Höhen- und Nebelwälder bis in die ausgesprochene

Hochgebirgsformationen des Páramo in einer klaren hygrothermischen Höhenstufenabfolge. Sie verdeutlicht die enge Beziehung zwischen Klima und Lebensformen der Vegetation in den jeweiligen Höhenstufen. An dem ausgewählten Beispiel beträgt der Höhengradient der Temperatur 0,54 °C/100 m (LAUER & RAFIQPOOR 1986; LAUER & RAFIQPOOR 2000; BENDIX & RAFIQPOOR 2001). Die Zone der stärksten Niederschläge liegt am Andenostabhang in ca. 1000 m ü. NN (Beilage III, Puyo: A sl ph) mit einem mittleren Jahresniederschlag von 4294 mm. Ein zweites Maximum ist in etwa 3200 m ü. NN im Bereich des Nebelwaldes an der Station Papallacta (1434 mm) ausgebildet. Zwischen den beiden Kondensationsniveaus schaltet sich eine Stufe geringer Wolken- und Nebelbildung ein, die sich phytoökologisch im Landschaftsbild bemerkbar macht (LAUER 1986). In der Zone verstärkter Kondensation im Bereich des Wolkenwaldes gedeiht eine Fülle epiphytischer Blütenpflanzen (*Bromelien, Orchideen*). In der zweiten Kondensationstufe des Nebelwaldes besiedeln Bartflechten, Moose und Farne die Äste, Baumzweige und den Waldboden. In der wolkenarmen Zwischenstufe gibt es praktisch keine Epiphyten. Der hypsometrische Abnahmegradient der Temperatur demonstriert (Abb. 32), daß die Residualwerte der gemessenen Temperaturen entlang der Regressionsgraden in der Maximalzone der Niederschläge schwach negativ und in den niederschlagsärmeren Stufen schwach positiv abweichen, als Hinweis auf den deutlich unterschiedlichen Anteil des Wasserdampfes in den entsprechenden Höhenstufen. Im Kartenbild (Beilage I) wird der kontinuierliche Übergang vom kalt-feuchten zum kalt-trockenen Höhenklima, wie z.B. entlang des Andenstranges, durch die abnehmende Farbintensität ausgedrückt. Ein West-Ost-Profil der Klimadiagramme (Beilage III) demonstriert exemplarisch den hypsometrischen Wandel des hygrothermischen Klimas tropischer Gebirge im Bereich der peruanischen Anden zwischen San Juan (A sl pa, Pazifikküste) über Arequipa (A sl a, Anden-Westabhang), Cuzco (A sl sa, Hochkordillere), Hunacayo (A sl sa, Hochkordillere), Puerto Maldonado (A sl h, Anden-Ostabhang) nach Iquitos (A sl ph Amazonasbecken).

Die *Kondensationsstufen* wirken sich in Form eines Wechsels von trockeneren und feuchteren Höhenstufen des Klimas (LAUER 1976) und der Vegetationsformationen mit entsprechenden Landnutzungstypen aus (LAUER 1987, LAUER, RAFIQPOOR, THEISEN 2001). Die Vegetation ist in der Lage, bei hinreichender Feuchtigkeit in allen Höhenstufen ganzjährig zu fruktifizieren, wenngleich ihrem Lebenszyklus ein fotoperiodischer (LARCHER 1994) und zu den Randtropen hin auch ein hygrisch bestimmter Rhythmus nicht fremd ist. Auch bei den Landnutzungsformen läßt sich in den tropischen Gebirgen ein gewisser räumlicher Wandel feststellen. Während in den inneren Tropen aus hygrothermischer Sicht zu allen Jahreszeiten Saat und Ernte gewährleistet sind, vergrößert sich die Zeitspanne zwischen Anbau- und Erntezeit mit wachsender Periodizität der Niederschlagsjahreszeiten vom Äqutor zu den Wendekreisen, so daß in den äußeren Tropen ohne Bewässerung nur noch eine einzige Ernte im Jahr möglich ist.

In den Tropen kann die Überwärmung im Innern massiger Gebirge gegenüber der vergleichbaren Höhe in der freien Atmosphäre bis zu 8 °C betragen. In den Gebirgen der *Feuchttropen* erstreckt sich die *thermische Vegetationszeit*, trotz der Abnahme der Temperatur, in allen Höhenstufen des Gebirges über das ganze Jahr (vgl. Kap. III.1). Die Pflanzen entwickeln Anpassungsmerkmale, um ihre Stoffproducktion unter den gegebenen Lebensbedingungen bis in die Nähe der Schneegrenze ganzjährig fortzusetzen. In den Gebirgen der *Trockentropen* wird der Lebensrhythmus der Vegetation, wie in den tropischen Niederungen, zunehmend hygrisch bestimmt. Mit wachsender Breitenlage vom Äquator zu den Polen schalten sich zunehmend Einflüsse aus den Außertropen ein (wie z.B. Kaltlufteinbrüche, strenger Frost), so daß eine thermische Einengung der Vegetationszeit zur hygrischen hinzukommen kann. Das Klimadiagramm von Oruro (Beilage III) im südbolivianischen Altiplano zeigt den Jahresablauf des hygrothermischen Naturgeschehens im Hinblick auf die ökophysiologische Aktivität der Vegetation in einer trockenen Hochgebirgshalbwüste am Rande der Tropen. Hier herrscht zwar auch noch eine ganzjährige Isothermie; der jahreszeitliche Wechsel der Regen- und Trockenzeit regelt jedoch das Werden und Vergehen der Pflanzenwelt.

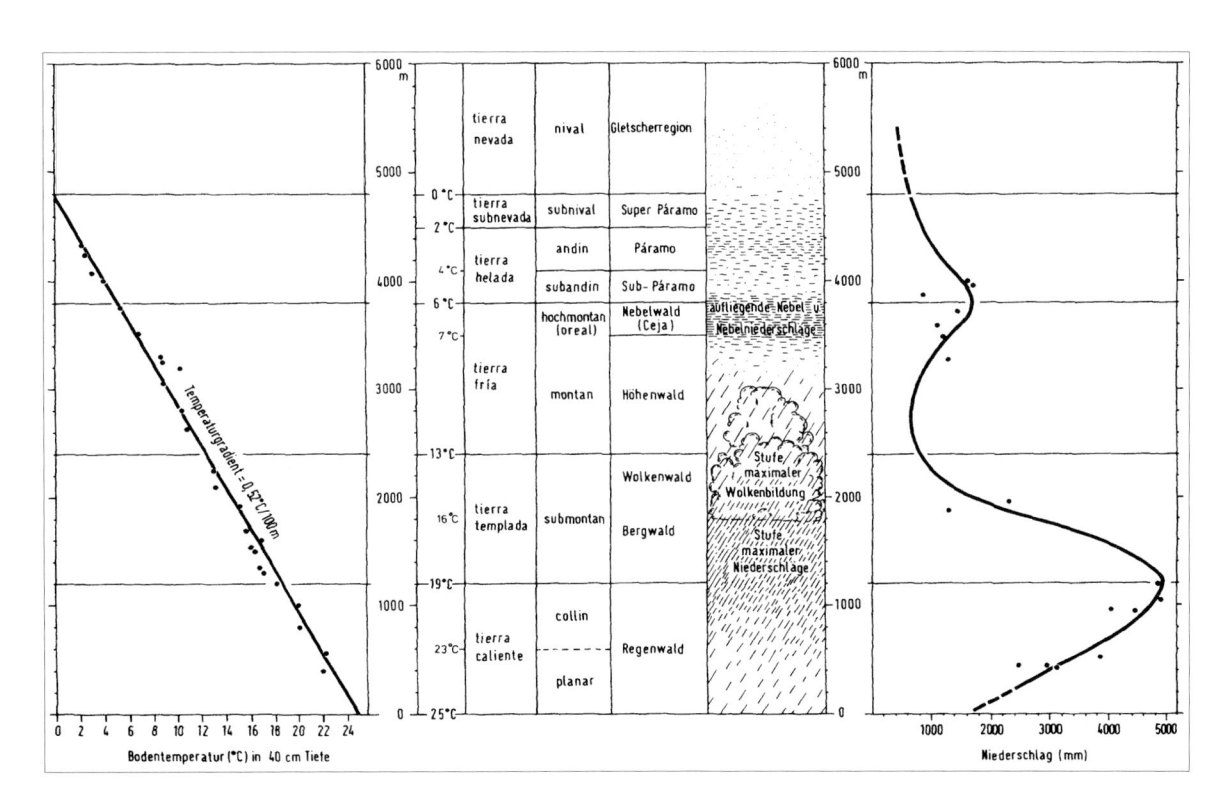

Abb. 32: Höhenstufen des Klimas und der Vegetation an der perhumiden Ostabdachung der innertropischen Ostkordillere Ecuadors

Abb. 33 demonstriert die dreidimensionale Anordnung der Klimate der tropischen Hochgebirge. Die *tropischen Gebirge* Südamerikas, die afrikanischen Vulkane, das Hochland von Äthiopien, der Himalaya sowie die südostasiatischen Bergländer ragen als kalte Inseln aus den warmtropischen Tiefländern heraus. Die Klimadiagramme von Puyo (A sl ph) und Quito (A sl ph) in Ecuador (s. Beilage III) zeigen die Typenmerkmale des warmtropischen Tieflands- und des kalten Höhenklimas in der Nähe des Äquators. Kennzeichnend für beide Stationen ist die ganzjährige Isothermie mit fehlendem Jahresgang der Temperatur.

Abb. 33: Dreidimensionale Anordnung der Klimate in den tropischen Gebirgen

Höhenstufen	Klimatypen					
tierra nevada 0 °C	A e ph Nev. Antisana/ Ecuador Schneegrenze 4700 m ü. NN	A e h Cordillera Blanca/Peru Schneegrenze 5000 m ü. NN	A e sh Cordillera Real/Bolivien Schneegrenze 5200 m ü. NN	A e sa Nev. Sajama/ Bolivien Schneegrenze 5300 m ü. NN	A e a V. El Misti/Peru tempor. snow line 6000 m ü. NN	A e pa V. Llullaillaco/ Chile Schneegrenze absent
tierra subnevada (sk) 3 °C	A sk ph El Refugio Cotopaxi/Ecu. Frostmusterboden 4600 m ü. NN	A sk h Vilcanota/ Peru Frostmusterboden 4700 m ü. NN	A sk sh Chacaltaya/ Bolivien Frostmusterboden 4500 m ü. NN	A sk sa Sajama/ Bolivien Frostmusterboden 4850 m ü. NN	A sk a El Misti/ Peru Frostmusterboden <5000 m ü. NN	A sk pa Llullaillaco/ Chile Frostmusterboden 5000 m ü. NN
tierra helada (l-k) 6 °C	A l ph Río Pita/ Ecuador 3860 m ü. NN N = 872 mm	A m h Cerro de Pasco/ Peru 4500 m ü. NN N = 935 mm	A m sh Ulla Ulla/ Bolivien 4460 m ü. NN N = 490 mm	A m sa El Alto/ La Paz 4071 m ü. NN N = 585 mm	A m a Charaña/ Bolivien 4059 m ü. NN N = 306 mm	A l pa San Pedro de Atacama 3200 m ü. NN N = 50 mm
tierra fría (sl) 12 °C	A sl ph *n* Papallacta/ Ecuador 3160 m ü. NN N = 1256 mm	A sl h Quito/ Ecuador 2818 m ü. NN N = 1250 mm	A sl sh Adisababa/ Äthiopine 2450 m ü. NN N = 1256 mm	A sl sa *n* Huancayo/ Peru 3380 m ü. NN N = 724 mm	A sl a Arequipa/ Peru 2525 m ü. NN N = 104 mm	A sl pa Chuquicamata/ Chile 2700 m ü. NN N = ?
tierra templada (sl) 18 °C	A sl ph Puyo/ Ecuador 960 m ü. NN N = 4454 mm	A sl h San Jose/ Costa Rica 1120 m ü. NN N = 1944 mm	A sl sh Guatemala-Stadt 1300 m ü. NN N = 1281 mm	A sl sa Negelli/ Äthiopien 1500 m ü. NN N = 550 mm	A sl a Characato/ Ecuador 2451 m ü. NN N = 141 mm	A sl pa Vitor/ Peru 1589 m ü. NN N = 23 mm
tierra caliente (sl) 27 °C	A sl ph Tiputini/ Ecuador 220 m ü. NN N = 2470 mm	A sl h Santarém/ Brasilien 20 m ü. NN N = 1975 mm	A sl sh Guayaquil/ Ecuador 6 m ü. NN N = 843 mm	A sl sa Maracaibo/ Venezuela 40 m ü. NN N = 533 mm	A sl a Salinas/ Ecuador 8 m ü. NN N = 108 mm	A sl pa *nv* Lima/ Peru 11 m ü. NN N = 10 mm
Anzahl der humiden Monate	12 11 10	9 8 7	6 5	4 3	2 1	0
Anzahl der ariden Monate	0 1 2	3 4 5	6 7	8 9	10 11	12
Humiditätstyp	perhumid (ph)	humid (h)	subhumid (sh)	semiarid (sa)	arid (a)	perarid (pa)
Wasserbilanz	N≥pLV	N≥pLV	N≤pLV	N<pLV	N<pLV	N<pLV
	Feuchttropen (N ≥ pLV)			Trockentropen (N ≤ pLV)		
Temp.-Schwankung	Tagesschwankung der Temperatur > Jahresschwankung der Temperatur (TS Tag > TS Jahr)					

Das Pflanzenwachstum richtet sich in den tropischen Hochgebirgen nach der Länge der *hygrischen* Vegetationszeit. Die ganzjährige Wachstumsperiode erfährt erst in den wechselfeuchten Tropen eine Unterbrechung durch den Rhythmus der Regen- und Trockenzeit. Der Vegetationswandel zwischen den inneren und randlichen Tropen vollzieht sich in der Hochgebirgsstufe vom perhumiden Páramo (A s l ph) über Feucht- (A l h), Trocken- (A l sh), Dorn- (A l a) und Wüstenpuna (A l pa, Hochgebirgshalbwüste), wie dies im Kartenbild (Beilage I) entlang der Andenkette dargestellt ist. Die Station La Paz (Beilage III: A l sa) ist ein Beispiel für die kalten Trockentropen in der Nähe der Tropengrenze in ca. 4000 m NN. Die thermische Vegetationszeit ist nur schwach unterbrochen, die hygrische dagegen geht über 4 Monate nicht hinaus und umfaßt die Regenzeit zwischen Dezember und März.

In den Gebirgen der *Außertropen* steuert ein ausgeprägter Jahresgang der Temperatur das Naturgeschehen. In den *Subtropen* wird das ökoklimatische Gefüge der *Gebirgslandschaften* durch die hygrothermische Höhenstufung bestimmt. Die Konstellation der Dauer der thermischen und hygrischen Vegetationszeit beschert in den Trockenengebieten den "mittleren" Höhenlagen der Gebirge den größten klimatischen Gunsteffekt mit optimalen Wachstumsbedingungen (Beilage III, Kabul: B l sa γ; Chorog: B m sh γ; Lhasa: B l sh δ). Hochtäler und die von aufragenden Gebirgen umrahmten Plateaulandschaften dieser Breitenlagen sind im Hinblick auf das Niederschlagsaufkommen zwar benachteiligt. Sie sind jedoch ausgesprochene agrarische Gunsträume wegen reichlichen Bewässerungswassers aus den winterlichen Schneereservoirs der benachbarten Hochgebirge. Daher findet man hier auch Gebiete hoher Bevölkerungskonzentration. Die Höhenstufen der Gebirge der *Außertropen* ergeben sich im Kartenbild aus der Interferenz der Linien der monatlichen Dauer der hygrischen (*Isohygromenen*) und thermischen (*Isothermomenen*) Vegetationszeit. Insbesondere in den Gebirgen der *subtropischen Trockengebiete* entsteht durch diese Kombination eine Höhenstufe mit mesothermen, subhumiden Bedingungen (B m sh) als günstiger Standort für agrarische Nutzung und hohe Bevölkerungskonzentration.

In den *Mittelbreiten* wird die jahreszeitliche Periodizität der hygrothermischen Parameter weiter verschärft. Zugleich nimmt ihr Einfluß auf den Lebensrhythmus der Vegetation zu. In den Gebirgstälern bewirken topographische Faktoren (Hangneigung, Exposition) im Zusammenhang mit der Horizontabschirmung eine Einschränkung der Besonnungsdauer. Hangpartien, die der Strahlung zugewandt sind, erwärmen sich im Tagesverlauf stärker als ebene Flächen. An den Hängen und in den Talmulden der Gebirge kommt es durch die mikroklimatisch unterschiedlichen Besonnungsverhältnisse zu einer kleinräumig differenzierten Temperaturverteilung. Bei windstillen Strahlungswetterlagen und geeigneten Geländebedingungen entsteht in den Tälern während der Nacht häufig ein Kaltluftsee, so daß in den unteren Tallagen gewöhnlich ungünstigere thermische

Bedingungen für den Pflanzenwuchs entstehen, ein Phänomen, das auch den tropischen Gebirgen nicht fremd ist (LAUER 1982). Erst ab einer gewissen Höhe tritt im Talprofil die thermisch günstigere Zone auf (Abb. 34).

In den Gebirgen verkürzen sich die mittleren *Jahreszeiten* mit zunehmender Höhe. Die Expositionsunterschiede der Hänge zur Sonneneinstrahlung bewirken zusätzlich eine bestandsökologische Differenzierung, so daß die thermische Vegetationszeit in den mittleren Tallagen günstiger ausgeprägt ist. Sie verkürzt sich erneut mit zunehmender Höhe (s. Abb. 34). In den Gebirgen nimmt wegen der Abnahme der Fläche und einer damit verbundenen verminderten Absorption der Sonnenstrahlung zu den Kammregionen hin nicht nur die Temperatur mit zunehmender Höhe ab, sondern verkürzt sich auch die Jahres- und Tagesamplitude der Lufttemperatur. Diese Eigenschaft spricht für die Maritimität der Gebirgsklimate gegenüber ihren Fußstufen. Letztere bewirkt, daß im Jahresgang der Temperatur eine Verspätung der Temperaturextreme auftritt, die sich ökologisch vor allem auf den Beginn und das Ende der phänologischen Phasen auswirkt. Da aber der Höhengradient von den Wärmeumsatzbedingungen an der Erdoberfläche direkt abhängt, nimmt die Temperatur mit der Höhe im Gebirge nicht so schnell ab wie in der freien Atmosphäre. Massige Gebirge und Hochplateaus sind daher zum Teil beträchtlich wärmer als die freie Atmosphäre im gleichen Höheniveau (*Massenerhebungseffekt*). Dieses Phänomen führt im Gebirge zu einer Anhebung und Begünstigung der Höhenstufen der Lebensräume für Pflanze, Tier und Mensch.

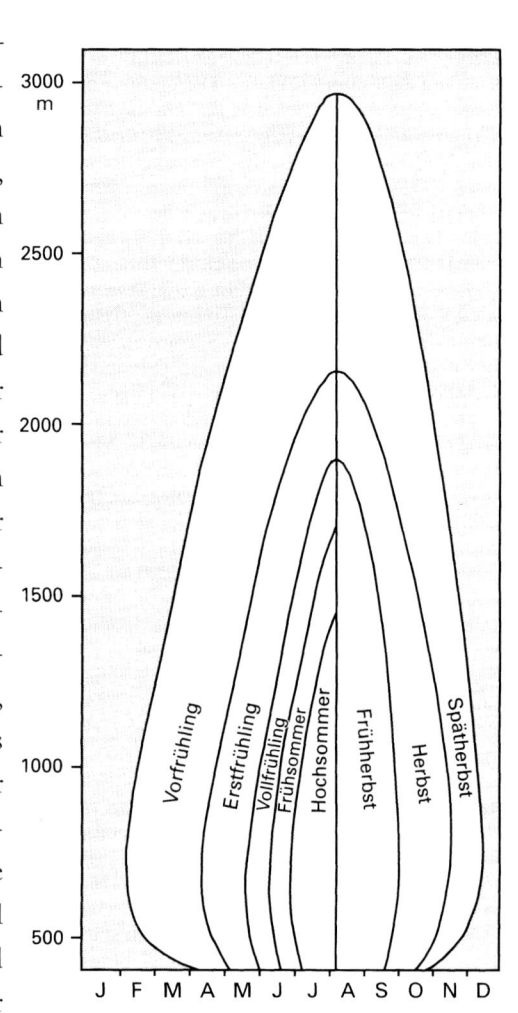

Abb. 34: Hypsometrischer Wandel der phänologischen Jahreszeiten im Gebirge (n. GAMS 1961)

Die Bedeutung des *Massenerhebungseffekts* und der *Kontinentalität* des Klimas in größeren Gebirgskomplexen kommt an der Station Innsbruck beispielhaft zum Ausdruck. Dort ist die Dauer der thermischen Vegetationszeit mit 6 Monaten (Mitte April bis Mitte Oktober) relativ lang. Mit 10-12 humiden Monaten weist Innsbruck hygrisch zwar günstige Humiditätsbedingungen auf, doch reichen die Niederschläge in den Monaten April-Mai für die optimale Bestandsverdunstung nicht aus (Beilage III, Innsbruck: C m ph β). Die Niederschlagsdefizite mit ca. 15 mm sind nicht besonders dramatisch, so daß die Kulturen diese Lücke aus den Bodenreserven vergangener Monate kompensieren können. In den Hochsommermonaten unterstützen die Konvektionsvorgänge als zusätzlicher dynamischer Effekt die Niederschlagsbildungsprozesse. An der Station Köln-Wahn (Beilage III: C m sh β) ist der Jahresgang der Temperatur gegenüber Innsbruck deutlich ausgeglichener. In Köln sind die Hochsommermonate durch eine deutlich negative Wasserbilanz gekennzeichnet. Das mesotherme, subhumide, submaritime Klima erlaubt das Wachstum von *Laub-Mischwäldern*. Diese Waldformation muß für die Nettoprimärproduktion in den Wasserstreßzeiten ihre Defizite aus den Bodenspeichervorräten kompensieren. Auch für landwirtschaftliche Kulturen (Beilage III, Köln-Wahn: C m h β *"Ackerbau mit Weizen"*) sind die Hauptwachstumsmonate (April-Juni) zu trocken. Insbesondere die Gemüsefelder und Obstplantagen müssen in diesen Monaten in der Köln-Bonner Bucht künstlich bewässert werden.

Die hygrothermischen Besonderheiten des Gebirgsklimas demonstriert ein Vergleich der Stationen Köln/Bonn, Innsbruck, Kahler Asten, Feldberg, Mount Washington, Zugspitze und Sonnblick (Beilage III). Die beiden letztgenannten Stationen verzeichnen keine thermisch günstige Vegetationszeit mehr. Davon zeugt die lange Schneebedeckungsphase, die von Mitte September bis etwa Anfang Juni andauert.

5.2 Das Gebirgswindsystem

Als ein *besonderes* klimatologisches Merkmal der Gebirge ist die mesoskalige *Gebirgswindzirkulation*, die zum Teil von großräumigen Windsystemen der jeweiligen Klimazone gesteuert wird. Dieses System äußert sich insbesondere als Hangwindphänomen, das sich letztlich als *Berg/Talwind-System* in allen Gebirgen der Erde bildet. Seine Entstehung beruht auf dem starken Temperaturgradienten zwischen der Vorlandatmosphäre und der Überhitzung der Gebirgsatmosphäre. Es ist ein Windsystem, das als wenige hundert Meter betragende *"dünne Luftpolster"* die Oberfläche der Gebirgslandschaft überzieht. Es gehorcht dem Regime des thermischen Tageszeitenklimas und zeichnet sich durch große Regelmäßigkeit des tagesperiodischen Auftretens aus. Es entwickelt sich besonders markant in strömungsarmen Jahres- und Tageszeiten mit geringen Luftdruckgegensätzen. Solche Perioden können in den Trockenzeiten, aber auch in den trockenen Intervallen während der Regenzeit auftreten. Auffallend sind dabei die Konfluenzgebiete auf hochgelegenen Plateaus, wo Talwinde aus verschiedenen Richtungen zusammenströmen und dort mächtige Wolkenfelder im Tagesverlauf entstehen (LAUER & KLAUS 1975, KISTEMANN & LAUER 1990).

Der Wind wird im allgemeinen von der Sonnenstrahlung an exponierten Hängen in den Gebirgstälern ausgelöst und entwickelt sich im Tagesverlauf meist zu einem ausgedehnten Talwind-System. Das Phänomen hat insbesondere in den *tropischen Gebirgen* eine auffällige ökologische Bedeutung. Es bestimmt - abgesehen von dem *jährlichen* Rhythmus der Regen- und Trockenzeiten - in den tropischen Gebirgsräumen der Anden, Hochafrikas, des Himalaya, Neu Guineas etc. fast ausschließlich den *täglichen* Klimaablauf. Tagsüber weht der Wind aus dem Vorland talauf (*Talwind*), in

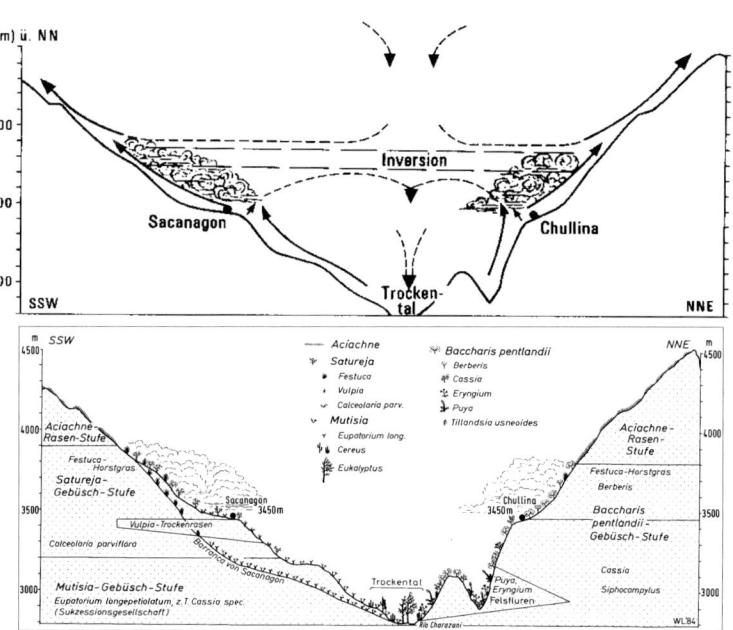

Abb. 35: Das Talwindsystem (oben), die hygrische Asymmetrie der Höhenstufen der Vegetation und die Lage der Kondensationsstufe an den beiden Flanken des Charazani-Tales in den bolivianischen Anden (n. LAUER 1984)

der Nacht strömt er talab ins Vorland (*Bergwind*). Je nach Großwetterlage dominiert in bestimmten Jahreszeiten das Talwind-Phänomen, oder es tritt die Variante des Bergwindes verstärkt auf. Der Talwind entwickelt seine maximale Entfaltung in den Mittagsstunden zwischen 14:00 und 15:00 Uhr. Die Geschwindigkeiten erreichen in der Talmitte Stärken von bis zu 15 m/s. Gegen Abend - meist kurz nach Sonnenuntergang - kippt die Hangwindzirkulation um, während der eigentliche Längstalwind - je nach Überhitzung des Hochplateaus - manchmal bis in die späten Nachtstunden anhält. Schließlich setzt sich in der Nacht der Bergwind durch mit maximalen Windstärken gegen den frühen Morgen. Das Talgefälle hat einen entscheidenden Einfluß auf die hygrische Differenzierung des Klimas. Starker Aufwind erzeugt rasche Abkühlung mit Kondensation und Wolkenbildung. In den oberen Talschlüssen, die meist ein hohes Gefälle besitzen, tritt regelmäßig Kondensation auf, ehe die Winde auf die Hochfläche übertreten, wo die Wolken sich zum großen Teil auflösen. Talweitungen mit wenig Gefälle bremsen eher den Wind und verursachen Divergenzen, womit eine Austrocknung des Talbodens verknüpft ist. Als deren Ausdruck entfaltet sich hier eine xerophytische Vegetation (Abb. 35).

6. Zusammenfassung

Die *"Klassifikation der Klimate auf ökophysiologischer Grundlage der realen Vegetation"* ist seit der Klassifikation von Wladimir KÖPPEN (1900) der erste Versuch einer *quantifizierten Darstellung der Klimate* der Erde auf der Basis der berechneten Parameter des *Wärme-* und *Wasserhaushaltes*. Sie bringt die *Gebirgsklimate* in der hypsometrischen Anordnung der *Höhenstufen* quantitativ zum Ausdruck und gibt das gegenwärtige Bild der Klimate der Erde auf der Basis von umfangreichem klimatologischen *Stationsmaterial* und *Proxidaten* zur Ökophysiologie der Vegetation wieder.

Der *Bestrahlungsgang* bildet in seiner fundamentalen Bedeutung für die großräumige Einteilung der Erde den übergeordneten Rahmen der *Klimazonierung*. Die Grenzen der Klimazonen werden durch die Schwellenwerte der *Tageslängenschwankung* zwischen dem Äquator und den Polen entlang zonenspezifischer Breitenkreise festgelegt. Im Kartenbild modifizieren Reliefeinfluß, Land/Wasser-Verteilung und Meeresströmungen tolerabel den Idealverlauf die Grenzen der Bestrahlungszonen der Erde.

Die Vielfalt der *Klimatypen* auf der Erde bildet sich aus der *Interferenz* der Linien gleicher monatlicher Dauer der thermischen (*Isothermomenen*) und hygrischen (*Isohygromenen*) Vegetationszeit. Die Linien der hygrothermischen Klimatypen durchziehen das gesamte Kartenblatt. Sie bilden die *Klimaregionen* innerhalb der jeweiligen Bestrahlungszonen einschließlich der Klimate der *Hochgebirge*. Die Klimatypen modifizieren im Zusammenhang mit den *Kontinentalitätsstufen* und der monatlichen Dauer der potentiellen Schneebedeckung (*Isochiomenen*) das Kartenbild in manigfacher Weise. Sie heben das differenzierte Bild der hygrothermischen Klimate im Bereich der kleingekammerten Faltengebirge gegenüber anderen Landschaften markant hervor, verdeutlichen doch die klimatische Asymmetrie der Nord- und Südhalbkugel und unterstreichen die Dominanz der hygrischen Komponente der Tropen gegenüber der thermischen Komponente der Außertropen u.v.a.m.

Die Quantifizierung der fünf Linienelemente (*Klimazonen, Isothermomenen, Isohygromenen, Kontinentalitätsstufen, Isochiomenen*), die ein fundiertes Gerüst für die Raumtypisierung bilden, unterscheidet das Konzept von den bisherigen Klassifikationsansätzen. Bezugsbasis der Klassifikation ist die *reale Vegetation und Bodennutzung* der Erde, da der gegenwärtige Zustand der Pflanzendecke nach ihren Typenmerkmalen (natürliche Vegetation oder Kulturpflanzen) die Strahlungsumsatzvorgänge an der Erdoberfläche beeinflußt einschließlich der Photosyntheseprozesse, des Wärmehaushaltes mit seinen Komponenten der fühlbaren und latenten Wärme, der Windverhältnisse, der Niederschlags-

und Aerosolinterzeption sowie der Interaktion zwischen Erdoberfläche und der umgebenden Atmosphäre. Umgekehrt ist jede Klimaänderung mit einem Wandel des Pflanzenbestandes verbunden. Dies beruht somit auf der Wechselwirkung des Systems *"Klima-Erdoberfläche-Vegetation"* als ein ökologischer Regelkreis, in dem die klimatischen Aspekte ebenso berücksichtigt werden wie das reale Pflanzenkleid der Erde.

Die angewandte Methode der Klassifikation macht es möglich, durch den Einsatz der elektronischen Datenverarbeitung jede künftige *Änderung* des Systems *"Klima-Erdoberfläche-Vegetation"* nachzuvollziehen und die Grenzverschiebungen neu zu quantifizieren (*Klimaprognose*).

IV. Summary

The Climates Of The Earth
A Classification on an Ecophysiological Basis
of the Real Vegetation

Do we need a further climate classification?

"There is no point in setting up further classifications unless a more extensive recording of as many climate related quantities as possible is implemented" (Karl KNOCH and Alfred SCHULZE 1952).

The authors of this contribution are of the view that today's climate can be classified more accurately because more climatic data is recorded, more modern methods applied and objectives more clearly defined.

The conception for this climate classification takes the radiation budget of the earth as the cause for all climatic events. An important role is played by the *interaction of the heat and water budget* between the *atmosphere and the earth's surface,* and particular consideration is given to the *real/actual vegetation* cover in its numerous forms and its function as an indicator of the earth's climate. This concept does not easily fit into the usual system of effective/genetic classifications. Genetic elements of the climate are considered to the same degree as vegetation as an effective element. An attempt is made to obtain calculated parameters of the heat and water budget for the spatial differentiation of the climate types. On the basis of data of 2000 climate stations and the evaluation of phenological and eco-physiological proxidata, climate types are developed and their threshold values determined by quantitative methods. This provides a well-grounded framework of climatic zones and types. This concept differs from the classical approaches in its quantification of their boundaries.

Of the present classifications which are based on the vegetation cover of the earth, that of Wladimir KÖPPEN (1923) is undoubtedly the most significant. It is the best-known, and is valued and widely applied due to its precise, logical structure and detailed contents. KÖPPEN's first classification (1901) was based on the distribution of vegetation cover according to the concept of A. DE CANDOLLE (1874). In his revised classifications from 1918 and 1923 KÖPPEN defined the climatic zones with threshold values and duration of temperatures and precipitation as well as temperature/precipitation indices, and systemized the resulting types with a combination of letters. In spite of the excellently worked out system, this climate classification includes inconsistencies which have been the object of discussion for many scientists since, such as CARL TROLL (1964) in the context of his own classification (comp. also LAUER 1975).

Herrmann von WISSMANN summarized the stage of research on effective climatic classification in 1939 and produced a map of the climate regions of Eurasia. To define individual climatic regions VON WISSMANN used the mean annual precipitation, mean annual temperature and certain isotherms from the coldest and warmest month. His map was also based on the distribution of vegetation types.

In his critical article on "Climate, climatic types and climate maps" in 1950 Nikolaus CREUTZBURG included *isotherms* and *isochions* as the basis for his general climatic classification. The determined climatic categories are based on the estimated number of humid months in accordance with studies carried out by VON WISSMANN (1939) and WANG (1941).

The map of seasonal climates by TROLL and PAFFEN (1964) is based on a fundamental understanding of the three-dimensional vegetation classification in which the basic climatic elements illumination, temperature and precipitation are considered as *"climatic interference"* in their seasonal distribution (TROLL 1964, 6). Although this classification considered the annual cycle in terms of duration and intensity of illumination, the borders between the large-scale climatic zones/types were, however, not quantified. The isohygromene concept of W. LAUER (1952) was first used in this classification for the characterisation of the water budget in the form of the duration of humid/arid seasons (in months). This was based on a large number of data but was only applied to the tropics and parts of the extra-tropical steppes.

Fundamentals of climate classification on an Ecophysiological Basis of the Real Vegetation

1. Climatic Zones - Solar Parameters

Herbert LOUIS (1958, 162) stated that solar radiation (illumination) zones are fundamental for climate clasification, as "without them there can be no intricate understanding of the seasons in their globally immensely varying forms". He justifies this by claiming that the fundamental composition of the seasons is so interwoven with the landscape, that the solar zones could be "main units in a geographical classification of climate". Thus it seemed purposeful to choose solar radiation as the general framework for a hygrothermic climatic classification, since the sun's radiation which reaches the earth has a great influence on the earth's climate according to its duration and intensity and also plays an important role for life in the biosphere.

Thus for the differentiation of climate zones, solar parameters were used in the form of quantitative determinable threshold values of the annual *fluctuations in daylight duration* (Tageslängenschwankung = TLS). The TLS can be calculated for both hemispheres from the difference between the length of daylight at the summer solstice and that at the winter solstice.

Sunrise and sunset, which determine the duration of daylight, can be deduced from the nomogramm (Fig. 1) from the equator to the poles for selected dates. The code numbers in Fig. 1 refer to the dates of the equinoxes and the winter and summer solstice.

The solar-climatic dividing lines between the large-scale zones run parallel to the latitudes according to the astronomical law. If, in determining the four large-scale

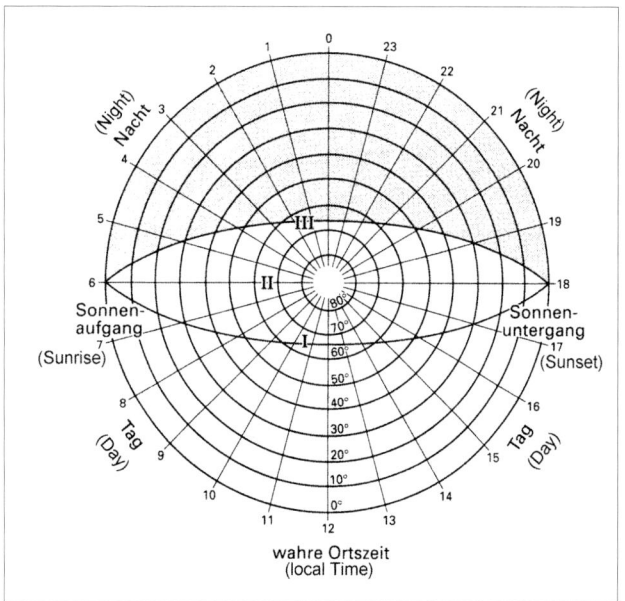

N-Hemisphere	Date	S-Hemisphere
I	21.12. (Winter Solstice)	III
II	21.3. and 23.09. Equinox	II
III	21.06. (Summer Solstice)	I

Fig. 1: Nomogram of the theoretical length of daily sunshine (modified after JUNGHANS 1969)

radiation zones within the context of a climate map, geographically relevant parameters such as land-sea distribution, oceanic currents, relief (with its different altitudes and expositions), and the energy transport in the atmosphere are taken into consideration, these border belts deviate on the map to a "tolerable" degree from their ideal line (LOUIS 1958, 164) and basically correlate with the picture of the atmospheric circulation (Fig. 2).

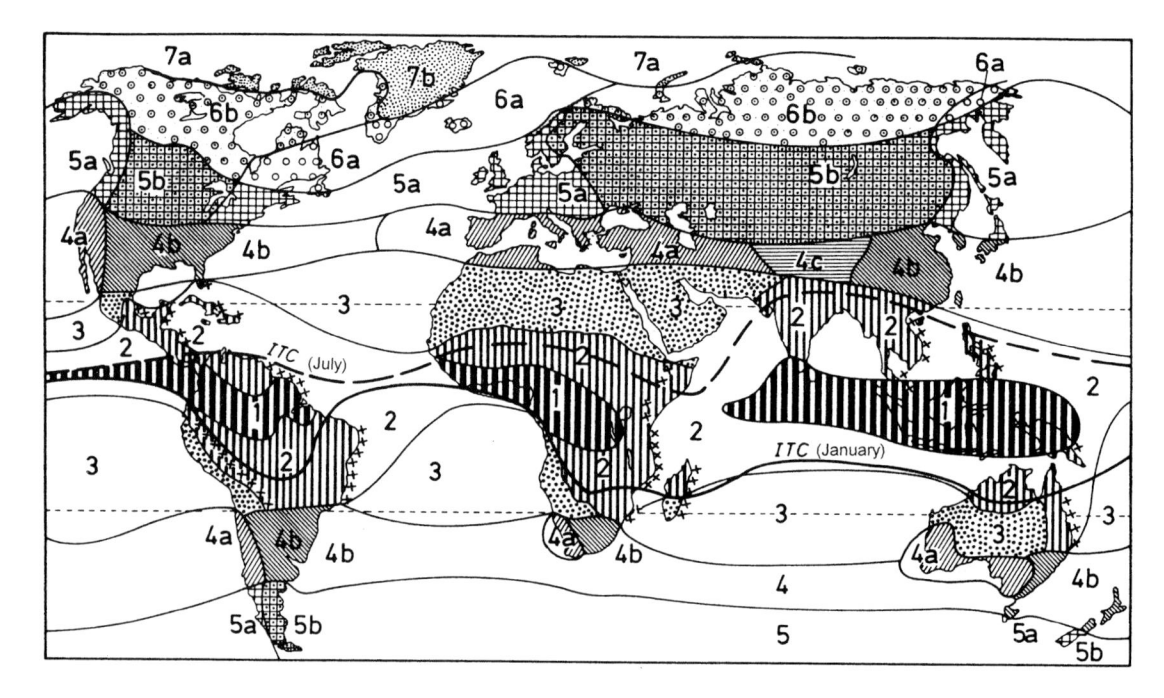

1: Innertropical, continuous convergence climates of the equatorial zone (west winds and calms), **2**: Changing climates of the outer tropics with seasonally changing west wind and east trade wind, **3**: Alternating climates of the tropical-subtropical arid zone under the influence of the trade wind (southern section) and of the west wind drift (northern section), **4**: Alternating climates of the subtropics: **4a**: Winter rain subtropics in the west of the continents, under the influence of the subtropical high pressure cell in summer and the west wind drift in winter, **4b**: Summer rain subtropics in the east of the continents, under the effect of the summer monsoon/trade winds, and with cool, dry weather from the west wind drift in winter, **4c**: Dry continental climate inland, **5**: Constant climates of the planetary frontal zone in the mid-latitudes: **5a**: Maritime type, **5b**: Continental type, **6**: Alternating climates of the subpolar zone:, **6a**: Maritime type, **6b**: Continental type, **7**: Constant climates of the polar zone:, **7a**: Maritime type, **7b**: Continental type, xxxxxx Orographic-trade wind luff precipitation along the east coasts of the continents (mainly in the climate zones 1 and 2)

Fig. 2: Genetic classification of climates

Four solar climate zones can be defined as main units [tropics (A), subtropics (B), mid-latitudes (C) and polar regions (D)], which, in accordance with the 23,5° angle of the ecliptic, divide the globe almost exactly into quarters, the borders of which run along the Tropics of Capricorn and Cancer, the 45° latitudes, and the polar circles of both hemispheres. They correspond to certain hours of daylight, varying from 3½ to a maximum of 24 hours between the equator and the poles.

The solar *tropics* (A) constitute the region with two zeniths above flat land. The high position of the sun results in very little variation in radiation and hours of sunlight in the tropics (TLS = 3 hours). At the tropics of Cancer and Capricorn 10½ and 13½ hours of daylight are recorded at the respective zeniths. The mathematical division line between tropics and subtropics varies in the event of frost and a lack of heat in oceanically influenced regions (e.g. for *megathermal* vegetation). With regard to the amount of radiation this leads to seasonal isotherms in the tropical zone, which also applies to moutain regions. In terms of circulation the tropics are within the range of the trade winds (Hadley cell). Additional dynamic characteristics are the inner tropic west wind zone, the outer-tropic monsoon phenomenon and the tropic/subtropic luff effects of the trade-wind circulation including their divergence effects within the outer-tropical arid zone (Fig. 2).

The *subtropic* solar zone (B) lies between the tropics of Capricorn and Cancer (TLS = 3 hours) and the 45th latitude (TLS = 7 hours) of each hemisphere. These are characterized by a relatively high position of the sun and extreme exposition to solar radiation in mountain regions. The difference in the length of daylight between summer and winter is obvious. Subtropical climates are modified by continental or maritime influences. In terms of circulation the subtropics are under the influence of the high pressure areas on the west and the high troughs on the east sides of the continents in summer, and the west wind drift in winter.

In the *mid-latitudes* (C) of both hemispheres - daylight hours varying from 7 to 24 hours - the weather in the marked seasons (spring, summer, autumn, winter) is dictated by the clear annual cycle in the solar radiation. This determines the transition zone between the thermically favoured subtropics and the extremely disadvantaged polar regions. The mid-latitudes are therefore the radiation zone with a severe winter coupled with a low midday sun and very short days, and a true summer with high midday sun and very long days. Through differences in the annual and daily temperature amplitude, the degree of continentality becomes a striking climate factor. The essential climatic feature is the west wind circulation which leads to large variations in the daily weather.

The solar-climatic *polar zone* (D) is characterized by maximum differences in daylight hours, which vary from the polar circle (66.5°lat.) with a single occurrence of the midnight sun (TLS = 24 hours) to the complete absence of the sun for up to half a year at the poles. The so-called polar winter is a more or less long polar night and in the polar summer the sun never reaches a high position, but at the poles remains above the horizon for half a year, disappearing below the horizon for the entire polar winter.

2. Climate types

- Hygrothermic parameters as a basis for a climate typification -

This classification is based on the evaluation of comprehensive data of meteorological stations for the determination of the parameters of *heat* and *water budget*, in order to classify climate types by means of calculated border-line criteria on the basis of measured climatic values (Supplement I). The foundation for the classification concept is the real (actual) vegetation cover of the earth, which is the best indicator of climate, since vegetation needs warmth and water for its own life cycle and also influences the heat and water budget to a considerable degree by means of evapotranspiration. It modifies the water budget by plant-stock transpiration (Betstandstranspiation) and the heat budget by the flow of *sensible* (L) and *latent* (V) *heat*. The higher the transpiration the more the Bowen ratio (L/V) shifts in favour of the latent heat flow. Any change in vegetation influences the climate and vice versa. The heat energy from the radiation balance at the earth's surface which is used for transpiration/evaporation is of particular significance for ecophysiological processes which take place in the actual vegetation. The temperature, in the form of sensible heat, ist controled by the radiation turnover to a large extent by the vegetation as an expression of the actual ground cover (Kessler 1985). The climate typification is based on two essential parameters:

- *isothermomenes* as lines of the same number of thermic vegetation months and
- *isohygromenes* as lines of the same number of hygric vegetation months.

2.1. The thermic dimension of classification
(*Isothermomenes*)

The *thermic dimension* of the climate typification is based on the length of the *thermic vegetation period* (in months) as an expression of the *heat budget* of landscapes. The line of the same number of thermic vegetation months is termed *isothermomene*. It forms an element for defining the border between climate types. A particular calendar month is considered a main thermic growth month if the predominant natural or cultivated vegetation increases its biomass or fructifies on the basis of heat budget. This occurs in a typical manner for the respective vegetation types according to the level of warmth in the individual climate regions depicted. The beginning and end of the generative phase of the vegetation are determined by *temperature threshold values* (Tab. 1) typical of the respective vegetation in the four solar climate zones (Supplement I). These threshold values vary according to climate zone and vegetation formation, as every specific plant formation passes from relative rest to its full growth phase when a certain temperature level is reached or exceeded.

The *isothermomene concept* is based on the idea that the life rhythm of plants outside of the tropics, with very large seasonal changes in weather, is mainly thermically conditioned. In the tropics, on the other hand, with their continuous isothermic conditions, it is to a great extent hygrically determind. (cf. LAUER and FRANKENBERG 1986).

For the life rhythm of plants not only the duration of the thermic vegetation period is crucial, but also the *temperature intensity* (TI) as a sum of the warmth during this period. Temperature intensity is seen as the sum of the warmth of the days on which a typical thermic threshold value is reached in the vegetation period. Thus it is a time integral with a favourable temperature for the production of vegetation matter (Tab. 2).

Tab. 2: Heat-sum pretension of cultivated plants (after data of SELJANINOW 1937, WALTER 1960: 68)

Climatic Zone	Heat-sum	Cultivated plants
cold and cool Mid-latitudes	1000-1400 °C	tuber plants: fodder beet, early potatoes
	1400-2200 °C	grain species, potatoes, flax, fodder plants
	2200- 3500 °C	maize, sunflower, sugar-beet, winter wheat, soja, grape, at the thermal limit cultivation of melon and rice
Subtropics	3500-4000 °C	annual subtropical plants: cotton, tobacco, castor, kenaf, peanuts, luffa
	>4000 °C	perennial subtropical plant: figtree, laurel, tea, lemon
Tropics	>4000 - >9000	pineapple, cocoa, oilpalm, banana, coffee caoutchouc

The temperature intensity (TI) is affected to a great part by the degree of maritimity or continentality of a region. In a maritime climate (e.g. western Central Europe) the vegetation period (>10°C) is often very long, but the mean daily temperature does not rise much higher even in summer, which leads to a low temperature intensity. In continental Eastern Europe, on the other hand, the vegetation period is shorter, but the summer - with its high TI values - is so hot, that many plants bear fruit, the seeds of which do not even mature in the west (WALTER, 1960). Thus the mere statement of the warmest month does not take these conditions into consideration; only the sum of warmth during the vegetation phase provides information on the thermic conditions required by a plant. In the climate diagrammes attached the sum of warmth coincides with the temperature excess during the thermic vegetation period (Supplement III).

Tab. 1: Temperature threshold values for natural and cultivated vegetation formations (after data of FRÖHLICH/WILLER 1977, LAUER/KLAUS 1975, LAUER 1981, LAUER/RAFIQPOOR 1986, WINIGER 1979, 1981, FRANKE 1982, 1985, REHM/ESPIG 1984, GEISLER 1980, 1983, LARCHER 1980, 1994, WALTER 1960, WALTER/BRECKLE 1986, 1994)

Tropics (A)						
tierra subnevada 3 °C	super-páramo	super-pajonales	puna brava	frost debris belt of the high altitude desert and semi-desert		
tierra helada 6 °C	páramo	moist puna	dry puna	thorn and succulent puna	high altitude desert and semi-desert	
tierra fría 12 °C	upper montane forerst (partly fog-forest)	moist sierra	dry sierra	thorn and succulent sierra	desert-sierra	high montane desert
tierra templada 18 °C	montane rain forest (partly cloud forest)	montane moist forest and moist savannae	montane thorn forest and thorn savanna	montane thorn forest and thorn savanna	montane desert-savanna	montane desert
tierra caliente 27 °C	lowland rain forest	moist forest and moist savanna	dry forest and dry savanna	thorn forest and thorn svanna	desert-savanna	desert

Subtropics (B)		Mid-Latitudes (C)	
Vegetation Formation	thermal threshold-values (°C)	Vegetation Formation	thermal threshold-values (°C)
subtropical moist forest	12	boreal coniferous forest	≥5
coniferous forest	10	moist coniferous forest	≥5
summer green decidous forest	10	temperate decidous forest	7
sclerophylous forest	12	Laub-Mischwald	10
steppes	11	steppes	10
pampa	11	patagonische steppes	7
semideserts	11	semiderserts	10
deserts	11	deserts	10
high mountain formations	6	high mountain formations	5
cultivated areas	>10	cultivated areas	>7

Polar Regions (D)	
Vegetation Formation	thermal threshold Values (°C)
tundra	≥5
subpolar frost debris zone	≥3

(*In mid-latitudes and polar regions all months with temperature ≤-1°C treated as months with snow cover)

Tab. 3: The threshold-values of the minimal and optimal heat pretension of importent cultivated plants of the earth (after FRANKE 1982, 1985, REHM/ESPIG 1984, FRANKE 1982, 1985, GEISLER 1980, 1983, LARCHER 1980, 1994)

Cultivated plants	Minimaler thermal pretension (°C)	Optimal thermal pretension (°C)	Optimalal precipitation (mm)
Cocoa-Palm (*Cocos nucofera*)	24	26-27	1250-2500
Yams (*Dioscorea spec.*)	20	25-30	1500 and more
Sugar-cane (*Saccharum officinarum*)	18-20 at 15 °C stops growth	25-28	100-1200 as minimum
Maniok (*Manihot esculenta*)	20	>27	>500-1500 and more
Cocoa (*Theobroma cacao*)	>20	25-28	1500-2000
Coffee (*Caffea spec.*)	18	>22	500 - >2000
Tea (*Camellia sinensis*)	18	28	1500-2500
Pineapple (*Ananas comosus*)	>18	>20	600-2500
Millet (*Panicum spec.*)	12-15	32-37	>200
Sweet potato (*Ipomoea batata*)	10	26-30	500-900
Tobacco (*Nicutina tabacum*)	>15	25-35	400-2000
Rice (*Oryza sativa*)	12-18	30-32	1250-1500
Olive-tree (*Olea europea*)	12-15	18-22	500-700
Sesam (*Sesamum indicum*)	12-15	25-27	400-500
Gourd (*Cucurbita spec.*)	>15	37-40	
Cotton (*Gossypium spec.*)	18	30	600-1500
Peanut (*Arachis hypogaea*)	15	30	500
Maize (*Zea mays*)	12-15	30-35	500-700
Potato (*Solanum tuberosum*)	8-10	16-24	for gramination no soil water required
Winter wheat (*Triticum aestivum*)	4-6	15-30	250-900
Rye (*Secale cereale*)	4-6	25-30	like wheat
Barley (*Hordeum vulgare*)	4-6	20-25	150-900
Oats (*Avena sativa*)	4-6	25-30	like wheat
Sugar- & Beta-beet (*Beta vulgare*)	4-5	20-25	500
Winter grain	4-6	20-30	
Summer grain	6-8	20-25	
Meadow Grasses	3-4	um 25	
Coniferous Trees	4-10	10-25	
Decidous Trees	<10	15-25	

Tab. 3 presents the optimal and minimal warmth requirements of cultivation plants. The data reveals that many cultivation plants in the *mid-latitudes*, including the winter grains, begin to grow at 5°C and *oats, mustard, radish* and *potatoes* at temperatures of below 10°C. However, they can only optimise their photosynthesis processes when the mean monthly temperature reaches 10°C. *Subtropical* cultivation plants require comparatively more warmth, such as *maize* (13°C), *pumpkin, sorgo, cotton, castor-oil* plant, *peanuts* etc. (>15°C). The megatherm *tropical* cultivations require an even higher temperature: *bananas, tapioca (Manihot esculenta), tea, coffee, pineapples, oil palm* etc. (>20°C). Thus there is no vegetation period which applies to all plants, even within the moderate zone of Europe.

In the *tropics* the thermic threshold values only vary in accordance with specific altitudinal belts, so that vegetation having adapted to conditions at different hights. According to the humidity they can continue their production of biomass throughout the entire year. Whereas the megathermal plants of the *warm tropics* require a temperature of at least 18°C and frost-free conditions for their carbon production, the temperature requirements of the vegetation of the *cold tropics* range from about 15°C at a height of about 2000 m to about 1°C near to the snowline (Tab. 1).

In the *extratropical latitudes* the growth and development phases of the vegetation generally correspond to the number of months >10°C, as the photosynthesis of numerous natural and cultivation plants of these zones begins where the temperature reaches or exceeds this level (LARCHER 1994).

In the *subtropics* the temperature threshold values which determine the thermic vegetation months fluctuate between 12°C for the subtropical rain forests and 6°C for the high mountain vegetation types. The *mid-latitudes* have a threshold value of 10°C in the regions of mixed deciduous forests in the moderate zone and 5°C in the boreal coniferous forests and the high mountain formations. Finally in the *polar regions* this value ranges from 5°C to 3°C.

Towards the lower latitudes with stronger radiation input the number of days with >10°C increases. Parallel to this the thermic vegetation period lengthens. Thus a continual thermic climatic progression exists from the polar zone via the mid-latitudes and subtropics to the inner tropics of between 0 and 12 thermic vegetation months.

2.2. The hygric dimension - (*Isohygromenes*)

W. LAUER developed within the scope of his thesis in 1950 the *isohygromene concept*, based on the modified aridity index by E. DE MARTONNE (1926) as a *hygric parameter* of the climatic types. In this methodical approach the monthly mean temperature, to which a correction factor had been added, was used in place of the evaporation from landscape areas and was related to the monthly precipitation to establish the humid months. Its practical application led to the production of the isohygromene maps of Africa and South America and to their comparison with the vegetation zones (LAUER 1952).

Aware that temperature cannot merely replace evaporation, W.LAUER and P. FRANKENBERG (1978) developed a *plant-ecological aridity threshold value* to determine the humid months as a quotient of the actual (aV) and potential (pV) evaporation from landscape areas: [aV/pV]. This was done on the basis of any evaporating ground surface and any transpiring plant community assuming an ideal water supply of the vegetation via the ground-plant system. This concept found spatial expression in the form of a map of the hygrothermic climate types on the eastern slope of the Mexican Meseta. The authors produced a similar climate map for the African continent in 1981, but with a methodically more refined procedure for the calculation of the *potential landscape evaporation* (pLV) as an expression of the water budget.

The pLV is considered to be the *potential evapotranspiration* of an actual section of landscape assuming an optimal ground water supply. This is a water supply which guarantees generative plant development with as little water as possible.

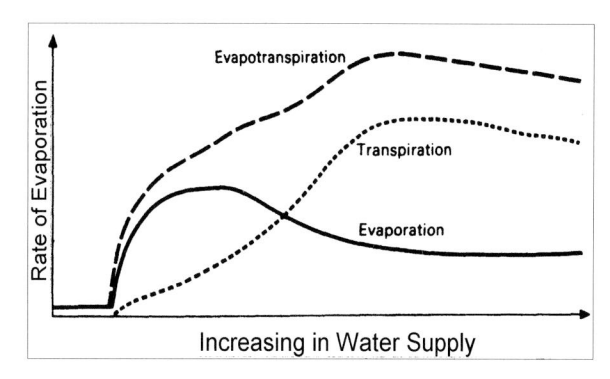

Fig. 3: Pattern of the relationship between evaporation and transpiration (after GENTILLI, from KELLER 1961)

This definition is based on the idea that the climatic evaporation for the actual landscape - i.e. soil and vegetation - modifies the potential evaporation of open water surfaces (pV) via evaporation/ transpiration to a considerable degree (Fig. 3). The transpiration of plant stocks is basically an expression of the potential landscape evaporation as, considered in its ecological entirety, it incorporates both the transpiring plants and the evaporating ground (cf. LARCHER 1994, 213-216).

Table 4 gives evidence for the fact that, under more or less the same climatic conditions, forests transpire more than open land due to their greater biomass (LARCHER 1994, 219). On the other hand, in arid regions the vegetation can decrease its actual transpiration to a tenth of the potential evaporation level. The potential landscape evaporation (pLV) reduces in comparison to the potential evaporation (pV) with the mass of vegetation. WALTER (1973, 188) claims that due to the "oasis effect" the values from large-scale climatic evaporation measurements with Class-A-Pan must be multiplied by a correction factor of 0,7 for semiarid, 0,8 - 0,9 for humid and 0,6 - 0,5 for arid regions. Fig. 3 also draws attention to the fact that the transpiration from vegetation stocks increases in proportion to the precipitation which allows more plants to thrive. The evaporation rate then sinks, as a greater plant density leads to more shade on the ground.

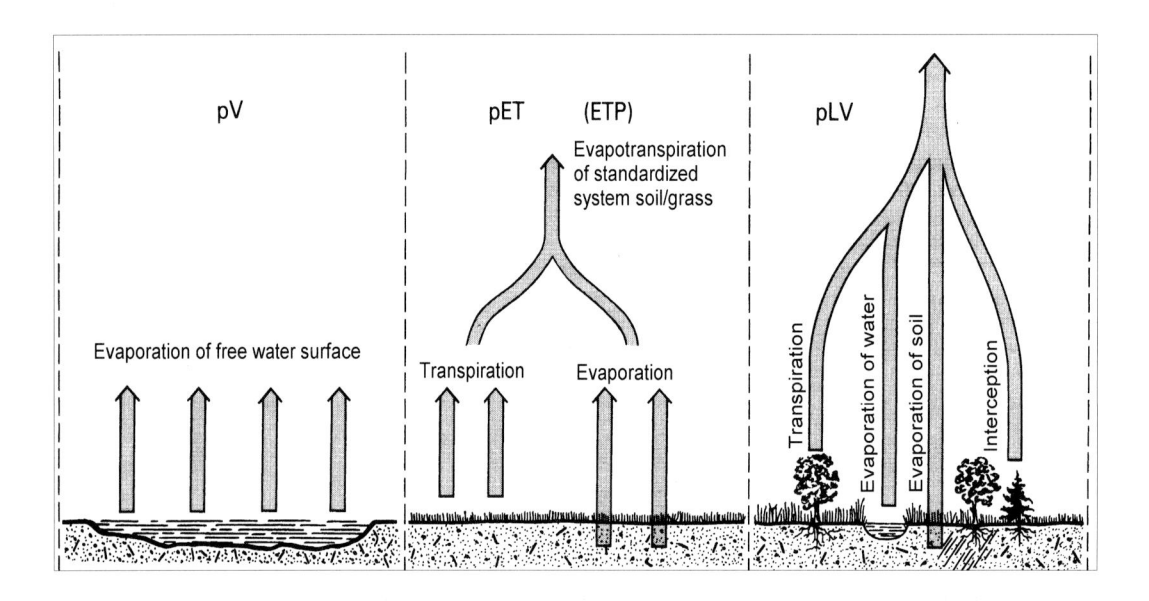

Fig. 4: Scheme of different types of evaporation (pV, pET, pLV) (after LAUER & FRANKENBERG 1981)

The potential landscape evaporation (pLV) differs from the potential evapotranspiration (pET), as defined by THORNTHWAITE (1948), to the extent to which the vegetation cover is not assumed to be evenly dense, but the actual relationship between evaporating ground and transpiring vegetation is taken into consideration. In contrast to PENMAN's (1948) ETP concept, the potential landscape evaporation also considers the annual cycle of the optimal transpiration rate of the actual vegetation stock in a particular landscape rather than assuming a constant rate of transpiration (LAUER and FRANKENBERG 1981b) (Fig. 4).

2.2.1. Calculation of the potential landscape evaporation (pLV)

In order to assess the water balance of whole continents LAUER and FRANKENBERG (1981) tried to find a suitable physical quantity which could describe the *potential landscape evaporation* (pLV) to an acceptable degree of accuracy. The *equivalent temperature* (Tae) - as a measure of the entire heat content of an air quantity - and the *saturation deficit* (s) - as a measure of the water absorption capacity of an air quantity - were chosen as physical parameters, as these allow a precise calculation of the potential evaporation of open water surfaces (pV) on a monthly basis:

$$pV = \frac{Tae \cdot rS}{12} \quad \dots \dots \dots \dots \dots \dots \dots \dots \dots \dots \dots 1$$

Tae = equivalent temperature; rS = relative saturation deficit

The *equivalent temperature* (Tae), which is taken to measure the entire amount of heat available for the evaporation process, can be calculated with the aid of LINKE's (1938) formula:

$$Tae = \frac{cp'}{cp} \cdot T + f \cdot 1548 \, \frac{E}{p} \, (1 - 0{,}001 \, t) \quad \dots \dots \dots \dots 2$$

Tae = equivalent temperature; cp = heat capacity of dry air; cp' = heat capacity of moist air; T = absolute temperature; f = relative humidity; E = maximal vapor pressure; p = air pressure; t = measured temperature

The values for the *equivalent temperature* (Tae) were taken from LINKE's (1938) table and with the aid of available station data on the true temperature (°C) and the air pressure (hPa).

The *saturation deficit* (s) is the difference between the maximum possible and the actual vapour pressure. It is closely related to the relative humidity, which can be calculated from the relationship between the actual and the maximum possible amount of water vapour. For instance, if a volume of air is entirely saturated with humidity (rF = 100%), then no evaporation capacity exists (saturation deficit ≈ 0). If the relative humidity (rF) measured at a climate observation station is subtracted from the maximum possible (100%) humidity level, the result is the evaporation capacity ("*vapour hunger*") of that particular station.

This idea forms the basis for the calculation of the *relative saturation deficit* (rS), which is the expression of the evaporation capacity of a station. This is calculated as follows:

$$rS = 100 - rF \quad \dots\dots\dots\dots\dots\dots\dots\dots\dots\dots\dots\dots\dots\dots \quad 3$$

By using the equivalent temperature instead of the air temperature for the calculation of the potential evaporation of open water surfaces (pV), both components of the heat budget of an air quantity (sensible and latent heat) at a particular station are taken into consideration. It is the relationship of sensible and latent heat that allows conclusions on the hygrothermic climate: the higher the resulting value, the less the heat in latent form and also the humidity volume in relation to the actual sensible heat, and vice versa. KRÜGER (1942) investigated the spatial pattern of the equivalent temperature and its significance for the vegetation in his thesis.

The *relative saturation deficit* (rS) expresses the water absorption capacity of the overlying air layer for the evaporating water vapour. This implicitly includes the wind factor, as this correlates very closely with the relative saturation deficit. Thus in the formula for the calculation of the pV all essential parameters which influence the evaporation process are included: an *energy term*, a *saturation deficit term* and also (indirectly) the *wind* factor. As in reality the relative saturation deficit (rS) is asymptotically close to zero, it was raised to the factor 0,98 (LAUER and FRANKENBERG 1981). In the next step the potential landscape evaporation (pLV) will be estimated with the aid of a reduction factor (Uf) from the pV:

$$pLV = pV \cdot Uf \quad \dots\dots\dots\dots\dots\dots\dots\dots\dots\dots\dots\dots\dots\dots \quad 4$$

By using a reduction factor (Uf) typical of the landscape to establish the pLV, the variability in the evaporation behaviour of different types of ground cover in different climatic regions presents less of a problem.

In the *extra-tropics* data on the *transpiration of plant stocks* was taken from the comprehensive sources of literature to determine the monthly reduction factors (Uf). This data provides evidence for positive or negative deviations of the evaporation from open water surfaces from the potential landscape evaporation (cf. Tab. 4). As in the *extra-tropics*, with their strongly seasonal thermic climate and high changeability in precipitation regime (in the context of maritime or continental climate factors) the evaporation behaviour of landscapes varies considerably from season to season, the monthly reduction factors take these seasonal changes in the transpiration of the actual vegetation units and the evaporation of the *climate-soil-plant system* into consideration. In regions with a favourable heat and water budget higher pLV values can be determined than for regions with conditions less favourable for plant production. Thus even within each ground cover type a differentiated picture of the potential landscape evaporation emerges.

Tab. 4: Annual potential evaporation from water surfaces (author's calculations), ideal plant stock transpiration (oB) (cf. LARCHER 1994: 219), and resulting reduction factors (Uf), deduced for the determination of the annual potential landscape evapotranspiration (pLV)

Vegetation type	Optimal Transpiration of Vegetation Cover (oB) [mm]	Evaporation from Water Surfrace (pV) [mm]	Reduktion Factor (Uf) Quotient from oB/pV	Pot. Landscap Evapotranspiration (pLV) [mm]
Tropical Rain Forest	1500-2000 (1750)	1132	1,54	1743,28
Tropical Tree-Plantation	2000-3000 (2500)	1526	1,63	2487,38
Evergreen Coniferous Forest	300-600 (450)	332	1,3	431,6
Decidous Forests of Midd-latitudes	500-800 (650)	575	1,13	649,75
Sclerophyllus Forests	400-500 (450)	804	0,55	442,20
Forest-Steppes	200-400 (300)	561	0,53	297,33
Subtropical Dry Steppes	um 200	1091	0,18	196,38
Greenland, Meadows Pastures	300-400 (350)	660	0,69	448,50
Corn-Fields	400-500 (450)	650	0,69	448,50
Alpine Debris Formation	10-20 (15)	10-20 (15)	1,0	15

(Data in clamps = mean values as result of both maximal and minimal amounts of optimal evaporation of vegetation cover)

For the *extra-tropics* monthly values for the *optimal stock transpiration* (oB) were determined for each ground cover type found on the map of actual vegetation and land use (Supplement II). Monthly values for the potential evaporation of open water surfaces (pV) were calculated for stations within areas of the same land-use type, and regional mean values of the potential monthly evaporation from open water surfaces (pV) were determined. By dividing the monthly values of the optimal stock transpiration (oB) by the potential monthly regional evaporation from open water surfaces (pV), monthly values for reduction factors (Uf) were obtained, which could then be used for the calculation of the pLV of all stations of the same land- use type.

$$Uf = \frac{oB}{pV} \quad \dots\dots\dots\dots\dots\dots\dots\dots\dots\dots\dots\dots\dots\dots\dots 5$$

Uf = reduction factor; oB = ideal stock evaporation (from other sources);
pV = potential evaporation (calculated according to formula 1)

Tab. 5: Determination of reduction factors (Example: Greenland)(after data from WENDLING 1975, KAVIANI 1974, KELLER 1961, KONSTANTINOV 1966, PENMAN 1963, PŘIBÁN/ONDOK 1980, WECHMANN 1964, LARCHER 1994)

	J	F	M	A	M	J	J	A	S	O	N	D	Year
oB (mm)	7,7	11,9	30,1	60,02	111,3	130,9	128,1	102,9	63,7	34,3	12,6	6,3	700
pV (mm)	14,8	17,6	28,4	43,5	62,1	77,5	83,5	74,7	56,9	34,9	21,2	14,4	529,5
Uf	0,52	0,68	1,06	1,38	1,79	1,69	1,53	1,38	1,12	0,98	0,59	0,44	1,32

oB: optimal transpiration of grassland (meadows) as mean values of data from various authors.
pV: mean monthly regional-evaporation (Gebietsverdunstung) of free water surface of all stations in the type-area of the vegetaion cover with meadows;
Uf: Reduction factors as ratio from oB/pV

In Table 5 Greenland is used as an example to demonstrate how the reduction factors (Uf) were determined. In the same way gliding reduction factors were determined for all types of extra-tropical landscapes which appear on the map of actual vegetation, taking the degree of continentality or maritimity of a region into consideration.

In the isotherm *tropics* the climate is mainly differentiated according to the hygric criteria. In tropical landscapes we assume that in the arid season the potential landscape evaporation (pLV) is reduced to a minimum due to lack of vegetation or foliage. On the other hand in the outer tropics with a summer rainfall period (seasonal tropics) in the rainy season the forests have the capacity to transpire to a considerably higher degree. From a physiological point of view they take on the role of a tropical rain forest. Thus also for the tropical landscapes *gliding monthly reduction factors* must be developed which better express the local evaporation potential of different areas within the individual tropical ground cover types, in accordance with the topoclimatic influences.

LAUER and FRANKENBERG (1978, 1981b) developed a model of gliding reduction factors for the tropics, into which the annual precipitation was incorporated under consideration of albedo and of a soil/plant ratio (Fig. 5). This concept was extended to include the development of gliding reduction factors, on the basis of data on stock evaporation and under consideration of the sum of the monthly precipitation, for the calculation of the monthly pLV.

For the determination of the true evaporation behaviour of tropical landscapes, reduction values for the maximum and minimum precipitation supply of the vegetation formations were determined (Tab. 6).

This was done on the basis of data on the optimal stock transpiration (cf. Tab. 4) for all tropical landscape types between the inner tropical rain forests and outer tropical deserts. For instance the calculated monthly pV values of the rain forest stations were multiplied by the factor 1,5 if 200 mm precipitation occurred in the month in question. In other cases the monthly value was reduced by 0,8. Empirical findings on the transpiration behavior of tropical rain forests were used as a basis for the 1,5 factor value. These reveal that a stock evaporation rate of 1500-2000 mm/year ist possible (LARCHER 1994; cf. Tab. 4).

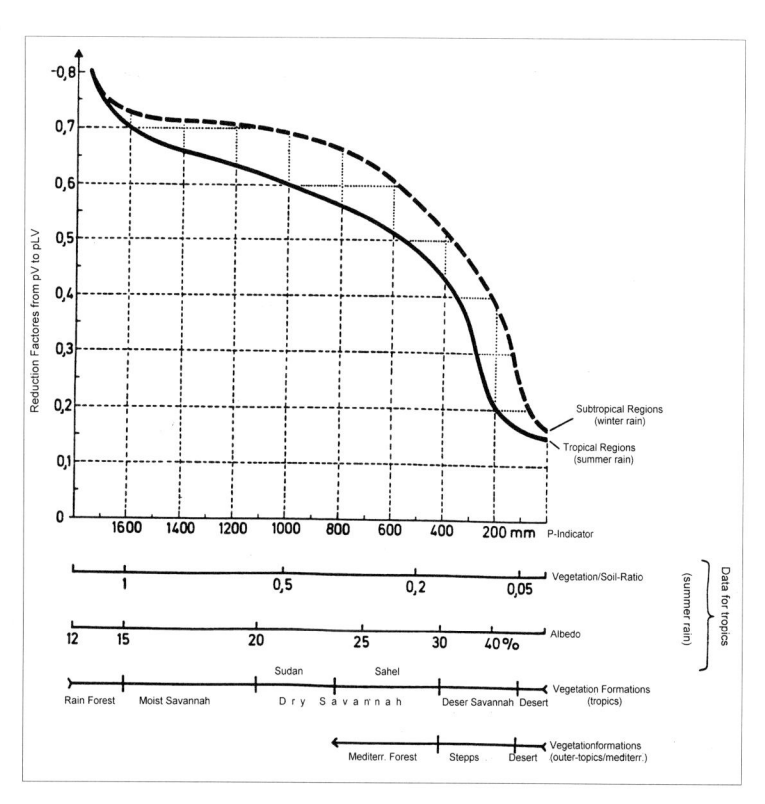

Fig. 5: Model of gliding reduction factors for the determination of the potential evapotranspiration from the potential evaporation from open water surface

Tab. 6: Monthly precipitation amounts and selected reduction factors (Uf) for tropical landscape types

tierra helada and tierra fría	páramo upper montane forest (partly fog-forest) N≥100 mm: Uf = 1,0 N< 100mm: Uf = 0,5	moist puna moist sierra N≥75 mm: Uf = 0,8 N<75 mm: Uf = 0,5	dry puna dry sierra N≥50 mm: Uf = 0,6 N< 50 mm: Uf = 0,4	thorn puna thorn sierra N≥30 mm: Uf = 0,4 N< 30 mm: Uf = 0,2	desert puna high montane(semi)desert N≥30 mm: Uf = 0,2	
tierra templada and tierra caliente	montane rain forest (partly cloudforest) lowland rain forest N≥200 mm: Uf = 1,5 N<200 mm: Uf = 0,8	montane moist savanna moist savanna cultivated area N≥150 mm: Uf =1,2 N<150 mm: Uf =0,7	montane dry savanna dry savanna N≥125 mm: Uf =1,0 N<125 mm: Uf =0,5	montane thorn savanna thorn savanna N≥100 mm: Uf =0,7 N< 100 mm: Uf=0,4	montane semi-desert desert-savanna N≥50 mm: Uf=0,5 N<50 mm: Uf=0,3	montane desert desert N≤50mm: Uf = 0,2

In order to determine the gliding reduction factors, the calculated monthly pV values from 192 tropical climate observation stations were taken according to the precipitation threshold values of

Tab. 4, with the aid of the two chosen Uf values, and used to calculate monthly values of the potential landscape evaporation (pLV), which were then used to form a mean annual value of pLV. By dividing the annual pLV by the annual pV, a weighted (gewichtet) mean annual Uf value was established for the respective station. A mean value was also calculated for the same stations from the sum of the monthly precipitation rates.

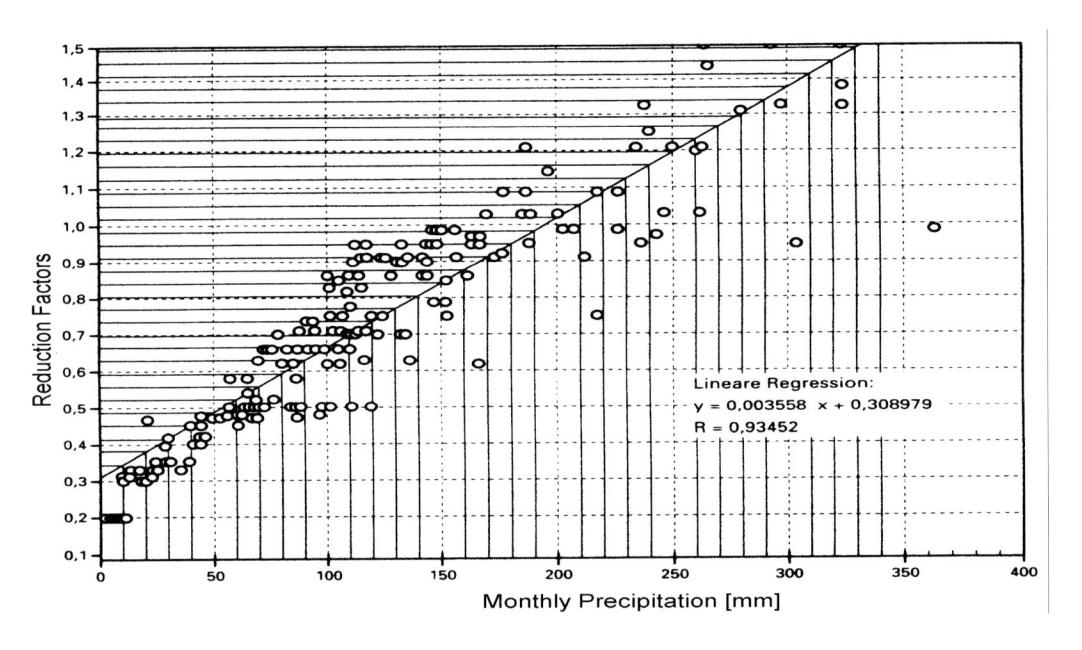

Fig. 6: Linear regression analysis between precipitation and reduction factors

Thus a pair of values was determined for each station from the Uf mean and N mean, on the basis of which a linear regression could be calculated (Fig. 6). The regression line, which with its very high correlation coefficient (r = 0.93452) reveals a close relationship between the Uf values and the monthly precipitation, was also used for the determination of the Uf values. Thus the values of the monthly potential landscape evaporation (pLV) result as the product of the calculated pV values and Uf values determined from the regression line with the aid of the monthly precipitation. They are calculated with the aid of the formula (4).

2.2.2 Determination of the humid months (HM)

Humid and arid months of the year are considered to be a quantitative expression of the water budget of a station. They result from the difference between the monthly precipitation values (N)

and the calculated potential landscape evaporation (pLV). Ecologically speaking a month is humid if the precipitation (N) at least reaches the level of potential landscape evaporation (N ≥ pLV):

$$HM = N - pLV \dotfill 6$$

Isohygromenes (lines of an equal number of humid months) were used in the classification for the spatial differentiation of the hygric climate of landscapes.

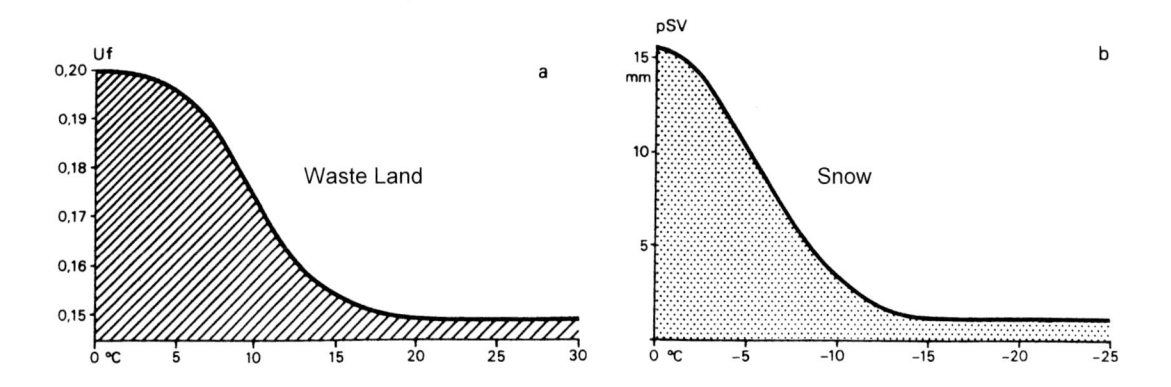

Fig. 7: Reduction factors for the determination of the pV of uncultivated land (a), and the absolute amount of potential evaporation from snow (b)

By using this method to determine the humid and arid months, however, two essential conditions, which particularly apply to the cultivated landscapes of the *extra-tropics*, are not yet fulfilled. In the months succeeding harvest (so-called fallow season) and in months of snow-cover no potential landscape evaporation is determined, as no biomass optimising of the vegetation can be assumed. For these periods, reduction factors or absolute values were calculated and a potential evaporation of uncovered ground (pBV) or potential snow evaporation (pSV) deduced. The number of humid or arid months results from the comparison of the calculated pBV or pSV values with the precipitation values for the months in question. The number of months without vegetation cover was taken from SCHNELLE's phenological maps (1965, 1970). The criteria of the German Weather Service (1980) were taken to determine the months with snow cover, i.e. months in which - in the long-term mean - snow cover occurred on more than half of the days.

These are months with a mean temperature of <-1°C (Fig. 7). For the calculation of the pLV in the so-called snow months a specific snow evaporation is assumed, whether the snow covered areas bear vegation or not.

Tab. 7: Data for the station of Luxembourg determined after the method of Classification (Thermal growth season and the humid months schowed by raster)

Luxembourg: 49° 37' N/6° 3' E; 334 m a.s.l.
Climate type: C m h β = *mesotherme, humide, sub-maritime Climate of coll mid-latitudes;* **Vegetation type:** *broad leaves decidous forest*

Climate elements	J	F	M	A	M	J	J	A	S	O	N	D	Jahr
Temperature	0,3	1,0	4,9	8,5	12,8	15,7	7,4	16,7	13,8	9,0	4,6	1,3	8,0
Pressure	975,8	975,9	975,6	975,4	975,3	977,0	976,5	975,4	977,5	976,8	975,6	974,7	975,9
rel. Humidity	89	85	76	72	73	75	75	77	80	86	90	93	81
Precipitation	73	56	43	54	60	64	66	74	63	55	64	68	740
Tae	10	11	13	18	23	28	31	29	24	18	13	11	19
rS	11	15	24	28	27	25	25	23	20	14	10	7	19
Uf	0,42	0,57	0,79	1,00	1,57	1,34	1,33	1,27	1,22	1,07	0,81	0,65	1,00
pV	9	12	25	38	48	54	61	53	38	20	11	6	375
pLV	4	7	20	38	75	72	81	67	47	22	9	4	446
N-pLV	69	49	23	16	-15	-8	-15	7	16	33	55	64	

Fig. 8 demonstrates the steps taken for the calculation of the humid months. The data which has been used and calculated in this climate classification according to the above-mentioned formula and with the aid of the LINKE tables for the determination of the equivalent temperature is shown in Table 7 by using the climate station in Luxembourg as an example.

2.3. Hygrothermic Climate Types

The map demonstrates the interference of the isothermomenes and isohygromenes, which leads to the distinction of 73 climate types, the spatial expression of which allows *climate regions* (cf. map legend, Supplement I).

The *thermic vegetation period* is defined by the length of the *temperature*-conditioned growth period of the vegetation, which is expressed in the number of months (*isothermomenes*).

The determined values for the length of the thermic vegetation period vary between 0 and 12 months. On the map the units of thermic vegetation months are reduced to 5 classes and summarized in letter-symbols: 0-2 months = very short (sk), *oligothermic* vegetation period; 3-4 months =

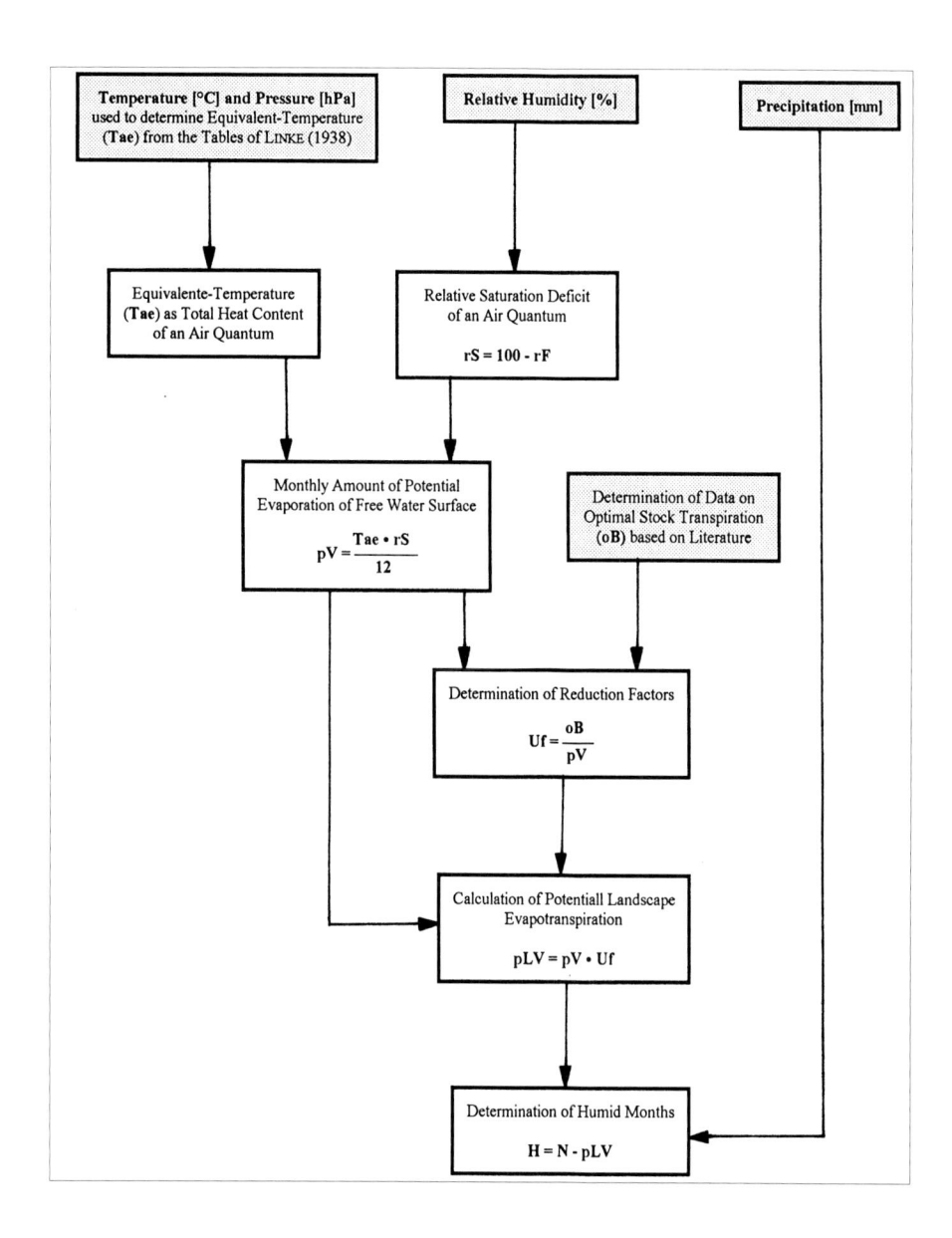

Fig. 8: Culculation steps for potential landscape evapotranspiration (pLV) and determination of humid months (the input-parameters are marked by raster).

short (k), *microthermic* vegetation period; 5-6 months - medium (m), *mesothermic* vegetation period; 7-9 months = long (l), *macrothermic* vegetation period and 10-12 months = very long (sl), *megathermic* vegetation period (Fig. 9).

The *tropics* can be divided into two thermic groups: the *warm tropics* i.e. regions with continuous thermic growth conditions on the year round (12 thermic vegetation months), and the *cold tropics* with 12 and less thermic vegetation months.

CLIMATIC ZONES	CLIMATIC TYPES									Number of Months with Snow Cover	
	Duration of Thermal Growth Period (Months)			Duration of Hygric Growth Period (Months)							
				perarid **pa**	arid **a**	semiarid **sa**	subhumid **sh**	humid **h**	perhumid **ph**		
				0	1-2	3-4	5-6	7-9	10-12		
TROPICS **A** TLS = 3h	Cold Tropics (long)	l	≤12	A l pa	A l a	A l sa	A l sh	A l h	A l ph	0	hekisto-nival
	Warm Tropics (very long)	sl	12	A sl pa	A sl a	A sl sa	A sl sh	A sl h	A sl ph	snow free	
SUB-TROPICS **B** TLS = 7h	oligotherm (very short)	sk	1-2	B sk pa	B sk a	B sk sa	B sk sh	B sk h	B sk ph	8-11	nival
	microtherm (short)	k	3-4	B k pa	B k a	B k sa	B k sh	B k h	B k ph	3-7	subnival
	mesotherm (middle)	m	5-6	B m pa	B m a	B m sa	B m sh	B m h	B m ph	1-5	seminival
	macrotherm (long)	l	7-9	B l pa	B l a	B l sa	B l sh	B l h	B l ph	<1	oligonival
	megatherm (very long)	sl	10-12	B sl pa	B sl a	B sl sa	B sl sh	B sl h	B sl ph		
MID-LATITUDES **C** cool TLS = 12h cold TLS = 24h	megatherm (very long)	sl	10-12		C sl a	C sl sa	C sl sh	C sl h	C sl ph		
	macrotherm (long)	l	7-9		C l a	C l sa	C l sh	C l h	C l ph		
	mesotherm (middle)	m	5-6		C m a	C m sa	C m sh	C m h	C m ph	1-5	seminival
	microtherm (short)	k	3-4			C k a	C k sa	C k sh	C k h	C k ph	3-7	subnival
	oligotherm (very short)	sk	1-2				C sk sa	C sk sh	C sk h	C sk ph	8-11	nival
POLAR-REGIONES **D**	microtherm (short)	k	3-4				D k sh	D k h	D k ph	8-11	nival
	oligotherm (very short)	sk	1-2				D sk sh	D sk h	D sk ph		
Glaciated areas in A, B, C, D	hekistotherm (ice cover)	e	0	e ph	e ph	e ph	e ph	e ph	e ph	12	pernival

Fig. 9: Map-legend and the differentiation of climatic types based on the lengths of the thermic and hygric vegetation periods (areas marked by raster are not mentioned on the map, Supplement I)

In the *subtropics* the thermic vegetation period is reduced successively from 12 months to lower values; areas with 10-12 and 7-9 thermic vegetation months (sl and l) predominate, with shorter vegetation periods in mountainous regions.

In the cooler, maritime regions in the *mid-latitudes* 5-6 thermic vegetation months predominate. Near to the coasts these reach into *sub-polar regions*. In the highly continental cool inland regions of the mid-latitudes the thermic vegetation period rapidly reduces to 3-4 months and less. Near to glaciated (mountain) regions and the cold high latitudes in the *polar zone* it decreases to 2-0 months.

The *hygric vegetation period* is defined by the length of the *humidity*-determined growth period, expressed in the number of humid months (*isohygromenes*). A month is considered humid if the amount of precipitation at least reaches the level of the potential landscape evaporation (pLV) of the local vegetation (N = pLV, cf.LAUER and FRANKENBERG 1981, 1986). The evapotranspiration of the soil-vegetation system, which guarantees the best net prime vegetation production (assuming sufficient water is available) is taken as the potential evaporation of a landscape.

The water balance throughout the year can be summarized in six humidity categories which are ecologically relevant, according to the number of humid months: 0 (per-arid, pa), 1-2 (arid, a), 3-4 (semi-arid, sa), 5-6 (sub-humid, sh), 7-9 (humid, h), 10-12 (per-humid, ph) (cf. Fig. 9 and Supplement I).

The *intersecting* of *isothermomenes* and *isohygromenes* provides a pattern of hygrothermic *climate types*, which can be labelled by letter-combinations (*climate formulae*, cf. Fig. 9): e.g. C m h = cooler mid-latitude climate with 5-6 thermic vegetation months and 7-9 humid months (= cooler, mesothermic, humid, mid-latitude climate). The selected coloured areas provide information on the determining character of the hygric or thermic components. The tropics for instance are classified according to the hygric categories.

These hygric components also predominate in the subtropics. In the mid-latitudes, on the other hand, the areas are categorised to a greater degree by the thermically determined vegetation period. This principle predominates in the higher, colder mid-latitudes and in the polar regions.

Maritimity/continentality is an essential climate factor, for the calculation of which IVANOV (1959) used a formula in which the annual and daily fluctuations of temperature as well as the saturation deficit can be expressed in their dependence on the geographical latitude:

$$K = \frac{A_J + A_T + 0{,}25\, D_F}{0{,}36\, \varphi + 14} \cdot 100$$

K = degree of continentality (%), A_J = annual fluctuation of temperature, A_T= daily fluctuation of temperature, D_F= saturation deficit, φ= geographical latitude, 14 = constants)

On the climate map the continentality degree for the extra-tropical regions is depicted in accordance with IVANOV's world map. The continentality values which result from this formula are categorized in such a way that a climate in which maritime and continental influences balance each other out is given the value 100% (BLÜTHGEN 1966). The line with 100% coincides on the average with the course of the coast and divides (highly) maritime (< 100%, (α)) from sub-maritime/sub-continental (100-120%, (β) and continental (120-200%, (y)) from highly continental(>200%, (δ) areas. The labelling letters α, β, γ and δ are added to the formula as extra information on the continentality/maritimity of a region, e.g. C m h α = cooler, mesotherm (5-6 thermic vegetation months), humid (7-9 humid months), (highly) maritime mid-latitude climate.

The climate formulae used on the map can be extended according to the local factors of the regional climate type in accordance with the key letters used by KÖPPEN (1923) in his classification (e.g. n = frequent mist, ns = summer mist, nw = winter mist, w = winter dry, s = summer dry, m = monsoon rains etc.). In accordance with this classification, for instance, a sub-tropical, mega-thermic, semi-arid, (highly) maritime climate with summer mist on the west coast of Capeland would be labelled as follows: B sl sa α ns.

3. Climate Map, Map of the Real Vegetation, Climate Diagrammes

3.1 Climate Map (Supplement I)

The map represents the variety of the earth's climates and is dominated by four linear elements (borders of climate zones, isothermomenes, isohygromenes, continentality lines).

The *solar climate zones* (A,B,C,D) are denoted by specific prime colours and demarcated by strong grey lines. The lines of the hygrothermic climate types (isothermomenes and isohygromenes) criss-cross the entire map and form climate regions in which the climate types are entered as formulae (Fig. 9). Thin grey lines denote the degrees of continentality.

The subtropic winter rain regions and the highly maritime coastal regions in the mid-latitudes are depicted as regions with a maximum of winter rain by shading. On the coasts with mist formation the season with the highest occurrence is marked with symbols.

3.2. Map of Real Vegetation and Land-Use (Supplement II)

The classification concept is based on a general map of the *real vegetation and land-use* of the earth, which was drawn up with the aid of many thematic maps on natural vegetation and the essential types of ground cover, and represents - as far as the scale allows - the present vegetation cover of the earth's surface with the main anthropogenic changes of the potential natural vegetation. It also contains the main agricultural regions of the earth with their characteristic cultivation techniques, land-use types and crops.

3.3. Climate Diagrammes (Supplement III)

Climate diagrammes are enclosed wtih the climate map. Particularly hygric and thermic climate parameters are depicted in their annual cycle. These provide instant information on climate types as regional units of the classification, and characterise the local eco-climatic characteristics of the differentiated climatic types.

The diagrammes contain monthly values of the air temperature (T), precipitation (N) and potential landscape evaporation (pLV) as linear elements. The intersection of the curves of N and pLV denotes the landscape-ecological water balance. In months of positive water balance the precipitation curve is above that of the pLV, and the excess of precipitation denoted in blue. The months of negative water balance (precipitation deficit) are denoted in red. The length of the thermic vegetation period is denoted by the intersection of the line of the threshhold value typical for the vegetation type with that of the temperature. The resulting area (shaded vertically) represents the time span of excess temperature. In the lower part of the diagrammes the length of the thermic vegetation period (lime green) and the months of thermic rest (yellow) are respresented. The period of excess precipitation (humid months) is shaded blue. The red dots denote the arid months in the annual cycle. The bottom of the diagramme demonstrates the extent to which thermic and hygric vegetation periods overlap. The constellation of climatic factors in terms of its favourability for the best biomass growth can thus be deduced.

4. Interpretation of the Map

4.1 Tropical Zone (A)[1]

The map reveals a clear predominance of colours which relate to the climatic zones. In the isothermically constant warm tropics the colours change from green to yellow, relative to the decrease in humidity i.e. in the hygric vegetation period, away from the equator and towards the tropical/subtropical arid regions. Although each climate region is characterised by an interference of hygric and thermic factors, in the tropics a hygric predominance of climatic types is apparent, e.g. in Africa, from the constantly humid tropical rain forests (Borumbu, Brazzaville) to the completely arid tropical/subtropical Sahara (Niamey, Timbuktu, Tamanrasset). The small expanse of extremely humid regions with 10-12 hygric vegetation months is striking. Entire regions with an extremely humid climate occur abundantly in the South-East Asian archipelago. In South America the extremely humid region in the Amazon (Iuitos, Uaupés) is divided by a corridor in the lower Amazon (Santarém), which has a hygric season of 7-9 months. The Guayana Highlands and the north-east slope of the Andes between Columbia and Bolivia have a tropical-megathermic, extremely humid climate. Trade wind luff effects along the east coasts of the outer-tropics lead to extremely humid, megathermal landscape characteristics, also in areas under the influence of monsoons to the west of the inner and outer tropics (Douala).

The altitudinal change between the warm and cold tropics is represented by the change in colour from greenish yellow to green and blue shades. The continual border between cold-humid and cold-arid mountain climates, as for instance along the Andes, is denoted by increasingly lighter shades of colour (Supplement I, legend). A west-east profile of the climate diagrammes of the region in the central Andes between San Juan and Iquitos (via Arequipa, Hunacayo, Puerto Maldonado, Supplement III) demonstrates the hypsometric change of the tropical mountain hygrothermic climate. The high mountain ranges of South America, the African volcanos, the Ethiopian Highlands, the Himalayas and the South East Asian Highlands rise as cold islands out of the warm-tropical lowlands.

The diagrammes of Puyo and Quito (Ecuador) reveal the typical features of a warm-tropical lowland climate and a cold highland climate. The two stations are characterised by constant isotherms with no seasonal temperature changes. The growth season in tropical highlands is related merely to the hygric conditions. The vegetation becomes acclimatised to the high mountain conditions and often occurs right up to the snow border as a broken cover. The thermal vegetati-

---

1. The statin names put in parentheses refer to the digrammes in Supplement III

on period is continuous throughout the year near to the equator. Interruptions occur through the decrease in the hygric vegetation period from Páramo (climate type A 1 ph) over the Puna to the high mountain semi-deserts, through all humidity stages to the cool, extremely arid climates in the outer tropics (climate type A 1 pa). The station La Paz (Supplement III) is a good example for the arid outer tropics at a height of about 4000 m. The thermic vegetation period is only slightly interrupted, whereas the hygric vegetation period lasts for a mere 4 months i.e. the rainy season from December to March. Fig. 10 demonstrates the three-dimensional arrangement of the climates in the tropical high mountains.

Fig. 10: Three-dimensional arrangement of climates in tropical high mountains

tierra nevada 0 °C	A e ph Nev. Antisana/ Ecuador snow line 4700m	A e h Cordillera Blanca/ Peru snow line 5000 m	A e sh Cordillera Real/ Bolivien snow line 5200 m	A e sa Nev. Sajama/ Bolivien snow line 5300m	A e a V. El Misti/Peru tempor. snow line 6000m	A e pa V. Llullaillaco/ Chile snow line absent
tierra subnevada (sk) 3 °C	A sk ph El Refugio Cotopaxi/Ecuador patterned ground 4600 m	A sk h Vilcanota/ Peru patterned ground 4700m	A sk sh Chacaltaya/ Bolivien patterned ground 4500m	A sk sa Sajama/ Bolivien patterned ground 4850 m	A sk a El Misti/ Peru patterned ground <5000 m	A sk pa Llullaillaco/ Chile patterned ground 5000m
tierra helada (l-k) 6 °C	A l ph Río Pita/ Ecuador, 3860 m N = 872 mm	A m h Cerro de Pasco/ Peru, 4500 m N = 935 mm	A m sh Ulla Ulla/ Bolivien, 4460 m N = 490 mm	A m sa El Alto/La Paz Bolivien, 4071 m N = 585 mm	A m a Charaña/ Bolivien, 4059 m N = 306 mm	A l pa San Pedro de Atacama, 3200 m N = 50 mm
tierra fría (sl) 12 °C	A sl ph *n* Papallacta/ Ecuador, 3160 m N = 1256 mm	A sl h Quito/ Ecuador, 2818 m N = 1250 mm	A sl sh Adisababa/ Äthiopine, 2450 m N = 1256 mm	A sl sa *n* Huancayo/ Peru, 3380 m N = 724 mm	A sl a Arequipa/ Peru, 2525 m N = 104 mm	A sl pa Chuquicamata/ Chile, 2700 m N = ?
tierra templada (sl) 18 °C	A sl ph Puyo/ Ecuador, 960 m N = 4454 mm	A sl h San Jose/Costa Rica, 1120 m N = 1944 mm	A sl sh Guatemala-Stadt 1300 m N = 1281 mm	A sl sa Negelli/ Äthiopien, 1500m N = 550 mm	A sl a Characato/ Ecuador, 2451 m N = 141 mm	A sl pa Vitor/ Peru, 1589 m N = 23 mm
tierra caliente (sl) 27 °C	A sl ph Tiputini/ Ecuador, 220 m N = 2470 mm	A sl h Santarém/ Brasilien, 20 m N = 1975 mm	A sl sh Guayaquil/ Ecuador, 6 m N = 843 mm	A sl sa Maracaibo/ Venezuela, 40 m N = 533 mm	A sl a Salinas/ Ecuador, 8 m N = 108 mm	A sl pa *nw* Lima/ Peru, 11 m N = 10 mm
number of humid months	12 11 10	9 8 7	6 5	4 3	2 1	0
number of arid months	0 1 2	3 4 5	6 7	8 9	10 11	12
humidity types	perhumid **(ph)**	humid **(h)**	subhumid **(sh)**	semiarid **(sa)**	arid **(a)**	perarid **(pa)**
water balance	N≥pLV	N≥pLV	N≤pLV	N<pLV	N<pLV	N<pLV
	moist tropics (N ≥ pLV)			dry tropics (N ≤ pLV)		
	daily range of temperature > annual range of temperature (Ts > Js)					

4.2 Subtropical Zone (B)

The *subtropics*, as a solar radiation zone between the Tropics of Cancer and Capricorn and the 45th latitude - denoted on the map by red and brown shades - play a mediatory role between the tropical climate, characterised by temperature fluctuations within each day (*Tageszeitenklima*), and the mid-latitude climate, which is strikingly characterised by thermic seasons. One obvious feature is the intricate interweaving of the isothermomenes and isohygromenes, which is mainly determined by the intensive relief along the folded high mountains of Eurasia, the southern Andes, the eastern Australian and South African scarpments. Definite differences in exposition to the sun's radiation are typical for the subtropics. The colour map clearly portrays the differences in climate between the *western and eastern sides of the continents*. The *western sides* are under the influence of the subtropical anti-cyclones in summer, which cause excessive aridity. In winter the mid-latitude western drift brings precipitation. On the *eastern sides* of the continents the permanent high troughs determine the climate with maximum rainfall in summer. Inland, a dry, continental climate occurs in the subtropics.

The *subtropical winter rain regions* occur on the western side of the continents in spatially confined areas, as mountain ranges form a N-S division which acts as a barrier and climatic threshold, limiting the winter rain regions (California, Central Chile, South Africa, cf. Supplement I). In the European winter rain region, however, no such N-S mountain chain exists. Dynamic aspects of the warm European Mediterranean also take effect, with an increase in cyclogenesis, resulting in increased precipitation as far as the western Himalayas. The subtropical winter rain regions of Capeland (Cape Town) and southern Australia (Perth) do not stretch far enough southwards for the shifting cyclones of the west drift to affect these regions, thus resulting in a small concentration of winter rain regions.

In the winter rain regions the longer phyto-ecological and hygrothermically ideal vegetation phases usually occur in spring and autumn, because in winter the thermic and in summer the hygric vegetation period is partly limited (Rome, Benghazi, Iraklion, Supplement III). However, or for this exact reason, the flora reveals great diversity, both in natural and cultivated forms. The subtropical winter rain areas are considered to be extremely favourable. The humid season coincides with the cooler winter months with a limited thermic vegetation period. The vegetation thrives on the absorbed water from the winter and spring rains (Lisbon, Madrid, San Franscisco) and particularly due to artificial irrigation.

The mists along the arid west coasts of the sub-tropics are a striking ecological phenomenon. They are caused by the circulation-related cool sea currents (Humboldt, California, Benguela and Canary Currents). These mists occur primarily in summer and give rise to lush undergrowth, with its specially developed organs which absorb water from the mist and transform the desert-like landscapes along the coast (e.g. Peru, Chile, South Africa and the western Sahara).

Whereas in the *northern hemisphere subtropics* hygrothermic climate types from highly maritime (α) to highly continental (δ) occur, the gigantic ocean areas in the *subtropics of the southern hemisphere* lead to a higher degree of maritimity (α) with less extreme temperatures in spite of similar radiation. As a result the southern hemisphere sub-tropics have a longer thermic vegetation period than the corresponding latitudes in the northern hemisphere.

In the *subtropics with summer rains* in the east of the continents the hygric vegetation period corresponds with the thermically favourable season (Xian, Wen-Xhou). On-shore, monsoon-like summer rains and invasions of extra-tropical cold air in winter provide either generous or sparse rainfalls depending on the lee and luff effects, so that a long humid thermic vegetation period occurs. Thus the east coasts of East Asia (Tokyo), the USA (Jacksonville), south-eastern South America (Buenos Aires), South Africa (Durban) and Australia are favourable agricultural regions.

In the *continental inland regions* less precipitation occurs which leads to a shorter hygric vegetation season. These regions, such as the prairies and plains (Wennipeg, Denver, Dallas), the Argentinian Pampa (Buenos Aires), inland South Africa and Australia are the main corn-growing regions of the world. The high variability in the mean length of the thermic and hygric vegetation season, when measured in intervals of several years, leads to some agricultural risk. In East Asia the aridity also increases inland but with an additional hypsometrical decrease in the number of thermic vegetation months towards the Tibetan plateau. From here onwards the number of humid months increases towards the Karakorum-Hindu Kusch mountain range, whilst the thermic vegetation season remains almost unchanged. On the western slopes the number of humid months decreases again (Supplement I). The whole of Central Asia is characterised by excessive aridity. Offshoots of the winter rain regime reach into the Hindu Kusch-Karakorum range (REIMERS 1992, WEIERS 1995, RAFIQPOOR 1979), where they provide the luff sides of the range with precipitation; the lee sides of the Hindu Kusch-Pamir and the Karakorum ranges, however, have summer rain, as do the entire Tibetan highlands. A considerable proportion of the *arid regions* of the earth (from semi-arid to extremely arid) occur in the subtropics, where the pLV is very low and, due to the sparse vegetation cover, does not coincide with the potential evaporation (pV) (El Goléa).

A dry corridor stretches across the arid sub-tropics. This marks the border between summer and winter rain regimes (El Paso, Tamanrasset, Calvinia), and is particularly obvious in the Central Asian highlands, the Rocky Mountains, in South America between the Peruvian/Chilean coast and the Argentinian Patagonia, in western Capeland and western and southern Australia around Perth and Adelaide.

Large *cultivation oases* occur within the arid and per-arid tropical/subtropical regions. They develop their own mesoscale topoclimate, which is surrounded by an arid climate. Irrigation water almost transforms the water budget and evaporation rate into that of a humid forest (Borumbu and Cairo oases; Tab. 8 and Supplement III).

The ecological structure of the subtropical mountain regions is mainly characterised by a vertical decrease in the thermic vegetation period and an increase/decrease in the hygric vegetation season according to the vertical precipitation profile. The length of the thermic vegetation season is the most favourable at medium heights (Supplement III: Kabul, Chorog, Yatung).

Tab. 8: Water consumption of selected cultivated plants [l/m^2] in the oases of SW-Egypt (after data of BLISS 1983, 109), and the monthly rainfall for a tropical rain forest station (Borumbu/Zaïre): a comparison

Plants	J	F	M	A	M	J	J	A	S	O	N	D	$\sum$ (l/m^2)
Wheat	168	208	190								158	120	844
Tomato	181	212	226	86							120	133	958
Rice					212	235	234	228	201				1108
Palm	87	85	119	131	154	171	170	165	143	125	99	86	1535
Olive	76	77	104	115	135	150	149	144	125	110	86	75	1418
Borumbu/Zaïre	72	87	145	185	158	141	175	166	180	210	192	105	1861

4.3 Mid-Latitude Zone (C)

The mid-latitudes are to be found in both hemispheres between the 45th latitude with a mean solar radiation sum of 150 W/m² (BORCHERT 1978) and the polar circles, with a mean solar radiation sum of about 100 W/m². As the mean annual temperature decreases considerably with an increase in latitude, a *cool-moderate* climate can be distinguished from a *cold-moderate* climate. This differentiation is demonstrated on the map of the mid-latitudes by beige-green and purple shading. The isothermomene which forms the border between the two is marked red. The length of the thermic vegetation season is represented in the first case by the cool, mesothermic region with its mixed deciduous vegetation (Oslo), and in the second by the microthermic, boreal coniferous forest regions of the cold mid-latitudes (Ochotsk). This border-line is modified in the mountain regions of eastern Siberia and western Canada by relief-related influences. Along the western coasts of the cool mid-latitudes from northern Spain to the Norwegian Fjords the Gulf Stream causes a long thermic vegetation season (Brest) with 10-12 humid months and a high degree of maritimity. The western European inland region with its sub-continental cool-moderate character shows little hygric variability (7-9 humid months) with an interference of the mesothermic length of the thermic vegetation season (5-6 months). The degree of continentality increases from west to east and varies from sub-continental (β) to highly continental (δ) in the regions of western Siberia (Moscow, Kustanai).

The climate diagrammes (Warsaw, Odessa) reveal that in the cool mid-latitudes with all-year-round rainfall, climatic aridity occurs almost everywhere in summer, which leads to a higher rate of evaporation from the vegetation. Water reserves from the winter compensate for the lack of water in summer. With increasing continentality this actually leads to regular phyto-ecological arid phases in summer.

It is also possible to divide the mid-latitudes in *North America* into a cooler and cold region, although the climatically more favourable west side is less extensive due to the barrier affect of the Pacific mountain system (Kodiac). The larger eastern section displays the physiognomical features of both the European deciduous and coniferous forests, with a decrease in thermic conditions and an increase in the hygric vegetation period with increasing latitude. The mountain ranges further differentiate the climate. The significance of the relief can be seen on the map: a cool, humid climate on the luff side of the mountains produces moderate rain forests (Vancouver) in the west and a dryer, cold climate grasslands on the lee side (Winnipeg) of the Rocky Mountains.

The climates of the few land masses in the mid-latitudes of the *southern hemisphere* are of oceanic nature, being humid or very humid for the entire year and with a long thermic vegetation season of 10-12 months (Puerto Montt). On the eastern side of the mountain ranges (Andes and New Zealand), however, regions with a continental climate (Colonia Sermiento) and a strong west wind drift occur. This results in a sudden changeover from lush rain forests to extremely arid grasslands and heath-like vegetation, similar to the oceanic heathlands in the northern hemisphere.

The *mountain ranges in the mid-latitudes* rise up as cool, humid, oceanic islands with a subpolar touch out of more or less thermically and hygrically homogeneous surroundings. From a climato-ecological point of view gentle sun-exposed slopes of medium altitude and with the longest thermal vegetation season provide ideal agricultural conditions. Low-lying valley floors, on the other hand, are thermically unfavourable as they trap cold air (*Kaltluftsee*). At high altitudes the thermic vegetation season shortens and reaches zero in Central Europe at about 2800 m NN (Supplement III: Feldberg, Mt. Washington, Zugspitze, Fig. 11). The positive mean water balance at higher altitudes serves as a water reservoir for irrigation purposes in arid valleys (Innsbruck).

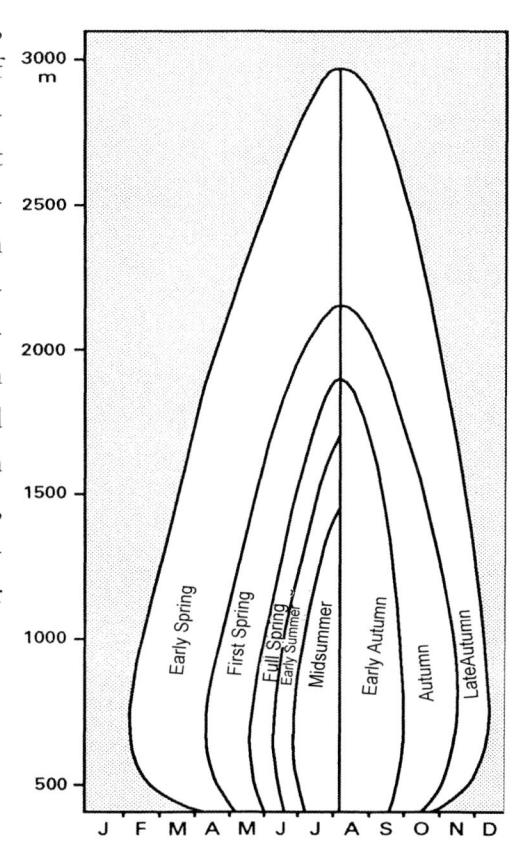

4.4 Polar Zone (D)

Fig. 11: Variation of phenological seasons in mountain areas relative to altitude. Periods of winter-rest caused by frost and snow-cover are shown by dotted raster (cf. GAMS 1961)

The *solar-climatic polar zone* is characterised by a great variability in the hours of daylight. This varies from a single appearance of the midnight sun at the polar circle and the complete disappearance of the sun for half a year at the poles. Three climate types can be observed, which are denoted by blue shades on the map. An isothermomene separates the microthermal, *subpolar* tundra regions (Reykjavik) with 3-4 thermic vegetation months from the oligothermic frost debris region with practically no vegetation (*polar* climate, Kap-Tscheljuskin) and 0-2 thermic vegetation months.

The *"high"-polar* climate type corresponds to the areas of *continuous ice cover* within the solar polar zone. Apart from the solar-climatic aspects, the atmospheric circulation plays an important role in the spatial differentiation of the climate, as this determines the seasonal shift of the polar high pressure area and thus the climatic events within the solar-climatic polar zone.

In the tundra *subpolar regions* the *snow climate* is the essential feature. A *high degree of humidity* occurs (7-9 months in the subpolar and 10-12 months in the polar regions), not due to excessive precipitation but to the long winters with an almost *continuous snow-cover* and low evaporation rate. The influence of the Gulf Stream in the subpolar region can be observed at the Reykjavik station with a highly maritime, microthermal and extremely humid climate. An annual cycle of even temperatures with a thermic vegetation season of 3-5 months allows for a heath-like undergrowth and grasslands. The continental subpolar regions, on the other hand, reveal a greater fluctuation range in the annual cycle with a short thermic vegetation season, but higher temperatures which allow for the occurrence of vegetation forms with an appropriate biological cycle (Nome).

The *high-polar ice climate* (D e ph) incorporates the unbroken ice cover in the region of Greenland (cf. Supplement I) with entirely continental character and winter temperatures of around -20°C and 2-3 summer months (June-August) with mean temperatures just above zero.

The climate of the almost closed ice cover of the Antarctic is considerably colder. The average temperatures are around 30°C lower than in the Arctic. At the edge of the ice cover there are a number of regions, which are similar to an oligothermic frost-debris-zone with up to 3 thermic vegetation months.

The *Sub-Antarctic islands* (South Georgia, Kerguelen, Macquarie, St. Paul, South Sandwich, Campbell Islands etc.), between 55° and 60° southern latitude are, in climatic terms, a rare phenomenon. Thermically they have the most even climate in the world - constantly cool and wet (10-12 humid months) - which corresponds more than any other to a twelve-month isothermy. The annual fluctuation in temperature is a mere 3,5 °C and the daily fluctuations (over 24 hours) in the individual months are even lower (0,5-2 °C, Troll 1964). The physiognomic and ecological features of the bunch grasses, hard cushions and fleecy shrubs of these islands partly resemble the flora of the constantly humid high mountain regions of the inner tropics.

5. The Snow Climates in the Mid-Latitudes and Polar Regions

In the *high latitudes* snow, as a solid component of the water budget, is an essential factor of regional climatic classification. Without exception the snow climates are a landscape-related ecological factor of the northern hemisphere alone. In the southern hemisphere these do not occur due to the lack of large land masses in the high latitudes; they are found, however, in some mountainous regions, when considered from a three-dimensional perspective. As, with an increase in latitude, thermic factors are the main parameter for climatic classification, the duration of snow cover is mainly determined by the heat budget of a landscape. The degree of maritimity and continentality is the second most important factor determining both the duration and thickness of snow cover and the climatic and edaphic humidity features of the climate of such regions.

In his world climate map Nikolaus CRUTZBURG used *isochions*, i.e. lines denoting areas of equal *duration of snow cover*, for the differentiation of climatic zones outside of the tropics. He justified this as follows: "The climatic content of the moderate and cold belts is largely determined by the simple but fundamentally important fact that the ground is covered by snow for a considerable part of the year." He also emphasized that, "since the duration of snow cover is determined to a greater extent by thermic conditions than by the amount of snow precipitation, the *duration of snow cover* seems to be an appropriate criterion for the differentiation of moderate and cold climates" (CRUTZBURG 1950, 65).

To characterize the humidity of landscapes, *isochiomenes, i.e. lines denoting an equal duration of potential snow cover (in months)*, were determined empirically. According to the German Weather Service months are considered "snow-covered" in the *polar regions* and *moderate latitudes* if, in the long-term mean, a covering of snow occured in more than half of the days. Generally this coincides with a mean monthly temperature of <1° C. This principle also applies to the *subtropical* highlands and mountains. Particularly in the subtropics with a continental climate the transition to the warmer seasons is quite abrupt, so that spring/autumn months with a mean temperature of 0° C are still considered snow months, as their mean temperature in the first/second half of the month is way below freezing point, thus strengthening the texture and duration of the snow cover. In the other half of these transitional months temperatures are way above freezing point, thus leading to a rapid thaw of the thin snow cover. In *tropical* mountain regions a long period of snow-cover is only possible above the climatic snow-line, as any fall of snow below this level is merely a short episode due to the annual isothermy of the climate.

Since temperature is the factor which determines the growth and development of the vegetation forms in high latitudes (LARSEN 1974: 349-351), the spatial distribution pattern of the *monthly duration of potential snow cover* (*nivality*) was adapted to the length of the thermic vegetation period (divided into 6 classes) (Fig. 12), taking the continentality of high latitude climates in relation to the zonal arrangement of the vegetation forms into consideration.

Fig. 12: Differentiation of climate types based on quantitative parameters of *Humidity, Ariditiy, Nivality* and the *generative Aktivity* of plants

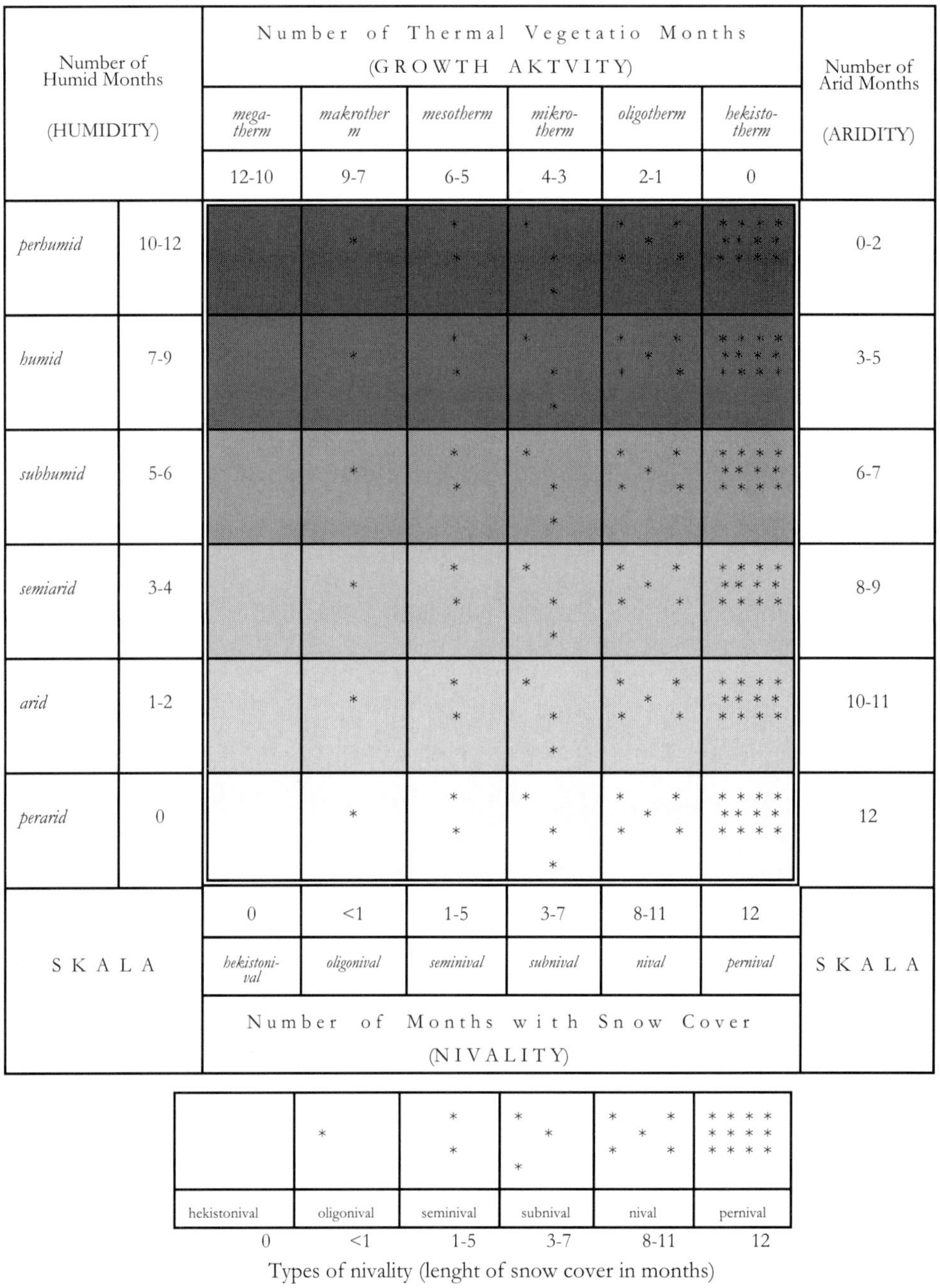

Number of Humid Months (HUMIDITY)		Number of Thermal Vegetatio Months (GROWTH AKTVITY)						Number of Arid Months (ARIDITY)
		mega-therm	makrotherm	mesotherm	mikro-therm	oligotherm	hekisto-therm	
		12-10	9-7	6-5	4-3	2-1	0	
perhumid	10-12							0-2
humid	7-9							3-5
subhumid	5-6							6-7
semiarid	3-4							8-9
arid	1-2							10-11
perarid	0							12
S K A L A		0	<1	1-5	3-7	8-11	12	S K A L A
		hekistoni-val	oligonival	seminival	subnival	nival	pernival	
		Number of Months with Snow Cover (NIVALITY)						

	*	* *	* *	* *	* * * *
hekistonival	oligonival	seminival	subnival	nival	pernival
0	<1	1-5	3-7	8-11	12

Types of nivality (lenght of snow cover in months)

For the spatial differentiation of the snow climates, empirically determined *isochiomenes* were added to the climate map. On the map *isochiomenes* run through several humidity units in regions where the length of the thermic vegetation period varies, depending on the degree of *continentality* of the climate. This is the basis for the overlapping of the number of months with snow cover in the *seminival* and *subnival* regions in the high latitudes (cf. Fig. 12).

Extensive regions with a longer period of snow cover are to be found in the highly continental parts of Eurasia, eastern Siberia and North America. Towards the west coasts of Europe and North America the isochiomenes decline successively to zero due to the high degree of maritimity and the influence of warm currents (North Pacific Stream, Gulf Stream). On the east coasts of Eurasia and Canada cold currents lead to a far more southerly occurrence of the isochiomenes (cf. Appendix I).

The cold mid-latitudes and polar regions are generally regions with continuous high humidity and long periods of snow cover. For the thermic vegetation period and thus the biomass production in the high latitudes the number of months with mean temperatures of >5°C in the frost-free season is of decisive ecological significance (TUHKANEN 1984). The transition from the warmer summer to the cold winter temperatures occurs abruptly in the boreal zone; spring and autumn are very short. Spring, in particular, is delayed due to the snow cover and ground frost which, in spite of a relatively high position of the sun, limits the effects of spring temperatures on the ecophysiological activity of the vegetation. The sensible heat from the heat budget is transferred to latent heat and used to thaw the snow. Only in the short thermically and phytoecologically favourable period of June to August do the summer temperatures reach >10°C (12-15°C) (TRETER 1993, WALTER and BRECKLE 1986). The hardy tree species found in the Taiga in the highly continental boreal zone of NE Siberia, such as the deciduous *larch (Larix dahurica)*, are dependent on this 3-4 month *main growth period* to complete their annual cycle. For the cycle of plants in the highly continental southern Taiga 5 months with mean temperatures of >5°C are required; in the oceanic parts the demand increases to >6 months. During the short period in which the mean monthly temperature exceeds 10° C, the humidity from both the entire precipitation and the melted snow is used up. The deciduous forests suffer from (a short-term) lack of water (cf. Appendix III: Jakutsk, Oimjakon, Werchojansk). The annual precipitation in the highly continental regions of the Taiga i.e. in the far east of Russia, amounts to no more than 300 mm. The snow cover is relatively thin (about 30 cm) (WALTER and BRECKLE 1986), but remains, due to the extreme cold, for more than six months of the year. From the point of view of precipitation, steppe and semi-desert vegetation should predominate in this region. However, dense larch forests are to be found (TRETER 1993). This is due to the fact that this kind of forest formation can compensate for the aridity in summer by absorbing humidity from the thawed permafrost. The permafrost forms a thick, unbroken layer (continuous permafrost) with a soil thaw of 100-150 cm in the southern Taiga (IVES 1974).

The duration of snow cover determines the great *climatic-ecological humidity* (cf. Appendix I) in the humid to very humid cold mid-latitudes and polar regions. Thus this is a kind of *"cold humidity"*, which arises when low temperatures lead to a low potential landscape evaporation. A negative water balance is certainly a feature of the short summer. Thus regions with a subhumid climate also occur in the Taiga and Tundra, but these are restricted to enclosed basin landscapes in the highly continental Eastern Siberia (cf. Appendix I).

In spite of their boreal character, the central inlands of the cold mid-latitudes and polar regions in North America have a high precipitation level and a thick cover of snow, due to the lack of land mass and thus of continentality of climate, in comparison with Eurasia. Particularly regions with a very humid climate occur in boreal North America (cf. Appendix I). In spite of striking differences, however, these regions have similar ecoclimatic features with regard to the snow climates and thus similar consequences for the vegetation.

V. Literatur

ALBRECHT, F. (1962): Die Berechnung der natürlichen Verdunstung (Evapotranspiration) der Erdoberfläche aus klimatologischen Daten. Berichte des Deutschen Wetterdienstes 83, Offenbach.
ALBRECHT, F. (1965): Untersuchungen des Wärme- und Wasserhaushaltes der südlichen Kontinente. Berichte des Deutschen Wetterdienstes 99, Offenbach.
ALISSOW, B.P. (1936): Die geographischen Typen der Klimate. Meteorol. Gidrol. Nr. 6: 16-25.
ALISSOW, B.P. (1954): Die Klimate der Erde. Berlin (russ. Originalausgabe 1950).
ARNON, I. (1972): Crop production in dry regions. Plant Science Monographs, Vol. II. London.
ATANASIUS, N. (1951): Die Wasserversorgung unserer Kulturpflanzen in Abhängigkeit von Klima und Boden. Berichte des Deutschen Wetterdienstes in der US-Zone 32. Die Agrarmeteorologische Tagung in Stuttgart-Hohenheim: 9-13.
BAC, S. (1964): Meßergebnisse des Wasserverbrauchs von Kulturpflanzen mit Großlysimetern. Wissenschaftliche Zeitschrift der Karl-Marx-Universität Leipzig. Mathematisch-Naturwissenschaftliche Reihe 13: 793-798.
BALEK, J. (1977): Hydrology and water resources in tropical Africa. Amsterdam, Oxford, New York.
BALNEY, H.F. & CRIDDLE, W. (1962): Determining consumptive use and irrigation water requirements. United States Department of Agriculture, Technical Bulletin No. 1275. Washington.
BARRY, R.G. & IVES, D.J. (Eds.) (1974): Intruduction. Arctic and Alpine Environments: 1-13. Methuen. London.
BATRHLOTT, W.; LAUER, W. & PLACKE, A. (1996): Global distribution of species diversity in vascular plants - towards a world map of phytodiversity. Erdkunde 50: 317-327. Bonn.
BARTHLOTT, W.; KIER, G. & MUTKE, J. (1999): Globale Artenvielfalt und ihre ungleiche Verteilung. Courier Forschungsinstitut Senckenberg 215: 7-22. Frankfurt/Main.
BAUMGARTNER, A. (1965): The heat, water and carbon dioxide budget of plant cover: Methods and measurements. Proc. Montpellier Sympos, UNESCO, Paris: 495-572.
BAUMGARTNER, A. (1971): Einfluß energetischer Faktoren auf Klima, Produktion und Wasserumsatz in bewaldeten Einzugsgebieten. IUFRO-Congr. Gainsville: 75-90.
BAUMGARTNER, A. (1979): Verdunstung im Walde. In: GÜNTHER, K.H. (Hg.): Wald und Wasser. Entwicklung und Stand. Hamburg, Berlin: 39-53.
BAUMGARTNER, A. (1984): Effects of deforestation and afforestation on climate. GeoJournal 8/3: 283-288.
BAUMGARTNER, A. & LIEBSCHER, H.J. (1996): Allgemeine Hydrologie. Quantitative Hydrologie. 2. Auflage. Stuttgart.
BAUR, F. (Hrsg.) (1970): Meteorologisches Taschenbuch. Umrechnungstabellen zur Ermittlung der Äquivalenttemperatur nach LINKE. Leipzig: 486-489.
BEINHAUER, R. (1980): Beginn und Ende der Vegetationszeit einiger Kreuzblütler im norddeutschen Flachland. Zeitschrift für Acker- und Pflanzenbau, 149: 167-171. Berlin, Hamburg.
BENDIX, J. (2000): A comparative analysis of the major El Niño events in Ecuador and Northern Peru over the last two decades. Zentralbibliothek für Geologie und Paläontologie, Teil I, H. 7/8: 1119-1131.
BENDIX, J. & RAFIQPOOR, M.D. (2001): Sudies on the thermal conditions of soils at the upper tree line in the Páramo of Papallacta (Eastern Cordillera of Ecuador). Erdkunde 55, H. 3: 257-276. Bonn.
BESLER, H. (1972): Klimaverhältnisse und klimamorphologische Zonierung der zentralen Namib. Stuttgarter Geographische Studien, Bd. 83.
BLISS, F. (1983): Die Oasen Bahriya und Farāfra. Bestimmungsfaktoren und Folgen des sozialen und wirtschaftlichen Wandels in zwei Oasengesellschaften der westlichen Wüste Ägyptens. Bonn.
BLÜTHGEN, J. (1966): Allgemeine Klimatologie. Berlin.

BORCHERT, G. (1978): Klimatologie in Stichworten. Kiel.
BÜDEL, J. (1948): Die klimamorphologischen Zonen der Polarländer. Erdkunde 2: 22-53. Bonn.
BUDYKO, M. I. (1963): Der Wärmehaushalt der Erdoberfläche. (Hg.) Inspektion Geophysikalischer Beratungsdienst der Bundeswehr im Luftwaffenamt. Fachliche Mitteilungen, Reihe I, Nr. 100. Porz-Wahn, 282 S.
BUDYKO, M. I. (1974): Climate and Life. New York.
CANDOLLE, A. de (1874): Geographie botanique raisonnée. Archives des sciences de la bibl. Univ. de Genève.
CREUTZBURG, N. (1950): Klima, Klimatypen und Klimakarten. Petermanns Geogr. Mitteilungen 49: 59-69.
DEUTSCHER WETTERDIENST (Hrsg.) (1980-1982): Klimadaten von Europa. Teil I: Nord-, West- und Mitteleuropa. Teil II: Südwesteuropa und Mittelmeerländer. Teil III: Südost- und Osteuropa. Offenbach a. M.
DICKINSON, R.T.E. (1991): Global change and terrestrial hydrology - a review. Tellus 43AB, 4: 176-181.
EHLERS, W. (1976): Evapotranspiration and drainage in tilled and untilled loess soil with winter wheat and sugarbeet. Zeitschrift für Acker- und Pflanzenbau 142: 285-303.
EIDMANN, F. E. (1961): Über den Wasserhaushalt von Buchen- und Fichtenbeständen. IUFRO 2, Teil 1, 11/4.
ENQUETE-KOMMISSION "Schutz der Erdatmosphäre" des Deutschen Bundestages (Hrsg.) (1994): Schutz der Grünen Erde - Klimaschutz durch umweltgerechte Landwirtschaft und Erhalt der Wälder. Economica Verlag. Bonn.
FISTRIČ, S. (2000):Strahlungsmodellierung im Hochgebirge und Vegetationsmonitoring mit Fernerkundungsdaten - Eine GIS-basierte klimaökologische Untersuchung im Páramo von Papallacta/Ecuador. Unveröff. Diplomarbeit am Institut für Geographie der Ludwig-Maximilian-Universität München.
FLEMMING, G. (1995): Eine Ergänzung zur globalen Klimaklassifikation: Luftqualität. Petermanns Geographische Mitteilungen 139: 53-55.
FLOHN, H. (1957): Zur Frage der Einteilung der Klimazonen. Erdkunde 11: 161-175. Bonn.
FLOHN, H.; KAPALA, A.; KNOCHE, H.R. & MÄCHTEL, H. (1990): Recent changes of the tropical budget and the midlatitude circulations. Climate Dynamics 4: 237-252.
FLOHN, H.; KAPALA, A.; KNOCHE, H.R. & MÄCHTEL, H. (1992): Water vapor as an amplifier of the greenhouse effect: New Aspects. Meteorologische Zeitschrift, N.F. 1: 122-138.
FRAHM, J.-P. & KLAUS, D. (1997): Moose als Indikator von Klimafluktuationen im Mitteleuropa. Erdkunde 51: 181-190. Bonn.
FRANKE, G. (1982): Nutzpflanzen der Tropen und Subtropen. Leipzig.
FRANKE, W. (1985): Nutzpflanzenkunde. Nutzbare Gewächse der gemäßigten Breiten, Subtropen und Tropen. Stuttgart, New York.
FRANKENBERG, P. (1978): Florengeographische Untersuchungen im Raume der Sahara - Ein Beitrag zur pflanzengeographischen Differenzierung des nordafrikanischen Trockenraumes. Bonner Geographische Abhandlungen 58. Bonn.
FRANKENBERG, P.; LAUER, W. & RHEKER, J.R. (1990): Das Klimatabellenbuch. Braunschweig.
FRANKENBERG, P.; LAUER, W. & RAFIQPOOR, M.D. (1983): Zur geoökologische Differenzierung Afghanistans. In: LAUER, W. (Hrsg.): Beiträge zur Geoökologie von Gebirgsräumen in Südamerika und Eurasien. Abhandlungen der Akademie der Wissenschaften und der Literatur, Mainz, Nr. 2: 52-71.
FREITAG, E. (1965): Studien zur phänologischen Agrarklimatologie Europas. Berichte des Deutschen Wetterdienstes 14, Nr. 98. Offenbach a. M.
FREITAG, H. (1971): Die natürliche Vegetation Afghanistans. Beiträge zur Flora und Vegetation Afghanistans. Vegetatio 22: 255-344.
FRÖHLICH, W. & WILLER, M. (1977): Bodentemperaturen und obere Waldgrenze. Vorläufiger Bericht über Untersuchungen an den Hochbergen Ostafrikas. Die Erde 108: 347-355.

GAMS, H. (1961): Die Pflanzenwelt. Landes- und Volkskunde Voralberg I. Innsbruck, 135-172.
GARTNER, K. (2000): Untersuchungen zum Wasserhaushalt einzelner Waldstandorte im Leithagebirge - Ergebnisse der Bodenfeuchtemessungen im nordöstlichen Tiel des Leithagebirges in den Jahren 1991 bis 1996. Forstliche Bundesversuchsanstalt, FBVA-Berichte 115, 47 S. Wien.
GEISLER, G. (1981): Ertragsbildung von Kulturpflanzen des gemäßigten Klimas. Darmstadt.
GEISLER, G. (1980): Pflanzenbau. Ein Lehrbuch - Biologische Grundlagen und Techniken der Pflanzenproduktion. Berlin.
GENTILLI, J. (1953): Die Ermittlung der möglichen Oberflächen- und Pflanzenverdunstung. Erdkunde 7: 81-83. Bonn.
GOLF, W. (1975): Auswertung von Wärmehaushaltsmessungen zur Ermittlung der Verdunstung von Waldbeständen. Zeitschrift für Meteorologie 25: 112-116.
HANDEL-MAZZETTI, H.v. (1931): Die pflanzengeographische Gliederung und Stellung Chinas. Botanisches Jahrbuch für Systematische Pflanzengeschichte 64: 309-323.
HANN, J. (1907): Die äquivalente Temperatur als klimatischer Faktor. Meteorologische Zeitschrift 24: 501-504.
HARE, F.K. & HAY, E.J. (1974): The Climate of Canada and Alaska. World Survey of Climatology IX: 93-96.
HAUDE, W. (1954): Zur praktischen Bestimmung der aktuellen und potentiellen Evaporation und Evapotranspiration. Mitteilungen des Deutschen Wetterdienstes 8, Bad Kissingen.
HENDL, M. (1963): Systematische Klimatologie. Berlin.
HENNING, I. (1994): Hydroklima und Klimavegetation. Münstersche Geographische Arbeiten 37, Münster.
HENNING, I. (1996): Die potentielle Landverdunstung in den Vegetationszonen Nordamerikas. Arbeiten aus dem Institut für Landschaftsökologie der Westfälischen Wilhelms-Universität. HOLTMEIER, K.-F. (Hrsg.): Beiträge aus den Arbeitsgebieten am Institut für Landschaftsökologie, Bd. 1: 1-17, Münster.
HENNING, I. & HENNING, D. (1980): Kontinent-Karten der potentiellen Landverdunstung, berechnet mit dem Penman-Ansatz. Meteorologische Rundschau 33: 18-30.
HENNING, I. & HENNING, D. (1984): Die klimatologische Wasserbilanz der Kontinente. Ein Beitrag zur Hydroklimatologie. Münstersche Geographische Arbeiten 19, Paderborn.
HOČEVAR, A. & MATIČIČ, B. (1978): Tagesgang der Grasevaporation bei drei verschiedenen Wetterverhältnissen im Talbecken von Ljubliana. Arbeiten aus der Zentralanstalt für Meteorologie und Geodynamik 32, Wien: 81/1-81/7.
HÖLLERMANN, P. (1967): Zur Verbreitung rezenter periglazialer Kleinformen in den Pyrenäen und Ostalpen - mit Ergänzungen aus dem Apennin und dem Französischen Zentralalpen. Göttinger Geographische Abhandlungen 40.
HOLDRIDGE, L.R. (1959): Simple method for determining potential evapotranspiration from temperature data. Science 130: pp. 572.
HOLDRIDGE, L.R. (1962): The determination of atmospheric water movements. Ecology 43: 1-9.
HOLTMEIER, K.-F. (1999): Tiere als ökologische Faktoren in der Landschaft. Arbeiten aus dem Institut für Landschaftsökologie der Westfälischen Wilhelms-Universität, Bd. 6.
HOLTMEIER, K.-F. (2000): Die Höhengrenzen der Gebirgswälder. Arbeiten aus dem Institut für Landschaftsökologie der Westfälischen Wilhelms-Universität, Bd. 8.
HOYNINGEN-HUENE, J.v. & BRADEN, H. (1978): Bestimmung der aktuellen Verdunstung von landwirtschaftlichen Kulturen mit Hilfe mikrometeorologischer Ansätze. Mitteilung der Deutschen Bodenkundlichen Gesellschaft 26: 5-20.
HOYNINGEN-HUENE, J.v. (1980): Mikrometeorologische Untersuchungen zur Evapotranspiration von bewässerten Pflanzenbeständen. Berichte des Instituts für Meteorologie und Klimatologie der Universität Hannover 19. Hannover.
IHNE, E. (1886): Karte von Apfelblüte und *Syringa vulgaris* in Europa. Meteorologische Zeitschrift, 121 ff.

IVANOV, N. N. (1959): Belts of continentality on the globe. Izwest. Wsesoj. Geogr. Obschtsch. 91: 410-423 [Russisch].

IVANOV, N. N. (1963): Der Wärmehaushalt der Erdoberfläche. Hrg. von der Inspektion Geophysikalischer Beratungsdienst der Bundeswehr im Luftwaffenamt. Fachliche Mitteilungen Reihe I, Nr. 100. Deutsche Fassung der russischen Monographie von E. PELZL. Köln Porz-Wahn.

IVES, D.J. (1974): Permafrost. In: BARRY, R.G. & IVES, D.J. (Eds.): Arctic and Alpine Environments: 159-194. Methuen, London.

JACKSON, S.P. (1940): A note on the climate of Walvis Bay. South African Geograph. Journal, Vol. 22: 46-53.

JÄTZOLD, R. (1962): Die Dauer der ariden und humiden Zeit des Jahres als Kriterium für Klimaklassifikation. H.v. WISSMENN-Festschrift, Tübingen: 89-108.

JÄTZOLD, R. (1970): Ein Beitrag zur Klassifikation des Agrarklimas der Tropen. Tübinger Geographische Studien 34. WILHELMY-Festschrift: 57-69.

JOHANNSSEN, T.W. (1970): World Survey of Climatology, Bd. 5.

JUNGHANS, H. (1969): Sonnenscheindauer und Strahlungsempfang geneigter Ebenen. Abhandlungen des Meteorologischen Dienstes der DDR, Nr. 85. Berlin.

KAUSCH, W. (1957): Die Transpiration als Ursache für tägliche Grundwasserschwankung. Berichte der Deutschen Botanischen Gesellschaft LXX: 436-444.

KAVIANI, R. (1974): Untersuchungen zur potentiellen Verdunstung von Rasenflächen mit unterschiedlichem Grundwasserstand mit Hilfe von Lysimetern im Vergleich zu berechneten Werten. Zeitschrift für Acker- und Pflanzenbau 139: 249-258.

KELLER, R. (1948) Zum Wasserverbrauch von Vegetation und Wirtschaft. Erdkunde 2: 93-100. Bonn.

KELLER, R. (1951): Natur und Wirtschaft im Wasserhaushalt der rheinischen Landschaften und Flußgebiete. Forschungen zur Dteutschen Landeskunde 57. Remagen.

KELLER, R. (1961): Gewässer und Wasserhaushalt des Festlandes. Eine Einführung in die Hydrogeographie, Berlin.

KESSLER, A. (1985): Anthropogene Änderungen des Strahlungshaushaltes der Erdoberfläche. Erdkunde 39: 175-179. Bonn.

KISTEMANN, TH. & LAUER, W. (1990): Lokale Windsysteme in der Charazani-Talung (Bolivien). Erdkunde 44: 46-59. Bonn.

KLAUS, D. (1997): Änderung der Zirkulationsstruktur im europäisch-atlantischen Sektor und deren mögliche Ursachen. Abhandlungen der Mathematisch-naturwissenschatlichen Klasse, Akademie der Wissenschaften und der Literatur, Mainz, Jg. 1997, Nr. 3. Franz Steiner Verlag, Stuttgart.

KLAUS, D. & STEIN, G. (2000): Der globale Wasserkreislauf und seine Beeinflussung durch den Menschen: Möglichkeiten zur Fernerkundungs-Detektion und -Verifikation. Schriften des Forschungszentrum Jülich: Umwelt 27, 183 S.

KLAUSING, O. (1961): Wasserstand und Wasserbilanz von Vegetation und Boden an Standorten bestimmter Pflanzengesellschaften des Mittelmeergebietes. Angewandte Pflanzensoziologie 18. Stolzenau.

KNOCH, K. & SCHULZE, A. (1952): Methoden der Klimaklassifikation. Petermanns Mitteilungen - Ergänzungsheft 249.

KNOCHE, W. (1907): Die äquivalente Temperatur, ein einheitlicher Ausdruck der klimatischen Faktoren Lufttemperatur und Luftfeuchtigkeit. Meteorologische Zeitschrift 24: 433-444.

KONSTANTINOV, A.R. (1966): Evaporation in Nature. Jerusalem.

KÖPPEN, W. (1884): Die Wärmezonen der Erde, nach der Dauer der heissen, gemässigten und kalten Zeit und nach der Wirkung der Wärme auf die organische Welt betrachtet. Meteorologische Zeitschrift Bd. 1: 215-226.

KÖPPEN, W. (1900): Versuch einer Klassifikation der Klimate, vorzugsweise nach ihren Beziehungen zur Pflanzenwelt. Geographische Zeitschrift 6: 593-611 u. 657-679.

KÖPPEN, W. (1918): Klassifikation der Klimate nach Temperatur, Niederschlag und Jahreslauf. Petermanns Mitteilungen 64: 193-203 u. 243-248.

KÖPPEN, W. (1923): Die Klimate der Erde. Grundriß der Klimakunde. Berlin, Leipzig.

KRISHNAN, A. & SASTRI, A.S. (1979): Energy balance and photosynthetic water use efficiency of *Cenchrus ciliaris* Grass. Archiv für Meteorologie, Geophysik und Bioklimatologie, Serie B 27: 95-104.

KRÜGER, E. (1942): Die Verteilung der äquivalenten Temperatur auf der Erde und ihre Bedeutung für die Vegetation. Diss. Berlin.

KUPFER, E. (1954): Entwurf einer Klimakarte auf genetischer Grundlage. Zeitschrift für Erdkundeunterricht: 5-13.

KUTSCH, H. (1978): Das Zerealienklima der marokkanischen Meseta. Transpirationsdynamik von Weizen und Gerste und verdunstungsbezogene Niederschlagswahrscheinlichkeit. Trierer Geographische Studien 3.

LARCHER, W. (1980): Ökologie der Pflanzen. UTB 232. Stuttgart.

LARCHER, W. (1994): Ökologie der Pflanzen, 5. Auflage. UTB für Wissenschaft. Ulmer Verlag, Stuttgart.

LARSEN, J.A. (1974): Ecology of the northern continental border. In: BARRY, R.G. & IVES, D.J. (Eds.): "Arctic and Alpine Environments": 341-369. Methuen, London.

LAUER, W. (1952): Humide und aride Jahreszeiten in Afrika und Südamerika und ihre Beziehungen zu den Vegetationsgürteln. *(Diss. Bonn 1950)*. Bonner Geogr. Abh. 9: 15-98.

LAUER, W. (1973): Zusammenhänge zwischen Klima und Vegetation am Ostabfall der mexikanischen Meseta. Erdkunde 27: 192-213. Bonn.

LAUER, W. (1975): Vom Wesen der Tropen. Klimaökologische Studien zum Inhalt und zur Abgrenzung eines irdischen Landschaftsgürtels. Abhandlungen der Mathematisch-naturwissenschatlichen Klasse, Akademie der Wissenschaften und der Literatur, Mainz, Jg. 75, Nr. 3.

LAUER, W. (1976a): Zur hygrischen Höhenstufung tropischer Gebirge. Neotropische Ökosysteme. In: SCHMITHÜSEN, J. (Ed.) Biogeographica, Vol. 7. Junk, The Hauge: 169-182.

LAUER, W. (1976b): Klimatologische Gründzüge der Höhenstufung tropische Gebirge. Verhandlungen des Deutschen Geographentages Innsbruck 1975. Franz Steiner Verlag, Wiesbaden: 76-90.

LAUER, W. (1978): Ökologische Klimatypen am Ostabfall der mexikanischen Meseta. Erdkunde 32: 101-110. Bonn.

LAUER, W. (1978): Timberline studies in central Mexico. Arctic and Alpine Research, Vol. 10, No. 2: 383-396.

LAUER, W. (1981): Ecoclimatological Conditions of the Páramo belt in the Tropical High Mountains. Mountain Research and Development, Vol. 1, No. 3-4: 209-221

LAUER, W. (1982): Zur Ökoklimatologie der Kallawaya-Region (Bolivien). Erdkunde 36: 223-248. Bonn.

LAUER, W. (1986): Die Vegetationszonierung der Neotropis und ihr Wandel seit der Eiszeit. Berichte der Deutschen Botanischen Gesellschaft 99: 211-235, Hamburg.

LAUER, W. (1987): Geoökologische Grundlagen andiner Agrarsysteme. Tübinger Geographische Studien 96: 51-21.

LAUER; W. (1991): Climatology. In: PANCEL, L. (Ed.): Tropical Forestry Handbook, Vol. 1. Berlin, Heidelberg: 95-164.

LAUER, W. (1990, 1992, 1996): Berichte der Kommission für Erdwissenschaftliche Forschung. Jahrbuch der Akademie der Wissenschaften und der Literatur, Mainz. Franz Steiner Verlag, Stuttgart.

LAUER, W. (1995): Die Tropen - klimatische und landschaftsökologische Differenzierung. Rundgespräch der Kommission für Ökologie. Bayerische Akademie der Wissenschaften : "Tropenforschung", Bd. 10: 43-60.

LAUER, W. (1997): El Niño - Eine Meeresströmung verändert Klima und Umwelt. Sitzungsberichte der Bayerischen Akademie der Wissenschaften, Mathematisch-Naturwissenschaftliche Klasse, München: 33-57.

LAUER, W. (1999): Klimatologie - Das Geographische Seminar. Braunschweig.

LAUER, W. & FRANKENBERG, P. (1978): Untersuchungen zur Ökoklimatologie des östlichen Mexiko. Erläuterungen zu einer Klimakarte 1:500.000. Colloquium Geographicum 13: 1-134.

LAUER, W. & FRANKENBERG, P. (1981a): Eine Karte der hygrothermischen Klimatypen Afrikas. Erdkunde 35: 245-248. Bonn.

LAUER, W. & FRANKENBERG, P. (1981b): Untersuchungen zur Humidität und Aridität von Afrika. Das Konzept einer potentiellen Landschaftsverdunstung. Bonner Geogr. Abhandlungen 66. Bonn.

LAUER, W. & FRANKENBERG, P. (1982): Weltkarten der Relation von fühlbarer und latenter Wärme. Erdkunde 36: 137142. Bonn.

LAUER, W. & FRANKENBERG, P. (1986): Eine Karte der hygrothermischen Klimatypen von Europa. Erdkunde 40: 85-94. Bonn.

LAUER, W. & KLAUS, D. (1975): Geoecological investigations of the timberline of Pico de Orizaba. Arctic and Alpine Research 7: 315-330.

LAUER, W. & KLAUS, D. (1975): The thermal circulation of the central mexican meseta region within influence of the trade winds. Archiv für Meteorologie, Geophysik und Bioklimatologie, Serie B 23/4: 343-366, Wien.

LAUER, W. & RAFIQPOOR, M.D. (1986): Geoökologische Studien in Ecuador. Bericht über eine Studienreise 1985. Erdkunde 40: 68-72. Bonn.

LAUER, W.; RAFIQPOOR, M.D. & FRANKENBERG, P. (1996): Die Klimate der Erde - Eine Klassifikation auf ökophysiologischer Grundlage der realen Vegetation. Erdkunde 50: 275-300. Bonn.

LAUER, W.; RAFIQPOOR, M.D. & THEISEN, I. (2001): Physiogeographie, Vegetation und Syntaxonomie der Flora des Páramo de Papallacta, Ostkordillere Ecuador. Erdwissenschaftlichen Forschung 39, Franz Steiner Verlag, Stuttgart.

LEBEDEV, A.N. (1970): The Climate of Africa. Jerusalem.

LEIGH, E.G. Jr.; RAND, S.A. & WINDSOR, D.M. (Eds.) (1983): The ecology of a tropical forest. Seasonal rhythmus and long-term changes. Oxford.

LINKE, F. (1938): Bedeutung und Berechnung der Äquivalenttemperatur. Meteorologische Zeitschrift 55: 345-350.

LOMAS, J. (1980): Climate and Forestry. La-Yaaran 30: 33-36.

LOUIS, H. (1958): Der Bestrahlungsgang als Fundamentalerscheinung der geographischen Klimaunterscheidung. In: PASCHINGER, H. (Hrsg.): Geographische Forschungen. Festschrift für H. KINZL, Schlern-Schriften 190: 155-164.

LYDOLPH, P.E. (1977): Climates of the Soviet Union. World Survey of Climatology, Vol. 7: 321-327.

MALBERG, H. & FRATTESI, G. (1995): Changes in the North Atlantic sea surface temperature related to the atmospheric circulation in the period 1973-1992. Meteorologische Zeitschrift, N.F. 4: 37-42.

MARTENS, J. (1984): Vertical distribution of palaearctic and oriental fauna components in the Nepal Himalayas. In: Erdwissenschaftliche Forschung 18: 321-336. Franz Steiner Verlag, Stuttgart.

MARTONNE, E. de (1926): Une nouvelle fonction climatique: L indice d' aridité. La Météorologie 2: 449-459.

MESSERLI, B.; GROSJEAN, M.; GRAF, KURT; SCHOTTERER, U.; SCHREIER, H. & VUILLE, M. (1992): Die Veränderungen von Klima und Umwelt in der Region Atacama (Nordchile) seit der letzten Kaltzeit. Erdkunde 46: 257-271. Bonn.

MIERDEL, P. (1971/72): Zur Bestimmung der Waldverdunstung nach den Methoden des Wärmehaushaltes und des turbulenten Austausches. Zeitschrift für Meteorologie 22: 216-222.

MILLER, D.H. (1977): Water at the surface of the earth. Academic Press. New York, London, 557 S.

MITSCHERLICH, G. (1971): Wald, Wachstum und Umwelt. 2. Bd.: Wald, Klima und Wasserhaushalt. Frankfurt.

MOLCHANOV, A.A. (1966): Peculiarities of hydrology of catchment basins and the determination of the optimum land use. Madrid. Pap. CFM/GS G.T. IX.

MÜLLER, M.J. (1983): Handbuch ausgewählter Klimastationen der Erde. Forschungsstelle Bodenerosion der Universität Trier. 3. Ergänzte und verbesserte Auflage, Trier.

MURRA, J.V. (1972): Formaciónes económicas y políticas del mundo. Instituto de Estudios Peruanos, Lima.

NEEF, E. et al. (1954): Allgemeine physische Erdkunde. Lehrbuch für das neunte Schuljahr. Berlin: 73-81.

OBERDORFER, E. (1960): Pflanzensoziologische Studien in Chile. Weinheim

OHLMEYER, P. & VON HOYNINGEN-HUENE, J. (1976): Problems of the estimation of consumptive use in extremely arid climates. ICID National Committee of the Federal Republic of Germany, Bull. 5. Bonn.

OLADIPO, E. O. (1980): An analysis of heat balances in West Africa. Geographical Review 4: 194-209.

OSHAWA, M. (1990): An Interpretation of altitudinal patterns of forest limits in south and east Asian mountains. In : Journal of Ecology 78: 326-339.

OSHAWA, M.; NAINGGOLAN, P.H.J.; TANAKA, N. & ANWAR, C. (1985): Altitudinal zonation of forest vegetation in Mount Kerinci, Sumatra: with comparisons to zonation in the temperate region of east Asia. Journal of Tropical Ecology 1: 193-216.

PAETH, H. (2000): Anthropogene Klimaänderungen und die Rolle der Nordatlantik-Oszillation. Bonner Meteorologische Abhandlungen, Bd. 51. Bonn

PAPADAKIS, J. (1965): Potential evaporation. Some considerations on PENMAN method - a simpler and more accurate formula stomatic evaporimeter. Buenos Aires.

PAPADAKIS, J. (1966): Climates of the world and their agricultural potentialities. Buenos Aires.

PAPADAKIS, J. (1975): Climates of the world and their potentialities. Buenos Aires.

PAUCKE, H. & LUX, E. (1978): Zur wasserregulierenden Wirkung des Waldes. Acta Hydrophysica 23: 129-176.

PENCK, A. (1910): Versuch einer Klimaklassifikation auf physiographischer Grundlage: in Sitzungsberichte der Preußischen Akademie der Wissenschaften, Physisch-Mathematische Klasse, Nr. 12: 236-246, Berlin.

PENMAN, H.L. (1948): Natural evaporation from open water, bare soil and grass. Proceedings of the Royal Society, A 193: 120-145.

PENMAN, H.L. (1949): The dependence of transpiration on weather and soil conditions. The Journal of Soil Science 1: 74-89.

PENMAN, H.L. (1963): Vegetation and hydrology. Technical communication No 53. Commenwealth Bureau of Soils. Harpenden.

PFAU, R. (1966): Ein Beitrag zur Frage des Wassergehaltes und der Beregnungsbedürftigkeit landwirtschaftlich genutzter Böden im Raume der Europäischen Wirtschaftsgemeinschaft. Meteorologische Rundschau 19: 33-46.

PRIBÁN, K. & ONDOK, J.P. (1980): The daily and seasonal course of evapotranspiration from a central European Sedge-Gras-Marsch. Journal of Ecology 68: 547-559.

QUINN, W.H.; NEAL, V.T. & DE MAYOLO, S.E. (1987): El Niño occurrences over the past four and half centuries. Journal of Geophysical Research 92: 14449-14461.

RAFIQPOOR, M.D. (1979): Niederschlagsanalysen in Afghanistan - Der Versuch einer regionalen klimageographischen Gliederung des Landes. Unveröff. Diplomarbeit am Geographischen Institut der Rheinischen Friedrich-Wilhelms-Universität Bonn.

RAFIQPOOR, M.D. (1994): Studien zu Morphodynamik in den Höhenstufen der Apolobamba-Kordillere (Bolivien). Erdwissenschaftliche Forschung 31. Franz Steiner Verlag, Stuttgart.

RASCHKE, E. (1972): Die Strahlungsbilanz des Systems Erde-Atmosphäre. Zeitschrift für Geophysik 38: 967-1000.

RAUH, W. (1988): Tropische Hochgebirgspflanzen - Wuchs- und Lebensformen. Springer Verlag. Berlin.

REHM, S. & ESPIG, G. (1984): Die Kulturpflanzen der Tropen und Subtropen. Stuttgart.

REIMERS, F. (1992): Untersuchungen zur Variabilität der Niederschläge in den Hochgebirgen Nordpakistans und angrenzender Gebiete. Beiträge und Materialien zur Regionalen Geographie 6. Institut für Geographie der TU-Berlin.

RICHTER, D. (1969): Darstellung von Methoden zur rechnerischen Bestimmung der Gebietsverdunstung. Abhandlungen des Meteorologischen Dienstes der DDR 98. Berlin.

RIJKS, D.A. (1965): The use of water by cotton crops in Abyan, South Arabia. Journal of Applied Ecology 2: 317-343.

SCHMIEDECKEN, W. (1978): Die Bestimmung der Humidität und ihrer Abstufungen mit Hilfe von Wasserhaushaltsberechnungen - ein Modell am Beispiel aus Nigeria. Colloquium Geographicum 13: 137-159. Bonn.

SCHMIEDECKEN, W. & STIEHL, E. (1983): Wald und Wasserhaushalt. Klimatologische und hydrologische Untersuchungen in der Rureifel. Colloquium Geographicum 16: 165-195.

SCHMITHÜSEN, J. (Hg.) (1976): Atlas zur Biogeographie. Mannheim, Wien, Zürich.

SCHNADT, K. (2001): *"Change Detection"* im tropischen Hochgebirge - Angewandte Fernerkundung als Instrument zur Analyse raumzeitlicher Veränderungen der Landbedeckung im Páramo de Papallacta, Ecuador. Unveröff. Diplomarbeit am Geographischen Institut der Philipps-Universität Marburg.

SCHNELLE, F. (1945): Phänologische Charakterisierung typischer Klimagebiete Europas. Petermanns Mitteilungen 91: 3-10.

SCHNELLE, F. (1965): Beiträge zur Phänologie Europas I. Berichte des Deutschen Wetterdienstes 14, Nr. 101, Offenbach.

SCHNELLE, F. (1970): Beiträge zur Phänologie Europas II. Berichte des Deutschen Wetterdienstes 16, Nr. 118, Offenbach.

SCHÖNWIESE, CH.; RAPP, J.; FUCHS, T. & DENHARD, M. (1993):Klimatrend-Atlas Europa 1891-1990. Berichte des Zentrums für Umweltforschung Nr. 20.

SCHOOP, W. (1982): Güteraustausch und regionale Mobilität im Kallawaya-Tal (Bolivien). Erdkunde, Bd. 36: 254-266. Bonn.

SCHREPFER, H. (1923): Das phänologische Jahr der deutschen Landschaften. Geogr. Zeitschr. 29: 260-276.

SCHREPFER, H. (1922): Blüte- und Erntezeit des Winterroggens in Deutschland nebst Anhang über den phänologischen Herbst. Arb. d. Dt. Landwirt. Ges. 321.

SCHRÖDER, D. (1971): Der Wasserverbrauch verschiedener Kulturpflanzen und seine Beziehungen zu Düngung, Ertrag, Niederschlag und Wurzelwachstum. Diss. Bonn.

SCHRÖDER, D. (1973): Der Wasserverbrauch des Weizens und Roggens und seine Beziehungen zu Düngung, Ertrag, Niederschlag und Wurzelwachstum. Zeitschrift für Acker- und Pflanzenbau 138: 300-318.

SCHROEDER, F.-G. (1983): Die thermischen Vegetationszonen der Erde. Tuexenia, N. Ser. 3: 31-46.

SCHROEDER, M. (1985): Jahreswerte der Waldverdunstung und ihrer Teilgrößen an der Großlysimeteranlage St. Arnold. Deutsche Gewässerkundliche Mitteilungen 29: 95-97.

SELJANINOW (1937): Agro-klimatisches Weltnachschlagewerk. Leningrad,Moskau [Russisch]. STOCKER, O. (1956): Die Abhängigkeit der Transpiration von Umweltfaktoren. In: RUHLAND, W. (Hg.): Handbuch der Pflanzenphysiologie 3: Pflanzen und Wasser. Berlin: 436-488.

SOYER, T. (1992): Wie das Meer das Klima bestimmt. Interview mit MAIER Reimer vom Max-Plank-Institut für Meteorologie (MPIM), Hamburg, Süddeutsche Zeitung vom 27.08.1992.

TERJUNG, W. H. & LUIE, St. S.-F. (1972): Energy input-output climates of the world: a preliminary attempt. Archiv für Meteorologie, Geophysik und Bioklimatologie, Serie B 20: 129-166.

THORNTHWAITE, C.W. (1933): Climates of the earth. Geographical Review 23: 433-440.

THORNTHWAITE, C.W. (1943): Problems in the classification of climates. Geographical Review 33: 233-255.

THORNTHWAITE, C.W. (1948): An approach toward a rational classification of climate. Geographical Review 38: 55-91.
THORNTHWAITE, C.W. (1951): The water balance in tropical climates. American Meteorological Society 32: 166-173.
THORNTHWAITE, C.W. & MATGER, J.R. (1951): The role of evapotranspiration in climate. Archiv für Meteorologie, Geophysik und Bioklimatologie, Serie B 3: 16-39.
TOTSUKA, T. (1963): Theoretical analysis of the relationship between water supply and dry matter production of plant communities. Faculty of Science. Univ. Of Tokyo 8: 341-357.
TRETER, U. (1993): Die borealen Waldländer. Das Geographische Seminar. Westermann Verlag, Braunschweig.
TROLL, C. (1925): Ozeanische Züge im Pflanzenkleid Mitteleuropas. Freie Wege vergleichender Erdkunde. DRYGALSKI-Festschrift. München, Berlin: 307-335.
TROLL, C. (1948): Der subnivale oder periglaziale Zyklus der Denudation. Erdkunde 2: 1-21. Bonn.
TROLL, C. (1948): Der asymmetrische Vegetations- und Landschaftsaufbau der Nord- und Südhalbkugel. Göttinger Geographische Abhandlungen 1: 11-27.
TROLL, C. (Hg.) (1966): Der neue Herder Handatlas. Freiburg, Basel, Wien.
TROLL, C. (1964): Karte der Jahreszeiten-Klimate der Erde - Mit einer farbigen Karte von C. TROLL und KH. PAFFEN. Erdkunde 18: 5-28. Bonn.
TUHKANEN, S. (1984): A circumboreal system of climatic-phytogeographical regions. Acta Bot. Finica 127: 1-50.
VOLK, O.H. (1954): Klima und Pflanzenverbreitung in Afghanistan. Vegetation 5/6: 422-433.
WALTER, H. (1955): Die Klimadiagramme als Mittel zur Beurteilung der Klimaverhältnisse für ökologische, vegetationskundliche und landwirtschaftliche Zwecke. Berichte der Deutschen Botanischen Gesellschaft 68: 331-344.
WALTER, H. (1960): Einführung in die Phytologie. Band III: Grundlage der Pflanzenverbreitung, I. Teil: Standortlehre. Stuttgart.
WALTER, H. (1963): Über die Stoffproduktion der Pflanzen in ariden Gebieten und die Wasserversorgung von Wüstenpflanzen sowie über Bewässerungskulturen. Wasserwirtschaft in Afrika. 83-95.
WALTER, H. (1973): Allgemeine Geobotanik. Stuttgart.
WALTER, H. & BRECKLE, S.-W. (1986 u. 1994): Ökologie der Erde. I, II, III, IV. Stuttgart.
WALTER, H. & BRECKLE, S.-W. (1991): Ökologie der Erde Bd. 4: Gemäßigte und arktische Zonen außerhalb Euro-Nordasiens. UTB-Große Reihe. Gustav Fischer Verlag, Stuttgart.
WALTER, H. & LIETH, H. (1960-1967): Klimadiagramm-Weltatlas. Jena
WALTER, H. & MEDINA, E. (1969): Die Bodentemperatur als ausschlaggebender Faktor für die Gliederung der subalpinen und alpinen Stufe in den Anden Venezuelas. Berichte der Deutschen Botanischen Gesellschaft 82: 275-281.
WANG, T. (1941): Die Dauer der ariden, humiden und nivalen Zeiten des Jahres in China. Tübinger Geographische und Geologische Abhandlungen, Reihe 2, H. 7, Öhringen.
WARD, M.P. (1984): Effects of high mountain environment on man. A study of an isolated community in the Bhutan Himal. Erdwissenschaftliche Forschung, Bd. 18: 161-172. Franz Steiner Verlag, Stuttgart.
WECHMANN, A. (1964): Hydrologie. München/Wien.
WEIERS, S. (1995): Zur Klimatologie des NW-Karakorum und angrenzender Gebiete. Statistische Analysen unter Einbezug von Wettersattelitenbildern und eines Geographischen Informationssystems (GIS). Bonner Geographische Abhandlungen 92. Bonn.
WEINER, M. (1991): Wenn der Golfstrom stockt. Bild der Wissenschaft 1/1991: 16-20.
WEISCHET, W. (1996): Regionale Klimatologie. Teil 1: Die Neue Welt - Amerika, Neseeland, Australien. Teubner Verlag, Stuttgart.

WENDLING, U. (1975): Zur Messung und Schätzung der potentiellen Verdunstung. Zeitschrift für Meteorologie 25: 103-111.
WENDLING, U.; JÖRN, P.; MÜLLER, J. & SCHWEDE, K. (1980): Ergebnisse von Verdunstungsmessungen über Gras mit einem Off-line-Datenerfassungssystem. Zeitschrift für Meteorologie 30: 136-143.
WHYMPER, E. (1880): Travels amongst the great Andes of the equator. Neue Ausgabe 1987. Salt Lake City.
WINIGER, M. (1979): Bodentemperaturen und Niederschlag als Indikatoren einer klimaökologischen Gliederung tropischer Gebirgsräume. Methodische Aspekte und Anwendbarkeit dargelegt am Beispiel des Mt. Kenya. Geomethodica 4: 121-150.
WINIGER, M. (1981): Zur thermisch-hygrischen Gliederung des Mount Kenya. Erdkunde 35: 248-263. Bonn.
WISSMANN, H. v. (1939): Die Klima- und Vegetationsgebiete Eurasiens. Zeitschrift der Gesellschaft für Erdkunde zu Berlin: 1-14.
WORLD ATLAS OF AGRICULTURE (1969) - Ed. by Instituto Geográfico de Agostini under the aegis of the International Association of Agricultural Economists. Novara.
WORLD MAP of the Lenght of Growing Seasons with Ocean Surface Salinity. (1962). The Edingbrugh World Atlas.

Anschrift der Autoren:
Prof. Dr. WILHELM LAUER: Endenicher Allee 7, 53115 Bonn, Tel.: 0228-636320
Dr. M. DAUD RAFIQPOOR: Arbeitsstelle Biodiversitätsforschung der Akademie der Wissenschaften und der Literatur, Mainz, am Botanischen Institut, Abteilung Systematik und Biodiversität der Universität Bonn, Meckenheimer Allee 170, 53115 Bonn, Tel.: 0228-735285; Fax: 0228-733120; E-Mail: d.rafiqpoor@giub.uni-bonn.de

VI. Tabellenanhang

Tab. I: Differenz der Äquivalenttemperatur gegen die wahre Temperatur
(nach Fritz Linke 1938, aus dem Meteorologischen Taschenbuch 1970)

Temperatur (°C)	Luftdruck (hPa)																		
	1040	1020	1000	980	960	940	920	900	880	860	840	820	780	740	700	660	620	580	540	500
0	9,1	9,3	9,5	9,7	9,9	10,1	10,3	10,5	10,7	11,0	11,3	11,6	12,2	12,8	13,5	14,3	15,2	16,3	17,5	18,9
1	9,8	9,9	10,1	10,4	10,6	10,8	11,1	11,3	11,5	11,7	12,0	12,4	13,1	13,8	14,6	15,4	16,4	17,5	18,8	20,3
2	10,5	10,7	10,9	11,1	11,4	11,6	11,9	12,1	12,4	12,6	12,9	13,2	14,0	14,8	15,6	16,5	17,6	18,7	20,2	21,8
3	11,3	11,5	11,7	11,9	12,2	12,5	12,8	13,0	13,3	13,6	13,9	14,2	15,0	15,8	16,7	17,7	18,9	20,1	21,6	23,4
4	12,0	12,3	12,5	12,8	13,0	13,4	13,7	14,0	14,3	14,6	14,9	15,2	16,0	16,9	17,9	19,0	20,4	21,6	23,1	24,9
5	12,9	13,1	13,4	13,7	14,0	14,3	14,7	15,0	15,3	15,6	15,9	16,3	17,1	18,1	19,1	20,3	21,6	23,1	24,9	26,8
6	13,9	14,1	14,4	14,7	15,0	15,3	15,7	16,0	16,4	16,8	17,2	17,6	18,5	19,4	20,5	21,8	23,2	24,8	26,6	28,7
7	14,9	15,1	15,4	15,7	16,0	16,3	16,7	17,1	17,5	17,9	18,3	18,8	19,7	20,8	21,9	23,3	24,8	26,4	28,4	30,5
8	15,9	16,1	16,4	16,7	17,1	17,5	17,9	18,3	18,7	19,1	19,5	20,1	21,1	22,3	23,5	24,8	26,6	28,3	30,4	32,5
9	17,0	17,3	17,6	18,0	18,4	18,8	19,2	19,6	20,0	20,4	20,9	21,4	22,6	23,8	25,2	26,6	28,4	30,2	32,5	34,9
10	18,2	18,5	18,8	19,2	19,7	20,1	20,5	20,9	21,4	21,9	22,4	22,8	24,2	25,4	26,8	28,5	30,3	32,4	34,9	37,5
11	19,4	19,7	20,1	20,5	21,0	21,4	21,8	22,3	22,9	23,4	23,9	24,4	25,8	27,2	28,6	30,4	32,3	34,6		
12	20,6	21,0	21,4	21,9	22,4	22,9	23,3	23,8	24,4	24,9	25,5	26,1	27,5	28,9	30,7	32,4	34,4	36,9		
13	21,9	22,4	22,9	23,4	23,8	24,3	24,9	25,4	25,9	26,5	27,2	27,8	29,3	30,9	32,6	34,5	36,6	39,2		
14	23,4	23,9	24,4	24,9	25,4	26,0	26,5	27,1	27,7	28,3	28,9	29,6	31,2	32,9	34,7	36,8	39,1	41,8		
15	25,0	25,5	26,0	26,5	27,1	27,6	28,2	28,9	29,5	30,2	30,8	31,6	33,3	35,1	36,9	39,2	41,7	44,6		
16	26,6	27,1	27,6	28,2	28,8	29,4	30,0	30,7	31,4	32,1	32,9	33,6	35,4	37,3	39,4	41,7				
17	28,3	28,8	29,4	30,0	30,7	31,3	32,0	32,7	33,5	34,2	35,0	35,9	37,7	39,5	41,9	44,4				
18	30,2	30,7	31,2	31,9	32,7	33,3	34,0	34,8	35,6	36,4	37,2	38,1	40,1	42,3	44,6	47,3				
19	32,0	32,7	33,3	34,0	34,8	35,5	36,2	37,0	37,8	38,6	39,6	40,5	42,6	44,9	47,5	50,2				
20	34,1	34,8	35,4	36,1	37,0	37,6	38,5	39,3	40,3	41,2	42,2	43,3	45,4	47,7	50,4	53,3				
21	36,2	36,9	37,6	38,4	39,2	40,0	40,8	41,8	42,7	43,7	44,6	45,7	48,1	50,6						
22	38,4	39,1	39,8	40,7	41,6	42,5	43,4	44,4	45,3	46,4	47,4	48,6	51,0	53,7						
23	40,7	41,5	42,3	43,1	44,1	45,0	46,0	47,0	48,0	49,1	50,3	51,5	54,1	57,0						
24	43,2	44,0	44,8	45,7	46,7	47,7	48,8	49,8	51,0	52,1	53,3	54,6	57,4	60,4						
25	45,8	46,6	47,5	48,5	49,6	50,6	51,7	52,8	54,0	55,2	56,5	58,0	60,8	64,0						
26	48,5	49,4	50,4	51,4	52,5	53,5	54,7	55,9	57,2	58,5	59,9	61,3	64,4							
27	51,3	52,5	53,6	54,7	55,8	57,0	58,3	59,5	60,6	62,3	63,8	65,2	68,6							
28	54,3	55,3	56,4	57,5	58,8	60,0	61,2	62,6	64,0	65,5	67,0	68,5	72,2							
29	57,5	58,7	59,8	61,0	62,3	63,5	64,9	66,3	67,7	69,2	90,9	72,7	76,6							
30	60,8	61,9	63,2	64,4	65,8	67,1	68,6	70,1	71,7	73,5	75,3	77,2	81,5							
31	64,3	65,4	66,9	68,2	69,5	71,1	72,6	74,2												
32	68,0	69,3	70,6	72,0	73,5	75,1	76,7	78,2												
33	71,6	73,2	74,7	76,2	77,6	79,2	80,8	82,5												
34	75,6	77,2	78,6	80,2	82,0	83,6	85,4	87,1												
35	80,0	81,5	83,1	84,7	86,5	88,2	90,1	92,0												
36	84,3	85,8	87,5	89,2	91,1	93,0	95,0	96,9												
37	88,9	90,6	92,2	94,1	96,0	98,0	100,1	102,2												
38	93,9	95,6	97,3	99,3	101,2	103,4	105,6	107,8												
39	98,8	100,5	102,4	104,5	106,8	109,0	111,4	113,6												
40	103,8	106,0	108,1	110,3	112,4	114,7	117,2	119,5												
-2	7,4	7,6	7,8	7,9	8,1	8,2	8,4	8,6	8,8	9,0	9,2	9,4	9,9	10,4	11,0	11,6	12,5	13,3	14,3	15,4
-4	6,4	6,5	6,6	6,8	6,9	7,1	7,2	7,4	7,6	7,8	8,0	8,2	8,5	9,0	9,6	10,1	10,7	11,4	12,3	13,3
-6	5,5	5,7	5,8	5,9	6,0	6,1	6,3	6,4	6,5	6,6	6,8	7,0	7,4	7,8	8,2	8,7	9,2	9,9	10,6	11,4
-8	4,7	4,8	4,9	5,0	5,0	5,1	5,3	5,4	5,5	5,6	5,7	5,8	6,2	6,6	6,9	7,3	7,8	8,3	8,9	9,6
-10	4,0	4,1	4,1	4,2	4,3	4,4	4,5	4,6	4,7	4,9	5,0	5,1	5,4	5,6	6,0	6,3	6,7	7,1	7,7	8,2
-12	3,5	3,5	3,6	3,7	3,7	3,8	3,9	4,0	4,1	4,2	4,2	4,3	4,6	4,8	5,1	5,4	5,7	6,1	6,5	7,2
-14	2,9	3,0	3,0	3,1	3,2	3,3	3,3	3,4	3,5	3,5	3,6	3,7	3,9	4,1	4,3	4,5	4,8	5,2	5,6	6,1
-16	2,4	2,4	2,5	2,6	2,6	2,7	2,7	2,8	2,8	2,9	3,0	3,1	3,2	3,4	3,6	3,9	4,1	4,4	4,7	5,1
-18	2,1	2,1	2,2	2,2	2,2	2,3	2,3	2,4	2,4	2,5	2,5	2,6	2,7	2,9	3,0	3,2	3,4	3,7	3,9	4,3
-20	1,8	1,8	1,8	1,9	1,9	1,9	2,0	2,0	2,1	2,1	2,2	2,2	2,3	2,5	2,6	2,7	2,9	3,1	3,4	3,6

Temperatur (°C)	Luftdruck (hPa)															
	1040	1020	1000	960	920	880	840	800	750	700	650	600	550	500	450	400
-22	1,4	1,5	1,5	1,6	1,7	1,8	1,9	2,0	2,1	2,2	2,4	2,6	2,8	3,1	3,4	3,9
-24	1,2	1,3	1,3	1,4	1,5	1,5	1,6	1,7	1,8	1,9	2,1	2,2	2,4	2,7	3,0	3,3
-26	1,0	1,1	1,1	1,2	1,2	1,3	1,3	1,4	1,5	1,6	1,7	1,8	2,0	2,2	2,5	2,8
-28	0,9	0,9	0,9	1,0	1,0	1,0	1,1	1,2	1,2	1,3	1,3	1,5	1,7	1,9	2,1	2,3
-30	0,7	0,7	0,7	0,8	0,8	0,8	0,9	0,9	1,0	1,1	1,2	1,3	1,4	1,5	1,7	1,9
-32	0,6	0,6	0,6	0,7	0,7	0,7	0,8	0,8	0,9	0,9	1,0	1,1	1,2	1,3	1,4	1,5
-34	0,5	0,5	0,5	0,6	0,6	0,6	0,6	0,7	0,7	0,8	0,8	0,9	1,0	1,1	1,1	1,2
-36	0,4	0,4	0,4	0,4	0,4	0,4	0,5	0,5	0,5	0,6	0,6	0,7	0,7	0,8	0,9	1,0
-38	0,3	0,3	0,3	0,3	0,4	0,4	0,4	0,4	0,4	0,4	0,5	0,5	0,6	0,6	0,7	0,8
-40	0,2	0,2	0,2	0,2	0,3	0,3	0,3	0,3	0,3	0,4	0,4	0,5	0,5	0,6	0,7	
-45	0,1	0,1	0,1	0,1	0,2	0,2	0,2	0,2	0,2	0,2	0,2	0,3	0,3	0,3	0,4	0,5
-50	0,1	0,1	0,1	0,1	0,1	0,1	0,1	0,1	0,1	0,1	0,1	0,1	0,1	0,1	0,2	0,2

Tab. II: Reduktionsfaktoren (Uf) für Bodenbedeckungstypen der Außertropen

Vegetationsformation	Bodenbedeckungstypen im Bereich der Naturlandschaft													
	J	F	M	A	M	J	J	A	S	O	N	D	∑
Tundra und Kältesteppen (NHK)	S	S	0,48	0,52	0,54	1,00	1,00	1,00	0,50	0,31	0,27	S	0,39
Hochkont. Tundren & Kältesteppen (NHK)	S	S	S	S	0,48	1,00	1,00	1,00	0,31	S	S	S	0,76
Atlantische Heiden (NHK)	0,50	0,50	0,58	0,76	0,88	0,82	0,78	0,69	0,57	0,52	0,46	0,41	0,62
Heiden Westpatagoniens & Neuseelands (SHK)	0,88	0,79	0,67	0,62	0,56	0,51	0,59	0,58	0,68	0,76	0,98	0,92	0,71
Boreale Nadelwälder & Gebirgsnadelwälder der maritimen Mittelbraiten (NHK)	S	S	S/0,1	0,50	1,48	1,31	0,78	0,92	0,94	1,33	0,5	S	0,97
Temperierter Koniferenwälder, maritime Mittelbreiten (NHK)	0,60	0,70	0,80	0,90	1,45	1,30	1,25	1,20	1,00	0,98	0,85	0,70	0,98
Boreale Nadelwälder, Gebirgsnadelwälder; sommergr. Nadelwälder, kont. & hochkont. Mittelbreiten (NHK)	S	S	S	S	0,5	1,48	1,33	1,31	0,94	S	S	S	1,11
Gebirgsnadelwälder, kont. & hochkont. Sommerregen-Subtropen (NHK)	S	S	0,1	0,50	1,48	1,31	0,78	0,92	1,0	1,33	0,5	S/0,1	0,88
Laub-Mischwälder, maritime Mittelbreiten (NHK)	0,42	0,57	0,79	1,00	1,57	1,34	1,33	1,27	1,22	1,07	0,81	0,65	1,00
Sommergrüner/immergrüne Laub-Mischwälder (SHK) (Concepción-Typ)	0,80	0,70	0,90	1,00	0,91	0,75	0,52	0,67	0,90	1,00	0,90	0,80	0,82
Laub-Mischwälder, hochkont. Mittelbreiten (NHK)	S	S	S	0,2	1,00	1,57	1,34	1,33	1,22	1,00	0,65	S	1,04
Temperierte Laubwälder (valdivian. Regenwälder) (SHK)	1,33	1,27	1,22	1,07	0,91	0,75	0,62	0,77	0,89	1,00	1,57	1,34	1,06
Kont. Kurzgrassteppen (Plains) (NHK)	0,33	0,38	0,70	0,85	0,86	0,73	0,57	0,46	0,39	0,35	0,22	0,20	0,50
Hochkont. Kurzgrassteppen Ostsibiriens (NHK)	S	S	S	0,33	0,70	0,86	0,85	0,73	0,39	0,35	S	S	0,60
Kont./hochkont. Wüstensteppen (NHK)	S	S	0,15	0,30	0,35	0,15	0,15	0,15	0,15	0,30	0,15	S	0,21
Ostpatagonisch-neuseeländische Steppen (SHK)	0,69	0,60	0,57	0,45	0,40	0,38	0,37	0,38	0,70	0,85	0,86	0,83	0,59
Kont. Langgrassteppen Prärie, Ukraine (NHK)	0,33	0,45	0,70	0,91	1,10	1,00	0,91	0,81	0,75	0,72	0,33	0,32	0,69
Hochkont. Langgrassteppe, Übergangszone Taiga Westsibiriens (NHK)	S	S	S	0,5	0,91	1,10	1,00	0,91	0,75	0,33	S	S	0,78
Langgrassteppen (Pampa) (SHK)	0,91	0,81	0,75	0,72	0,60	0,50	0,51	0,53	0,75	0,91	1,10	1,00	0,76
Langgrassteppen, Winterregen-Subtropen (Albany-Typ) (SHK)	0,70	0,60	0,75	0,72	0,60	0,50	0,51	0,53	0,75	1,10	1,00	0,80	0,71

Wüstensteppe, kont. Mittelbreiten (NHK)	S	S	S	0,3	0,35	0,35	0,35	0,35	0,25	0,20	0,15	S	0,28
Subtrop. Feuchtwäder (trockener Typ) z.B. Jacksonville (NHK)	0,51	0,53	0,60	0,65	0,68	0,70	0,70	0,70	0,65	0,61	0,60	0,58	0,63
Subtrop. Feuchtwäder (Monsuntyp) z.B. Ostchina (NHK)	0,41	0,43	0,75	0,97	1,55	1,45	1,35	1,27	1,22	1,11	0,87	0,60	0,99
Subtrop. Feuchtwälder (trockener Typ) z.B. Südafrika, Ostaustralien (SHK)	0,70	0,70	0,65	0,61	0,60	0,58	0,51	0,53	0,60	0,65	0,68	0,70	0,63
Mediterrane Hartlaubgehölze (NHK)	0,57	0,65	0,79	0,90	1,20	0,72	0,36	0,34	0,30	0,51	0,72	0,60	0,64
Mediterrane Hartlaubgehölze (SHK)	0,36	0,34	0,30	0,51	0,72	0,70	0,67	0,65	0,79	0,90	1,20	0,72	0,64
Strauchsteppe der Sommerregen-Subtropen (NHK)	0,23	0,27	0,32	0,42	0,57	0,54	0,52	0,49	0,41	0,33	0,28	0,24	0,38
Kont./hochkont. Strauchsteppe der Sommerregen-Subtropen (NHK)	S	S	0,23	0,32	0,57	0,54	0,52	0,49	0,41	0,28	0,15	S	0,39
Strauchsteppe der Sommerregen-Subtropen (Monte-Typ) (SHK)	0,52	0,49	0,45	0,43	0,35	0,24	0,23	0,27	0,32	0,42	0,57	0,54	0,38
Strauchsteppe der Winterregen-Subtropen (NHK)	0,42	0,49	0,56	0,57	0,58	0,33	0,23	0,24	0,28	0,41	0,57	0,54	0,43
Strauchsteppe der hochkont. Binnenländer, Winterregen-Subtropen (NHK)	S	S	0,28	0,56	0,58	0,42	0,23	0,24	0,33	0,57	0,41	S	0,40
Strauchsteppe, Winterregen-Subtropen (SHK)	0,23	0,24	0,28	0,41	0,57	0,54	0,42	0,49	0,56	0,57	0,58	0,33	0,43
Wüstensteppe, Sommerregen-Subtropen (Multan-Typ) (NHK)	0,15	0,15	0,15	0,29	0,35	0,41	0,45	0,41	0,31	0,20	0,15	0,15	0,26
Wüstensteppe, Sommerregen-Subtropen (Sonora-Typ) (NHK)	0,25	0,25	0,25	0,29	0,35	0,41	0,45	0,41	0,31	0,25	0,25	0,25	0,31
Wüstensteppe, Winterregen-Subtropen (Algerien-TYpe) (NHK)	0,31	0,30	0,35	0,41	0,45	0,15	0,15	0,15	0,25	0,29	0,35	0,32	0,28
Wüstensteppe, Sommerregen-Subtropen (Karoo, Australien) (SHK)	0,45	0,41	0,35	0,31	0,29	0,25	0,15	0,15	0,15	0,30	0,31	0,41	0,28
Wüstensteppe, Winterregen-Subtropen (La Serena-Typ) (SHK)	0,15	0,15	0,29	0,41	0,45	0,31	0,30	0,29	0,31	0,41	0,41	0,15	0,30
Trop.-subtrop. Vollwüste (NHK)	0,25	0,25	0,15	0,15	0,15	0,15	0,15	0,15	0,15	0,15	0,15	0,25	0,17
Trop.-subtrop. Vollwüste (SHK)	0,15	0,15	0,15	0,15	0,25	0,25	0,25	0,25	0,15	0,15	0,15	0,15	0,18
Maritime Gebirge & Hochgebirge (NHK)	0,50	0,53	0,58	0,76	0,88	0,82	0,78	0,69	0,57	0,52	0,46	0,41	0,62
Maritime Gebirge & Hochgebirge (SHK)	0,78	0,69	0,57	0,52	0,46	0,41	0,50	0,53	0,58	0,76	0,88	0,82	0,62
Kont. Gebirge & Hochgebirge (NHK)	S	S	0,48	0,52	0,54	0,42	0,36	0,35	0,31	0,31	0,27	S	0,39
Kont. Gebirge & Hochgebirge (SHK)	0,36	0,35	0,31	0,31	0,27	-	-	-	0,48	0,52	0,54	0,42	0,39

Die Klimate der Erde auf ökophysiologischer Grundlage 169

Landnutzungstypen	Bodenbedeckungstypen im Bereich der Kulturlandschaft												
	J	F	M	A	M	J	J	A	S	O	N	D	Σ
Grünland, maritime Mittelbreiten (NHK)	0,52	0,68	1,06	1,38	1,79	1,69	1,53	1,38	1,12	0,98	0,59	0,44	1,09
Grünland, kont. Mittelbreiten (NHK)	S	S	0,52	0,68	1,38	1,79	1,69	1,53	1,38	0,98	0,59	S	1,29
Grünland, hochkont. Mittelbreiten (NHK)	S	S	S	0,52	1,38	1,79	1,69	1,50	1,12	0,20 (S)	S	S	1,17
Ackerbau mit Grünland (NHK)	0,41	0,52	0,89	1,22	1,35	1,40	1,18	0,96	0,83	0,76	0,51	0,37	1,04
Ackerbau mit Grünland (SHK)	1,18	0,96	0,83	0,76	0,51	0,37	0,41	0,52	0,89	1,22	1,35	1,40	0,87
Ackerbau mit Roggen & Kartoffeln (NHK)	b	b	b	0,79	0,97	1,08	0,90	0,86	0,56	0,46	b	b	0,82
Ackerbau mit Roggen & Kartoffeln (SHK)	0,90	0,86	0,56	0,46	b	b	b	b	0,79	0,97	1,08	0,82
Ackerbau mit Weizen, maritime kühlgem. Zone (NHK)	b	b	0,84	1,16	1,04	1,01	0,80	0,69	0,65	0,58	b	b	0,84
Ackerbau mit Weizen, kont. kühlgem. Zone (NHK)	S	S	S	0,5	1,16	1,04	1,01	0,80	0,69	0,58	S	S	0,83
Ackerbau mit Weizen, kühlgem. Zone (SHK)	0,80	0,69	0,65	0,58	b	b	b	b	0,84	1,16	1,04	1,01	0,85
Ackerbau mit Mais, maritime Mittelbreiten (NHK)	b	0,38	0,90	0,94	0,78	0,69	1,01	0,80	0,55	0,53	0,53	b	0,74
Ackerbau mit Mais, kont. Mitellbreiten (NHK)	S	S	0,38	0,90	0,94	0,78	1,01	0,80	0,70	0,55	0,38	S	0,72
Bewässerungslandbau, kont. Mittelbreiten (NHK)	S	S	0,33	0,44	0,55	0,68	0,78	0,80	0,77	0,63	0,45	S	0,60
Ackerbau mit Weizen, Subtropen (NHK)	b	0,35	0,62	0,98	0,91	0,78	0,58	0,49	0,45	0,38	0,27	b	0,59
Ackerbau mit Weizen, Subtropen (SHK)	0,58	0,49	0,45	0,38	0,27	b	b	0,35	0,62	0,98	0,91	0,78	0,58
Ackerbau mit Mais, Subtropen (NHK)	b	0,38	0,90	0,94	0,78	0,69	1,01	0,80	0,55	0,53	0,53	b	0,74
Ackerbau mit Mais, Subtropen (SHK)	1,01	0,80	0,55	0,53	0,53	b	b	0,38	0,90	0,94	0,78	0,69	0,71
Weinbau, Obst, Gemüse (NHK)	0,33	0,38	0,65	0,80	1,11	0,81	0,61	0,55	0,50	0,46	0,45	0,38	0,58
Weinbau, Obst, Gemüse (SHK)	0,61	0,55	0,50	0,46	0,45	0,38	0,33	0,38	0,56	0,80	1,11	0,81	0,58
Mediterrankulturen (Agrumen, Bewässerungsoasen) (NHK)	0,33	0,41	0,44	0,55	0,68	0,78	0,80	0,77	0,63	0,50	0,45	0,40	0,62
Mediterrankulturen (Agrumen, Bewässerungsoasen) (SHK)	0,81	0,77	0,63	0,50	0,45	0,40	0,33	0,41	0,44	0,55	0,68	0,78	0,56
Naßreis*	b	b	0,5	1,0	1,0	1,0	1,0	1,0	1,0	1,0	0,4	b	0,87

* Bei den Naßreiskultren wird davon ausgegangen, daß das Reisfeld als eine mit Wasser gefüllte Wanne reagiert, in der ständig Verdunstung statt findet. In den Monaten der Kaltenjahreszeit von Dezember bis Februar wird eine Schnee- bzw. Bracheverdunstung angenommen. Im März wird die Verdunstung mit 0,5 reduziert und im November mit 0,4, in den anderen Monaten mit 1,0.

Tab. III

Ausgewählte Klimastationen

als Beispiel der Klimatypen für die ausgegliederten Klimaregionen

ITM = *Isothermomenen*: Länge der thermische Vegetationszeit in Monaten
IHM = *Isohygromenen*: Länge der hygrische Vegetationszeit in Monaten
ISM = *Isochiomenen*: Dauer der Schneebedeckung in Monaten
Nr. = Nummer der Station in der Klimakarte

Als Monate mit potentieller Schneebedeckung gelten in den Mittelbreiten und Polarregionen nach den Richtlinien des Deutschen Wetterdienstes solche, in denen in mehr als die Hälfte der Tage die Schneedecke liegenbleibt. Es sind in der Regel Monate mit einem Mitteltemperatur von <-1 °C

Polarregionen

Klimastationen	Geographische Länge und Breite	ITM	IHM	Klimatyp	ISM	Nr.
Polare subkontinentale Eisklimate							
Nord/Grönland	81° 36' N/16° 40' W; 35 m NN	0	10-12	D e ph β	9	3
Polare hochkontinentale Eisklimate							
Vostok/Antarktik	78° 28' S/102° 48' E; 3488 m NN	0	10-12	D e ph δ	12	-
Subpolare oligotherme perhumide subkontinentale Klimate							
Myggbukta/Grönland	73° 29' N/21° 34' W; 2 m NN	0-2	10-12	D sk ph β	9	4
Kap Tscheljuskin/GUS	77° 43' N/104° 17' E; 6 m NN	0-2	10-12	D sk ph β	10	10
Barrow/USA (Alaska)	71° 18' N/156° 47' W; 7 m. NN	0-2	10-12	D sk ph β	8	2
Dikson/GUS	73° 30' N/80° 14' E; 22 m NN	0-2	10-12	D sk ph β	9	8
Subpolare mikrotherme perhumide hochmaritime Klimate							
Reykjavik	64° 08' N/21° 56' W; 18 m NN	3-4	10-12	D k ph α	0	5
Tromsø/Norwegen	69° 36' N/18° 57' E; 115 m NN	3-4	10-12	D k ph α	5	6
Murmansk/GUS	68° 58' N/33° 03' E; 46 m NN	3-4	10-12	D k ph α	6	7
Subpolare mikrotherme perhumide submaritim/subkontinentale Klimate							
Nome/USA	64° 30' N/165° 20' W; 4 m NN	3-4	10-12	D k ph β	7	1
Subpolare mikrotherme perhumide kontinentale Klimate							
Dudinka/GUS	69° 24' N/86° 10' E; 20 m NN	3-4	10-12	D k ph β	8	9
Subpolare mikrotherme humide kontinentale Klimate							
Tschokurdach/GUS	70° 37' N/147° 53' E; 20 m NN	3-4	7-9	D k h γ	8	12
Subpolare mikrotherme subhumide hochkontinentale Klimate							
Werchojansk/GUS	67° 33' N/133° 23' E; 137 m NN	3-4	5-6	D k sh δ	7	11

Kalte Mittelbreiten

Klimastationen	Geographische Länge und Breite	ITM	IHM	Klimatyp	ISM	Nr.
Mikrotherme perhumide hochmaritime Klimate						
Trondheim/Norwegen	63° 25' N/10° 27' E; 133 m NN	3-4	10-12	C k ph α	3	47
Mikrotherme perhumide submaritim/subkontinentale Klimate						
Tampere/Finnland	61° 28' N/23° 46' E; 84 m NN	5-6	10-12	C k ph β	4	49
Mikrotherme perhumide kontinentale Klimate						
The Pas/Kanada	53° 58' N/101° 06' W; 83 m NN	5-6	10-12	C k ph γ	5	19
Goose Bay/Neufundl.	53° 19' N/60° 25' W; 13 m NN	3-4	10-12	C k ph γ	6	25
Surgut/GUS	61° 1' N/73° 30' E; 40 m NN	3-4	10-12	C k ph γ	7	62
Ochotsk/GUS	59° 22' N/143° 12' E; 6 m NN	3-4	10-12	C k ph γ	7	69
Mikrotherme humide hochmaritime Klimate						
Anchorage/USA	61° 10' N/149° 59' W; 27 m NN	3-4	7-9	C k h α	5	14
Mikrotherme humide kontinentale Klimate						
Fairbanks/Alaska	64° 49' N/147° 52' W; 133 m NN	3-4	7-9	C k h γ	7	15
Perm/GUS	57° 57' N/56° 13' E/ 170 m NN	3-4	7-9	C k h γ	5	56
Mikrotherme humide hochkontinentale Klimate						
Oimjakon/GUS	63° 16' N/143° 09' E; 740 m NN	3-4	7-9	C k h δ	7	68
Mikrotherme subhumide hochkontinentale Klimate						
Jakutsk/GUS	60° 05' N/129° 45' E; 100 m NN	3-4	5-6	C k sh δ	7	67

Kühle Mittelbreite

Klimastationen	Geographische Länge und Breite	ITM	IHM	Klimatyp	ISM	Nr.
Mesotherme perhumide hochmaritime Klimate						
Kodiak/USA	57° 30' N/152° 45' W; 50 m NN	5-6	10-12	C m ph α	2	13
Janeau/USA	58° 2' N/134° 35' W; 5 m NN	5-6	10-12	C m ph α	3	16
Belfast/Nordirland	54° 39' N/06° 13' W; 67 m NN	5-6	10-12	C m ph α	0	27
Glasgow/Schottland	55° 52' N/04° 24' W; 6 m NN	5-6	10-12	C m ph α	0	26

Bergen/Norwegen	60° 12' N/05° 19' E; 45 m NN	5-6	10-12	C m ph α	0	46
Stockholm/Schweden	59° 21' N/18° 04' E; 44 m NN	5-6	10-12	C m ph α	2	48
Ushuaia/Argentinien	54° 48' S/68° 19' W; 6 m NN	5-6	10-12	C m ph α	0	76
Mesotherme perhumide submaritim/subkontinentale Klimate						
Sapporo/Japan	43° 03' N/141° 20' E; 17 m NN	5-6	10-12	C m ph γ	4	73
Nikolajewsk/GUS	53° 09' N/140° 42' E; 46 m NN	5-6	10-12	C m ph γ	5	70
Chabarowsk/GUS	48° 31' N/135° 07' E; 86 m NN	5-6	10-12	C m ph γ	7	71
Mesotherme humide maritime Klimate						
Oslo/Norwegen	59° 56' N/10° 44' E; 96 m NN	5-6	7-9	C m h α	3	45
Brüssel/Belgien	50° 48' N/04° 21' E; 100 m. NN	5-6	7-9	C m h α	0	34
Hof/Deutschland	50° 19' N/11° 53' E; 567 m NN	5-6	10-12	C m h α	3	40
Mesotherme humide submaritim/subkontinentale Klimate						
Köln-Wahn/Deutschland	50° 52' N/07° 05' E; 68 m NN	5-6	7-9	C m h β	0	35
Leningrad/GUS	59° 58' N/30° 08' E; 4 m NN	5-6	7-9	C m h β	4	50
Mesotherme humide kontinentale Klimate						
Edmonton/Kanada	53° 34' N/113° 31' W; 206 m NN	5-6	7-9	C m h γ	5	18
Winnipeg/Kanada	49° 54' N/97° 15' W; 254 m NN	5-6	7-9	C m h γ	5	20
Chicago/USA	41° 47' N/87° 47' W; 185 m NN	5-6	7-9	C m h γ	3	21
Montreal/Kanada	45° 30' N/73° 35' W; 17 m NN	5-6	7-9	C m h γ	4	22
Boston/USA	42° 13' N/71° 07' W; 192 m NN	5-6	7-9	C m h γ	3	23
Omsk/GUS	54° 26' N/73° 24' E; 105 m NN	5-6	7-9	C m h γ	5	61
Moskau/GUS	55° 45' N/37° 34' E; 156 m NN	5-6	7-9	C m h γ	5	55
Mesotherme humide hochkontinentale Klimate						
Irkutsk/GUS	52° 16' N/104° 79' E; 468 m NN	5-6	7-9	C m h δ	5	65
Kustanai/GUS	53° 13' N/63° 37' E; 171 m NN	5-6	7-9	C m h δ	5	60
Harbin/China	45° 45' N/126° 38' E; 143 m NN	5-6	7-9	C m h δ	5	72
Mesotherme subhumide submaritim/subkontinentale Klimate						
Berlin/Deutschland	52° 28' N/13° 18' E; 51 m NN	5-6	5-6	C m sh β	0	44
Warschau/Polen	52° 09' N/20° 59' E; 107 m NN	5-6	5-6	C m sh β	2	51
Mesotherme subhumide kontinentale Klimate						
Wien/Österreich	48° 15' N/16° 22' E; 203 m NN	5-6	5-6	C m sh γ	1	52

Klimastationen	Geographische Länge und Breite	ITM	IHM	Klimatyp	ISM	Nr.
Odessa/Uraine	46° 29'N/30° 38' E; 64 m NN	5-6	5-6	C m sh γ	2	54
Gurjew/GUS	47° 01' N/51° 51' E; 23 m NN	5-6	5-6	C m sh γ	4	57
Mesotherme subhumide hochkontinentale Klimate						
Ulan Ude/GUS	51° 48' N/107° 26' E; 197 m NN	5-6	5-6	C m sh δ	5	66
Mesotherme semiaride hochkontinentale Klimate						
Ksyl-Orda/GUS (91)	44° 46' N/65° 32' E; 129 m NN	5-6	3-4	C m sa δ	3	59
Minussinsk/GUS	53° 42' N/91° 42' E; 251 m NN	5-6	3-4	C m sa δ	5	64
Makrotherme perhumide hochmaritime Klimate						
Dunedin/Neuseeland	45° 55' S/170° 31' E; 2 m NN	7-9	10-12	C l ph α	0	77
Vancouver/Kanada	49° 11' N/123° 10' W; 2 m NN	7-9	10-12	C l ph α	0	17
Makrotherme perhumide submaritim/subkontinentale Klimate						
Innsbruck/Österreich	47° 16' N/11° 24' E; 587 m NN	7-9	10-12	C l ph β	2	38
Makrotherme humide maritime Klimate						
Bordeaux/Frankreich	44° 50' N/00° 42' W; 47 m NN	7-9	7-9	C l h α	0	30
Makrotherme subhumide maritime Klimate						
London/Großbritanien	51° 28' N/00° 19' W; 5 m NN	7-9	5-6	C l sh α	0	28
Makrotherme subhumide submaritime/subkontinentale Klimate						
Paris/Frankreich	48° 58' N/02° 27' E; 52 m. NN	7-9	5-6	C l sh β	0	33
Makrotherme subhumide kontinentale Klimate						
Budapest/Ungarn	47° 31' N/19° 02' E; 120 m NN	7-9	5-6	C l sh γ	1	53
Makrotherme subhumide hochkontinentale Klimate						
Alma Ata/Kasachstan	43° 14' N/76° 56' E; 848 m NN	7-9	3-4	C l sh δ	3	63
Makrotherme semiaride kontinentale Klimate						
C. Sarmiento/Argent.	45° 35' S/69° 08' W; 266 m NN	7-9	3-4	C l sa γ	0	75
Schewtschenko/GUS	44° 33' N/50° 17' E; -23 m NN	7-9	3-4	C l sa γ	2	58
Megatherme perhumide hochmaritime Klimate						
Brest/Frankreich	48° 27' N/04° 25' W; 98 m NN	10-12	10-12	C sl ph α	0	29
Puerto Montt/Chile	41° 28' S/72° 57' W; 13 m NN	10-12	10-12	C sl ph α	0	74

Gebirge der Mittelbreiten

Klimastationen	Geographische Länge und Breite	ITM	IHM	Klimatyp	ISM	Nr.
Mesotherme perhumide maritime Gebirgsklimate							
Kahler Asten/Deutschl.	51° 18' N/08° 29' E; 835 m NN	5-6	10-12	C m ph α	4	41
Brocken/Deutschland	51° 48' N/10° 37' E; 1142 m NN	5-6	10-12	C m ph α	4	43
Mikrotherme perhumide maritime Gebirgsklimate							
Mont-Ventoux/Frankr.	44° 10' N/05° 17' E; 1212 m NN	3-4	10-12	C m ph α	4	32
Großer Falkenstein/D	49° 05' N/13° 17' E; 1307 m NN	3-4	10-12	C m ph α	4	42
Feldberg/Deutschland	47° 52' N/08° 00' E; 1486 m NN	3-4	10-12	C m ph α	4	36
Mt. Washington/USA	44° 16' N/71° 18' W; 1909 m NN	1-2	10-12	C k ph β	6	24
Oligotherme perhumide maritime Gebirgsklimate							
Pic-du-Midi/Frankr.	42° 56' N/00° 09' E; 2860 m NN	0-2	10-12	C k ph α	6	31
Zugspitze/Alpen	47° 23' N/10° 59' E; 2960 m NN	0-2	10-12	C sk ph α	8	37
Sonnblick/Österreich	47° 03' N/12° 57' E; 3107 m NN	0-2	10-12	C e ph α	8	39

Subtropen

Klimastationen	Geographische Länge und Breite	ITM	IHM	Klimatyp	ISM	Nr.
Megatherme perhumide maritmie Klimate						
Valdivia/Chile	39° 48' S/73° 14' W; 9 m NN	10-12	10-12	B sl ph α	0	135
Jacksonville/USA	30° 25' N/81° 39' W; 7 m NN	10-12	10-12	B sl ph α	0	87
Sydney/Australien	33° 51' S/151° 31 E; 42 m NN	10-12	10-12	B sl ph α	0	156
Megatherme perhumide subkontinentale Klimate						
Buenos Aires/Arg.	34° 35' S/58° 29' W; 25 m NN	10-12	10-12	B sl ph β	0	139
Wen-Zhou/China	28° 01' N/120° 49' E; 5 m NN	7-9	10-12	B sl ph γ	0	124
Megatherme humide maritime Klimate						
Concepción/Chile	36° 40' S/73° 03' W; 15 m NN	10-12	7-9	B sl h α	0	134
Mar del Plata/Arg.	38° 08' S/57° 33' W; 14 m NN	10-12	7-9	B sl h α	0	138
Durban/Südafrika	29° 50' S/31° 02' E; 5 m NN	10-12	7-9	B sl h α	0	150
Albany/Australien	35° 02' S/117° 55' E; 13 m NN	10-12	7-9	B sl h α	0	153
Megatherme humide subkontinentale Klimate						
Pôrto Alegre/Brasilien	30° 02' S/51° 13' W; 10 m NN	10-12	7-9	B sl h β	0	143
Algir/Algerien	36° 43' N/03° 14' E; m NN	10-12	7-9	B sl h β	0	95
Megatherme humide kontinentale Klimate						
Mbabane/Swasiland	26° 19' S/31° 09' E; 1163 m NN	10-12	7-9	B sl h γ	0	151
Megatherme subhumide maritime Klimate						
San Francisco/USA	37° 47' N/122° 25' W; 16 m NN	10-12	5-6	B sl sh α	0	78
Valparáiso/Chile	33° 01' S/71° 38' W; 41 m NN	10-12	5-6	B sl sh α	0	132
Bahía Blanca/Arg.	38° 44' S/62° 11' W; 70 m NN	10-12	5-6	B sl sh α	0	137
Kapstadt/Südafrika	33° 45' S/18° 32' E; 17 m NN	10-12	5-6	B sl sh α	0	148
Megatherme subhumide subkontinentale Klimate						
Perth/Australien	31° 57' S/115° 51' E; 60 m NN	10-12	5-6	B sl sh β	0	152
Casablanca/Marokko	33° 35' N/07° 39' W; 164 m. NN	10-12	5-6	B sl sh β	0	91
Lissabon/Portugal	38° 43' N/09° 09' W; 77 m. NN	10-12	5-6	B sl sh β	0	92
Valencia/Spanien	38° 62' N/00° 23' W; 13 m NN	10-12	5-6	B sl sh β	0	94
Palermo/Italien	38° 07' N/13° 21' E; 71 m NN	10-12	5-6	B sl sh β	0	99
Iraklion/Kreta	35° 21' N/25° 98' E; 29 m NN	10-12	5-6	B sl sh β	0	103
Athen/Griechenland	37° 58' N/23° 43' E; 107 m NN	10-12	5-6	B sl sh β	0	104

Klimastationen	Geographische Länge und Breite	ITM	IHM	Klimatyp	ISM	Nr.
Megatherme subhumide kontinentale Klimate							
Beirut/Libanon	33° 54' N/35° 28' E; 34 m NN	10-12	5-6	B sl sh γ	0	108
Megatherme semiaride maritime Klimate						
Los Angeles/USA	34° 03' N/118° 14' W; 103 m NN	10-12	3-4	B sl sa α	0	79
San Diego/USA	32° 44'N/117° 10' W; 4 m NN	10-12	3-4	B sl sa α	0	80
La Serena/Chile	29° 54' S/71° 15' W; 35 m NN	10-12	3-4	B sl sa α	0	131
Megatherme semiaride subkontinentale Klimate						
Calvinia/Südafrika	31° 28' S/19° 46' E; 981 m NN	10-12	3-4	B sl sa β	0	147
Tunis/Tunesien	36° 50' N/10° 14' E; 3 m NN	10-12	3-4	B sl sa β	0	100
Megatherme semiaride kontinentale Klimate						
Tripolis/Libyen	32° 54' N/13° 11' E; 22 m NN	10-12	3-4	B sl sa γ	0	101
Bengasi/Libyen	32° 08' N/20° 05 E; 25 m NN	10-12	3-4	B sl sa γ	0	102
Adelaide/Australien	34° 56' S/138° 35' E; 43 m NN	10-12	3-4	B sl sa γ	0	154
Megatherme aride kontinentale Klimate						
Villa Cisnero /Sahara	23° 42' N/15° 52' W; 10 m NN	10-12	1-2	B sl a α	0	89
Lahore/Pakistan	31° 35' N/74° 20' E; 214 m NN	10-12	1-2	B sl a γ	0	117
Broken Hill/Australien	31° 57' S/141° 28' E; 305 m NN	10-12	1-2	B sl a γ	0	155
Megatherme aride hochkontinentale Klimate						
Phoenix/USA	33° 26' N/112° 01' W; 340 m NN	10-12	1-2	B sl a δ	0	81
Sant. d. Estero/Argent.	27° 46' S/64° 18 E; 199 m NN	10-12	1-2	B sl a δ	0	141
Windhuk/Namibia	22° 35' S/17° 06' E; 1728 m NN	10-12	1-2	B sl a δ	0	144
Megatherme peraride maritime Klimate						
Antofagasta/ Chile	23° 26' S/70° 28' W; 119 m NN	10-12	0	B sl pa α	0	130
Pt. Noloth/Südafrika	29° 22' S/16° 52' E; 104 m NN	10-12	0	B sl pa α	0	145
Megatherme peraride kontinentale Klimate						
Multan/Pakistan γ	30° 12' N/71° 31' E; 126 m NN	10-12	0	B sl pa γ	0	118
Megatherme peraride Hochkontinentale Klimate						
El Goléa/Algerien	30° 33' N/02° 53' E; 388 m NN	10-12	0	B sl pa δ	0	90
Kairo/Ägypten	30° 02' N/31° 17' E; 33 m NN	10-12	0	B sl pa δ	0	109
Er Riad/Saudi-Arabien	24° 39' N/46° 42' E; 591 m NN	10-12	0	B sl pa δ	0	110

Die Klimate der Erde auf ökophysiologischer Grundlage 177

Klimastationen	Geographische Länge und Breite	ITM	IHM	Klimatyp	ISM	Nr.
Upington/Südafrika	28° 26' S/21° 16' E; 805 m NN	10-12	0	B sl pa δ	0	146
Makrotherme perhumide subkontinentale Klimate							
Seoul/Korea	37° 34' N/126° 58' E; 80 m NN	7-9	10-12	B l ph β	1-2	128
Makrotherme perhumide kontinentale Klimate							
Nan-Chang/V.R. China	28° 40' N/115° 58' E; 49 m NN	7-9	10-12	B l ph γ	0	123
Shanghai/China	31° 12' N/121° 26' E; 5 m NN	7-9	10-12	B l ph γ	0	125
Tokyo/Japan	35° 41' N/139° 46' E; 4 m NN	7-9	10-12	B l ph γ	0	129
Makrotherme humide subkontinentale Klimate							
Marseille/Frankreich	48° 27' N/05° 13' E; 3 m NN	7-9	7-9	B l h β	0	96
Rom/Italien	41° 45' N/12° 29' E; 46 m NN	7-9	7-9	B l h β	0	97
Dubrovnik/Kroatien	42° 39' N/18° 06' E; 49 m NN	7-9	7-9	B l h β	0	98
Bursa/Türkei	40° 11' N/29° 05' E; 161 m NN	7-9	7-9	B l h β	0	105
Tarabzon/Türkei	41° 00' N/39° 43' E; 108 m NN	7-9	7-9	B l h β	0	107
Makrotherme humide kontinentale Klimate							
St. Luis/USA	38° 38' N/89° 10' W; 96 m NN	7-9	7-9	B l h γ	0	86
Washington/USA	38° 51' N/77° 03' W; 4 m NN	7-9	7-9	B l h γ	0	88
Dallas/USA	32° 51' N/96° 51' W; 146 m NN	7-9	7-9	B l h γ	0	85
Xu-Zhou/China	34° 07'N/117° 10' E; 3 m NN	7-9	7-9	B l h γ	0	126
Tsing-Tau/China	36° 04' N/120° 19' E; 77 m NN	7-9	7-9	B l h γ	0	127
Makrotherme subhumide marimie Klimate							
Pt. Elizabeth/S-Afrika	33° 58' S/25° 36' E; 58 m NN	7-9	5-6	B l sh α	0	149
Makrotherme subhumide subkontinentale Klimate							
Madrid/Spanien	40° 25' N/03° 41' W; 667 m NN	7-9	5-6	B l sh β	0	93
Ankara/Türkei	39° 57' N/32° 53' E; 861 m NN	7-9	5-6	B l sh γ	0	106
Makrotherme subhumide kontinentale Klimate							
Amarillo/USA	35° 14'N/101° 42' W; 1099 m NN	7-9	5-6	B l sh γ	0	84
Xi-an/China	34° 15' N/108° 35' E; 412 NN	7-9	5-6	B l sh γ	0	121
Makrotherme subhumide hochkontinentale Klimate							
Tucumán/Argentinien	26° 48' S/65° 12' W; 481 m NN	7-9	5-6	B l sh δ	0	142
Makrotherme aride kontinentale Klimate							

Klimastationen	Geographische Länge und Breite	ITM	IHM	Klimatyp	ISM	Nr.
Córdoba/Argentinien	31° 24' S/64° 11' W; 425 m NN	7-9	1-2	B l a γ	0	140
Makrotherme aride hochkontinentale Klimate							
El Paso/USA	31° 48' N/106° 24' W; 1194 m NN	7-9	1-2	B l a δ	0	82
Mendoza/Argentinien	32° 53' S/68° 50 W; 769 m NN	7-9	1-2	B l a δ	0	133

Hochländer und Gebirge der Subtropen

Klimastationen	Geographische Länge und Breite	ITM	IHM	Klimatyp	ISM	Nr.
S. C. de Bariloche/Arg.	41° 06' S/71° 10' W; 836 m NN	5-6	5-6	B m sh β	0	136
Tehran/Iran	35° 41' N/51° 25' E; 1220 m NN	7-9	3-4	B l sa γ	0	112
Kermanschah/Iran	34° 21' N/47° 06' E; 1306 NN	7-9	5-6	B l sh γ	0	113
Kashgar/VR-China	39° 24' N/76° 07' E; 1309 m NN	7-9	1-2	B l sa δ	1	114
Denver/USA	39° 46' N/104° 53' W; 1610 m NN	5-6	3-4	B m sa γ	0	83
Van/Türkei	38° 28' N/43° 21' E; 1732 m NN	5-6	7-9	B m h β	1	111
Kabul/Afghanistan	34° 30' N/69° 13' E; 1815 m NN	7-9	3-4	B l sa γ	1	116
Chorog/GUS	37° 30' N/71° 30' E; 2080 m NN	5-6	5-6	B m sh δ	3	115
Chang-Du/V.R. China	31° 11' N/96° 59'E; 3200 m NN	5-6	5-6	B m sh δ	3	122
Xi-Ning/China	36° 35' N/101° 55' E; 2244 m NN	5-6	3-4	B m sa δ	2	120
Lhasa/China	29° 40' N/91° 07'E; 3685 NN	3-4	5-6	B k sh δ	0	119

Tropen

Klimastationen	Geographische Länge und Breite	ITM	IHM	Klimatyp	ISM	Nr.
Megatherme perhumide Klimate						
Iquitos/Peru	03° 46' S/73° 20' W; 104 m NN	12	10-12	A sl ph	0	172
Uaupés/Brasilien	00° 08' N/67° 05' S; 85 m NN	12	10-12	A sl ph	0	170
Fonte Boâ/Brasilien	02° 32' S/66° 10' W; 56 m NN	12	10-12	A sl ph	0	171
Belém/Brasilien	01° 28' S/48° 27' W; 24 m NN	12	10-12	A sl ph	0	188
Paramaribo/Surinam	05° 49' N/55° 26' W; 4 m NN	12	10-12	A sl ph	0	191
Rio de Janeiro/Brasilien	22 54' S/43° 10' W; 31 m NN	12	7-9	A sl ph	0	182
S. de Bahia/Brasilien	12° 57' S/38° 30' W; 8 m NN	12	10-12	A sl ph	0	184
Puyo/Ecuador	01° 35' S/77° 54' W; 950 m NN	12	10-12	A sl ph	0	186
Monrovia/Liberia	06° 18' N/10° 48' W; 24 m NN	12	10-12	A sl ph	0	198
Kribi/Kamerun	02° 56' N/09° 54' E; 19 m NN	12	10-12	A sl ph	0	203
Douala/Kamerun	04° 01' N/09° 43' E; 11 m NN	12	10-12	A sl ph	0	202
Ouesso/Kongo	01° 37' N/16° 03' E; 340 m NN	12	10-12	A sl ph	0	204
Borumbu/Zaïre	01° 14' N/23° 33' E; 420 m NN	12	10-12	A sl ph	0	214
Antalaha/Madagaskar	14° 53' S/50° 15' E; 5 m NN	12	10-12	A sl ph	0	209
Tela/Hunduras	15° 43' N/87° 29' W; 3 m NN	12	10-12	A sl h	0	160
Legaspi/Philippinen	13° 88' N/123° 44' E; 19 m NN	12	10-12	A sl ph	0	240
Sandakan/Malysia	05° 50' N/118° 07' E; 46 m NN	12	10-12	A sl ph	0	241
Singapur/Singapur	01° 18' N/103° 50 ' E; 10 m NN	12	10-12	A sl ph	0	237
Pontianak/Indonesien	00° 01' S/109° 20' ; 3m NN	12	10-12	A sl ph	0	238
Megatherme humide Klimate						
Maimi/USA	25° 48' N/80° 16' W; 2 m NN	12	7-9	A sl h	0	157
Santarem/Brasilien	02° 25' S/54° 42' W ; 20 m NN	12	7-9	A sl h	0	189
Manaus/Brasilien	03° 08' S/60° 01' W; 48 m NN	12	7-9	A sl h	0	190
Puerto Maldonado/Peru	12° 38' S/69° 12' W; 256 m NN	12	7-9	A sl h	0	173
Recife/Brasilien	08° 01' S/34° 51' W; 56 m NN	12	7-9	A sl h	0	185
Três Lagos/Brasilien	20° 47' S/51° 42' W; 312 m NN	12	7-9	A sl h	0	183
San José/Costa Rica	09° 56' N/84° 08' W; 1120 m NN	12	7-9	A sl h	0	162

Klimastationen	Geographische Länge und Breite	ITM	IHM	Klimatyp	ISM	Nr.
Freetown/Sierras Leon	08° 29' N/13° 31' W; 68 m NN	12	7-9	A sl h	0	197
Brazzaville/Kongo	04° 17' S/15° 15' E; 309 m NN	12	7-9	A sl h	0	205
Kananga/Zaïre	05° 53' S/22° 25' E; 675 m NN	12	7-9	A sl h	0	206
Trivandrum/Indien	08° 29' N/76° 57' E; 61 m NN	12	7-9	A sl h	0	227
Nan-Ning/China	22° 48' N/108° 18' E; 75 m NN	12	7-9	A sl h	0	233
Yu-Lin/China	18° 14' N/109° 32' E; 2 m NN	12	7-9	A sl h	0	234
Ujung Pandang/Indones.	05° 08' S/119° 28' E; 2 m NN	12	7-9	A sl h	0	242
Guang Tri/Vietnam	16° 44' N/107° 11' E; 7 m NN	12	7-9	A sl h	0	235
Djakarta/Indonesien	06° 11' N/106° 50' E; 8 m NN	12	7-9	A sl h	0	239
Megatherme subhumide Klimate						
Acapulco/Mexiko	16° 50' N/99° 56' W; 3 m NN	12	5-6	A sl sh	0	159
Guatemala-Stadt/Guat.	15° 29' N/90° 16' W; 1300 m NN	12	5-6	A sl sh	0	161
Barranquilla/Kolumb.	10° 57' N/74° 47' W; 13 m NN	12	5-6	A sl sh	0	163
Carácas/Venezuela	10° 30' N/66° 56' W; 1035 m NN	12	5-6	A sl sh	0	165
Guayaquil/Ecuador	02° 12' S/79° 53' W; 6 m NN	12	5-6	A sl sh	0	169
Fortaleza/Brasilien	03° 46' S/38° 33' W; 26 m NN	12	5-6	A sl sh	0	187
Villa Luso/Angola	11° 47' S/19° 55' E; 1328 m NN	12	5-6	A sl sh	0	207
Ilorin/Ilorin/Nigeria	08° 30' N/04° 35' E; 329 m NN	12	5-6	A sl sh	0	200
Juba/Sudan	04° 51' N/31° 37' E; 460 m NN	12	5-6	A sl sh	0	215
Hárar/Äthiopien	09° 22' N/42° 02' E; 1856 m NN	12	5-6	A sl sh	0	217
Nairobi/Kenya	01° 18' S/36° 45' E; 1798 m NN	12	5-6	A sl sh	0	213
Madras/Indien	13° 04' N/80° 15' E; 16 m NN	12	5-6	A sl sa	0	226
Kalkutta/Indien	22° 32' N/88° 20' E; 6 m NN	12	5-6	A sl sh	0	229
Bangkok/Thailand	13° 45' N/100° 28' E; 2 m NN	12	5-6	A sl sh	0	236
Darwin/Australien	112° 28' S/130° 51' E; 30 m NN	12	5-6	A sl sh	0	243
Megatherme semiaride Klimate						
Maracaibo/Venezuela	10° 41' N/71° 39' W; 40 m NN	12	3-4	A sl sa	0	164
Quixeramobim/Brasil.	05° 12' S/39° 18' W; 198 m NN	12	3-4	A sl sa	0	186
Mar.-Estigarriba/Chaco	22° 01' S/60° 36' W; 181 m NN	12	3-4	A sl sa	0	181
Kano/Nigeria	12° 02' N/08° 32' E; 469 m NN	12	1-2	A sl sa	-	201

Klimastationen	Geographische Länge und Breite	ITM	IHM	Klimatyp	ISM	Nr.
Accra/ Ghana	05° 32' N/00° 12' E; 65 m NN	12	3-4	A sl sa	0	199
Dodoma/Tansania	06° 15' S/35° 44' E; 1130 m NN	12	3-4	A sl sa	0	212
Jabalpur/Indien	23° 10' N/79° 59' E; 393 m NN	12	3-4	A sl sa	0	224
Bombay/Indien	18° 54' N/72° 49' E; 11 m NN	12	3-4	A sl sa	0	225
Townsville/Australien	19° 14' S/146° 51' E; 22 m NN	12	3-4	A sl sa	0	244
Daressalam/Tansania	06° 50' S/39° 18' E; 76 m NN	12	3-4	A sl sa	0	211
Megatherme aride Klimate						
Niamey/Niger	13° 31' N/02° 06' E; 230 m NN	12	1-2	A sl a	0	196
Wankie/Zimbabwe	18° 22' S/26° 29' E; 782 m NN	12	1-2	A sl a	0	208
Dakar/Senegal	14° 44' N/17° 30' W; 23 m NN	12	1-2	A sl a	0	192
Onslow/Australien	21° 43' S/114° 57' E; 4 m NN	12	1-2	A sl a	0	245
Neu Delhi/Indien	28° 35' N/77° 12' E; 218 m NN	12	1-2	A sl a	0	222
Megatherme peraride Klimate						
Hayderabad/Pakistan	25° 23' N/68° 25' E; 29 m NN	12	1-2	A sl pa	0	223
Lima/Peru	12° 00' S/77° 07' W; 11 m NN	12	0	A sl pa	0	175
San Juan/Peru	15° 22' S/75° 12' W; 30 m NN	12	0	A sl pa	0	176
Tessalit/Mali	20° 12' N/00° 59' E; 520 m NN	12	0	A sl pa	0	194
Timbuktu/Mali	16° 44' N/03° 30' W; 299 m NN	12	0	A sl pa	0	193
Tamanrasset	22° 42' N/05° 31' E; 1405 m NN	12	0	A sl pa	0	195
Faya-Largeau/Tschad	18° 00' N/19° 10' E; 234 m NN	12	0	A sl pa	-	220
Djibouti/Somalia	11° 30' N/43° 03' E; 6 m NN	12	0	A sl pa	0	219
Alice Springs/Austr.	23° 38' S/132° 35' E; 579 m NN	12	0	A sl pa	0	246

Tropische Gebirge

Klimastationen	Geographische Länge und Breite	ITM	IHM	Klimatyp	ISM	Nr.
Darjeeling/Indien	27° 03' N/88° 16' E; 2265 m NN	10-12	10-12	A sl ph	0	231
Yatung/Bhutan	27° 09'N/88° 55' E; 2987 m NN	10-12	10-12	A l ph	0	232
Nuwara Eliya/Ceylon	06° 58' N/80° 46' E; 1880 m NN	10-12	10-12	A l ph	0	228
Bogotá/Kolumbien	04° 38' N/74° 05' W; 2556 m NN	12	10-12	A l ph	0	166
Quito/Ecuador	00° 13' S/78° 30' W; 2818 m NN	12	10-12	A l ph	0	167
Katmandu/Nepal	27° 42' N/85° 12' E; 1337 m NN	10-12	7-9	A sl h	0	230
Simla/Indien	31° 06' N/77° 10' E; 2202 m NN	10-12	7-9	A sl h	0	221
Adisababa/Äthiopien	09° 02' N/38° 45' E; 2450 m NN	10-12	7-9	A l h	0	216
Huancayo/Peru	12° 07' S/75° 20' W; 3380 m NN	10-12	7-9	A l h	0	174
La Paz/Bolivien	16° 30' S/68° 08' W; 3632 m NN	10-12	5-6	A l sh	0	180
Mexico-City/Mexiko	19° 24' N/99° 56' W; 2485m NN	10-12	5-6	A l sh	0	158
Sao Hill/Tansania	08° 20' S/35° 12' E; 1918 m	10-12	5-6	A l sh	0	210
Desé/Äthiopien	11° 03' N/39° 37' E; 2250 m NN	10-12	3-4	A l sa	0	218
Cuzco/Peru	13° 33' S/71° 59' W; 3312 m NN	10-12	3-4	A l sa	0	177
Oruro/Bolivien	17° 58' S/67° 07' W; 3708 m NN	7-9	1-2	A l a	0	179
Arequipa/Peru	16° 19' S/71° 33' W; 2525 m NN	10-12	1-2	A l a	0	178

Tab. IV

Daten ausgewählter Klimastationen

Polarregionen

Nord/Grønland (D e ph β) (polare Kältewüste mit Moosen und Flechten)
81° 36' N/16° 40' W: Höhe ü. NN: 35 m; (S = Schneeverdunstung)

Element	Einheit	J	F	M	A	M	J	J	A	S	O	N	D	Jahr
T	°C	-29,6	-29,7	-32,5	-23,1	-10,9	-0,4	**4,2**	1,6	-7,8	-18,5	-24,3	-25,6	-16,4
Tae	°C	-28,8	-28,8	-31,9	-21,7	-7,1	8,6	17,0	14,0	-2,5	-16,5	-22,9	-24,6	-12,1
N	mm	23	20	8	5	3	5	12	19	21	16	35	37	204
rF	mm	87	84	89	88	89	93	96	93	90	89	89	85	89
oB/pV	Ratio	S	S	S	S	S	1,0	1,0	1,0	S	S	S	S	1,0
pV	mm	-	-	-	-	-	5	6	8	-	-	-	-	19
pLV	mm	1	1	1	1	1	5	6	8	1	1	1	1	28
N-pLV	mm	22	19	7	4	2	0	6	11	20	15	34	36	

Vostok (D e ph δ) (polares Eisklima der Antarktik)
78° 28' S/102° 48' E; Höhe ü. NN: 3488 m; (S = Schneeverdunstung)

Element	Einheit	J	F	M	A	M	J	J	A	S	O	N	D	Jahr
T	°C	-33,4	-44,2	-57,4	-65,7	-66,2	-66,0	-66,7	-68,4	-65,6	-57,4	-43,6	-32,7	-55,6
Tae	°C	-32,4	-44,0	-57,3	-65,6	-66,1	-66,0	-66,6	-68,3	-65,5	-57,3	-43,3	-31,8	-55,4
N	mm	-	-	-	-	-	-	-	-	-	-	-	-	-
rF	mm	75	72	71	68	68	68	69	69	69	71	72	74	70
oB/pV	Ratio	S	S	S	S	S	S	S	S	S	S	S	S	S
pV	mm	-	-	-	-	-	-	-	-	-	-	-	-	24
pLV	mm	-	-	-	-	-	-	-	-	-	-	-	-	-
N-pLV	mm	-	-	-	-	-	-	-	-	-	-	-	-	

Myggbukta/Grønland (D sk ph α) (Flechten- und Moostundra)
73° 29' N/21° 34' W; Höhe ü. NN: 2 m; (S = Schneeverdunstung)

Element	Einheit	J	F	M	A	M	J	J	A	S	O	N	D	Jahr
T	°C	-20,2	-21,3	-20,3	-15,7	-5,6	1,4	**3,7**	3,1	-1,4	-9,6	-16,0	-18,5	-10,0
Tae	°C	-18,6	-18,6	18,6	-13,4	0,6	11,8	15,9	15,1	7,2	-5,1	-14,2	-16,6	-4,5
N	mm	44	30	24	15	9	13	20	29	21	23	31	39	298
rF	mm	88	82	83	84	89	91	95	92	88	86	79	84	87
oB/pV	Ratio	S	S	S	S	S	1,0	1,0	1,0	S	S	S	S	1,0
pV	mm	-	-	-	-	-	8	6	10	-	-	-	-	24
pLV	mm	1	1	1	1	1	8	6	10	1	1	1	1	33
N-pLV	mm	43	29	23	14	9	1	1	1	20	22	30	38	

Die Klimate der Erde auf ökophysiologischer Grundlage 185

Kap Tscheljuskin (D sk ph β) (subpolare Frostschuttzone mit z.T. Moosen und Flechten)
77° 34' N/104° 17' E; Höhe ü. NN: 6 m; (S = Schneeverdunstung)

Element	Einheit	J	F	M	A	M	J	J	A	S	O	N	D	Jahr
T	°C	-31,1	-29,7	-28,5	-22,6	-11,2	-2,8	0,8	0,6	-2,9	-10,3	-22,6	-27,4	-15,6
Tae	°C	-30,5	-29,1	-27,8	-21,4	-7,7	4,0	10,2	10,1	3,9	-6,5	-21,3	-26,5	1,05
N	mm	12	14	18	21	24	25	27	28	24	21	16	14	294
rF	%	84	86	85	85	88	91	93	94	91	87	86	84	88
oB/pV	Ratio	S	S	S	S	S	S	1,0	1,0	S	S	S	S	0,3
pV	mm	-	-	-	-	-	-	6	5	-	-	-	-	11
pLV	mm	1	1	1	1	2	6	6	5	6	2	1	1	33
N-pLV	mm	11	13	17	20	22	12	21	23	16	19	15	13	

Barrow/USA-Alaska (D sk ph β) (subpolare Frotschuttzone mit Mososen und Felchten)
71° 18' N/156° 47' W; Höhe ü. NN: 7 m. (S = Schneeverdunstung)

Element	Einheit	J	F	M	A	M	J	J	A	S	O	N	D	Jahr
T	°C	-26,8	-27,9	-25,9	-17,7	-7,6	0,6	3,9	3,3	0,8	-8,6	-18,2	-24,0	-12,4
Tae	°C	-26,2	-27,3	-25,2	-16,1	-3,2	9,9	15,3	14,0	10,0	1,3	-16,5	-23,1	-7,3
N	mm	5	4	3	3	3	9	20	23	16	13	6	4	110
rF	mm	65	61	64	74	87	93	92	93	92	85	76	66	79
oB/pV	Ratio	S	S	S	S	S	1,0	1,0	1,0	0,5	S	S	S	0,3
pV	mm	-	-	-	-	-	-	6	10	8	6	-	-	3024
pLV	mm	1	1	1	1	5	6	10	8	3	3	1	1	20
N-pLV	mm	4	3	2	2	-2	3	10	15	13	10	5	3	

Dikson/GUS (D sk ph β) (Flechten- und Moostundra)
73° 30' N/80° 14' E; Höhe ü. NN: 22 m; (S = Schneeverdunstung)

Element	Einheit	J	F	M	A	M	J	J	A	S	O	N	D	Jahr
T	°C	-27,5	-25,9	-25,0	-18,1	-8,2	-1,6	3,6	4,8	0,8	-7,2	-19,2	-24,3	-12,3
Tae	°C	-26,6	-25,0	-24,0	-16,2	-3,7	6,8	14,8	16,6	9,8	-2,3	-17,4	-23,3	-7,5
N	mm	20	13	17	9	11	23	32	46	42	21	14	18	266
rF	%	86	86	84	86	87	90	90	89	89	87	88	86	87
oB/pV	Ratio	S	S	S	S	0,48	1,00	1,00	1,00	0,31	S	S	S	0,76
pV	mm	-	-	-	-	-	5	12	15	9	-	-	-	41
pLV	mm	1	1	1	1	3	5	12	15	9	3	1	1	54
N-pLV	mm	19	12	16	8	8	18	20	31	33	18	13	17	

Reykjavik/Island (D k ph α) (Tundra bzw. atlantische Heide)
64° 08' N/21° 56' W; Höhe ü. NN: 18 m

Element	Einheit	J	F	M	A	M	J	J	A	S	O	N	D	Jahr
T	°C	-0,3	0,3	1,5	3,6	6,8	9,8	11,4	10,0	8,6	5,3	2,2	0,5	5,1
Tae	°C	7,3	7,6	9,4	13,2	17,6	23,8	26,7	24,3	22,3	16,2	10,9	8,5	15,7
N	mm	89	64	62	56	42	42	50	56	67	94	78	79	779
rF	mm	80	77	75	77	71	75	77	76	78	81	80	81	77
oB/pV	Ratio	0,50	0,50	0,58	0,76	0,88	0,82	0,78	0,69	0,57	0,52	0,46	0,41	0,62
pV	mm	12	14	18	24	40	47	48	46	38	24	17	13	341
pLV	mm	6	7	10	18	35	39	37	32	22	12	8	5	231
N-pLV	mm	83	50	52	38	7	3	13	24	45	82	70	74	

Tromsø/Norwegen (D k ph α) (Birken-, Fichten-Waldtundra)
69° 36' N/18° 57' E; Höhe ü. NN: 115 m, (S = Schneeverdunstung)

Element	Einheit	J	F	M	A	M	J	J	A	S	O	N	D	Jahr
T	°C	-3,5	-4,0	-2,7	0,3	4,1	8,8	12,4	11,0	7,2	3,0	-1,0	-1,9	2,9
Tae	°C	2,3	1,6	3,1	7,1	13,0	21,6	28,9	27,1	19,6	12,4	7,6	4,7	12,42
N	mm	96	79	91	65	61	59	56	80	109	115	88	95	994
rF	mm	79	79	76	72	71	73	77	80	80	80	81	80	77
oB/pV	Ratio	S	S	S	0,50	1,48	1,31	0,78	0,92	0,94	1,33	S	S	1,03
pV	mm		4	3	6	16	29	45	52	43	31	19	11	7	266
pLV	mm	7	6	8	8	43	60	41	40	29	25	10	8	285
N-pLV	mm	85	69	79	57	18	-1	15	40	80	90	78	87	

Murmansk/GUS (D k ph α) (arktische Tundra)
68° 58' N/33° 03' E; Höhe ü. NN: 46 m; (S = Schneeverdunstung)

Element	Einheit	J	F	M	A	M	J	J	A	S	O	N	D	Jahr
T	°C	-9,9	-9,9	-7,0	-1,2	3,5	8,9	12,8	10,9	6,4	0,3	-5,1	-8,6	0,1
Tae	°C	-6,3	-6,3	-2,7	5,2	11,7	20,7	29,4	26,2	18,0	8,1	0,3	-4,6	8,3
N	mm	19	16	18	19	25	40	54	60	44	30	28	33	386
rF	mm	83	82	78	73	69	68	73	77	81	83	84	84	78
oB/pV	Ratio	S	S	S	0,52	0,54	1,00	1,00	1,00	0,50	0,31	S	S	0,69
pV	mm	-	-	-	11	28	52	62	47	27	11	-	-	146
pLV	mm	3	3	5	8	15	52	62	47	14	6	5	3	223
N-pLV	mm	16	13	13	11	10	-12	-8•	13	30	24	23	30	

Nome/USA (Alaska) (D k ph β) (offene Waldtundra, z.T. mit Fichte)
64° 30' N/165° 20' W; Höhe ü. NN: 4 m; (S = Schneeverdunstung)

Element	Einheit	J	F	M	A	M	J	J	A	S	O	N	D	Jahr
T	°C	-15,3	-14,7	-13,4	-6,0	1,7	7,7	9,7	9,4	5,5	-1,3	-8,6	-14,3	-3,3
Tae	°C	-13,0	-12,5	-10,7	-1,2	10,2	20,8	25,9	24,5	17,2	5,9	-4,6	-11,8	4,2
N	mm	26	24	22	20	18	24	58	97	68	43	29	25	454
rF	mm	80	76	79	81	79	81	87	87	82	80	83	78	81
oB/pV	Ratio	S	S	S	S	1,48	1,31	0,78	0,92	0,94	S	S	S	1,03
pV	mm	-	-	-	-	17	31	27	25	24	9	-	-	133
pLV	mm	1	1	1	4	25	41	21	23	23	9	4	1	154
N-pLV	mm	25	23	21	16	-7	-17	37	74	45	34	25	24	

Dudinka/GUS (D k ph β) (arktische Tundra)
69° 24' N/86° 10' E; Höhe ü. NN: 20 m; (S = Schneeverdunstung)

Element	Einheit	J	F	M	A	M	J	J	A	S	O	N	D	Jahr
T	°C	-29,5	-25,7	-22,5	-16,0	-6,4	3,8	12,0	10,4	3,2	-8,4	-21,8	-26,9	-10,7
Tae	°C	-28,9	-24,8	-21,3	-13,9	-1,5	13,6	27,2	25,0	12,5	-4,0	-20,5	-26,1	-5,22
N	mm	12	11	9	10	12	29	32	49	33	28	18	13	267
rF	%	78	79	79	80	81	79	71	78	80	86	82	79	79
oB/pV	Ratio	S	S	S	S	S	0,5	1,48	1,33	0,94	S	S	S	1,13
pV	mm	-	-	-	-	-	22	61	43	20	-	-	-	146
pLV	mm	1	1	1	1	3	11	90	57	19	2	1	1	188
N-pLV	mm	11	10	8	9	9	18	-58	-8	14	26	17	12	

Tschokurdach/GUS (D k h γ) (kontinentale Tundren und Kältesteppen)
70° 37' N/147° 53' E; Höhe ü. NN: 20 m; (S = Schneeverdunstung)

Element	Einheit	J	F	M	A	M	J	J	A	S	O	N	D	Jahr
T	°C	-36,2	-34,1	-29,2	-18,3	-6,3	6,1	10,2	7,0	1,0	-12,3	-24,9	-32,8	-14,2
Tae	°C	-35,8	-33,7	-28,5	-16,4	-1,3	17,4	24,2	19,4	9,4	-9,1	-23,9	-32,3	-9,2
N	mm	7	8	6	8	10	13	22	24	15	12	11	9	145
rF	mm	86	86	86	85	84	79	75	81	84	87	85	85	84
oB/pV	Ratio	S	S	S	S	S	0,48	1,0	1,0	0,31	S	S	S	0,45
pV	mm	-	-	-	-	-	29	47	29	12	-	-	-	117
pLV	mm	1	1	1	1	5	14	47	29	4	1	1	1	106
N-pLV	mm	6	7	4	7	5	-1	-25	-5	11	11	10	8	

Werchojansk/GUS (D k sh δ) (hochkontinentaler sommergrüner Koniferenbaumgehölz und Nadelwald)
67° 33' N/133° 23' E; Höhe ü. NN: 137 m; (S = Schneeverdunstung)

Element	Einheit	J	F	M	A	M	J	J	A	S	O	N	D	Jahr
T	°C	-48,9	-43,7	-29,9	-13,0	2,0	12,2	15,3	11,0	2,6	-14,1	-36,1	-45,6	-15,6
Tae	°C	-48,8	-43,6	-29,4	-10,8	8,3	27,4	31,5	25,1	11,2	-11,6	-35,8	-45,5	-10,2
N	mm	7	5	5	4	5	25	33	30	13	11	10	7	155
rF	mm	75	75	71	65	58	58	62	70	74	80	80	78	70
oB/pV	Ratio	S	S	S	S	0,50	1,48	1,33	1,31	0,94	S	S	S	1,04
pV	mm	-	-	-	-	27	80	93	59	23	-	-	-	282
pLV	mm	1	1	1	1	14	118	124	77	22	1	1	1	362
N-pLV	mm	6	4	4	3	-9	-93	-91	-47	-9	10	9	6	

Kalte Mittelbreiten

Trondheim/Norwegen (C k ph α) (borealer immergrüner Nadelwald)
63° 25' N/10° 27' E; Höhe ü. NN: 113 m; (S = Schneeverdunstung)

Element	Einheit	J	F	M	A	M	J	J	A	S	O	N	D	Jahr
T	°C	-3,8	-3,1	-0,5	3,6	8,3	11,8	15,0	13,9	9,9	5,3	1,3	-1,3	5,0
Tae	°C	1,7	2,8	6,3	13,1	20,3	27,8	35,1	33,3	25,4	16,4	9,5	5,7	16,5
N	mm	71	71	70	63	47	64	69	77	93	99	67	79	870
rF	mm	78	77	75	75	73	75	77	79	82	82	80	79	78
oB/pV	Ratio	S	S	S	0,5	1,48	1,31	0,78	0,92	0,94	1,33	0,5	S	1,04
pV	mm	3	5	12	26	43	54	63	55	36	23	15	9	344
pLV	mm	7	8	12	13	34	71	49	51	34	31	8	9	327
N-pLV	mm	64	63	58	50	13	-7	20	26	59	68	59	70	

Tampere/Finnland (C k ph β) (borealer immergrüner Nadelwald)
61° 28' N/23 46' E; Höhe ü. NN: 84 m; (S = Schneeverdunstung)

Element	Einheit	J	F	M	A	M	J	J	A	S	O	N	D	Jahr
T	°C	-7,8	-7,8	-4,2	2,5	8,9	14,0	17,3	15,5	10,5	4,6	-0,2	-4,0	4,0
Tae	°C	-3,4	-3,4	1,2	10,6	20,0	29,8	37,5	35,5	25,9	15,5	8,1	2,2	16,1
N	mm	38	30	25	35	42	48	76	75	57	57	49	41	573
rF	mm	87	84	79	74	64	66	69	74	79	84	88	89	78
oB/pV	Ratio	S	S	S	0,5	1,48	1,31	0,78	0,92	0,94	1,33	0,50	S	1,04
pV	mm	-	-	2	22	56	81	91	69	41	18	7	2	389
pLV	mm	3	3	5	11	83	106	71	63	39	24	4	6	418
N-pLV	mm	35	27	20	24	-41	-58	5	12	18	33	45	35	

Die Klimate der Erde auf ökophysiologischer Grundlage 189

The Pas/Kanada (C k ph γ) (borealer, immergrüner Nadelwald)
53° 58' N/101° 06' W; Höhe ü. NN: 83 m; (S = Schneeverdunstung)

Element	Einheit	J	F	M	A	M	J	J	A	S	O	N	D	Jahr
T	°C	-21,7	-18,2	-11,4	-0,3	8,7	13,9	18,2	16,7	10,3	3,3	-7,9	-16,8	-0,4
Tae	°C	-20,2	-16,3	-8,0	6,7	21,0	31,4	41,9	39,8	24,7	12,9	-3,4	-14,5	9,66
N	mm	20	17	21	26	45	60	68	59	55	28	29	23	451
rF	%	92	84	83	73	69	70	74	77	75	81	86	90	79
oB/pV	Ratio	S	S	S	0,5	1,48	1,31	0,78	0,92	0,94	0,5	S	S	0,92
pV	mm	-	-	-	14,1	50,7	73,3	85,0	71,6	48,2	19,3	-	-	362,2
pLV	mm	1	1	1	11	75	96	66	66	45	10	3	1	376
N-pLV	mm	19	16	20	15	-30	-36	2	-7	10	18	26	22	

Goose Bay/Neufundland (Kanada) (C k ph γ) (borealer immergrüner Nadelwald)
53° 19' N/60° 25' W; Höhe ü. NN: 13 m; (S = Schneeverdunstung)

Element	Einheit	J	F	M	A	M	J	J	A	S	O	N	D	Jahr
T	°C	-16,6	-14,9	-8,4	-1,6	5,1	11,9	16,3	14,7	10,1	3,2	-4,4	-12,9	0,2
Tae	°C	-14,6	-12,5	-4,7	3,8	13,5	25,1	33,4	31,5	22,8	11,4	1,1	-9,9	8,4
N	mm	72	63	68	62	56	72	84	91	76	63	67	63	837
rF	mm	73	76	71	0,50	64	69	67	65	70	70	74	72	70
oB/pV	Ratio	S	S	S	S	1,48	1,31	0,78	0,92	0,94	1,33	S	S	1,04
pV	mm	-	-	-	-	39	74	98	86	57	26	-	-	392
pLV	mm	1	1	2	8	58	97	76	79	54	35	6	1	418
N-pLV	mm	71	62	66	54	-2	-25	8	12	22	28	61	62	

Surgut/GUS (C k ph γ) (borealer immergrüner Nadelwald)
61° 15' N/73° 30' E; Höhe ü. NN: 40 m

Element	Einheit	J	F	M	A	M	J	J	A	S	O	N	D	Jahr
T	°C	-22,2	-19,3	-12,8	-4,4	3,6	12,6	16,8	13,9	7,4	-1,7	-13,3	-20,2	-3,3
Tae	°C	-20,9	-17,7	-10,3	0,4	11,9	27,6	37,4	32,9	19,8	5,0	-10,5	-18,7	4,7
N	mm	24	19	23	30	48	55	68	57	60	49	30	29	492
rF	mm	79	78	74	69	67	66	70	78	81	83	82	81	76
oB/pV	Ratio	S	S	S	S	0,5	1,48	1,33	1,31	0,94	S	S	S	1,11
pV	mm	-	-	-	1	31	73	87	57	30	7	-	-	286
pLV	mm	1	1	1	6	16	108	116	75	28	10	1	1	364
N-pLV	mm	23	18	22	24	32	-53	-48	-18	32	39	29	28	

Ochotsk/GUS (C k ph γ) (borealer sommergrüner Nadelwald)
59° 22' N/143° 12' E; Höhe ü. NN: 6 m; (S = Schneeverdunstung)

Element	Einheit	J	F	M	A	M	J	J	A	S	O	N	D	Jahr
T	°C	-24,5	-20,5	-14,2	-5,7	0,7	5,6	11,9	12,9	8,3	-2,2	-14,7	-21,2	-5,3
Tae	°C	-23,7	-19,4	-12,1	-1,3	9,0	18,3	30,8	32,6	21,4	3,1	-12,8	-20,1	2,2
N	mm	11	6	14	17	38	44	65	55	54	39	25	10	387
rF	%	65	63	67	74	83	89	89	87	81	66	64	63	74
oB/pV	Ratio	S	S	S	S	0,5	1,48	1,33	1,31	0,94	S	S	S	1,11
pV	mm	-	-	-	-	12	16	27	34	32	-	-	-	121
pLV	mm	1	1	1	5	6	24	36	45	30	8	1	1	159
N-pLV	mm	10	5	13	12	32	20	29	10	24	31	24	9	

Anchorage/USA (Alaska) (C k h α) (borealer immergrüner Nadelwald)
61° 10' N/149° 59' W; Höhe ü. NN: 27 m; (S = Schneeverdunstung)

Element	Einheit	J	F	M	A	M	J	J	A	S	O	N	D	Jahr
T	°C	-10,9	-7,8	-4,8	2,1	7,7	12,5	13,9	13,1	8,8	1,7	-5,4	-9,8	1,8
Tae	°C	-7,9	-4,2	-0,3	9,3	18,2	27,5	31,6	30,6	22,4	10,2	-0,4	-6,5	10,9
N	mm	20	18	13	11	13	25	47	65	64	47	26	24	374
rF	mm	74	70	69	66	64	66	73	77	78	78	76	75	72
oB/pV	Ratio	S	S	S	0,5	1,48	1,31	0,78	0,92	0,94	1,33	S	S	1,04
pV	mm	-	-	-	24	51	73	67	55	39	18	-	-	327
pLV	mm	1	3	5	12	75	96	52	51	37	24	5	2	315
N-pLV	mm	19	15	8	-1	-62	-71	-5	14	27	23	21	22	

Fairbanks/USA (Alaska) (C k h γ) (borealer immergrüner Nadelwald)
64° 49' N/147° 52' W; Höhe ü. NN: 133 m; (S = Schneeverdunstung)

Element	Einheit	J	F	M	A	M	J	J	A	S	O	N	D	Jahr
T	°C	-23,9	-19,4	-12,8	-1,4	8,4	14,7	15,4	12,4	6,4	-3,2	-15,6	-22,1	-3,4
Tae	°C	-22,9	17,9	-10,5	3,9	18,0	30,9	33,7	28,8	17,6	2,8	-13,6	-20,9	1,6
N	mm	23	13	10	6	18	35	47	56	28	22	15	14	287
rF	mm	69	68	66	61	58	62	70	76	77	79	73	71	69
oB/pV	Ratio	S	S	S	0,5	1,48	1,31	0,78	0,92	1,33	0,94	S	S	1,04
pV	mm	-	-	-	12	59	91	79	54	32	5	-	-	332
pLV	mm	1	1	1	6	84	119	62	50	43	5	1	1	374
N-pLV	mm	22	12	9	0	-66	-84	-15	6	-15	17	14	13	

Perm/GUS (C k h γ) (borealer Nadelwald)
57° 57' N/56° 13' E/ Höhe ü. NN: 170 m; (S = Schneeverdunstung)

Element	Einheit	J	F	M	A	M	J	J	A	S	O	N	D	Jahr
T	°C	-15,4	-13,4	-7,2	2,2	10,0	15,6	18,0	15,3	9,2	1,6	-6,7	-13,2	1,3
Tae	°C	-13,0	-10,7	-3,0	9,6	21,3	32,8	39,5	34,2	22,8	10,6	-2,1	-10,3	10,79
N	mm	38	27	31	35	47	64	68	62	59	55	43	14	570
rF	%	82	78	75	68	60	62	68	72	78	83	83	38	74
oB/pV	Ratio	S	S	S	0,5	1,48	1,31	0,78	0,92	0,94	1,33	S	S	1,04
pV	mm	-	-	-	24	66	97	98	75	39	14	-	-	413
pLV	mm	1	1	3	12	98	127	76	69	37	19	3	1	447
N-pLV	mm	37	26	28	23	-51	-63	-8	-7	22	36	40	13	

Oimjakon/GUS (C k h δ) (offener sommergrüner Koniferenwald)
63° 16' N/143° 09' E; Höhe ü. NN: 740 m; (S = Schneeverdunstung)

Element	Einheit	J	F	M	A	M	J	J	A	S	O	N	D	Jahr
T	°C	-50,1	-44,3	-32,0	-14,8	1,7	11,4	14,5	10,4	2,4	-14,8	-26,1	-47,1	-16,5
Tae	°C	-50,5	-44,2	-31,5	-12,7	8,5	24,3	32,6	24,9	10,9	-12,4	-25,2	-47,0	-10,4
N	mm	7	6	5	4	10	37	40	37	20	12	11	9	193
rF	%	74	74	72	67	59	60	67	72	74	78	77	76	71
oB/pV	Ratio	S	S	S	S	0,48	1,00	1,00	1,00	0,31	S	S	S	1,04
pV	mm	-	-	-	-	27	75	84	54	22	-	-	-	262
pLV	mm	1	1	1	1	13	75	84	54	7	1	1	1	246
N- pLV	mm	6	5	4	3	-3	-38	-44	-17	13	11	10	8	

Jakutsk/GUS (C k sh δ) (borealer, sommergrüner Nadelwald)
62° 05' N/129° 45' E; Höhe ü. NN: 100 m; (S = Schneeverdunstung)

Element	Einheit	J	F	M	A	M	J	J	A	S	O	N	D	Jahr
T	°C	-43,2	-35,8	-22,0	-7,4	5,6	15,4	18,8	14,8	6,2	-7,8	-27,7	-39,6	-10,2
Tae	°C	-43,1	-35,5	-20,9	-4,0	13,2	29,5	38,9	32,2	16,2	-3,8	-27,0	-39,4	-3,6
N	mm	7	6	5	7	16	31	43	38	22	16	13	9	213
rF	%	74	74	70	61	53	54	60	67	70	78	78	75	68
oB/pV	Ratio	S	S	S	S	0,5	1,48	1,33	1,31	0,94	S	S	S	1,11
pV	mm	-	-	-	-	48	105	120	83	38	-	-	-	394
pLV	mm	1	1	1	2	24	155	160	109	36	4	1	1	495
N-pLV	mm	6	5	4	5	-8	-124	-117	-71	-14	12	12	8	

Kühle Mittelbreiten

Kodiak/USA - Alaska (C m ph α) (Heide, Waldtundra)
57° 30' N/152° 45' W; Höhe ü. NN: 50 m; (S = Schneeverdunstung)

Element	Einheit	J	F	M	A	M	J	J	A	S	O	N	D	Jahr
T	°C	-1,2	-0,2	-0,1	2,6	6,0	9,7	12,1	12,8	9,8	5,2	1,7	-1,3	4,8
Tae	°C	5,8	7,2	7,2	11,6	17,3	24,6	29,5	31,4	25,1	15,7	10,4	5,6	15,9
N	mm	130	128	96	100	141	100	97	95	151	169	153	118	1477
rF	%	80	79	78	77	79	80	82	82	82	78	80	78	79
oB/pV	Ratio	S	S	S	0,50	1,48	1,31	0,78	0,92	0,94	1,33	0,50	S	1,03
pV	mm	9	12	13	21	29	39	42	45	36	27	16	10	299
pLV	mm	9	11	12	11	43	51	33	41	34	36	8	9	298
N-pLV	mm	121	116	84	89	98	49	64	54	117	133	145	109	

Janeau/USA (C m ph α) (temperierter Koniferen Regenwald)
58° 2' N/134° 35' W; Höhe ü. NN: 5 m ; (S = Schneeverdunstung)

Element	Einheit	J	F	M	A	M	J	J	A	S	O	N	D	Jahr
T	°C	-3,8	-2,9	-0,9	3,3	7,6	11,1	12,9	12,3	9,3	5,3	1,3	-2,0	4,5
Tae	°C	5,8	7,2	7,2	11,6	17,3	24,7	29,5	31,5	25,2	15,7	10,4	5,6	15,9
N	mm	102	78	83	73	82	86	114	128	169	212	154	107	1387
rF	mm	78	78	78	75	76	73	78	81	85	85	84	81	80
oB/pV	Ratio	S	S	S	0,5	1,48	1,31	0,78	0,92	0,94	1,33	0,5	S	0,97
pV	mm	3	5	10	12	37	54	53	44	28	20	12	7	296
pLV	mm	6	7	10	6	55	71	41	40	26	27	6	8	303
N-pLV	mm	96	71	73	67	27	15	73	88	143	185	148	99	

Belfast/Nordirland (C m ph α) (Ackerbau mit Grünland)
54° 39' N/06° 13' W; Höhe ü.NN: 67 m

Element	Einheit	J	F	M	A	M	J	J	A	S	O	N	D	Jahr
T	°C	3,8	4,2	6,0	7,9	10,5	13,4	14,7	14,5	12,7	9,7	6,6	4,9	9,1
Tae	°C	15,1	15,4	17,4	20,3	24,7	30,9	35,2	34,8	31,7	26,2	20,6	8,0	23,4
N	mm	80	52	50	48	52	68	94	77	80	83	72	90	845
rF	mm	90	86	81	76	73	76	79	81	84	86	89	81	83
oB/pV	Ratio	0,41	0,52	0,89	1,22	1,35	1,40	1,18	0,96	0,83	0,76	0,51	0,37	1,04
pV	mm	12	17	26	38	52	58	58	52	40	29	18	12	412
pLV	mm	5	9	23	46	70	81	68	50	33	22	9	4	420
N-pLV	mm	75	43	27	2	-18	-13	26	27	47	61	63	86	

Die Klimate der Erde auf ökophysiologischer Grundlage 193

Glasgow/Schottland (C m ph α) (Ackerbau mit Grünland)
55° 52' N/04° 24' W; Höhe ü. NN: 6 m

Element	Einheit	J	F	M	A	M	J	J	A	S	O	N	D	Jahr
T	°C	3,1	3,9	5,7	7,9	10,8	13,6	15,1	14,8	12,6	9,5	6,1	4,4	8,9
Tae	°C	13,6	14,2	17,0	19,5	24,1	30,0	33,7	34,3	29,8	20,0	18,5	15,5	22,52
N	mm	111	85	69	67	63	70	97	93	102	119	106	127	1109
rF	mm	87	83	79	71	68	70	73	75	79	83	87	87	79
oB/pV	Ratio	0,41	0,52	0,89	1,22	1,35	1,40	1,18	0,96	0,83	0,76	0,51	0,37	1,04
pV	mm	14	19	28	44	60	70	71	67	49	33	19	16	489
pLV	mm	6	10	25	54	81	98	84	64	41	25	10	6	504
N-pLV	mm	105	75	44	13	-18	-28	13	29	61	94	96	121	

Bergen/Norwegen (C m ph α) (Laub-Mischwald)
60° 12' N/05° 19' E; Höhe ü. NN: 45 m

Element	Einheit	J	F	M	A	M	J	J	A	S	O	N	D	Jahr
T	°C	1,5	1,3	3,1	5,8	10,2	12,6	15,0	14,7	12,0	8,3	5,5	3,3	7,8
Tae	°C	6,8	9,1	11,6	16,4	23,4	30,1	35,7	35,4	29,3	21,5	16,4	12,7	20,7
N	mm	179	139	109	140	83	126	141	167	228	236	207	203	1958
rF	mm	79	77	73	74	71	77	80	80	81	81	79	80	78
oB/pV	Ratio	0,42	0,57	0,79	1,00	1,57	1,34	1,33	1,27	1,22	1,07	0,81	0,65	1,00
pV	mm	11	16	24	33	53	54	56	56	44	32	27	20	426
pLV	mm	5	9	19	33	83	72	74	71	54	34	22	13	489
N-pLV	mm	174	130	90	107	0	54	67	96	174	202	185	190	

Stockholm/Schweden (C m h α) (Ackerbau mit Roggen)
59° 21' N/18° 04' E; Höhe ü. NN: 44 m (b = Bracheverdunstung)

Element	Einheit	J	F	M	A	M	J	J	A	S	O	N	D	Jahr
T	°C	-2,9	-3,1	-0,7	4,4	10,1	14,9	17,8	16,6	12,2	7,1	2,8	0,1	6,6
Tae	°C	3,4	2,9	5,8	12,9	21,3	30,9	38,1	37,3	28,7	19,6	12,8	7,4	18,4
N	mm	43	30	28	31	34	45	61	76	60	48	53	48	555
rF	mm	84	80	75	68	60	62	67	73	78	82	87	78	75
oB/pV	Ratio	S	b	b	0,79	0,97	1,08	0,90	0,86	0,56	0,46	b	b	0,80
pV	mm	4	5	11	32	66	91	98	79	50	28	13	13	490
pLV	mm	7	1	2	25	64	98	88	68	28	13	3	3	401
N-pLV	mm	42	29	26	6	-30	-46	-27	8	32	35	50	45	

Ushuaia/Argentinien (C m ph α) (patagonische Steppe, Langgrassteppe)
54° 48' S/68° 19' W; Höhe ü. NN: 6 m

Element	Einheit	J	F	M	A	M	J	J	A	S	O	N	D	Jahr
T	°C	9,2	9,0	7,8	5,7	3,2	1,7	1,6	2,2	3,9	6,2	7,3	8,5	7,7
Tae	°C	21,7	21,3	19,9	16,5	12,3	10,4	10,2	10,6	13,0	15,7	17,8	20,4	15,8
N	mm	58	50	57	46	48	45	47	49	38	37	50	49	574
rF	%	71	70	73	75	78	80	79	77	73	66	68	70	73
oB/pV	Ratio	0,69	0,60	0,57	0,45	0,40	0,38	0,37	0,38	0,70	0,85	0,86	0,83	0,59
pV	mm	49	50	42	32	21	16	17	19	27	41	44	48	406
pLV	mm	34	30	24	14	8	6	6	7	19	35	38	40	261
N-pLV	mm	24	20	33	32	40	39	41	42	19	2	12	9	

Sapporo/Japan (C sl ph γ) (Laub-Mischwald der kontinentalen Mittelbreiten)
43° 03' N/141° 20' E; Höhe ü. NN: 17 m; (S = Schneeverdunstung)

Element	Einheit	J	F	M	A	M	J	J	A	S	O	N	D	Jahr
T	°C	-5,5	-4,5	-1,0	5,7	11,3	15,5	20,0	21,7	16,8	10,4	3,6	-2,6	7,6
Tae	°C	-0,6	0,3	5,5	15,6	25,6	35,3	48,6	53,5	40,2	24,7	12,9	3,0	22,1
N	mm	111	83	67	66	59	67	100	107	145	113	112	104	1134
rF	%	78	77	75	70	72	77	81	80	80	77	75	75	76
oB/pV	Ratio	S	S	S	0,20	1,00	1,57	1,34	1,33	1,22	1,00	0,65	S	1,04
pV	mm	S	S	11	36	56	64	73	84	63	45	25	6	464
pLV	mm	5	5	15	7	56	100	98	112	77	45	16	8	551
N-pLV	mm	106	78	52	59	3	-33	2	-5	68	68	96	96	

Nikolajewsk/GUS (C m ph γ) (borealer sommergrüner Nadelwald, zum Teil Weidewirtschaft)
53° 09' N/140° 42' E; Höhe ü. NN: 56 m; (S = Schneeverdunstung)

Element	Einheit	J	F	M	A	M	J	J	A	S	O	N	D	Jahr
T	°C	-25,8	-20,3	-11,1	0,7	8,8	14,8	19,6	18,0	12,3	3,4	-10,0	-22,4	-1,1
Tae	°C	-25,0	-18,9	-8,1	8,3	22,4	35,0	47,8	43,6	29,7	12,2	-6,7	-21,1	9,9
N	mm	19	20	18	32	43	41	55	72	73	55	43	31	503
rF	%	77	77	74	75	78	78	80	82	82	76	76	79	78
oB/pV	Ratio	S	S	S	0,5	0,5	1,48	1,33	1,31	0,94	0,5	S	S	0,94
pV	mm	-	-	-	16	39	60	75	62	42	23	-	-	317
pLV	mm	1	1	1	8	20	89	100	81	39	12	1	1	354
N-pLV	mm	18	19	17	24	23	-48	-45	-9	34	43	42	30	

Chabarowsk/GUS (C m h γ) (Grünlandwirtschaft)
53° 09' N/140° 42' E; Höhe ü. NN: 56 m; (S = Schneeverdunstung)

Element	Einheit	J	F	M	A	M	J	J	A	S	O	N	D	Jahr
T	°C	-22,7	-17,6	-8,8	-2,8	11,2	17,1	21,0	19,9	13,9	-4,9	-8,0	-18,6	0,0
Tae	°C	-21,6	-16,0	-5,6	1,9	23,9	38,3	50,6	47,9	32,6	-0,5	-4,5	-17,2	10,8
N	mm	10	7	12	32	53	74	111	118	82	37	20	13	569
rF	%	76	72	68	62	63	72	78	79	77	66	69	72	71
oB/pV	Ratio	S	S	S	0,52	1,38	1,79	1,69	1,50	1,12	0,20	S	S	1,17
pV	mm	-	-	-	6	69	84	87	79	59	S	-	-	384
pLV	mm	1	1	1	3	95	150	147	118	66	6	2	1	594
N-pLV	mm	9	8	11	29	-42	-76	-36	0	16	31	18	12	

Oslo/Norwegen (C m h α) (Laub-Mischwald)
59° 56' N/10° 44' E; Höhe ü. NN: 96 m

Element	Einheit	J	F	M	A	M	J	J	A	S	O	N	D	Jahr
T	°C	-4,7	-4,0	-0,5	4,8	10,7	14,7	17,3	15,9	11,3	5,9	1,1	-2,0	5,9
Tae	°C	0,8	1,5	6,5	13,6	22,7	30,8	37,1	35,3	26,6	17,4	9,9	5,0	17,2
N	mm	49	35	26	44	44	71	84	96	83	76	69	63	740
rF	mm	85	80	73	69	64	66	70	74	79	83	89	88	77
oB/pV	Ratio	0,42	0,57	0,79	1,00	1,57	1,34	1,33	1,27	1,22	1,07	0,81	0,65	1,00
pV	mm	-	-	12	36	70	91	95	82	50	27	11	-	474
pLV	mm	5	5	9	36	110	122	126	104	61	29	9	8	624
N-pLV	mm	44	30	17	8	-66	-51	-42	-8	22	47	60	55	

Brüssel/Belgien (C m ph α) (Ackerbau mit Weizen z.T. Hackfrüchten)
50° 48' N/04° 21' E; Höhe ü. NN: 100 m; (b = Bracheverdunstung)

Element	Einheit	J	F	M	A	M	J	J	A	S	O	N	D	Jahr
T	°C	2,2	2,6	6,0	9,2	13,0	16,0	17,5	17,3	14,7	10,3	6,2	3,3	9,9
Tae	°C	11,9	12,4	17,9	23,4	30,8	37,0	41,8	41,1	35,9	26,3	19,0	13,7	25,9
N	mm	83	67	47	53	42	55	97	83	69	90	64	67	817
rF	mm	89	87	83	81	78	76	80	81	82	85	89	89	83
oB/pV	Ratio	b	b	0,84	1,16	1,04	1,01	0,80	0,69	0,65	0,58	b	b	0,84
pV	mm		10	13	24	35	53	69	66	61	51	31	17	442
pLV	mm	2	3	20	41	55	70	53	42	33	18	3	2	342
N-pLV	mm	81	64	27	12	-13	-15	44	41	36	72	61	65	

Hof/Deutschland (C m h α) (Laub-Mischwald)
50° 19' N/11° 53' E; Höhe ü. NN 567 m; (S = Schneeverdunstung)

Element	Einheit	J	F	M	A	M	J	J	A	S	O	N	D	Jahr
T	°C	-3,4	-2,5	1,3	5,7	10,5	13,9	15,6	14,9	11,7	6,7	1,9	-1,8	6,2
Tae	°C	3,3	4,6	9,8	17,0	25,6	33,2	37,3	36,2	29,8	20,2	12,1	5,9	19,6
N	mm	52	47	41	48	61	74	85	69	52	52	46	50	677
rF	mm	87	86	80	75	74	75	77	78	18	48	98	90	81
oB/pV	Ratio	S	S	0,50	1,00	1,57	1,34	1,33	1,27	1,22	0,81	0,65	S	1,07
pV	mm	3	5	15	33	52	65	67	62	45	26	11	5	389
pLV	mm	6	7	8	33	82	87	89	79	55	21	7	8	482
N-pLV	mm	46	40	33	15	-21	-13	-4	-10	-3	31	39	42	

Köln-Wahn/Deutschland (C m sh β) (Laub-Mischwald)
50° 52' N/07° 05' E; Höhe ü. NN: 68 m

Element	Einheit	J	F	M	A	M	J	J	A	S	O	N	D	Jahr
T	°C	1,2	1,8	5,2	9,2	13,4	16,8	18,2	17,5	14,5	9,8	5,7	2,5	9,6
Tae	°C	9,4	10,4	15,0	21,2	28,6	37,4	41,0	40,1	33,7	25,0	17,4	11,8	24,25
N	mm	51	47	37	52	56	83	75	82	58	54	55	51	701
rF	%	81	79	74	69	67	71	73	75	77	81	82	83	76
oB/pV	Ratio	0,42	0,57	0,79	1,00	1,57	1,34	1,33	1,27	1,22	1,07	0,81	0,65	1,00
pV	mm	14	17	31	51	73	85	86	78	61	37	25	16	574
pLV	mm	6	10	25	51	115	114	114	99	74	40	20	10	678
N-pLV	mm	45	37	12	1	-59	-31	-39	-17	-16	14	35	41	

Köln-Wahn (BRD) (C m h β) (Ackerbau mit Weizen)
50° 52' N/07° 05' E; Höhe ü. NN: 68 m (b = unedeckter Boden)

Element	Einheit	J	F	M	A	M	J	J	A	S	O	N	D	Jahr
T	°C	1,2	1,8	5,2	9,2	13,4	16,8	18,2	17,5	14,5	9,8	5,7	2,5	9,6
Tae	°C	9,4	10,4	15,0	21,2	28,6	37,4	41,0	40,1	33,7	25,0	17,4	11,8	24,25
N	mm	51	47	37	52	56	83	75	82	58	54	55	51	701
rF	%	81	79	74	69	67	71	73	75	77	81	82	83	76
oB/pV	Ratio	b	b	0,8	1,16	1,04	1,01	0,80	0,69	0,65	0,58	b	b	0,84
pV	mm	14	17	31	51	73	85	86	78	61	37	25	16	574
pLV	mm	3	3	26	59	76	86	69	54	40	21	5	3	445
N-pLV	mm	48	44	11	-7	-20	-3	6	4	18	33	35	41	

Die Klimate der Erde auf ökophysiologischer Grundlage

Leningrad/GUS (C m h β) (Ackerbau mit Roggen)
59° 58' N/30° 08' E; Höhe ü. NN: 4 m; (S = Schneeverdunstung; b = Bracheverdunstung)

Element	Einheit	J	F	M	A	M	J	J	A	S	O	N	D	Jahr
T	°C	-7,5	-7,9	-4,1	2,9	9,6	14,5	17,7	15,7	10,7	4,7	-0,6	-5,3	4,2
Tae	°C	-2,9	-3,6	1,4	11,3	21,8	31,5	39,8	36,5	26,8	14,5	7,0	0,4	15,4
N	mm	36	32	25	34	41	54	69	77	58	52	45	36	559
rF	mm	86	84	79	73	66	68	71	76	81	74	87	88	79
oB/pV	Ratio	S	S	S	0,79	0,97	1,08	0,90	0,86	0,56	0,46	b	S	0,82
pV	mm	-	-	-	24	58	78	90	69	40	29	7	-	368
pLV	mm	4	4	10	19	56	84	81	59	22	13	1	5	358
N-pLV	mm	32	28	15	15	-15	-30	-12	18	36	39	44	31	

Edmonton/Kanada (C m h γ) (Ackerbau mit Weizen)
53° 34' N/113° 31' W; Höhe ü. NN: 206 m; (S = Schneeverdunstung)

Element	Einheit	J	F	M	A	M	J	J	A	S	O	N	D	Jahr
T	°C	-14,1	-11,6	-5,5	4,2	11,2	14,3	17,3	15,6	10,8	5,1	-4,2	-10,4	2,7
Tae	°C	-11,3	-8,3	-0,3	12,9	25,0	34,6	40,6	37,8	27,1	15,6	1,9	-6,5	14,1
N	mm	24	20	21	28	46	80	85	65	34	23	22	25	473
rF	mm	82	81	77	65	64	77	74	75	76	73	81	83	76
oB/pV	Ratio	S	S	S	0,5	1,16	1,04	1,02	0,80	0,69	0,58	S	S	0,83
pV	mm	-	-	-	35	70	62	83	74	51	33	3	-	410
pLV	mm	1	1	4	18	81	64	85	59	35	19	7	1	375
N-pLV	mm	23	19	17	10	-35	16	0	6	-1	4	15	24	

Winnipeg (C m h γ) (Ackerbau mit Weizen)
49° 54' N/97° 15' W; Höhe ü. NN: 254 m; (S = Schneeverdunstung)

Element	Einheit	J	F	M	A	M	J	J	A	S	O	N	D	Jahr
T	°C	-17,7	-15,5	-7,9	3,3	11,3	16,5	20,2	18,9	12,8	6,2	-4,8	-12,9	2,5
Tae	°C	-15,9	-13,3	-3,7	11,3	22,8	33,4	43,2	40,3	28,1	16,3	0,4	10,0	3,5
N	mm	26	21	27	30	50	81	69	70	55	37	29	22	517
rF	%	78	79	80	68	56	58	64	63	66	69	78	82	70
oB/pV	Ratio	S	S	S	0,5	1,16	1,04	1,01	0,80	0,69	0,65	S	S	0,84
pV	mm	-	-	-	28	77	108	121	116	74	39	-	-	563
pLV	mm	1	1	3	14	114	112	122	93	51	25	5	1	542
N-pLV	mm	25	20	24	16	-64	-31	-53	-23	4	12	24	21	

Chicago/USA (C m h γ) (Ackerbau mit Mais)
41° 47' N/87° 47' W; Höhe ü. NN: 185 m; (S = Schneeverdunstung)

Element	Einheit	J	F	M	A	M	J	J	A	S	O	N	D	Jahr
T	°C	-3,3	-2,3	2,4	9,5	15,6	21,5	24,3	23,6	19,1	13,0	4,4	-1,6	10,5
Tae	°C	2,6	3,9	10,2	22,1	34,1	48,9	55,0	55,7	42,8	29,0	13,7	4,8	26,9
N	mm	47	41	70	77	95	103	86	80	69	71	56	48	843
rF	mm	75	74	71	68	66	69	67	70	70	69	72	76	71
oB/pV	Ratio	S	S	0,38	0,90	0,94	0,78	0,69	1,01	0,80	0,55	0,53	S	0,73
pV	mm	5	8	23	55	90	118	141	130	100	70	30	9	779
pLV	mm	7	9	9	50	85	92	97	131	80	39	16	10	625
N-pLV	mm	40	32	61	27	10	-11	-11	-51	-11	32	40	38	

Montreal/Kanada (C m h γ) (Laub-Mischwald)
45° 30' N/73° 35' W; Höhe ü. NN: 17 m; (S = Schneeverdunstung)

Element	Einheit	J	F	M	A	M	J	J	A	S	O	N	D	Jahr
T	°C	-8,7	-7,8	-2,1	6,2	13,6	18,9	21,6	20,5	15,6	9,4	2,3	-5,9	6,9
Tae	°C	-5,1	-4,1	3,5	15,4	28,9	40,5	47,0	44,9	41,8	21,5	10,4	-1,3	20,3
N	mm	87	76	86	83	81	91	102	87	95	83	88	98	1048
rF	%	79	72	77	71	68	74	75	78	81	78	80	18	76
oB/pV	Ratio	S	S	S	0,2	1,00	1,57	1,34	1,33	1,22	1,00	0,65	S	1,04
pV	mm	-	-	8	43	83	110	131	115	98	50	20	-	658
pLV	mm	3	3	8	9	83	173	176	153	120	50	13	5	796
N-pLV	mm	84	73	78	74	-2	-82	-74	-66	-25	33	75	93	

Boston/USA (C m h γ) (Grünland)
42° 13' N/71° 07' W; Höhe ü. NN: 192 m; (S = Schneeverdunstung)

Element	Einheit	J	F	M	A	M	J	J	A	S	O	N	D	Jahr
T	°C	-2,8	-2,6	1,6	7,6	13,7	18,4	21,6	20,8	16,9	11,5	5,6	-1,1	9,3
Tae	°C	2,4	2,5	8,6	18,9	30,0	39,3	49,4	47,1	37,7	25,5	15,6	4,9	23,5
N	mm	114	95	115	102	88	95	83	103	100	95	115	101	1206
rF	mm	68	66	64	63	66	66	60	69	69	70	67	69	68
oB/pV	Ratio	S	S	0,52	0,68	1,38	1,79	1,69	1,53	1,38	0,98	0,59	S	1,29
pV	mm	6	7	24	52	79	104	119	114	88	65	38	12	708
pLV	mm	8	7	12	35	109	186	201	174	121	64	22	10	949
N-pLV	mm	106	88	103	67	-21	-901	-118	-71	-21	31	93	91	

Die Klimate der Erde auf ökophysiologischer Grundlage 199

Omsk/GUS (C m h γ) (Ackerbau mit Weizen)
54° 26' N/73° 24' E; Höhe ü. NN: 105 m. (S = Schneeverdunstung)

Element	Einheit	J	F	M	A	M	J	J	A	S	O	N	D	Jahr
T	°C	-18,9	-17,6	-11,1	0,5	11,2	17,1	19,5	16,5	10,8	1,8	-8,5	-16,3	0,4
Tae	°C	-17,2	-15,8	-7,9	7,4	22,0	34,4	42,9	37,1	24,8	9,9	-4,7	-14,2	9,9
N	mm	8	6	9	18	30	53	72	46	33	23	15	12	325
rF	mm	80	78	73	66	62	66	72	79	79	79	82	81	75
oB/pV	Ratio	S	S	S	0,5	1,16	1,04	1,01	0,80	0,69	0,58	S	S	0,83
pV	mm	-	-	-	17	78	109	107	84	58	19	-	-	472
pLV	mm	1	1	1	9	90	113	108	67	40	11	2	1	444
N-pLV	mm	7	5	8	9	-60	-60	-36	-21	-7	12	13	11	

Moskau/GUS (C m h γ) (Laub-Mischwald)
55° 45' N/37° 34' E; Höhe ü. NN: 156 m; (S = Schneeverdunstung)

Element	Einheit	J	F	M	A	M	J	J	A	S	O	N	D	Jahr
T	°C	-10,3	-9,7	-5,0	3,7	11,7	15,4	17,8	15,8	10,4	4,1	-2,3	-8,0	3,6
Tae	°C	-6,5	-6,1	0,1	12,6	25,5	32,7	39,6	36,4	25,3	14,3	4,7	-3,5	4,2
N	mm	31	28	33	35	52	67	74	74	58	51	36	36	575
rF	%	85	82	77	71	64	66	69	74	79	82	85	86	77
oB/pV	Ratio	S	S	S	0,2	1,00	1,57	1,34	1,33	1,22	1,00	0,65	S	1,04
pV	mm	-	-	-	29	71	86	96	74	42	20	6	-	424
pLV	mm	2	3	5	6	71	135	129	98	51	20	4	3	527
N-pLV	mm	29	25	28	29	-19	-68	-55	-24	7	31	32	33	

Moskau/GUS (C m h γ) (Ackerbau mit Roggen)
55° 45' N/37° 34' E; Höhe ü. NN: 156 m; (S = Schneeverdunstung; b = Bracheverdunstung)

Element	Einheit	J	F	M	A	M	J	J	A	S	O	N	D	Jahr
T	°C	-10,3	-9,7	-5,0	3,7	11,7	15,4	17,8	15,8	10,4	4,1	-2,3	-8,0	3,6
Tae	°C	-6,5	-6,1	0,1	12,6	25,5	32,7	39,6	36,4	25,3	14,3	4,7	-3,5	4,2
N	mm	31	28	33	35	52	67	74	74	58	51	36	36	575
rF	%	85	82	77	71	64	66	69	74	79	82	85	86	77
oB/pV	Ratio	S	S	S	0,79	0,97	1,08	0,90	0,86	0,56	0,46	b	S	0,82
pV	mm	-	-	-	29	71	86	96	74	42	20	6	-	424
pLV	mm	2	3	5	23	69	93	86	64	26	9	1	3	384
N-pLV	mm	29	25	28	12	-17	-26	-12	10	32	42	35	33	

Irkutsk/GUS (C m h δ) (Ackerbau mit Roggen)
52° 16' N/104° 79' E; Höhe ü. NN:468 m (S = Schneeverdunstung)

Element	Einheit	J	F	M	A	M	J	J	A	S	O	N	D	Jahr
T	°C	-20,9	-18,5	-10,0	0,6	8,1	14,5	17,5	15,0	8,0	0,1	-10,7	-18,7	-1,25
Tae	°C	-19,5	-16,9	-6,9	6,8	17,6	31,8	41,0	36,0	21,2	7,3	-7,0	-16,8	7,9
N	mm	12	8	9	15	29	83	102	99	49	20	17	15	458
rF	mm	80	74	68	59	56	66	74	78	78	75	80	85	73
oB/pV	Ratio	S	S	S	0,79	0,97	1,08	0,90	0,86	0,56	0,46	S	S	0,82
pV	mm	S	S	S	22	59	84	83	62	37	14	S	S	361
pLV	mm	1	1	1	17	57	91	75	53	21	6	1	1	325
N-pLV	mm	11	7	8	-2	-28	-8	27	46	28	14	16	14	

Kustanai/GUS (C m h δ) (Kurzgrassteppe)
53° 13' N/63° 37' E; Höhe ü. NN: 171 m; (S = Schneeverdunstung)

Element	Einheit	J	F	M	A	M	J	J	A	S	O	N	D	Jahr
T	°C	-17,8	-17,0	-10,7	1,8	12,9	18,4	20,4	18,1	11,9	3,0	-6,4	-14,9	1,6
Tae	°C	-16,0	-15,0	-7,4	9,6	25,8	36,4	42,2	37,7	26,1	11,7	-1,5	-12,5	11,4
N	mm	10	9	9	18	26	35	46	34	25	28	15	13	268
rF	mm	81	81	82	82	56	57	61	62	66	74	81	81	71
oB/pV	Ratio	S	S	S	0,33	0,70	0,86	0,85	0,73	0,39	0,35	S	S	0,60
pV	mm	-	-	-	21	88	121	127	111	69	24	-	-	561
pLV	mm	1	1	2	7	62	104	108	81	27	8	8	1	410
N-pLV	mm	9	8	7	11	-36	-69	-62	-47	-2	20	7	12	

Harbin/V.R. China (C m h δ) (Laub-Mischwald)
45° 45' N/126° 38' E; Höhe ü. NN 143 m; (S = Schneeverdunstung)

Element	Einheit	J	F	M	A	M	J	J	A	S	O	N	D	Jahr
T	°C	-20,1	-15,8	-6,0	5,8	14,0	19,8	23,3	21,6	14,3	5,7	-6,6	-16,7	3,3
Tae	°C	-18,6	-13,8	-2,0	14,4	28,3	44,9	56,4	53,1	32,7	15,2	-2,6	-14,8	16,1
N	mm	4	6	17	23	44	92	167	119	52	36	12	5	577
rF	mm	79	76	66	59	58	70	77	78	75	66	71	78	71
oB/pV	Ratio	S	S	S	0,2	1,00	1,57	1,34	1,33	1,22	0,65	S	S	1,04
pV	mm	-	-	-	46	92	105	102	92	64	40	-	-	541
pLV	mm	1	1	4	9	92	165	137	122	78	26	4	1	640
N-pLV	mm	3	5	13	14	-48	-73	30	-3	-26	10	8	4	

Die Klimate der Erde auf ökophysiologischer Grundlage

Harbin/V.R. China (C m h δ) (Ackerbau mit Mais)
45° 45' N/126° 38' E; Höhe ü. NN: 143 m; (S = Schneeverdunstung)

Element	Einheit	J	F	M	A	M	J	J	A	S	O	N	D	Jahr
T	°C	-20,1	-15,8	-6,0	5,8	14,0	19,8	23,3	21,6	14,3	5,7	-6,6	-16,7	3,3
Tae	°C	-18,6	-13,8	-2,0	14,4	28,3	44,9	56,4	53,1	32,7	15,2	-2,6	-14,8	16,1
N	mm	4	6	17	23	44	92	167	119	52	36	12	5	577
rF	mm	72	69	59	52	54	66	76	78	72	66	66	71	67
oB/pV	Ratio	S	S	S	0,5	0,94	0,78	1,01	0,80	0,70	0,55	S	S	0,75
pV	mm	-	-	-	46	92	105	102	92	64	40	-	-	541
pLV	mm	1	1	5	23	86	82	103	74	45	22	5	1	448
N-pLV	mm	3	5	12	0	-42	-10	64	45	7	14	7	4	

Berlin/Deutschland (C m sh β) (Ackerbau mit Grünland)
52° 28' N/13° 18' E; Höhe ü. NN: 51 m

Element	Einheit	J	F	M	A	M	J	J	A	S	O	N	D	Jahr
T	°C	-0,6	-0,3	3,6	8,7	13,8	17,0	18,5	17,7	13,9	8,9	4,5	1,1	8,9
Tae	°C	6,9	7,1	12,3	20,5	29,8	37,5	42,3	41,7	33,3	23,3	15,6	9,9	10,1
N	mm	43	40	31	41	46	62	70	68	46	47	46	41	581
rF	%	84	82	73	68	66	70	74	77	80	83	87	88	78
oB/pV	Ratio	0,41	0,52	0,89	1,22	1,35	1,40	1,18	0,96	0,83	0,76	0,51	0,37	1,04
pV	mm	9	10	62	51	79	88	86	75	52	31	16	10	533
pLV	mm	4	5	55	62	107	123	101	72	43	24	8	4	608
N-pLV	mm	39	35	-24	-21	-61	-61	-31	-4	3	23	38	37	

Berlin/Deutschland (C m sh β) (Laub-Mischwald)
52° 28' N/13° 18' E; Höhe ü. NN: 51 m

Element	Einheit	J	F	M	A	M	J	J	A	S	O	N	D	Jahr
T	°C	-0,6	-0,3	3,6	8,7	13,8	17,0	18,5	17,7	13,9	8,9	4,5	1,1	8,9
Tae	°C	6,9	7,1	12,3	20,5	29,8	37,5	42,3	41,7	33,3	23,3	15,6	9,9	10,1
N	mm	43	40	31	41	46	62	70	68	46	47	46	41	581
rF	%	84	82	73	68	66	70	74	77	80	83	87	88	78
oB/pV	Ratio	0,42	0,57	0,79	1,00	1,57	1,34	1,33	1,27	1,22	1,07	0,81	0,65	1,00
pV	mm	9	10	62	51	79	88	86	75	52	31	16	10	533
pLV	mm	4	6	49	51	118	117	114	95	63	33	13	7	670
N-pLV	mm	39	34	-18	-10	-72	-55	-44	-27	-17	14	33	34	

Warschau/Polen (C m sh β) (Laub-Mischwald)
52° 09' N/20° 59' E; Höhe ü. NN: 107 m

Element	Einheit	J	F	M	A	M	J	J	A	S	O	N	D	Jahr
T	°C	-3,5	-2,5	1,4	8,0	14,0	17,5	19,2	18,2	13,9	8,1	3,0	-0,6	8,1
Tae	°C	2,8	4,2	9,5	20,0	30,7	38,4	43,9	41,4	32,7	21,5	13,0	7,4	22,1
N	mm	23	26	24	36	44	62	79	65	41	35	37	30	502
rF	mm	86	85	77	73	68	69	74	74	77	82	86	88	78
oB/pV	Ratio	0,42	0,57	0,79	1,00	1,57	1,34	1,33	1,27	1,22	1,07	0,81	0,65	1,00
pV	mm		3	5	17	42	75	93	89	84	59	31	14	7	519
pLV	mm	7	8	13	42	118	125	118	107	72	33	11	5	659
N-pLV	mm	16	18	11	-6	-74	-63	-39	-42	-31	2	26	25	

Warschau/Polen (C m sh β) (Ackerbau mit Roggen)
52° 09' N/20° 59' E; Höhe ü. NN: 107 m;; (S = Schneeverdunstung; b = Bracheverdunstung)

Element	Einheit	J	F	M	A	M	J	J	A	S	O	N	D	Jahr
T	°C	-3,5	-2,5	1,4	8,0	14,0	17,5	19,2	18,2	13,9	8,1	3,0	-0,6	8,1
Tae	°C	2,8	4,2	9,5	20,0	30,7	38,4	43,9	41,4	32,7	21,5	13,0	7,4	22,1
N	mm	23	26	24	36	44	62	79	65	41	35	37	30	502
rF	mm	86	85	77	73	68	69	74	74	77	82	86	88	78
oB/pV	Ratio	S	S	b	0,79	0,97	1,08	0,90	0,86	0,56	0,46	b	b	0,82
pV	mm		3	5	17	42	75	93	89	84	59	31	14	7	514
pLV	mm	6	7	3	33	73	100	80	72	33	14	3	1	425
N-pLV	mm	17	19	21	3	-29	-38	-1	-7	8	21	34	29	

Wien/Österreich (C m sh γ) (Laub-Mischwald)
48° 15' N/16° 22' E; Höhe ü. NN: 203 m

Element	Einheit	J	F	M	A	M	J	J	A	S	O	N	D	Jahr
T	°C	-1,4	0,4	4,7	10,3	14,8	18,1	19,9	19,3	15,6	9,8	4,8	1,0	9,8
Tae	°C	5,4	7,9	14,3	22,8	32,7	39,4	41,2	42,8	35,6	24,8	15,7	9,4	24,3
N	mm	39	44	44	45	70	67	84	72	42	56	52	45	660
rF	mm	79	76	71	66	68	67	68	70	74	79	81	82	74
oB/pV	Ratio	0,42	0,57	0,79	1,00	1,57	1,34	1,33	1,27	1,22	1,07	0,81	0,65	1,00
pV	mm	9	15	32	60	81	101	110	100	72	41	24	13	658
pLV	mm	8	9	25	60	127	135	146	127	88	44	19	8	796
N-pLV	mm	31	35	19	-15	-57	-68	-62	-55	-46	12	33	37	

Wien/Österreich (C l sh γ) (Ackerbau mit Weizen)
48° 15' N/16° 22' E; Höhe ü. NN: 203 m; (S = Schneeverdunstung; b = Bracheverdunstung)

Element	Einheit	J	F	M	A	M	J	J	A	S	O	N	D	Jahr
T	°C	-1,4	0,4	4,7	**10,3**	**14,8**	**18,1**	**19,9**	**19,3**	**15,6**	**9,8**	4,8	1,0	9,8
Tae	°C	5,4	7,9	14,3	22,8	32,7	39,4	41,2	42,8	35,6	24,8	15,7	9,4	24,3
N	**mm**	**39**	**44**	**44**	**45**	**70**	**67**	**84**	**72**	**42**	**56**	**52**	**45**	**660**
rF	mm	79	76	71	66	68	67	68	70	74	79	81	82	74
oB/pV	Ratio	S	b	0,84	1,16	1,04	1,01	0,80	0,69	0,65	0,58	b	b	0,84
pV	mm	9	15	32	60	81	101	110	100	72	41	24	13	658
pLV	**mm**	**8**	**3**	**27**	**70**	**84**	**102**	**88**	**69**	**47**	**24**	**5**	**3**	**530**
N-pLV	mm	**37**	**41**	**17**	-25	-14	-35	-4	**3**	-5	**32**	**47**	**42**	

Odessa/Ukraine (C m sh γ) (Kurzgras-Übergangssteppe)
46° 29'N/30° 38' E; Höhe ü. NN: 64 m; (S = Schneeverdunstung)

Element	Einheit	J	F	M	A	M	J	J	A	S	O	N	D	Jahr
T	°C	-2,8	-2,3	2,0	8,0	**15,0**	**19,2**	**22,1**	**21,4**	**16,7**	**11,5**	4,9	0,0	9,6
Tae	°C	4,0	4,4	10,6	20,2	33,6	42,0	47,1	46,1	37,1	27,3	16,0	8,0	24,7
N	**mm**	**28**	**26**	**20**	**27**	**34**	**45**	**34**	**37**	**29**	**35**	**43**	**31**	**389**
rF	mm	86	83	80	75	72	69	63	66	70	77	84	86	76
oB/pV	Ratio	S	S	0,38	0,70	0,86	0,73	0,57	0,46	0,39	0,35	0,22	0,20	0,48
pV	mm	-	-	17	40	73	101	135	122	87	49	20	9	663
pLV	**mm**	**7**	**7**	**6**	**28**	**63**	**74**	**77**	**56**	**34**	**17**	**4**	**2**	**375**
N-pLV	mm	**21**	**19**	**14**	-1	-29	-29	-43	-19	-5	-18	**39**	**29**	

Odessa/Ukraine (C m sh γ) (Ackerbau mit Weizen)
46° 29'N/30° 38' E; Höhe ü. NN: 64 m; (S = Schneeverdunstung; b = Bracheverdunstung)

Element	Einheit	J	F	M	A	M	J	J	A	S	O	N	D	Jahr
T	°C	-2,8	-2,3	2,0	**8,0**	**15,0**	**19,2**	**22,1**	**21,4**	**16,7**	**11,5**	4,9	0,0	9,6
Tae	°C	4,0	4,4	10,6	20,2	33,6	42,0	47,1	46,1	37,1	27,3	16,0	8,0	24,7
N	**mm**	**28**	**26**	**20**	**27**	**34**	**45**	**34**	**37**	**29**	**35**	**43**	**31**	**389**
rF	mm	86	83	80	75	72	69	63	66	70	77	84	86	76
oB/pV	Ratio	S	S	0,84	1,16	1,04	1,01	0,80	0,69	0,65	0,58	b	b	0,84
pV	mm	4	6	17	40	73	101	135	122	87	49	20	9	663
pLV	**mm**	**7**	**7**	**14**	**46**	**76**	**102**	**108**	**84**	**57**	**28**	**4**	**2**	**535**
N-pLV	mm	**27**	**25**	**6**	-19	-42	-57	-74	-47	-28	**7**	**39**	**29**	

Gurjew/Kasachstan (C m sh γ) (Wüstensteppen)
47° 01' N/51° 51' E; Höhe ü. NN: 23 m. (S = Schneeverdunstung)

Element	Einheit	J	F	M	A	M	J	J	A	S	O	N	D	Jahr
T	°C	-10,4	-9,4	-2,5	8,2	17,7	22,6	25,4	23,2	16,2	8,2	0,2	-6,2	7,8
Tae	°C	-6,9	-5,6	3,5	18,7	34,4	44,4	50,6	45,1	32,0	19,5	7,2	-1,2	20,1
N	mm	14	12	12	12	16	19	20	11	8	16	10	14	164
rF	mm	78	78	76	58	47	44	44	44	48	60	74	80	61
oB/pV	Ratio	S	S	S	0,30	0,35	0,35	0,35	0,35	0,25	0,20	0,15	S	0,21
pV	mm	-	-	-	51	122	164	184	167	104	46	14	-	858
pLV	mm	1	1	7	15	43	57	64	58	26	9	2	4	288
N-pLV	mm	13	11	5	-3	-27	-38	-44	-47	-18	7	8	10	

Gurjew/Kasachstan (C l sh γ) (Bewässerungslandbau)
47° 01' N/51° 51' E; Höhe ü. NN: 23 m. (S = Schneeverdunstung)

Element	Einheit	J	F	M	A	M	J	J	A	S	O	N	D	Jahr
T	°C	-10,4	-9,4	-2,5	8,2	17,7	22,6	25,4	23,2	16,2	8,2	0,2	-6,2	7,8
Tae	°C	-6,9	-5,6	3,5	18,7	34,4	44,4	50,6	45,1	32,0	19,5	7,2	-1,2	20,1
N	mm	14	12	12	12	16	19	20	11	8	16	10	14	164
rF	mm	78	78	76	58	47	44	44	44	48	60	74	80	61
oB/pV	Ratio	S	S	S	0,44	0,55	0,68	0,78	0,80	0,77	0,63	0,45	S	0,64
pV	mm	-	-	6	51	122	164	184	167	104	46	14	-	858
pLV	mm	1	1	7	22	67	112	144	134	80	29	6	4	616
N-pLV	mm	13	11	5	-10	-51	-103	-124	-123	-72	-13	4	10	

Ulan Ude/GUS (C m sh δ) (Weidewirtschaft, Grünland)
51° 48' N/107° 26' E; Höhe ü. NN: 197 m; (S = Schneeverdunstung)

Element	Einheit	J	F	M	A	M	J	J	A	S	O	N	D	Jahr
T	°C	-25,4	-20,9	-10,6	1,2	8,8	16,2	19,4	16,5	8,8	-0,1	-12,7	-21,9	-1,7
Tae	°C	-24,5	-19,6	-7,9	6,9	17,8	32,8	42,3	37,2	21,4	6,6	-10,0	-20,6	1,7
N	mm	6	2	3	6	13	32	69	62	27	8	9	9	246
rF	%	75	72	64	54	49	57	65	69	69	68	75	78	66
oB/pV	Ratio	S	S	S	0,33	0,70	0,86	0,85	0,73	0,39	0,35	S	S	0,60
pV	mm	-	-	-	25	70	109	115	90	52	16	-	-	477
pLV	mm	1	1	2	8	49	94	98	66	20	6	2	1	348
N-pLV	mm	5	1	1	-2	-57	-77	-46	-28	-25	2	7	8	

Ksyl-Orda/Kasachstan (C m sa δ) (Bewässerungsfeldbau)
44° 46' N/65° 32' E; Höhe ü. NN: 129 m. (S = Schneeverdunstung)

Element	Einheit	J	F	M	A	M	J	J	A	S	O	N	D	Jahr
T	°C	-9,6	-7,5	0,5	11,2	18,8	23,6	24,6	22,5	15,8	7,8	-0,6	-7,0	8,3
Tae	°C	-6,1	-3,3	7,3	21,0	31,8	40,9	42,9	38,7	28,0	16,6	5,4	-2,7	18,3
N	mm	13	15	14	14	11	5	4	3	4	7	10	14	114
rF	mm	77	75	71	54	56	50	48	46	48	60	65	74	61
oB/pV	Ratio	S	S	0,33	0,44	0,55	0,68	0,78	0,80	0,77	0,63	0,45	S	0,60
pV	mm	-	-	71	83	149	195	204	181	121	59	13	-	1076
pLV	mm	1	3	23	37	82	133	159	145	93	37	6	3	722
N-pLV	mm	12	12	-9	-23	-71	-128	-159	-145	-93	-30	4	11	

Minussinsk/GUS (C m h γ) (Übergangszone boreale Nadelwälder/Kurzgrassteppe)
53° 42' N/91° 42' E; Höhe ü. NN:251 m. (S = Schneeverdunstung)

Element	Einheit	J	F	M	A	M	J	J	A	S	O	N	D	Jahr
T	°C	-20,3	-19,9	-10,9	2,2	10,3	17,1	19,7	16,6	9,5	1,0	-9,0	-17,8	-0,1
Tae	°C	-18,8	-18,4	-7,9	9,1	21,0	35,8	44,0	37,7	23,3	8,5	-5,3	-16,0	9,4
N	mm	9	9	10	15	32	54	66	43	33	16	17	13	316
rF	mm	77	78	74	63	56	62	67	70	75	73	76	77	71
oB/pV	Ratio	S	S	S	0,50	0,91	1,10	1,00	0,91	0,75	0,33	S	S	0,78
pV	mm	-	-	-	26	71	105	113	88	46	18	-	-	467
pLV	mm	1	1	1	13	65	116	113	80	35	10	4	1	440
N-pLV	mm	8	8	9	2	-33	-62	-47	-37	-2	6	13	12	

Dunedin/Neuseeland (C l ph α) (neuseeländische Steppe, Langgrassteppe)
45° 55' S/170° 31' E; Höhe ü. NN 2 m

Element	Einheit	J	F	M	A	M	J	J	A	S	O	N	D	Jahr
T	°C	14,9	15,1	13,6	11,6	8,9	6,8	6,4	7,3	9,4	11,2	12,8	13,9	11,0
Tae	°C	32,6	33,1	31,0	29,3	22,1	18,5	17,2	18,4	21,7	24,7	28,5	31,4	25,7
N	mm	71	64	64	64	66	74	64	58	56	64	71	74	787
rF	mm	77	78	79	81	79	77	75	72	69	69	69	74	75
oB/pV	Ratio	0,69	0,60	0,57	0,45	0,40	0,38	0,37	0,38	0,70	0,85	0,86	0,83	0,59
pV	mm	79	77	68	55	41	33	32	39	49	62	69	69	56
pLV	mm	55	46	39	25	16	13	12	15	34	53	59	57	424
N-pLV	mm	16	18	25	39	50	64	52	43	22	11	12	17	

Vancouver/Kanada (C l h α) (temperierter Nadelfeuchtwald)
49° 11' N/123° 10' W; Höhe ü. NN: 2 m

Element	Einheit	J	F	M	A	M	J	J	A	S	O	N	D	Jahr
T	°C	2,9	4,1	6,2	9,1	12,8	15,8	17,7	17,6	14,3	10,2	6,2	4,2	10,2
Tae	°C	13,1	14,6	17,7	22,5	29,9	36,5	41,2	41,1	34,1	26,1	18,7	15,3	25,9
N	mm	140	120	96	58	49	47	26	35	54	117	138	164	1044
rF	%	89	85	81	78	76	76	76	76	82	86	88	90	82
oB/pV	Ratio	0,60	0,70	0,80	0,90	1,45	1,30	1,25	1,20	1,00	0,98	0,85	0,70	0,98
pV	mm	12	17	26	39	56	68	77	77	48	29	18	12	479
pLV	mm	7	12	21	35	81	88	96	92	48	28	15	8	531
N-pLV	mm	133	108	75	23	-32	-41	-70	-57	6	89	123	156	

Innsbruck/Österreich (C l ph β) (Ackerbau mit Gemüse)
47° 16' N/11° 24' E; Höhe ü. NN: 587 m; (S = Schneeverdunstung)

Element	Einheit	J	F	M	A	M	J	J	A	S	O	N	D	Jahr
T	°C	-2,8	-0,5	4,8	9,3	13,8	16,7	18,1	17,4	14,6	9,0	3,4	-1,1	8,6
Tae	°C	3,4	6,4	14,0	21,0	29,9	37,2	40,9	39,9	33,8	22,5	13,2	6,8	22,40
N	mm	57	52	43	55	77	114	140	113	84	71	57	48	911
rF	%	77	73	65	63	62	66	69	70	72	73	77	79	70
oB/pV	Ratio	S	0,2	0,8	1,16	1,04	1,01	0,80	0,69	0,65	0,58	0,199	S	0,87
pV	mm	6	14	39	60	88	98	99	93	74	47	24	11	653
pLV	mm	8	3	31	70	92	99	79	64	48	27	5	10	536
N-pLV	mm	49	49	12	-15	-15	15	61	49	36	44	52	38	

Bordeaux/Frankreich (C l h α) (Weinbaulandschaft)
44° 50' N/00° 42' W; Höhe ü. NN: 47 m

Element	Einheit	J	F	M	A	M	J	J	A	S	O	N	D	Jahr
T	°C	5,2	5,7	9,3	11,7	14,7	18,0	19,6	19,5	17,1	12,7	8,4	5,7	12,3
Tae	°C	16,7	17,5	22,8	27,8	34,3	41,9	45,4	45,6	41,0	31,7	23,1	18,3	30,5
N	mm	90	75	63	48	61	65	56	70	84	83	96	109	900
rF	%	87	82	78	76	76	77	76	77	82	84	88	89	81
oB/pV	Ratio	0,33	0,38	0,50	0,61	1,11	1,01	0,98	0,98	0,94	0,83	0,55	0,38	0,72
pV	mm	17	25	39	52	64	75	85	82	58	40	22	16	575
pLV	mm	6	10	20	32	71	76	83	80	55	33	12	6	484
N-pLV	mm	84	65	43	16	-10	-11	-27	-10	29	50	84	103	

Die Klimate der Erde auf ökophysiologischer Grundlage

London/Großbritanien (C l sh α) (Ackerbau mit Grünland)
51° 28' N/00° 19' W; Höhe ü. NN: 5 m

Element	Einheit	J	F	M	A	M	J	J	A	S	O	N	D	Jahr
T	°C	4,3	5,1	6,7	9,4	12,5	16,6	17,7	17,3	14,9	11,1	7,7	5,4	10,7
Tae	°C	14,8	15,8	18,0	20,4	26,5	33,3	37,9	35,8	33,7	26,7	20,9	16,6	25,03
N	mm	54	40	37	37	46	45	57	59	49	57	64	48	593
rF	mm	82	79	73	64	64	64	65	64	73	78	83	84	73
oB/pV	Ratio	0,41	0,52	0,89	1,22	1,35	1,40	1,18	0,96	0,83	0,76	0,51	0,37	0,86
pV	mm	21	26	38	57	74	93	103	100	71	46	28	21	678
pLV	mm	9	14	34	70	100	130	122	96	59	35	14	8	691
N-pLV	mm	45	26	3	-33	-54	-85	-65	-37	-10	22	50	40	

Paris/Frankreich (C l sh β) (Ackerbau mit Weizen)
48° 58' N/02° 27' E; Höhe ü. NN: 52 m. b = Bracheverdunstung

Element	Einheit	J	F	M	A	M	J	J	A	S	O	N	D	Jahr
T	°C	3,1	3,8	7,2	10,3	14,0	17,1	19,0	18,5	15,9	11,1	6,8	4,1	10,9
Tae	°C	12,7	14,0	18,7	22,9	30,7	37,6	41,9	42,4	37,1	27,5	19,4	14,5	26,6
N	mm	54	43	32	38	52	50	55	62	51	49	50	49	585
rF	mm	84	80	74	68	69	71	70	74	78	81	85	86	77
oB/pV	Ratio	b	b	0,84	1,16	1,04	1,01	0,80	0,69	0,65	0,58	b	b	0,846
pV	mm	16	22	38	57	74	85	98	86	64	41	23	16	620
pLV	mm	3	4	32	66	77	86	78	59	42	24	4	3	478
N-pLV	mm	51	39	0	-28	-25	-36	-23	-3	9	25	46	46	

Budapest/Ungarn (C l sh γ) (Ackerbau mit Weizen, Mais)
47° 31' N/19° 02' E; Höhe ü. NN: 120 m; (S = Schneeverdunstung; b = Bracheverdunstung)

Element	Einheit	J	F	M	A	M	J	J	A	S	O	N	D	Jahr
T	°C	-1,1	1,0	5,8	11,8	16,8	20,2	22,2	21,4	17,4	11,3	5,8	1,5	11,2
Tae	°C	6,0	8,7	15,4	24,6	35,1	42,2	46,2	45,6	37,2	26,2	17,4	10,2	26,2
N	mm	42	44	39	45	72	76	54	51	34	56	69	48	630
rF	%	81	76	67	60	62	62	60	62	65	74	81	83	69
oB/pV	Ratio	S	b	0,84	1,16	1,04	1,01	0,80	0,69	0,65	0,58	b	b	0,84
pV	mm	7	12	28	51	72	89	100	92	64	37	19	9	580
pLV	mm	1	2	24	59	75	90	80	63	42	21	4	2	463
N-pLV	mm	41	42	15	-14	-3	-14	-26	-12	-8	35	65	46	

Alma Ata/Kasachstan (C l sh δ) (Ackerbau mit Weizen - z.T. Bewässerungsfeldbau)
43° 14' N/75° 56' E; Höhe ü. NN: 848 m. (S = Schneeverdunstung)

Element	Einheit	J	F	M	A	M	J	J	A	S	O	N	D	Jahr
T	°C	-8,8	-7,4	-0,1	9,9	15,7	19,8	22,2	21,0	15,3	7,4	-0,8	-6,2	7,3
Tae	°C	-5,1	-3,0	7,2	21,7	32,0	39,2	41,7	38,9	27,8	16,4	5,7	-1,5	18,4
N	mm	26	32	64	89	99	59	35	23	25	46	48	35	518
rF	mm	74	74	73	59	55	51	45	44	45	55	70	74	60
oB/pV	Ratio	S	S	0,33	0,44	0,55	0,68	0,78	0,80	0,77	0,63	0,45	S	0,60
pV	mm	-	-	15	69	111	148	176	168	118	57	13	-	875
pLV	mm	2	2	5	30	61	101	137	134	91	36	6	4	609
N-pLV	mm	24	30	59	59	38	-42	-102	-111	-66	-10	42	31	

Colonia Sarmiento/Argentinien (C l sa γ) (ostpatagonische Steppe)
45° 35' S/69° 08' W; Höhe ü. NN: 266 m

Element	Einheit	J	F	M	A	M	J	J	A	S	O	N	D	Jahr
T	°C	17,3	16,9	14,3	10,8	7,0	3,9	4,0	5,5	8,0	11,6	14,3	16,4	10,6
Tae	°C	29,9	29,9	26,1	22,3	17,2	12,9	12,8	14,2	16,7	21,2	24,6	27,2	21,3
N	mm	10	8	11	15	24	16	17	15	10	6	12	9	153
rF	%	42	43	47	56	65	71	69	61	52	44	41	38	52
oB/pV	Ratio	0,69	0,60	0,57	0,45	0,40	0,38	0,37	0,38	0,70	0,85	0,86	0,83	0,59
pV	mm	134	131	107	76	47	29	31	43	62	91	111	129	991
pLV	mm	92	79	61	34	19	11	11	16	43	77	95	107	645
N-pLV	mm	-82	-71	-50	-19	5	5	6	-1	-33	-71	-83	-98	

Schewtschenko/Kasachstan (C l sa γ) (Wüstensteppe)
44° 33' N/50° 01' E; Höhe ü. NN: -23 m. (S = Schneeverdunstung)

Element	Einheit	J	F	M	A	M	J	J	A	S	O	N	D	Jahr
T	°C	-3,6	-2,7	2,2	10,0	17,8	22,7	25,8	24,5	19,4	12,0	4,9	-0,2	11,0
Tae	°C	-1,7	3,1	10,0	21,8	37,0	49,1	57,4	52,0	38,4	25,2	13,8	6,5	26,1
N	mm	7	8	8	14	11	17	15	7	14	12	9	8	130
rF	mm	75	75	71	65	58	58	62	70	74	80	80	78	70
oB/pV	Ratio	S	S	0,3	0,30	0,35	0,35	0,35	0,35	0,25	0,20	0,15	S	0,21
pV	mm	-	-	21	61	109	141	165	161	125	72	34	14	909
pLV	mm	7	8	6	18	38	49	58	56	31	14	5	3	296
N-pLV	mm	0	0	2	-4	-27	-32	-43	-49	-17	-2	4	5	

Brest/Frankreich (Cl ph α) (Laub-Mischwald)
48° 27' N/04° 25' W; Höhe ü. NN: 98 m

Element	Einheit	J	F	M	A	M	J	J	A	S	O	N	D	Jahr
T	°C	6,1	5,8	7,8	9,2	11,6	14,4	15,6	16,0	14,7	12,0	9,0	7,0	10,8
Tae	°C	18,5	18,0	21,5	23,6	28,8	35,5	38,3	39,1	36,7	30,2	24,2	20,6	27,9
N	mm	133	99	83	69	68	56	62	80	87	104	138	150	1126
rF	%	86	85	83	82	83	84	85	84	85	85	87	88	85
oB/pV	Ratio	0,42	0,57	0,79	1,00	1,57	1,34	1,33	1,27	1,22	1,07	0,81	0,65	1,00
pV	mm	21	21	29	33	39	45	45	49	43	36	25	20	406
pLV	mm	9	12	23	33	61	60	60	62	52	39	20	13	444
N-pLV	mm	124	87	60	36	7	-4	2	18	35	65	118	137	

Brest/Frankreich (C sl ph α) (Ackerbau mit Grünland)
48° 27' N/04° 25' W; Höhe ü. NN: 98 m

Element	Einheit	J	F	M	A	M	J	J	A	S	O	N	D	Jahr
T	°C	6,1	5,8	7,8	9,2	11,6	14,4	15,6	16,0	14,7	12,0	9,0	7,0	10,8
Tae	°C	18,5	18,0	21,5	23,6	28,8	35,5	38,3	39,1	36,7	30,2	24,2	20,6	27,9
N	mm	133	99	83	69	68	56	62	80	87	104	138	150	1126
rF	%	86	85	83	82	83	84	85	84	85	85	87	88	85
oB/pV	Ratio	0,41	0,52	0,89	1,22	1,35	1,40	1,18	0,96	0,83	0,76	0,51	0,37	1,04
pV	mm	21	21	29	33	39	45	45	49	43	36	25	20	406
pLV	mm	9	11	26	40	53	63	53	47	36	27	13	7	385
N-pLV	mm	124	88	57	29	15	-7	9	33	51	77	125	143	

Puerto Montt/Chile (C sl ph α) (temperierter Feuchtwald)
41° 28' S/72° 57' W; Höhe ü. NN: 13 m

Element	Einheit	J	F	M	A	M	J	J	A	S	O	N	D	Jahr
T	°C	15,2	14,8	13,2	11,2	9,3	8,0	7,6	7,8	8,8	10,6	12,2	13,9	11,1
Tae	°C	35,3	35,6	31,1	27,8	23,8	21,9	21,2	21,2	22,9	26,4	28,3	32,5	27,33
N	mm	90	139	139	181	236	257	209	198	158	119	131	125	1982
rF	mm	78	77	79	84	84	86	84	83	82	80	76	77	81
oB/pV	Ratio	1,33	1,27	1,22	1,07	0,91	0,75	0,62	0,77	0,89	1,00	1,57	1,34	1,06
pV	mm	61	62	51	35	30	24	27	28	32	41	53	59	503
pLV	mm	81	79	62	37	27	18	17	22	28	41	83	79	574
N-pLV	mm	9	60	77	144	209	239	192	176	130	78	48	46	

Gebirgsklimate der kühlen Mittelbreiten

Kahler Asten/Deutschland (C m ph α) (Gebirgsnadelwald)
51° 18' N/08° 29' E; Höhe ü. NN 835 m; (S = Schneeverdunstung)

Element	Einheit	J	F	M	A	M	J	J	A	S	O	N	D	Jahr
T	°C	-3,1	-2,8	0,4	4,0	8,6	11,6	13,2	13,0	10,3	5,5	1,1	-1,8	5,0
Tae	°C	4,5	4,6	9,2	15,6	22,5	29,3	33,8	33,8	27,7	18,8	11,4	6,5	14,1
N	mm	148	128	94	112	90	111	131	135	108	128	132	137	1454
rF	mm	83	80	76	72	70	72	73	74	78	81	83	84	77
oB/pV	Ratio	S	S	0,10	0,50	1,48	1,31	0,78	0,92	0,94	1,33	0,50	S	0,87
pV	mm	-	-	12	24	41	46	43	40	31	16	6	-	259
pLV	mm	7	8	1	12	61	60	34	37	29	21	3	10	283
N-pLV	mm	141	120	93	100	29	51	97	98	79	107	129	127	

Brocken/Deutschland (C m ph α) (Gebirgsnadelwald)
51° 48' N/08° 37' E; Höhe ü. NN 1142 m; (S = Schneeverdunstung)

Element	Einheit	J	F	M	A	M	J	J	A	S	O	N	D	Jahr
T	°C	-4,6	-4,7	-2,0	1,2	5,7	9,1	10,8	10,7	7,9	3,6	-0,3	-3,0	2,9
Tae	°C	2,3	2,1	5,7	11,1	18,9	25,4	30,4	30,5	24,1	16,0	9,3	4,9	12,5
N	mm	158	126	94	105	96	115	143	117	105	122	15	126	1422
rF	mm	81	79	75	70	69	69	72	72	79	82	82	83	75
oB/pV	Ratio	S	S	S	0,50	1,48	1,31	0,78	0,92	1,33	0,50	0,10	S	0,86
pV	mm	-	-	-	13	28	36	34	31	25	13	7	-	187
pLV	mm	5	5	10	7	41	47	27	29	33	7	1	7	219
N-pLV	mm	153	121	84	98	55	68	116	88	72	115	14	119	

Mont Ventoux/Frankreich (C m ph α) (Gebirgsnadelwald)
44° 10' N/05° 17' E; Höhe ü. NN 1212 m; (S = Schneeverdunstung)

Element	Einheit	J	F	M	A	M	J	J	A	S	O	N	D	Jahr
T	°C	-3,7	-3,4	-1,5	0,8	4,7	8,8	11,4	11,1	8,5	4,1	0,3	-2,6	3,2
Tae	°C	2,5	3,1	5,9	10,0	16,9	23,7	27,4	27,1	22,9	15,2	8,8	12,9	14,7
N	mm	72	41	72	67	94	75	38	74	102	131	115	95	966
rF	mm	79	79	80	81	81	76	69	71	76	80	81	82	78
oB/pV	Ratio	S	S	S	0,5	1,48	1,31	0,78	0,92	0,94	1,33	0,5	S	0,97
pV	mm	-	-	15	25	45	66	61	43	24	13	18		310
pLV	mm	7	7	9	8	37	60	51	56	40	32	7	8	322
N-pLV	mm	65	34	63	59	57	15	-13	18	62	99	108	87	

Großer Falkenstein/Deutschland (C m ph α) (Gebirgsnadelwald)
49° 05' N/13° 17' E; Höhe ü. NN: 1307 m; (S = Schneeverdunstung)

Element	Einheit	J	F	M	A	M	J	J	A	S	O	N	D	Jahr
T	°C	-5,6	-4,2	-1,3	3,1	7,0	10,2	12,0	11,8	9,2	5,1	0,0	-3,4	3,6
Tae	°C	0,5	2,5	6,8	13,8	21,1	28,0	32,6	32,1	25,8	17,6	9,0	3,6	16,1
N	mm	114	124	105	87	113	155	135	136	96	78	82	137	1362
rF	mm	85	83	80	80	80	83	84	83	83	82	83	84	83
oB/pV	Ratio	S	S	S	0,5	1,48	1,31	0,78	0,92	0,94	1,33	0,5	S	0,97
pV	mm	-	-	-	22	33	38	41	43	35	25	12	-	267
pLV	mm	4	6	9	11	49	50	32	40	33	33	6	7	280
N-pLV	mm	110	118	97	76	64	105	103	96	63	45	76	130	

Feldberg/Schwarzwald (Deutschland) (C m ph α) (Gebirgsnadelwald)
47° 52' N/08° 00' E; Höhe ü. NN: 1486 m; (S = Schneeverdunstung)

Element	Einheit	J	F	M	A	M	J	J	A	S	O	N	D	Jahr
T	°C	-4,3	-4,1	-1,2	1,4	5,8	9,0	10,8	10,7	8,4	4,0	0,3	-2,8	3,2
Tae	°C	2,4	2,6	6,8	11,3	19,1	26,4	30,3	29,9	24,9	15,7	9,1	4,2	15,2
N	mm	163	154	116	111	126	164	164	170	147	144	152	120	1732
rF	%	83	82	79	81	80	86	87	83	84	81	80	80	82
oB/pV	Ratio	S	S	S	0,5	1,48	1,31	0,78	0,92	0,94	1,33	0,5	S	0,97
pV	mm	3	4	11	17	30	29	38	40	31	23	14	7	247
pLV	mm	6	6	10	9	44	40	30	37	29	31	7	8	257
N-pLV	mm	157	148	106	102	82	124	134	133	118	113	145	112	

Mount Washington/USA [C k ph β] (Gebirgsnadelwald)
44° 16'N/71° 18' W; Höhe ü. NN: 1909 m; (S = Schneeverdunstung)

Element	Einheit	J	F	M	A	M	J	J	A	S	O	N	D	Jahr
T	°C	-14,3	-14,7	-11,3	-5,0	1,7	7,5	9,5	8,7	5,0	-0,6	-6,5	-12,9	-2,8
Tae	°C	-11,2	-11,8	-6,9	1,9	13,0	23,6	29,2	28,3	18,9	8,2	-0,5	-9,3	6,94
N	mm	138	132	146	150	148	165	170	169	178	157	168	160	1881
rF	mm	74	72	65	64	64	67	64	66	67	64	70	75	68
oB/pV	Ratio	S	S	S	S	0,50	1,48	1,31	0,94	0,92	0,50	S	S	0,94
pV	mm	-	-	-	2	15	24	26	18	21	12	-	-	64
pLV	mm	1	1	2	5	8	36	34	17	19	6	6	1	136
N-pLV	mm	137	131	144	145	140	129	136	152	159	151	162	159	

Pic-du-Midi/Frankreich (C sk ph α) (Alpine Matten)
42° 56' N/00° 09' E; Höhe ü. NN: 2860 m; (S = Schneeverdunstung)

Element	Einheit	J	F	M	A	M	J	J	A	S	O	N	D	Jahr
T	°C	-7,3	-7,7	-5,3	-3,8	-0,5	3,8	7,1	6,8	4,2	-0,4	-4,1	-6,9	-1,2
Tae	°C	-2,1	-2,8	1,0	3,2	9,3	17,3	21,6	22,1	16,9	8,8	2,4	-1,4	8,0
N	mm	124	74	74	80	61	61	52	90	82	82	98	125	1013
rF	mm	68	69	71	74	79	79	69	73	74	74	68	72	73
oB/pV	Ratio	S	S	S	S	0,5	1,48	1,31	0,92	1,33	0,5	S	S	1,0
pV	mm	-	-	-	-	15	29	52	47	34	18	6	-	201
pLV	mm	4	4	5	7	8	43	68	43	45	9	7	4	247
N-pLV	mm	120	70	69	73	53	18	-16	47	37	73	91	121	

Zugspitze/Alpen (BRD) (C sk ph α) (Frostschutt, stellenweise alpinen Matten)
47° 23' N/10° 59' E; Höhe ü. NN: 2960 m; (S = Schneeverdunstung)

Element	Einheit	J	F	M	A	M	J	J	A	S	O	N	D	Jahr
T	°C	-11,6	-11,6	-9,5	-6,9	-2,5	0,5	2,5	2,4	0,6	-3,2	-7,0	-10,0	-4,69
Tae	°C	-7,48	-7,5	-4,6	-0,6	6,9	12,8	16,2	15,9	11,8	4,5	-1,5	-5,5	4,04
N	mm	175	160	146	169	169	191	209	179	142	134	134	138	1946
rF	%	74	73	75	80	85	89	87	86	81	72	70	72	79
oB/pV	Ratio	S	S	S	S	S	1,00	1,00	1,00	0,5	S	S	S	0,87
pV	mm	-	-	-	-	8	11	17	18	18	10	-3	-12	25
pLV	mm	2	2	3	6	8	11	17	18	9	7	4	3	90
N-pLV	mm	173	158	143	163	161	180	192	161	133	127	130	135	

Sonnblick/Österreich (C e ph α) (Frostschuttstufe der Hochgebirge)
47° 03' N/12° 57' E; Höhe ü. NN: 3107 m; (S = Schneeverdunstung, b = Ödland bzw. Frostschutt)

Element	Einheit	J	F	M	A	M	J	J	A	S	O	N	D	Jahr
T	°C	-13,3	-13,1	-11,2	-8,1	-3,8	-0,7	1,6	1,5	-0,5	-4,4	-8,4	-11,4	-6,0
Tae	°C	-9,4	-9,3	-6,5	-1,8	5,2	11,6	15,1	15,9	10,6	3,7	-2,4	-6,8	2,2
N	mm	115	108	112	153	136	142	154	134	104	118	108	111	1495
rF	mm	77	76	80	84	89	91	90	89	85	80	80	78	83
oB/pV	Ratio	S	S	S	S	S	b	b	b	b	S	S	S	-
pV	mm	-	-	-	-	5	8	12	13	13	6	-	-	57
pLV	mm	1	1	1	2	7	2	2	2	2	6	2	1	29
N-pLV	mm	114	107	111	151	129	140	152	132	102	112	106	110	

Subtropen

Valdivia/Chile (B sl ph α) (temperierter Laubwald)
39° 48' S/73° 14' W; Höhe ü. NN: 9 m

Element	Einheit	J	F	M	A	M	J	J	A	S	O	N	D	Jahr
T	°C	17,0	16,4	14,5	11,8	9,7	8,2	7,7	8,0	9,3	11,5	13,3	15,3	11,9
Tae	°C	37,9	36,6	34,4	30,2	26,4	23,1	22,1	22,4	24,3	28,3	30,2	33,2	29,1
N	mm	65	69	115	212	377	414	374	301	214	119	122	107	2489
rF	mm	72	74	80	87	90	92	89	89	87	82	75	70	82
oB/pV	Ratio	1,33	1,27	1,22	1,07	0,91	0,75	0,62	0,77	0,89	1,00	1,57	1,34	1,06
pV	mm	83	74	54	31	21	15	19	20	25	40	59	78	519
pLV	mm	110	94	66	33	20	11	12	15	22	40	93	104	620
N-pLV	mm	-45	-25	49	179	357	403	362	286	192	79	29	3	

Jacksonville/USA (B sl p h α) (subtropischer Feuchtwald)
30° 25' N/81° 39' W; Höhe ü. NN: 7 m

Element	Einheit	J	F	M	A	M	J	J	A	S	O	N	D	Jahr
T	°C	13,3	14,2	16,8	20,4	24,3	27,1	28,1	29,7	26,3	21,3	16,5	13,4	20,8
Tae	°C	29,7	30,8	36,5	43,8	53,2	64,1	68,3	70,3	64,2	48,8	36,9	30,2	48,1
N	mm	62	74	89	90	88	161	195	174	192	131	43	56	1355
rF	%	73	69	68	67	65	70	72	76	76	74	73	75	72
oB/pV	Ratio	0,51	0,53	0,60	0,65	0,68	0,70	0,70	0,70	0,65	0,61	0,60	0,58	0,63
pV	mm	63	74	91	112	144	150	149	132	121	99	78	59	1272
pLV	mm	32	39	55	73	98	152	104	92	79	60	47	34	865
N-pLV	mm	30	35	34	17	-10	9	91	82	113	71	-4	42	

Sydney/Australien (B sl ph α) (subtropischer Feuchtwald, Lorbeerwald)
33° 51' S/151° 31 E; Höhe ü. NN: 42

Element	Einheit	J	F	M	A	M	J	J	A	S	O	N	D	Jahr
T	°C	22,0	21,9	20,8	18,3	15,1	12,8	11,8	13,0	15,2	17,6	19,5	21,1	17,4
Tae	°C	49,0	50,1	48,4	41,6	34,9	30,0	27,5	28,6	31,2	36,9	41,0	45,5	38,7
N	mm	104	125	129	101	115	141	94	83	72	80	77	86	1207
rF	%	68	71	74	75	77	76	74	69	64	62	63	65	69
oB/pV	Ratio	0,7	0,7	0,65	0,61	0,60	0,60	0,58	0,51	0,53	0,60	0,65	0,70	0,63
pV	mm	122	113	98	81	63	56	56	69	88	109	118	124	1097
pLV	mm	85	79	64	49	37	34	32	35	47	65	77	87	691
N-pLV	mm	19	46	65	52	78	107	62	48	25	15	0	-1	

Buenos Aires/Argentinien (B sl ph β) (Ackerbau mit Weizen)
34° 35' S/58° 29' W; Höhe ü. NN: 25 m; (b = Bracheverdunstung)

Element	Einheit	J	F	M	A	M	J	J	A	S	O	N	D	Jahr
T	°C	23,7	23,0	20,7	16,6	13,7	11,1	10,5	11,5	13,6	16,5	19,5	22,1	16,9
Tae	°C	52,3	51,2	48,3	38,7	33,5	27,7	26,4	26,9	31,5	37,1	42,9	47,4	38,7
N	mm	104	82	122	90	79	68	61	68	80	100	90	83	1027
rF	mm	47	52	58	65	71	74	67	59	53	50	45	46	57
oB/pV	Ratio	0,58	0,49	0,45	0,38	0,27	b	b	0,35	0,62	0,98	0,91	0,78	0,58
pV	mm	146	131	98	73	48	35	35	53	64	78	107	133	1001
pLV	mm	85	64	44	28	13	6	6	19	40	76	97	103	581
N-pLV	mm	19	18	78	62	66	62	55	50	40	24	-7	-20	

Concepción/Chile (B sl h α) (sommergrüner/immergrüner Laub-Mischwald)
36° 40' S/73° 03' W; Höhe ü. NN: 15 m

Element	Einheit	J	F	M	A	M	J	J	A	S	O	N	D	Jahr
T	°C	18,0	17,2	15,1	12,8	11,1	9,7	9,1	9,1	10,6	12,6	14,8	16,9	13,0
Tae	°C	40,3	38,9	34,8	31,7	29,4	25,2	24,3	23,8	26,9	29,8	34,3	37,1	31,4
N	mm	17	21	52	85	211	250	238	183	103	59	46	29	1294
rF	mm	71	73	78	84	88	88	87	84	83	79	75	72	80
oB/pV	Ratio	0,80	0,70	0,90	1,00	0,91	0,75	0,52	0,67	0,90	1,00	0,90	0,80	0,82
pV	mm	91	82	60	40	28	24	25	30	36	49	67	81	613
pLV	mm	73	57	54	40	25	18	13	20	32	49	60	65	506
N-pLV	mm	-56	-36	-2	45	186	232	228	163	70	10	-14	-36	

Mar del Plata/Argentinien (B sl h α) (Pampa)
38° 08' S/57° 33' W; Höhe ü. NN: 14 m

Element	Einheit	J	F	M	A	M	J	J	A	S	O	N	D	Jahr
T	°C	19,0	19,3	17,8	14,9	11,3	8,9	7,7	8,4	9,7	11,6	14,9	17,2	13,4
Tae	°C	42,4	43,7	41,1	35,0	27,9	23,6	21,8	21,8	25,1	29,8	35,2	39,1	32,2
N	mm	70	73	89	65	66	62	51	48	55	57	68	64	768
rF	mm	71	74	75	78	84	85	87	83	83	86	79	75	82
oB/pV	Ratio	0,91	0,81	0,75	0,72	0,60	0,50	0,51	0,53	0,75	0,91	1,10	1,00	0,76
pV	mm	96	89	80	60	35	28	22	29	34	33	58	76	640
pLV	mm	87	72	60	43	40	14	11	15	26	30	64	76	538
N-pLV	mm	-17	1	29	22	26	48	40	33	29	27	4	-12	

Die Klimate der Erde auf ökophysiologischer Grundlage

Durban/Südafrika (B sl h α) (subtropischer Feuchtwald)
29° 50' S/31° 02' E; Höhe ü. NN: 5 m

Element	Einheit	J	F	M	A	M	J	J	A	S	O	N	D	Jahr
T	°C	24,7	24,9	23,9	22,1	20,0	18,3	17,9	18,7	19,8	20,9	22,3	23,8	21,4
Tae	°C	60,1	60,8	58,2	51,7	44,0	38,3	38,2	42,2	45,1	48,4	51,9	56,7	49,6
N	mm	112	134	140	92	59	39	34	44	75	117	117	130	1093
rF	%	75	76	77	75	69	65	66	72	73	74	75	74	73
oB/pV	Ratio	0,7	0,7	0,65	0,61	0,60	0,58	0,51	0,53	0,60	0,65	0,68	0,70	0,63
pV	mm	117	114	105	101	106	104	101	92	95	98	101	115	1249
pLV	mm	82	80	68	62	64	60	52	49	57	64	69	81	788
N-pLV	mm	30	54	72	30	-5	-21	-18	-5	18	53	48	49	

Albany/Australien (B sl h α) (Langgrassteppe der Winterregen-Subtropen)
35° 02' S/117° 55' E; Höhe ü. NN: 13 m

Element	Einheit	J	F	M	A	M	J	J	A	S	O	N	D	Jahr
T	°C	19,2	19,4	18,7	16,9	14,7	13,1	12,1	12,4	13,4	14,6	16,4	7,9	15,7
Tae	°C	43,2	43,3	42,6	38,7	34,5	30,3	28,2	28,5	28,5	34,1	36,6	40,8	35,8
N	mm	35	26	45	74	135	138	152	138	108	83	42	31	1008
rF	mm	73	73	73	75	77	76	76	76	76	76	74	74	75
oB/pV	Ratio	0,70	0,60	0,75	0,72	0,60	0,50	0,51	0,53	0,75	1,10	1,00	0,8	0,71
pV	mm	91	91	90	76	62	57	53	54	57	64	74	83	852
pLV	mm	64	55	68	55	37	29	27	29	43	70	74	66	617
N-pLV	mm	-29	-29	-23	19	50	109	125	109	65	13	-32	-35	

Pôrto Alegre/ Brasilien (B sl h β) (subtropischer Feuchtwald)
30° 02' S/51° 13' W; Höhe ü. NN: 10 m

Element	Einheit	J	F	M	A	M	J	J	A	S	O	N	D	Jahr
T	°C	24,7	24,3	23,0	20,2	17,1	14,8	14,3	15,1	16,5	18,6	21,0	23,6	19,5
Tae	°C	59,3	56,9	54,9	48,2	41,0	35,8	34,5	36,4	39,9	44,3	46,9	64,9	46,1
N	mm	93	90	91	109	125	128	127	123	134	107	85	58	1298
rF	mm	73	73	76	80	82	82	84	83	83	78	70	07	78
oB/pV	Ratio	0,7	0,7	0,65	0,61	0,60	0,58	0,51	0,53	0,60	0,65	0,68	0,70	0,63
pV	mm	125	120	103	76	58	51	44	49	53	76	110	128	993
pLV	mm	105	84	67	46	35	30	22	26	32	49	75	90	661
N-pLV	mm	-12	6	24	63	90	98	105	97	102	31	10	-32	

Algir/Algerien (B sl h β) (Mediterrankulturen, Agrumen)
36° 43' N/03° 14' E; Höhe ü. NN:28 m

Element	Einheit	J	F	M	A	M	J	J	A	S	O	N	D	Jahr
T	°C	12,2	12,6	13,8	16,0	18,5	22,1	24,3	25,2	23,2	20,0	16,7	13,9	18,2
Tae	°C	27,2	27,5	29,5	32,9	39,5	48,1	53,6	55,8	51,6	43,0	36,4	30,3	39,6
N	mm	111	78	69	52	38	14	3	4	32	80	110	121	712
rF	mm	71	66	65	62	66	66	66	65	68	66	68	68	66
oB/pV	Ratio	0,33	0,41	0,44	0,54	0,68	0,78	0,80	0,77	0,63	0,50	0,45	0,40	0,56
pV	mm	61	73	80	97	104	127	142	152	128	114	91	75	1244
pLV	mm	20	30	35	52	71	99	113	117	81	57	41	30	694
N-pLV	mm	91	48	34	0	-33	-85	-110	-113	-49	23	69	91	

Mbabane/Swasiland (B sl h γ) (Ackerbau mit Mais)
26° 19' S/31° 09' E; Höhe über NN: 1163 m (b = nicht bebautes Land)

Element	Einheit	J	F	M	A	M	J	J	A	S	O	N	D	Jahr
T	°C	20,0	20,0	18,9	17,5	14,7	12,2	12,5	14,1	16,1	18,0	18,9	19,7	16,9
Tae	°C	50,9	51,3	49,0	43,2	35,1	27,3	28,1	32,2	34,2	41,7	46,1	49,8	40,7
N	mm	255	214	194	72	33	20	23	27	62	162	171	209	1442
rF	mm	78	79	81	76	71	64	64	67	59	68	73	76	71
oB/pV	Ratio	1,01	0,80	0,55	0,53	0,53	b	b	0,38	0,90	0,94	0,78	0,69	0,71
pV	mm	88	85	73	81	79	76	79	83	109	104	97	94	1048
pLV	mm	89	68	40	43	42	13	13	32	98	98	76	65	677
N-pLV	mm	166	146	154	29	-9	7	10	-5	-36	64	95	144	

San Francisco/USA (B sl sh α) (Weinbau, Obst und Gemüse)
37° 47' N/122° 25' W; Höhe ü. NN: 16 m

Element	Einheit	J	F	M	A	M	J	J	A	S	O	N	D	Jahr
T	°C	10,4	11,7	12,6	13,2	14,1	15,1	14,9	15,2	16,7	16,3	14,1	11,4	13,8
Tae	°C	24,7	27,5	28,8	29,7	32,0	34,7	35,5	36,1	38,9	35,9	34,5	26,4	32,0
N	mm	116	93	74	37	16	4	0	1	6	23	51	108	529
rF	%	77	75	72	72	74	76	80	81	76	72	72	76	75
oB/pV	Ratio	0,33	0,38	0,65	0,80	1,11	0,81	0,61	0,55	0,50	0,46	0,45	0,38	0,58
pV	mm	44	54	63	64	65	65	56	54	73	79	69	50	736
pLV	mm	15	21	41	51	72	53	34	30	37	36	31	19	440
N-pLV	mm	101	72	33	-14	-56	-49	-34	-29	-31	-13	20	89	

Valparaíso/Chile (B sl sh α) (mediterrane Hartlaubgehölze)
33° 01' S/71° 38' W; Höhe ü. NN: 41 m

Element	Einheit	J	F	M	A	M	J	J	A	S	O	N	D	Jahr
T	°C	18,0	17,9	16,7	14,9	13,5	12,2	11,8	12,0	12,9	14,1	15,7	17,2	14,7
Tae	°C	43,5	44,0	41,5	36,5	33,6	30,9	30,2	29,8	32,3	34,4	37,6	40,5	36,2
N	mm	2	2	4	18	97	128	88	67	30	16	7	3	462
rF	mm	82	84	85	84	86	88	87	84	86	84	80	80	84
oB/pV	Ratio	0,36	0,34	0,30	0,51	0,72	0,70	0,67	0,65	0,79	0,90	1,20	0,72	0,64
pV	mm	62	56	49	46	37	29	31	38	36	43	59	64	550
pLV	mm	22	19	15	23	27	20	21	25	28	39	71	46	356
N-pLV	mm	-20	-17	-11	-5	70	108	67	42	2	-23	-64	-43	

Bahía Blanca/Argentinien (B sl sh α) (Ackerbau mit Weizen)
38° 44' S/62° 11' W; Höhe ü. NN: 70 m (b = nichtbebautes Land bzw. Brache)

Element	Einheit	J	F	M	A	M	J	J	A	S	O	N	D	Jahr
T	°C	23,0	21,8	19,1	13,8	10,9	7,8	7,6	8,8	10,3	14,3	18,5	21,0	14,8
Tae	°C	46,0	45,1	40,9	30,3	25,2	20,3	19,0	21,2	21,5	29,0	36,5	40,8	31,3
N	mm	50	55	86	50	41	45	28	13	46	48	44	52	558
rF	mm	55	60	65	69	73	78	71	71	64	59	56	53	65
oB/pV	Ratio	0,58	0,49	0,45	0,38	0,27	b	b	0,35	0,62	0,98	0,91	0,78	0,58
pV	mm	160	140	111	73	53	35	43	48	60	92	124	148	1087
pLV	mm	93	69	50	28	14	6	8	17	37	90	113	115	640
N-pLV	mm	-43	-14	36	22	27	39	20	-4	9	-42	-69	-63	

Kapstadt/Südafrika (B sl sh α) (mediterrane Hartlaubgehölze)
33° 45' S/18° 32' E; Höhe ü. NN: 17 m

Element	Einheit	J	F	M	A	M	J	J	A	S	O	N	D	Jahr
T	°C	21,2	21,5	20,3	17,5	15,1	13,4	12,6	13,2	14,5	16,3	18,3	20,1	17,0
Tae	°C	44,6	46,8	45,2	40,0	35,1	31,0	30,4	30,8	33,1	35,1	38,5	42,2	37,3
N	mm	16	14	19	53	91	102	98	82	58	39	24	19	615
rF	%	63	66	71	75	78	78	79	78	75	69	65	63	72
oB/pV	Ratio	0,36	0,34	0,30	0,49	0,72	0,70	0,67	0,65	0,79	0,90	1,20	0,72	0,64
pV	mm	176	167	143	109	82	67	66	75	93	114	134	159	1385
pLV	mm	63	57	43	53	59	47	46	49	73	103	161	114	871
N-pLV	mm	-47	-43	-62	0	32	55	52	33	15	-64	-137	-95	

Kapstadt/Südafrika (B sl sh α) (Mediterrankulturen, Weinbau, Bewässerungsfeldbau)
33° 45' S/18° 32' E; Höhe ü. NN: 17 m

Element	Einheit	J	F	M	A	M	J	J	A	S	O	N	D	Jahr
T	°C	21,2	21,5	20,3	17,5	15,1	13,4	12,6	13,2	14,5	16,3	18,3	20,1	17,0
Tae	°C	44,6	46,8	45,2	40,0	35,1	31,0	30,4	30,8	33,1	35,1	38,5	42,2	37,3
N	mm	16	14	19	53	91	102	98	82	58	39	24	19	615
rF	%	63	66	71	75	78	78	79	78	75	69	65	63	72
oB/pV	Ratio	0,81	0,77	0,63	0,50	0,45	0,40	0,33	0,41	0,44	0,55	0,68	0,78	0,56
pV	mm	176	167	143	109	82	67	66	75	93	114	134	159	1385
pLV	mm	142	129	90	55	37	27	22	31	41	63	91	124	852
N-pLV	mm	-126	-115	-71	-2	54	75	76	51	17	-24	-67	-105	

Perth/Australien (B sl sh β) (Obst, Weinbau, Bewässerungsfeldbau)
31° 57' S/115° 51' E; Höhe ü. NN: 60 m

Element	Einheit	J	F	M	A	M	J	J	A	S	O	N	D	Jahr
T	°C	23,4	23,9	22,2	19,2	16,1	13,7	13,1	13,5	14,7	16,3	19,2	21,5	18,1
Tae	°C	43,2	45,4	42,8	37,3	33,8	30,6	28,9	28,9	30,6	32,2	35,7	40,5	35,8
N	mm	7	12	22	52	125	192	183	135	69	54	23	15	889
rF	mm	47	48	52	55	65	70	70	66	62	58	50	49	58
oB/pV	Ratio	0,61	0,55	0,50	0,46	0,45	0,38	0,33	0,38	0,56	0,80	1,11	0,81	0,58
pV	mm	176	182	159	130	92	72	68	76	90	104	138	159	1446
pLV	mm	107	100	80	60	41	27	22	29	50	83	153	129	881
N-pLV	mm	-100	-88	-58	-8	84	165	161	106	19	-29	-130	-114	

Casablanca/Marokko (B sl sh β) (Weinanbau, Obst und Gemüse)
33° 35' N/07° 39' W; Höhe ü. NN: 164 m

Element	Einheit	J	F	M	A	M	J	J	A	S	O	N	D	Jahr
T	°C	12,4	12,9	14,6	15,9	17,8	20,4	22,6	23,0	21,8	19,5	16,7	13,9	18,2
Tae	°C	29,4	30,8	34,9	37,2	42,0	47,0	54,9	57,4	54,2	46,3	37,5	30,5	41,8
N	mm	53	48	56	36	23	5	0	2	8	38	66	71	406
rF	mm	80	79	79	78	78	76	77	82	82	78	78	78	79
oB/pV	Ratio	0,33	0,38	0,65	0,80	1,11	0,81	0,61	0,55	0,50	0,46	0,45	0,38	0,58
pV	mm	46	51	58	64	72	88	99	81	77	80	65	53	834
pLV	mm	15	19	38	51	80	71	60	45	39	37	29	20	504
N-pLV	mm	38	29	18	-15	-57	-66	-60	-43	-31	1	37	51	

Lissabon/Portugal (B sl sh β) (Weinbau, Obst, Gemüse)
38° 43' N/09° 09' W; Höhe ü. NN: 77 m.

Element	Einheit	J	F	M	A	M	J	J	A	S	O	N	D	Jahr
T	°C	10,8	11,6	13,6	15,6	17,2	20,1	22,2	22,5	21,2	18,2	14,4	11,5	16,6
Tae	°C	26,3	26,4	30,4	32,4	35,7	41,3	44,1	45,9	44,5	39,1	33,2	27,6	35,6
N	mm	111	76	109	54	44	16	3	4	33	62	93	103	708
rF	mm	78	72	71	63	63	60	55	57	62	67	75	78	67
oB/pV	Ratio	0,33	0,38	0,65	0,80	1,11	0,81	0,61	0,55	0,50	0,46	0,45	0,38	0,71
pV	mm	45	58	69	93	102	128	153	152	131	100	65	48	1144
pLV	mm	15	22	49	74	113	104	93	84	66	46	29	18	713
N-pLV	mm	96	54	60	-20	-69	-88	-90	-80	-33	16	64	85	

Valencia/Spanien (B sl sh β) (Mediterrankulturen, Agrumen)
38° 62' N/00° 23' W; Höhe ü. NN: 13 m

Element	Einheit	J	F	M	A	M	J	J	A	S	O	N	D	Jahr
T	°C	10,3	11,2	13,2	15,0	17,9	21,5	24,2	24,6	22,6	18,3	14,3	11,4	17,0
Tae	°C	22,7	24,0	28,1	31,4	38,4	47,1	54,8	57,2	51,8	39,9	30,7	25,1	37,6
N	mm	32	32	30	31	31	55	9	26	56	75	38	37	422
rF	mm	67	65	66	64	66	67	69	71	72	70	68	67	68
oB/pV	Ratio	0,33	0,41	0,44	0,55	0,68	0,78	0,80	0,77	0,63	0,50	0,45	0,40	0,56
pV	mm	58	65	74	88	101	121	132	129	113	93	76	64	982
pLV	mm	19	27	33	48	69	94	106	99	71	47	34	26	673
N-pLV	mm	13	5	-3	-17	-38	-39	-97	-73	-15	28	4	11	

Palermo/Italien (B sl sh β) (Mediterrankulturen, Agrumen, Bewässerungsfeldbau)
38° 07' N/13° 21' E; Höhe ü. NN: 71 m

Element	Einheit	J	F	M	A	M	J	J	A	S	O	N	D	Jahr
T	°C	10,2	10,8	12,8	15,1	18,3	22,2	24,8	25,1	23,1	19,1	15,3	11,9	17,4
Tae	°C	23,7	24,4	27,8	32,0	38,6	46,6	52,4	52,7	48,4	41,3	33,2	26,4	37,3
N	mm	71	43	50	49	19	9	2	18	41	77	71	26	512
rF	mm	72	68	66	65	65	61	58	58	60	67	69	70	60
oB/pV	Ratio	0,33	0,41	0,44	0,55	0,68	0,78	0,80	0,77	0,63	0,50	0,45	0,45	0,57
pV	mm	52	61	73	67	105	140	170	171	150	106	80	63	1238
pLV	mm	17	25	32	37	71	109	136	132	95	53	36	28	771
N-pLV	mm	54	18	18	12	-52	-100	-134	-114	-54	24	35	-2	

Iraklion/Kreta (B sl sh β) (subtropische Strauchsteppe des Winterregengebietes z.T. mit Nadelholz/Mediterrankulturen)
35° 21' N/25° 98' E; Höhe ü. NN: 29 m

Element	Einheit	J	F	M	A	M	J	J	A	S	O	N	D	Jahr
T	°C	12,3	12,6	13,5	16,1	19,0	23,0	25,4	25,6	23,2	20,4	17,3	14,2	18,6
Tae	°C	27,4	27,5	28,7	32,8	39,5	47,4	53,2	54,9	49,2	44,1	37,6	31,4	39,5
N	mm	95	46	43	26	13	3	1	1	11	64	71	79	453
rF	%	71	68	65	61	62	58	57	60	62	66	70	71	64
oB/pV	Ratio	0,42	0,49	0,56	0,57	0,58	0,33	0,23	0,24	0,28	0,41	0,57	0,54	0,43
pV	mm	62	68	78	99	116	154	177	170	145	116	88	71	1344
pLV	mm	26	33	44	40	67	51	41	41	41	48	50	38	520
N-pLV	mm	69	13	-1	-14	-54	-48	-40	-40	-30	16	21	41	

Iraklion/Kreta (B sl sh β) (Mediterrankulturen (Agrumen, Bewässerung))
35° 21' N/25° 98' E; Höhe ü. NN: 29 m

Element	Einheit	J	F	M	A	M	J	J	A	S	O	N	D	Jahr
T	°C	12,3	12,6	13,5	16,1	19,0	23,0	25,4	25,6	23,2	20,4	17,3	14,2	18,6
Tae	°C	27,4	27,5	28,7	32,8	39,5	47,4	53,2	54,9	49,2	44,1	37,6	31,4	39,5
N	mm	95	46	43	26	13	3	1	1	11	64	71	79	453
rF	%	71	68	65	61	62	58	57	60	62	66	70	71	64
oB/pV	Ratio	0,33	0,41	0,44	0,55	0,68	0,78	0,80	0,77	0,63	0,50	0,45	0,40	0,62
pV	mm	62	68	78	99	116	154	177	170	145	116	88	71	1344
pLV	mm	20	28	34	54	79	120	142	131	91	58	40	28	825
N-pLV	mm	75	18	9	-28	-66	-117	-141	-130	-80	6	31	51	

Athen/Griechenland (B sl sh β) (Weinanbau, Obst und Gemüse)
37° 58' N/23° 43' E; Höhe ü. NN: 107 m

Element	Einheit	J	F	M	A	M	J	J	A	S	O	N	D	Jahr
T	°C	9,3	9,9	11,3	15,3	20,0	24,6	27,6	27,4	23,5	19,0	14,7	11,0	17,8
Tae	°C	22,2	23,0	24,6	31,6	40,8	49,1	53,5	53,3	47,9	41,2	33,5	25,9	37,2
N	mm	62	36	38	23	23	14	6	7	15	51	56	71	402
rF	mm	74	72	69	69	65	64	63	64	68	73	75	77	69
oB/pV	Ratio	0,33	0,38	0,65	0,80	1,11	0,81	0,61	0,55	0,50	0,46	0,45	0,38	0,58
pV	mm	45	54	63	91	129	128	218	217	163	106	71	51	1336
pLV	mm	15	21	41	73	143	104	133	119	82	49	32	19	831
N-pLV	mm	47	15	-3	-50	-120	-90	-127	-112	-67	2	24	52	

Die Klimate der Erde auf ökophysiologischer Grundlage

Beirut/Libanon (B sl sh γ) (Mediterrankulturen, Agrumen, Bewässerungsfeldbau)
33° 54' N/35° 28' E; Höhe ü. NN: 34 m

Element	Einheit	J	F	M	A	M	J	J	A	S	O	N	D	Jahr
T	°C	13,6	13,9	15,6	18,3	21,7	24,4	26,2	27,5	26,4	23,9	19,4	15,6	20,5
Tae	°C	30,8	31,1	35,1	40,1	48,3	53,1	57,5	61,1	57,1	52,4	40,5	34,7	45,2
N	mm	191	157	94	56	18	3	2	2	5	51	132	185	896
rF	mm	71	71	71	70	67	64	62	61	61	64	64	70	66
oB/pV	Ratio	0,33	0,41	0,44	0,55	0,68	0,78	0,80	0,77	0,63	0,50	0,45	0,40	0,56
pV	mm	70	70	79	94	124	148	169	185	172	146	113	81	1451
pLV	mm	23	29	35	52	84	115	135	142	108	73	51	32	879
N-pLV	mm	168	128	59	4	-66	-112	-133	-140	-103	-22	81	153	

Los Angeles/USA (B sl sa α) (Bewässerungsoase mit Mediterrankulturen)
34° 03' N/118° 14' W; Höhe ü. NN: 103 m

Element	Einheit	J	F	M	A	M	J	J	A	S	O	N	D	Jahr
T	°C	13,2	13,9	15,2	16,6	18,2	20,0	22,8	22,8	22,2	19,7	17,1	14,6	18,0
Tae	°C	26,1	29,4	31,7	36,8	40,9	45,8	53,3	52,8	48,8	41,5	31,7	29,9	38,9
N	mm	78	85	57	30	4	2	0	1	6	10	27	73	373
rF	%	57	64	64	69	73	73	72	71	67	62	50	52	64
oB/pV	Ratio	0,33	0,41	0,44	0,55	0,68	0,78	0,80	0,77	0,63	0,50	0,45	0,40	0,62
pV	mm	87	82	89	89	86	96	116	119	125	122	122	104	1237
pLV	mm	29	34	39	49	58	75	93	92	79	61	55	42	706
N-pLV	mm	49	51	18	-19	-54	-73	-93	-91	-73	-51	-28	31	

San Diego/USA (B sl sa α) (Strauchsteppe der Winterregen-Subtropen)
32° 44'N/117° 10' W; Höhe ü. NN: 4 m

Element	Einheit	J	F	M	A	M	J	J	A	S	O	N	D	Jahr
T	°C	13,1	13,7	14,7	16,1	17,5	18,2	20,9	21,5	20,8	18,7	16,3	4,2	17,2
Tae	°C	28,9	31,6	33,5	36,6	40,7	42,8	50,8	52,3	50,4	43,8	35,1	30,9	39,8
N	mm	51	55	40	20	4	1	0	2	4	12	23	52	264
rF	mm	70	74	73	75	77	79	80	80	79	76	69	63	75
oB/pV	Ratio	0,42	0,49	0,56	0,57	0,58	0,33	0,23	0,24	0,28	0,41	0,57	0,54	0,43
pV	mm	68	64	71	71	73	70	80	82	83	82	85	74	903
pLV	mm	29	31	40	40	42	23	18	20	23	34	48	40	388
N-pLV	mm	22	24	0	-20	-38	-22	-18	-18	-19	-22	-25	12	

La Serena/Chile (B sl sa α) (subtropische Wüstensteppe)
29° 54' S/71° 15' W; Höhe ü. NN: 35 m

Element	Einheit	J	F	M	A	M	J	J	A	S	O	N	D	Jahr
T	°C	18,2	18,4	16,9	14,9	13,4	12,1	11,7	12,0	12,7	14,0	15,5	7,0	14,7
Tae	°C	43,1	43,6	40,8	37,0	32,6	29,7	29,1	29,8	31,0	33,8	37,2	40,3	35,7
N	mm	0	1	1	3	22	44	30	23	6	4	1	0	135
rF	mm	80	81	82	86	85	83	82	84	81	82	82	80	82
oB/pV	Ratio	0,15	0,15	0,29	0,41	0,45	0,31	0,30	0,29	0,31	0,41	0,41	0,15	0,30
pV	mm	68	65	58	41	39	40	41	38	46	48	53	63	600
pLV	mm	10	10	17	17	18	12	12	11	14	20	22	9	172
N-pLV	mm	-10	-9	-16	-14	4	32	18	12	-8	-16	-21	-9	

Calvinia/Südafrica (B sl sa β) (Subtropische xeromorphe Strauchsteppe)
31° 28' S/19° 46' E; Höhe ü. NN: 981 m

Element	Einheit	J	F	M	A	M	J	J	A	S	O	N	D	Jahr
T	°C	22,8	22,5	20,8	16,1	13,0	10,6	9,4	11,4	12,8	16,7	18,3	20,8	16,3
Tae	°C	44,0	44,8	42,5	34,2	28,4	24,4	21,6	25,6	27,4	33,0	34,6	40,0	33,4
N	mm	7	14	17	20	27	29	24	23	17	11	13	7	209
rF	%	45	49	52	59	61	62	63	64	58	50	47	46	55
oB/pV	Ratio	0,52	0,49	0,45	0,43	0,35	0,24	0,23	0,27	0,23	0,42	0,57	0,54	0,43
pV	mm	186	176	157	109	86	72	62	72	89	127	141	166	1443
pLV	mm	97	86	71	47	30	17	14	19	20	53	80	90	624
N-pLV	mm	-90	-72	-54	-27	-3	12	10	4	-3	-42	-67	-83	

Tunis/Tunesien (B sl sa β) (mediterrane Hartlaubgehölze)
36° 50' N/10° 14' E; Höhe ü. NN: 3 m

Element	Einheit	J	F	M	A	M	J	J	A	S	O	N	D	Jahr
T	°C	10,2	10,9	12,6	15,1	18,4	22,8	25,6	26,2	23,9	19,6	15,2	11,6	17,7
Tae	°C	24,0	25,2	28,6	32,8	38,6	47,9	54,5	56,2	53,2	44,4	33,7	27,3	38,5
N	mm	62	52	43	41	23	11	4	8	32	50	53	59	444
rF	mm	74	72	71	69	65	60	58	60	66	71	72	74	68
oB/pV	Ratio	0,57	0,65	0,79	0,90	1,20	0,72	0,36	0,34	0,30	0,51	0,71	0,60	0,64
pV	mm	35	41	57	83	118	172	209	211	144	102	60	40	1272
pLV	mm	20	27	45	75	142	124	75	72	43	52	43	24	742
N-pLV	mm	42	25	-2	-34	-119	-113	-71	-64	-11	-2	10	35	

Die Klimate der Erde auf ökophysiologischer Grundlage 223

Tunis/Tunesien (B sl sh β) (Mediterrankulturen, Agrumen)
36° 50' N/10° 14' E; Höhe ü. NN: 3 m

Element	Einheit	J	F	M	A	M	J	J	A	S	O	N	D	Jahr
T	°C	10,2	10,9	12,6	15,1	18,4	22,8	25,6	26,2	23,9	19,6	15,2	11,6	17,7
Tae	°C	24,0	25,2	28,6	32,8	38,6	47,9	54,5	56,2	53,2	44,4	33,7	27,3	38,5
N	mm	62	52	43	41	23	11	4	8	32	50	53	59	444
rF	mm	74	72	71	69	65	60	58	60	66	71	72	74	68
oB/pV	Ratio	0,33	0,41	0,44	0,55	0,68	0,78	0,80	0,77	0,63	0,50	0,45	0,40	0,56
pV	mm	35	41	57	83	118	172	209	211	144	102	60	40	1272
pLV	mm	12	17	25	46	80	134	167	162	91	51	27	16	661
N-pLV	mm	50	35	18	-5	-57	-123	-163	-154	-59	-1	26	43	

Tripolis/Libyen (B sl sa γ) (Wüstensteppe des Winterregengebietes)
32° 54' N/13° 11' E; Höhe ü. NN: 22 m

Element	Einheit	J	F	M	A	M	J	J	A	S	O	N	D	Jahr
T	°C	12,2	13,3	15,3	18,0	20,3	23,3	25,6	26,1	25,6	22,5	18,3	13,6	19,5
Tae	°C	25,7	28,2	31,0	36,6	41,3	50,1	57,1	61,6	59,0	47,7	36,8	27,1	41,9
N	mm	81	46	28	10	5	3	2	2	10	41	66	94	384
rF	%	64	66	61	60	60	64	63	71	67	62	60	60	63
oB/pV	Ratio	0,31	0,30	0,35	0,41	0,45	0,15	0,15	0,15	0,15	0,29	0,35	0,32	0,28
pV	mm	72	74	94	113	128	140	164	139	151	140	114	87	1416
pLV	mm	22	22	33	46	58	21	25	21	23	41	40	28	380
N-pLV	mm	59	24	-5	-36	-53	-18	-23	-19	-13	0	26	66	

Bengasi/Libyen (B sl sa γ) (Wüstensteppe der Winterregensubtropen)
32° 08' N/20° 05 E; Höhe NN: 25 m

Element	Einheit	J	F	M	A	M	J	J	A	S	O	N	D	Jahr
T	°C	11,9	12,9	14,4	18,5	22,5	25,2	25,9	26,0	24,5	22,4	16,9	13,8	19,6
Tae	°C	25,6	26,6	26,5	34,5	42,9	51,2	55,9	56,5	50,1	42,1	33,1	28,7	39,9
N	mm	68	42	19	4	2	0	0	0	3	18	46	64	266
rF	mm	65	61	50	50	50	55	60	61	56	50	56	52	55
oB/pV	Ratio	0,31	0,30	0,35	0,41	0,45	0,15	0,15	0,15	0,15	0,29	0,35	0,32	0,28
pV	mm	70	80	102	133	165	178	173	171	170	162	113	85	1602
pLV	mm	22	24	36	55	74	27	26	26	26	47	40	27	430
N-pLV	mm	46	37	-17	-51	-72	-27	-26	-26	-23	-29	6	37	

Adelaide/Australien (B sl sa γ) (offene Hartlaubvegetation)
34° 56' S/138° 35' E; Höhe ü. NN: 43 m

Element	Einheit	J	F	M	A	M	J	J	A	S	O	N	D	Jahr
T	°C	**22,6**	**21,0**	**20,9**	**17,2**	**14,6**	**12,1**	11,2	**12,0**	**13,4**	**16,0**	**18,5**	**20,7**	16,7
Tae	°C	39,8	37,1	37,6	33,4	30,7	27,1	25,2	26,2	27,2	30,2	32,9	36,8	32,1
N	mm	**23**	**23**	**21**	**50**	**66**	**61**	**61**	**59**	**49**	**47**	**36**	**27**	**623**
rF	%	41	43	45	56	63	71	71	67	61	52	45	43	53
oB/pV	Ratio	0,4	0,4	0,4	0,8	0,8	0,8	0,4	0,8	0,8	0,8	0,4	0,4	0,60
pV	mm	181	162	159	117	88	61	57	67	82	112	139	161	1283
pLV	mm	**72**	**65**	**64**	**94**	**70**	**49**	**23**	**54**	**66**	**90**	**56**	**64**	**767**
N-pLV	mm	-49	-42	-43	-44	-4	12	38	5	-17	-43	-20	-37	

Villa Cisnero /Sahara (B sl a α) (subtropische Wüste zum Teil mit Sommernebel)
23° 42' N/15° 52' W; Höhe ü. NN: 10 m

Element	Einheit	J	F	M	A	M	J	J	A	S	O	N	D	Jahr
T	°C	**17,5**	**18,3**	**19,1**	**19,4**	**20,0**	**21,1**	**22,0**	**22,8**	**23,0**	**22,5**	**21,1**	**18,3**	20,4
Tae	°C	36,4	38,5	41,5	42,1	45,2	48,6	52,1	54,7	54,8	52,2	47,1	37,2	45,9
N	mm	**2**	**2**	**2**	**2**	**3**	**0**	**2**	**5**	**36**	**3**	**5**	**25**	**87**
rF	mm	63	65	68	69	72	74	76	76	76	74	70	61	70
oB/pV	Ratio	0,25	0,25	0,15	0,15	0,15	0,15	0,15	0,15	0,15	0,15	0,15	0,25	0,17
pV	mm	104	105	103	102	99	99	98	103	103	106	110	112	1244
pLV	mm	**26**	**26**	**16**	**15**	**15**	**15**	**15**	**16**	**16**	**16**	**17**	**28**	**218**
N-pLV	mm	-24	-24	-13,5	-13,5	-11,9	-14,9	-12,7	-10,5	20	-12,9	-11,5	-3	

Lahore/Pakistan (B sl a γ) (subtropische Strauchsteppe)
31° 35' N/74° 20' E; Höhe ü. NN: 214 m

Element	Einheit	J	F	M	A	M	J	J	A	S	O	N	D	Jahr
T	°C	**12,5**	**14,4**	**20,0**	**26,1**	**31,1**	**33,6**	**32,2**	**30,9**	**29,4**	**25,0**	**15,0**	**13,6**	23,3
Tae	°C	27,0	28,8	35,8	43,6	50,4	62,2	75,4	75,7	62,6	45,9	28,4	29,7	47,15
N	mm	**28**	**23**	**23**	**13**	**18**	**43**	**140**	**135**	**61**	**8**	**3**	**10**	**505**
rF	mm	65	58	44	34	28	35	59	65	54	43	51	65	50
oB/pV	Ratio	0,23	0,27	0,32	0,42	0,57	0,54	0,52	0,49	0,41	0,33	0,28	0,24	0,38
pV	mm	73	94	154	214	278	310	240	206	222	201	107	81	2180
pLV	mm	**17**	**25**	**49**	**90**	**158**	**167**	**125**	**101**	**91**	**66**	**30**	**19**	**938**
N-pLV	mm	11	-2	-26	-77	-140	-124	15	34	-30	-58	-27	-9	

Die Klimate der Erde auf ökophysiologischer Grundlage

Broken Hill/Australien (B sl a γ) (subtropische Halbwüste)
31° 57' S/141° 28' E; Höhe ü. NN: 305 m

Element	Einheit	J	F	M	A	M	J	J	A	S	O	N	D	Jahr
T	°C	**25,3**	**25,2**	**22,4**	**17,6**	**13,8**	10,7	10,2	**11,9**	**14,9**	**18,4**	**21,5**	**24,2**	18,0
Tae	°C	42,9	44,7	40,4	34,5	29,5	25,0	23,0	24,3	27,6	31,5	36,5	41,8	33,5
N	mm	**18**	**28**	**21**	**16**	**17**	**15**	**17**	**15**	**13**	**25**	**23**	**14**	**222**
rF	mm	36	40	44	53	63	70	67	57	48	41	38	38	47
oB/pV	Ratio	0,45	0,41	0,35	0,31	0,29	0,25	0,15	0,15	0,15	0,30	0,31	0,41	0,28
pV	mm	211	206	174	125	85	58	59	81	111	143	174	199	1626
pLV	mm	**95**	**84**	**61**	**39**	**25**	**15**	**9**	**12**	**17**	**43**	**54**	**82**	**530**
N-pLV	mm	-77	-56	-40	-23	-8	0	8	3	-4	-18	-31	-68	

Phoenix/USA (B sl a δ) (subtropische Wüstensteppe)
33° 26' N/112° 01' W; Höhe ü. NN: 340 m

Element	Einheit	J	F	M	A	M	J	J	A	S	O	N	D	Jahr
T	°C	10,4	**12,5**	**15,8**	**20,4**	**25,0**	**29,8**	**32,9**	**31,7**	**29,1**	**22,3**	**15,1**	**11,4**	21,4
Tae	°C	20,8	24,1	28,6	33,5	39,3	46,9	63,2	64,0	55,1	40,0	28,7	22,5	38,9
N	mm	**19**	**22**	**17**	**8**	**3**	**2**	**30**	**28**	**19**	**12**	**12**	**22**	**184**
rF	mm	54	51	45	36	29	26	39	44	42	43	51	54	43
oB/pV	Ratio	0,25	0,25	025	0,29	0,35	0,41	0,45	0,41	0,31	0,25	0,25	0,25	0,31
pV	mm	74	91	121	164	214	265	296	276	246	175	108	80	2110
pLV	mm	**19**	**23**	**30**	**48**	**75**	**108**	**133**	**113**	**76**	**44**	**27**	**20**	**706**
N-pLV	mm	8	-1	-13	-40	-72	-106	-103	-85	-57	-32	-15	2	

Santiago del Estero/Argentinien (B sl a γ) (xeromorphe Strauchsteppe: Monte)
27° 46' S/64° 18 W; Höhe NN: 199 m

Element	Einheit	J	F	M	A	M	J	J	A	S	O	N	D	Jahr
T	°C	**27,3**	**25,8**	**23,4**	**19,5**	**16,4**	**13,5**	**12,9**	**15,2**	**18,6**	**21,9**	**24,4**	**26,8**	20,5
Tae	°C	58,9	58,2	51,7	42,7	36,8	31,4	27,7	29,4	35,4	42,9	49,5	56,2	43,4
N	mm	**90**	**93**	**92**	**27**	**14**	**10**	**3**	**3**	**8**	**39**	**60**	**79**	**518**
rF	mm	58	63	66	67	73	75	64	54	50	52	55	54	61
oB/pV	Ratio	0,52	0,49	0,45	0,43	0,35	0,24	0,23	0,27	0,32	0,42	0,57	0,54	0,38
pV	mm	191	167	137	110	78	61	77	104	136	159	172	200	1592
pLV	mm	**99**	**82**	**62**	**47**	**27**	**15**	**18**	**28**	**44**	**67**	**98**	**108**	**695**
N-pLV	mm	-9	11	30	-02	-13	-5	-15	-25	-36	-28	-38	-29	

Windhuk/Namibia (B sl a δ) (xeromorphe Strauchsteppe der Sommerregen-Subtropen)
22° 35' S/17° 06' E; Höhe ü. NN: 1728 m

Element	Einheit	J	F	M	A	M	J	J	A	S	O	N	D	Jahr
T	°C	23,4	22,2	21,1	18,9	15,8	13,5	13,2	15,6	18,7	21,6	22,3	23,1	19,1
Tae	°C	43,4	45,8	44,9	36,1	28,4	24,0	21,4	23,6	26,7	31,2	34,8	39,5	33,1
N	mm	77	74	83	40	7	1	1	1	2	12	22	48	368
rF	mm	39	49	46	43	38	37	30	24	20	20	26	32	34
oB/pV	Ratio	0,52	0,49	0,45	0,43	0,35	0,24	0,23	0,27	0,32	0,42	0,57	0,54	0,38
pV	mm	203	180	174	158	135	116	115	137	163	191	197	206	1975
pLV	mm	106	88	78	55	47	28	26	37	52	80	112	111	820
N-pLV	mm	-29	-14	5	-15	-40	-27	-25	-36	-50	-68	-90	-63	

Antofagasta/ Chile (B sl pa α) (subtropische Feuchtluftwüste)
23° 26' S/70° 28' W; Höhe ü. NN: 119 m

Element	Einheit	J	F	M	A	M	J	J	A	S	O	N	D	Jahr
T	°C	19,9	20,1	18,5	16,2	15,1	13,5	13,1	13,5	14,5	15,2	16,8	18,4	16,2
Tae	°C	45,5	46,0	43,2	37,5	35,1	31,8	30,5	32,0	33,8	34,7	38,3	40,4	37,4
N	mm	0	0	0	0	0	2	2	1	1	1	0	0	8
rF	mm	73	73	75	77	77	77	76	78	75	75	73	70	75
oB/pV	Ratio	0,15	0,15	0,15	0,15	0,25	0,25	0,25	0,25	0,15	0,15	0,15	0,15	0,18
pV	mm	97	97	84	68	63	57	57	55	66	68	81	94	887
pLV	mm	15	15	13	10	16	14	14	14	10	10	12	14	157
N-pLV	mm	-15	-15	-13	-10	-16	-12	-12	-13	-9	-9	-11	-14	

Port Noloth/Südafrika (B sl pa α) (subtropische Feuchtluftwüste)
29° 22' S/16° 52' E; Höhe ü. NN: 104 m

Element	Einheit	J	F	M	A	M	J	J	A	S	O	N	D	Jahr
T	°C	15,6	15,8	15,6	14,4	13,9	13,0	12,0	12,2	12,8	13,6	14,7	15,3	14,1
Tae	°C	39,6	40,1	39,6	35,8	33,7	30,9	29,5	29,5	31,8	34,5	36,4	37,6	34,9
N	mm	2	2	5	5	9	8	9	8	5	3	3	2	61
rF	mm	86	87	86	87	81	78	82	81	83	85	83	85	84
oB/pV	Ratio	0,25	0,25	0,25	0,25	0,25	0,25	0,25	0,25	0,25	0,25	0,25	0,25	0,25
pV	mm	44	41	44	37	50	53	42	44	43	41	49	45	533
pLV	mm	11	10	11	9	13	13	11	11	11	10	12	11	133
N-pLV	mm	-9	-8	-6	-4	-4	-5	-2	-3	-6	-7	-8	-9	

Multan/Pakistan (B sl pa γ) (subtropische Wüstensteppe)
30° 12' N/71° 31' E; Höhe ü. NN: 126 m

Element	Einheit	J	F	M	A	M	J	J	A	S	O	N	D	Jahr
T	°C	13,6	15,9	22,2	28,3	33,6	35,6	35,6	33,3	31,7	27,0	20,6	15,0	26,0
Tae	°C	27,3	30,9	39,8	48,9	61,0	72,7	86,2	79,3	69,2	50,2	37,7	29,3	52,7
N	mm	10	10	10	5	8	10	51	43	10	2	3	8	170
rF	mm	56	54	44	36	34	41	56	60	52	43	45	54	48
oB/pV	Ratio	0,15	0,15	0,15	0,29	0,35	0,41	0,45	0,41	0,31	0,20	0,15	0,15	0,29
pV	mm	93	110	171	240	309	330	293	246	256	220	160	104	2532
pLV	mm	14	17	26	70	108	135	132	101	79	44	24	16	766
N-pLV	mm	-4	-7	-16	-65	-100	-125	-81	-58	-69	-42	-21	-8	

El Goleá/Algerien (B sl pa δ) (subtropische Vollwüste)
30° 33' N/02° 53' E; Höhe ü. NN: 388 m

Element	Einheit	J	F	M	A	M	J	J	A	S	O	N	D	Jahr
T	°C	9,8	12,5	16,8	20,9	25,9	31,2	34,0	33,2	29,5	22,8	16,0	10,6	21,9
Tae	°C	20,7	23,4	29,6	34,3	42,4	49,8	57,6	57,8	50,9	40,5	30,7	21,8	38,3
N	mm	7	5	6	3	1	2	0	1	1	5	5	14	42
rF	%	59	50	44	36	33	28	30	33	35	43	54	57	42
oB/pV	Ratio	0,25	0,25	0,15	0,15	0,15	0,15	0,15	0,15	0,15	0,15	0,15	0,25	0,17
pV	mm	66	90	128	168	218	274	309	297	254	177	109	72	2162
pLV	mm	17	23	19	25	33	41	46	45	38	27	16	18	327
N-pLV	mm	-10	-18	-13	-22	-32	-39	-46	-44	-370	-22	-11	-4	

El Goleá/Algerien (B sl h δ) (Bewässerungsoase in der Wüste)
30° 33' N/02° 53' E; Höhe ü. NN: 388 m (GWA = Gesamtwasserangebot)

Element	Einheit	J	F	M	A	M	J	J	A	S	O	N	D	Jahr
T	°C	9,8	12,5	16,8	20,9	25,9	31,2	34,0	33,2	29,5	22,8	16,0	10,6	21,9
Tae	°C	20,7	23,4	29,6	34,3	42,4	49,8	57,6	57,8	50,9	40,5	30,7	21,8	38,3
N	mm	7	5	6	3	1	2	0	1	1	5	5	14	42
BWW	mm	87	86	119	131	154	171	170	165	143	125	97	87	1535
GWA	mm	94	91	125	134	155	173	170	166	144	130	102	101	1577
rF	%	59	50	44	36	33	28	30	33	35	43	54	57	42
oB/pV	Ratio	0,33	0,41	0,44	0,55	0,68	0,78	0,80	0,77	0,63	0,50	0,45	0,40	0,58
pV	mm	66	90	128	168	218	274	309	297	254	177	109	72	2162
pLV	mm	22	37	56	92	148	217	242	229	160	89	49	29	1370
N-pLV	mm	72	54	69	42	7	-44	-72	-63	-16	41	53	72	

Kairo/Ägypten (B sl pa γ) (subtropische Vollwüste)
30° 02' N/31° 17' E; Höhe ü. NN: 33 m

Element	Einheit	J	F	M	A	M	J	J	A	S	O	N	D	Jahr
T	°C	13,3	14,7	17,5	21,1	25,0	27,5	28,3	28,3	26,1	24,1	20,0	15,0	21,7
Tae	°C	25,8	27,3	31,1	35,5	41,2	48,4	53,8	56,1	51,4	46,1	38,7	29,4	40,4
N	mm	5	4	4	2	2	0	0	0	0	2	2	5	26
rF	mm	55	49	45	38	34	38	45	49	50	49	53	56	47
oB/pV	Ratio	0,25	0,25	0,15	0,15	0,15	0,15	0,15	0,15	0,15	0,15	0,15	0,25	0,17
pV	mm	90	107	132	169	208	230	228	220	198	181	140	100	2003
pLV	mm	23	27	20	25	31	35	34	33	30	27	21	15	321
N-pLV	mm	-18	-23	-16	-23	-29	-35	-34	-33	-30	-25	-19	-10	

Kairo/Ägypten (B sl h γ) (Bewässerungsoase)
30° 02' N/31° 17' E; Höhe ü. NN: 33 m (GWA = Gesamtwasserangebot)

Element	Einheit	J	F	M	A	M	J	J	A	S	O	N	D	Jahr
T	°C	13,3	14,7	17,5	21,1	25,0	27,5	28,3	28,3	26,1	24,1	20,0	15,0	21,7
Tae	°C	25,8	27,3	31,1	35,5	41,2	48,4	53,8	56,1	51,4	46,1	38,7	29,4	40,4
N	mm	5	4	4	2	2	0	0	0	0	2	2	5	26
BWW	mm	87	86	119	131	154	171	170	165	143	125	97	87	1535
GWA	mm	92	90	123	133	156	171	170	165	143	127	99	92	1561
rF	mm	55	49	45	38	34	38	45	49	50	49	53	56	47
oB/pV	Ratio	0,33	0,41	0,44	0,55	0,68	0,78	0,80	0,77	0,63	0,50	0,45	0,40	0,62
pV	mm	90	107	132	169	208	230	228	220	198	181	140	100	2003
pLV	mm	30	44	58	93	141	179	182	169	125	91	63	40	1215
N-pLV	mm	62	46	65	40	15	-8	-12	-4	18	36	36	52	

Er Riad/Saudi-Arabien (B sl pa δ) (subtropische Vollwüste)
24° 39' N/46° 42' E; Höhe ü. NN: 591 m

Element	Einheit	J	F	M	A	M	J	J	A	S	O	N	D	Jahr
T	°C	14,4	15,9	20,6	24,7	30,0	33,3	33,6	32,8	30,6	25,3	20,9	15,3	24,8
Tae	°C	28,9	30,3	40,8	49,3	57,5	64,4	55,6	54,4	54,1	43,4	39,4	32,6	45,9
N	mm	3	20	23	25	10	2	0	2	0	0	2	2	89
rF	mm	57	50	51	49	41	39	26	27	33	36	47	64	43
oB/pV	Ratio	0,25	0,25	0,15	0,15	0,15	0,15	0,15	0,15	0,15	0,15	0,15	0,25	0,17
pV	mm	96	117	154	194	261	302	315	304	278	213	161	91	2486
pLV	mm	24	29	23	29	39	45	47	46	42	32	24	14	394
N-pLV	mm	-21	-9	0	-4	-29	-43	-47	-44	-42	-32	-22	-12	

Die Klimate der Erde auf ökophysiologischer Grundlage

Upington/Südafrika (B sl pa γ) (subtropische Halbwüste)
28° 26' S/21° 16' E; Höhe ü. NN: 805 m

Element	Einheit	J	F	M	A	M	J	J	A	S	O	N	D	Jahr
T	°C	27,8	25,7	24,0	19,7	14,9	11,7	10,6	13,4	17,4	21,0	24,2	26,1	19,7
Tae	°C	45,0	48,2	44,5	37,3	28,4	23,0	20,9	24,2	28,2	34,1	40,0	42,0	34,7
N	mm	16	25	42	19	13	2	2	3	3	7	11	13	156
rF	%	75	79	81	81	77	75	73	77	78	78	77	78	77
oB/pV	Ratio	0,45	0,41	0,35	0,31	0,29	0,25	0,15	0,15	0,15	0,30	0,31	0,41	0,28
pV	mm	248	218	198	155	114	90	84	104	143	178	208	228	1968
pLV	mm	112	89	69	37	33	23	13	16	21	53	64	93	623
N-pLV	mm	-96	-64	-27	-18	-20	-21	-11	-13	-18	-46	-53	-80	

Seoul/Korea (B l ph β) (Naßreisanbau)
37° 34' N/126° 58' E; Höhe ü. NN: 80 m

Element	Einheit	J	F	M	A	M	J	J	A	S	O	N	D	Jahr
T	°C	-4,9	-1,9	3,6	10,5	16,3	20,8	24,5	25,4	20,3	13,4	6,3	-1,2	11,1
Tae	°C	-0,8	3,2	11,5	22,7	34,5	48,5	61,8	62,7	46,1	28,8	16,0	4,5	28,3
N	mm	17	21	56	68	86	169	358	224	142	49	36	23	1258
rF	mm	64	64	64	63	66	73	81	78	73	68	68	66	69
oB/pV	Ratio	S	B	0,50	1,00	1,00	1,00	1,00	0,7	1,00	1,00	0,40	B	0,63
pV	mm	-	9	32	65	91	102	92	108	97	72	40	12	720
pLV	mm	5	2	16	65	91	102	92	108	97	72	16	2	668
N-pLV	mm	12	19	40	3	-5	67	266	116	45	-23	20	21	

Wen-Zhou/V.R. China (B l ph γ) (subtropischer Feuchtwald)
28° 01' N/120° 49' E; Höhe ü. NN: 5 m

Element	Einheit	J	F	M	A	M	J	J	A	S	O	N	D	Jahr
T	°C	7,7	8,4	11,6	16,7	21,4	25,2	28,9	29,0	25,7	20,9	15,9	11,1	18,5
Tae	°C	20,5	22,0	29,7	41,6	53,4	67,5	80,9	79,8	68,2	49,7	37,0	26,0	48,0
N	mm	49	89	132	148	190	180	265	204	258	204	87	43	1724
rF	mm	80	85	86	86	86	89	87	85	85	78	78	76	83
oB/pV	Ratio	0,41	0,43	0,75	0,97	1,55	1,45	1,35	1,27	1,22	1,11	0,87	0,60	0,99
pV	mm	32	26	33	78	59	59	83	95	81	86	64	49	745
pLV	mm	13	11	25	76	91	86	112	121	99	95	65	29	823
N-pLV	mm	36	78	107	72	99	94	153	83	159	118	22	14	

Nan-Chang/V.R. China (B l ph γ) (Naßreisanbau)
28° 40' N/115° 58' E; Höhe ü. NN: 49 m

Element	Einheit	J	F	M	A	M	J	J	A	S	O	N	D	Jahr
T	°C	5,5	7,0	10,5	16,4	21,4	25,1	28,9	29,5	24,6	18,9	13,6	7,2	17,4
Tae	°C	16,6	19,8	27,4	39,7	53,2	65,3	78,3	78,5	63,5	45,2	33,6	19,6	45,05
N	mm	55	108	192	250	289	295	258	111	109	57	70	70	1864
rF	mm	81	85	88	85	84	84	82	79	82	80	83	82	83
oB/pV	Ratio	b	b	0,50	1,00	1,00	1,00	1,00	1,00	1,00	1,00	0,40	b	0,87
pV	mm	25	24	26	47	67	82	111	129	90	71	45	28	745
pLV	mm	5	4	13	47	67	82	111	129	90	71	18	5	642
N-pLV	mm	50	104	179	203	222	213	147	-18	19	-14	52	65	

Shanghai/V.R. China (B l ph γ) (Naßreisanbau)
31° 12' N/121° 26' E; Höhe ü. NN: 5 m

Element	Einheit	J	F	M	A	M	J	J	A	S	O	N	D	Jahr
T	°C	3,4	4,3	8,2	13,7	18,9	23,1	27,1	27,2	23,0	17,7	11,6	5,6	15,3
Tae	°C	12,3	14,0	20,9	32,8	45,3	58,5	72,0	72,1	57,8	42,0	28,0	16,4	39,3
N	mm	48	58	84	94	94	180	147	142	130	71	51	36	1135
rF	mm	78	79	79	79	80	84	84	84	83	79	78	77	80
oB/pV	Ratio	B	B	0,50	1,00	1,00	1,00	1,00	0,7	1,00	1,00	0,40	B	0,63
pV	mm	21	23	34	54	71	74	91	91	77	69	48	30	683
pLV	mm	4	5	17	54	71	74	91	91	77	69	19	8	580
N-pLV	mm	44	53	67	40	23	106	56	54	53	2	32	28	

Tokyo/Japan (B l ph γ) (Naßreisanbau)
35° 41' N/139° 46' E; Höhe ü. NN: 4 m

Element	Einheit	J	F	M	A	M	J	J	A	S	O	N	D	Jahr
T	°C	3,7	4,3	7,6	13,1	17,6	21,1	25,1	26,4	22,8	16,7	11,3	6,1	14,7
Tae	°C	11,3	11,7	18,0	28,9	40,6	50,7	63,1	66,1	56,3	38,7	25,3	15,2	35,5
N	mm	48	73	101	135	131	182	146	147	217	220	101	61	1562
rF	%	61	60	64	70	74	79	80	79	80	76	71	64	72
oB/pV	Ratio	b	b	0,5	1,0	1,0	1,0	1,0	1,0	1,0	1,0	0,4	b	0,87
pV	mm	34	36	50	68	82	84	99	109	88	73	57	42	822
pLV	mm	32	33	38	68	82	84	99	109	88	73	57	38	801
N-pLV	mm	31	54	63	68	4	60	12	9	110	87	51	31	

Marseille/Frankreich (B l h β) (mediterrane Hartlaubgehölze)
48° 27' N/05° 13' E; Höhe ü. NN: 3 m

Element	Einheit	J	F	M	A	M	J	J	A	S	O	N	D	Jahr
T	°C	5,5	6,6	10,0	13,0	16,8	20,8	23,3	22,8	19,9	15,0	10,2	6,9	14,2
Tae	°C	15,8	17,0	22,8	28,1	36,0	43,4	47,1	48,7	43,6	33,7	24,3	18,5	31,6
N	mm	43	32	43	42	46	24	11	34	60	76	69	66	546
rF	mm	75	71	69	67	66	61	57	62	68	73	76	76	68
oB/pV	Ratio	0,57	0,65	0,79	0,90	1,20	0,72	0,36	0,34	0,30	0,51	0,72	0,60	0,64
pV	mm	31	39	55	72	95	131	157	143	109	71	46	35	984
pLV	mm	18	25	43	65	114	94	57	49	33	36	33	21	588
N-pLV	mm	25	7	0	-23	-68	-70	-46	-15	27	40	36	45	

Rom/Italien (B l h β) (mediterrane Hartlaubgehölze)
41° 45' N/12° 29' E; Höhe ü. NN: 46 m

Element	Einheit	J	F	M	A	M	J	J	A	S	O	N	D	Jahr
T	°C	6,9	7,7	10,8	13,9	18,1	22,1	24,7	24,5	21,1	16,4	11,7	8,5	15,6
Tae	°C	18,6	19,5	24,9	30,8	38,9	46,5	52,0	51,6	45,5	36,6	28,0	21,7	34,6
N	mm	76	88	77	72	63	48	14	22	70	128	116	106	874
rF	mm	80	79	72	68	66	53	53	54	64	76	78	80	69
oB/pV	Ratio	0,57	0,65	0,79	0,90	1,20	0,72	0,36	0,34	0,30	0,51	0,72	0,60	0,64
pV	mm	34	41	56	72	100	137	169	164	120	80	50	36	1059
pLV	mm	19	27	44	65	120	99	61	56	36	41	36	22	626
N-pLV	mm	57	61	33	7	-57	-42	-47	-34	34	87	80	84	

Rom/Italien (B l h β) (Mediterrankulturen, Agrumen, Wein)
41° 45' N/12° 29' E; Höhe ü. NN: 46 m

Element	Einheit	J	F	M	A	M	J	J	A	S	O	N	D	Jahr
T	°C	6,9	7,7	10,8	13,9	18,1	22,1	24,7	24,5	21,1	16,4	11,7	8,5	15,6
Tae	°C	18,6	19,5	24,9	30,8	38,9	46,5	52,0	51,6	45,5	36,6	28,0	21,7	34,6
N	mm	76	88	77	72	63	48	14	22	70	128	116	106	874
rF	mm	80	79	72	68	66	53	53	54	64	76	78	80	69
oB/pV	Ratio	0,33	0,41	0,44	0,55	0,68	0,78	0,80	0,77	0,63	0,50	0,45	0,40	0,62
pV	mm	34	41	56	72	100	137	169	164	120	80	50	36	1059
pLV	mm	11	17	25	40	68	107	135	126	76	40	26	14	685
N-pLV	mm	65	71	52	32	-5	-59	-121	-104	-6	88	90	92	

Dubrovnik/Kroatien (B 1 h β) (Weinanbau, Obst und Gemüse)
42° 39' N/18° 06' E; Höhe ü. NN: 49 m

Element	Einheit	J	F	M	A	M	J	J	A	S	O	N	D	Jahr
T	°C	8,8	9,4	11,2	14,2	17,8	21,9	24,7	24,4	21,5	17,4	13,5	10,6	16,3
Tae	°C	19,4	20,9	23,9	30,5	39,3	47,7	55,0	51,6	45,8	36,6	28,9	23,3	35,2
N	mm	139	125	104	104	75	48	26	38	101	162	198	178	1298
rF	mm	61	64	64	67	69	65	64	59	63	64	66	66	65
oB/pV	Ratio	0,33	0,38	0,65	0,80	1,11	0,81	0,61	0,55	0,50	0,46	0,45	0,38	0,58
pV	mm	58	58	67	78	95	130	154	164	131	102	76	61	1174
pLV	mm	19	22	44	62	105	105	94	90	66	47	34	23	711
N-pLV	mm	120	103	60	42	-30	-57	-68	-52	35	115	164	155	

Bursa/Türkei (B 1 h β) (Weinanbau, Obst und Gemüse)
40° 11' N/29° 05' E; Höhe ü. NN: 161 m

Element	Einheit	J	F	M	A	M	J	J	A	S	O	N	D	Jahr
T	°C	5,3	6,1	8,3	13,1	17,2	21,4	23,9	23,9	20,3	16,4	12,2	7,5	14,6
Tae	°C	15,5	16,8	19,7	28,7	37,3	45,1	50,2	50,7	43,4	35,4	28,2	19,3	32,5
N	mm	89	89	74	61	61	33	51	23	48	61	79	97	766
rF	mm	78	76	67	56	53	49	43	40	47	55	67	79	59
oB/pV	Ratio	0,33	0,38	0,65	0,80	1,11	0,81	0,61	0,55	0,50	0,46	0,45	0,38	0,58
pV	mm	29	34	48	71	93	133	163	161	118	85	55	39	1029
pLV	mm	10	13	31	57	103	108	99	89	59	39	25	15	648
N-pLV	mm	79	76	43	4	-42	-75	-48	-66	-11	22	54	82	

Tarabzon/Türkei (B 1 h β) (Weinanbau, Obst und Gemüse)
41° 00' N/39° 43' E; Höhe ü. NN: 108 m

Element	Einheit	J	F	M	A	M	J	J	A	S	O	N	D	Jahr
T	°C	7,2	7,0	7,8	11,1	15,6	19,7	22,5	23,0	20,3	17,5	13,3	9,1	14,5
Tae	°C	18,1	18,2	20,1	26,5	37,7	47,7	54,3	55,3	47,1	39,9	30,1	21,2	34,7
N	mm	71	69	58	56	43	48	46	41	69	81	101	76	759
rF	mm	65	68	71	70	69	67	63	60	61	69	72	71	67
oB/pV	Ratio	0,33	0,38	0,65	0,80	1,11	0,81	0,61	0,55	0,50	0,46	0,45	0,38	0,58
pV	mm	41	38	39	48	59	78	98	104	88	81	61	50	785
pLV	mm	14	14	25	38	65	63	60	57	44	37	27	19	463
N-pLV	mm	57	55	33	18	-22	-15	-14	-16	25	44	74	57	

Die Klimate der Erde auf ökophysiologischer Grundlage 233

St. Luis/USA (B l h γ) (Ackerbau mit Mais)
38° 38' N/89° 10' W; Höhe ü. NN: 96 m (b = nichtbebautes Land bzw. Brache)

Element	Einheit	J	F	M	A	M	J	J	A	S	O	N	D	Jahr
T	°C	-0,1	1,8	6,2	13,0	18,7	24,2	26,4	25,4	21,1	14,9	6,7	1,6	13,3
Tae	°C	6,8	9,4	15,7	27,8	40,5	53,7	58,1	56,7	46,9	32,1	17,2	9,5	31,2
N	mm	50	52	78	94	95	109	84	77	70	73	65	50	897
rF	mm	72	70	66	64	65	65	62	65	68	66	68	72	67
oB/pV	Ratio	b	0,38	0,90	0,94	0,78	0,69	1,01	0,80	0,55	0,53	0,53	b	0,74
pV	mm		15	22	42	78	110	146	171	154	117	85	43	21	1004
pLV	mm	3	8	38	73	86	101	173	123	64	45	23	4	741
N-pLV	mm	47	44	40	21	9	8	-89	-46	-6	28	42	46	

Washington/USA (B l h γ) (Gemischter Landbau, z.T. Weizen)
38° 51' N/77° 03' W; Höhe ü. NN: 4 m; (b = nichtbebautes Land bzw. Brache)

Element	Einheit	J	F	M	A	M	J	J	A	S	O	N	D	Jahr
T	°C	2,7	3,2	7,1	13,2	18,8	23,4	25,7	24,7	20,9	15,0	8,7	3,4	13,9
Tae	°C	10,2	10,3	16,2	26,1	38,6	50,3	58,7	56,3	45,8	31,9	19,7	10,9	31,25
N	mm	77	63	82	80	105	82	105	124	97	78	72	71	1036
rF	mm	65	62	60	57	60	64	66	67	67	66	64	65	63
oB/pV	Ratio	b	0,35	0,62	0,98	0,91	0,78	0,58	0,49	0,45	0,38	0,27	b	0,59
pV	mm		28	30	50	87	120	140	155	144	118	84	55	30	1041
pLV	mm	6	11	31	85	109	109	90	71	53	32	15	6	618
N-pLV	mm	71	52	51	-5	-4	-27	15	53	44	46	57	65	

Dallas/USA (B l h γ) (Ackerbau mit Weizen/Baumwolle)
32° 51' N/96° 51' W; Höhe ü. NN: 146 m; (b = nichtbebautes Land bzw. Brache)

Element	Einheit	J	F	M	A	M	J	J	A	S	O	N	D	Jahr
T	°C	7,7	9,7	13,4	18,3	22,7	27,4	29,4	29,4	25,5	19,9	12,7	8,9	18,8
Tae	°C	19,3	22,5	28,8	38,6	52,4	63,8	67,2	67,2	57,8	43,5	27,7	20,7	42,4
N	mm	59	65	72	102	123	82	49	49	72	69	69	68	879
rF	%	70	67	62	64	69	67	62	62	65	66	65	67	65
oB/pV	Ratio	b	0,35	0,62	0,98	0,91	0,78	0,58	0,49	0,45	0,38	0,27	b	0,62
pV	mm		45	58	82	108	126	164	198	198	157	115	75	53	1379
pLV	mm	8	20	51	106	115	128	115	97	71	44	20	10	785
N-pLV	mm	51	45	21	-4	8	-46	-66	-48	1	25	49	58	

Xu-Zhou/V.R. China (B l h γ) (Ackerbau mit Weizen)
34° 07'N/117° 10' E; Höhe: 3 m ü. NN; (b = nichtbebautes Land bzw. Brache)

Element	Einheit	J	F	M	A	M	J	J	A	S	O	N	D	Jahr
T	°C	-1,4	1,4	7,5	13,3	20,0	25,3	28,1	26,7	21,7	15,6	8,1	2,0	14,1
Tae	°C	5,1	8,8	17,2	29,3	45,0	57,3	71,2	69,5	49,5	32,8	18,6	10,2	34,5
N	mm	13	18	20	61	48	112	127	135	81	25	20	33	693
rF	mm	10	17	51	66	111	147	134	109	116	94	51	18	924
oB/pV	Ratio	b	0,35	0,62	0,98	0,91	0,78	0,58	0,49	0,45	0,38	0,27	b	0,59
pV	mm	10	17	51	66	102	147	134	109	116	94	51	18	915
pLV	mm	2	6	32	65	93	115	78	53	52	36	14	4	550
N-pLV	mm	11	12	-12	-4	-45	-3	49	82	29	-11	6	29	

Tsing-Tau/V.R. China (B l h γ) (Ackerbau mit Weizen)
36° 04' N/120° 19' E; Höhe ü. NN: 77 m; (b = nichtbebautes Land bzw. Brache)

Element	Einheit	J	F	M	A	M	J	J	A	S	O	N	D	Jahr
T	°C	-1,1	0,1	4,4	10,3	15,7	20,0	23,7	25,1	21,4	15,9	8,6	1,6	12,1
Tae	°C	4,8	6,4	12,8	23,4	36,1	49,1	63,7	65,3	48,8	23,9	19,8	8,8	30,2
N	mm	11	9	19	34	42	77	150	149	85	33	22	17	648
rF	mm	76	75	62	71	71	67	76	80	70	63	65	77	71
oB/pV	Ratio	b	0,35	0,62	0,98	0,91	0,78	0,58	0,49	0,45	0,38	0,27	b	0,59
pV	mm	12	16	32	55	73	70	56	82	103	90	54	23	666
pLV	mm	2	6	20	54	66	55	32	40	46	34	15	4	374
N-pLV	mm	9	3	-1	-20	-24	22	118	109	39	-1	7	13	

Port Elizabeth/Südafrika (B sl sh α) (subtropischer Nebel-Feuchtwald)
33° 58' S/25° 36' E; Höhe ü. NN: 58 m

Element	Einheit	J	F	M	A	M	J	J	A	S	O	N	D	Jahr
T	°C	22,8	21,1	20,1	18,4	16,3	14,8	14,2	14,6	15,4	16,6	18,2	19,8	17,9
Tae	°C	47,4	49,2	47,1	41,4	35,7	32,8	31,1	32,8	34,2	37,8	40,3	44,4	39,5
N	mm	37	33	48	44	65	58	56	59	68	61	61	42	593
rF	%	80	81	82	80	78	76	76	78	80	81	80	78	79
oB/pV	Ratio	0,7	0,7	0,65	0,61	0,60	0,58	0,51	0,53	0,60	0,65	0,68	0,7	0,63
pV	mm	107	96	85	84	81	77	73	74	72	80	91	104	1024
pLV	mm	75	67	55	51	49	45	37	39	43	52	62	73	648
N-pLV	mm	-38	-34	-7	-7	16	13	19	20	25	9	-1	-31	

Madrid/Spanien (B l sh β) (Ackerbau mit Weizen, z.T. Weinbau)
40° 25' N/03° 41' W; Höhe ü. NN: 667 m (b = nichtbebautes Land bzw. Brache)

Element	Einheit	J	F	M	A	M	J	J	A	S	O	N	D	Jahr
T	°C	4,9	6,5	10,0	13,0	15,7	20,6	24,2	23,6	19,8	14,0	8,9	5,6	13,9
Tae	°C	16,2	18,1	23,6	28,6	33,7	41,6	46,3	46,4	42,1	32,3	22,9	17,1	30,7
N	mm	38	34	45	44	44	27	12	14	32	53	47	48	438
rF	mm	79	73	68	64	61	54	46	49	59	70	75	78	65
oB/pV	Ratio	b	0,35	0,62	0,98	0,91	0,78	0,58	0,49	0,45	0,38	0,27	b	0,56
pV	mm	27	38	59	80	102	148	192	182	133	75	45	30	1111
pLV	mm	5	13	37	78	93	115	111	89	60	26	12	6	645
N-pLV	mm	33	21	8	-34	-49	-88	-99	-75	-28	27	35	42	

Ankara/Türkei (B l sh γ) (Ackerbau mit Weizen)
39° 57' N/32° 53' E; Höhe ü. NN: 861 m; (b = nichtbebautes Land bzw. Brache)

Element	Einheit	J	F	M	A	M	J	J	A	S	O	N	D	Jahr
T	°C	-0,3	1,1	5,0	10,9	16,1	18,6	22,5	22,8	18,3	13,6	8,3	2,2	11,6
Tae	°C	7,7	9,6	14,8	23,2	32,1	36,5	41,9	41,4	34,4	28,3	20,3	11,6	25,2
N	mm	33	30	33	33	48	25	13	10	18	23	30	48	344
rF	%	78	76	67	56	53	49	43	40	47	55	67	79	59
oB/pV	Ratio	b	0,35	0,62	0,98	0,91	0,78	0,58	0,49	0,45	0,38	0,27	b	0,62
pV	mm	13	18	38	79	116	143	184	191	140	98	52	19	1091
pLV	mm	2	6	24	77	106	112	107	94	63	37	14	4	646
N-pLV	mm	31	24	9	-44	-58	-87	-94	-84	-45	-14	16	44	

Amarillo/USA (B l sh γ) (Kurzgrassteppe)
35° 14'N/101° 42' W; Höhe ü. NN: 1099 m

Element	Einheit	J	F	M	A	M	J	J	A	S	O	N	D	Jahr
T	°C	2,3	3,4	7,8	13,3	18,3	24,2	26,2	25,6	21,3	15,3	7,5	3,8	14,2
Tae	°C	10,0	13,1	19,3	28,1	39,7	54,9	60,0	60,5	48,1	33,5	18,7	12,8	33,2
N	mm	17	16	21	34	86	73	59	66	48	45	17	20	502
rF	mm	64	63	63	58	61	61	60	62	64	63	63	65	62
oB/pV	Ratio	0,33	0,38	0,70	0,85	0,86	0,73	0,57	0,46	0,39	0,35	0,22	0,20	0,50
pV	mm	28	38	55	91	120	166	186	178	134	96	54	35	1181
pLV	mm	9	14	39	77	103	121	106	82	52	34	12	7	656
N-pLV	mm	8	2	-18	-43	-17	-48	-47	-16	-4	11	5	13	

Xi-an/V.R. China (B l sh γ) (Ackerbau mit Weizen)
34° 15' N/108° 35' E; Höhe ü. NN: 412 m; (b = nichtbebautes Land bzw. Brache)

Element	Einheit	J	F	M	A	M	J	J	A	S	O	N	D	Jahr
T	°C	-0,5	2,5	8,7	14,9	20,6	25,6	27,9	25,9	20,1	14,3	7,1	0,9	14,0
Tae	°C	5,8	10,2	19,9	32,0	44,8	55,7	66,3	63,2	48,2	33,4	18,9	8,5	33,9
N	mm	5	11	23	41	58	49	89	97	116	57	24	8	578
rF	%	68	67	63	64	62	57	65	71	77	76	75	73	68
oB/pV	Ratio	b	0,35	0,62	0,98	0,91	0,78	0,58	0,49	0,45	0,38	0,27	b	0,59
pV	mm		14	26	57	89	132	185	180	143	87	63	37	18	1031
pLV	mm	3	9	35	87	120	144	104	70	39	24	10	4	680
N-pLV	mm	2	2	-12	-40	-62	-95	-15	-27	77	33	14	4	

Tucumán/Argentinien (B l sh δ) (Ackerbau mit Mais/Zuckerrohr)
26° 48' S/65° 12' W; Höhe ü. NN: 481 m

Element	Einheit	J	F	M	A	M	J	J	A	S	O	N	D	Jahr
T	°C	24,5	23,7	22,0	18,3	15,4	12,3	12,6	14,0	17,1	20,2	22,5	24,6	19,0
Tae	°C	60,1	61,5	55,9	44,9	37,1	30,4	29,5	28,8	34,0	44,3	52,7	60,2	44,95
N	mm	183	159	162	59	29	19	10	8	12	77	108	150	976
rF	mm	70	80	81	81	80	81	71	58	55	65	70	71	72
oB/pV	Ratio	1,01	0,80	0,55	0,53	0,53	0,50	0,38	0,38	0,90	0,94	0,78	0,69	0,71
pV	mm	127	97	83	67	58	45	67	94	118	120	123	136	1135
pLV	mm	128	78	46	36	31	23	25	36	106	112	96	94	805
N-pLV	mm	55	81	116	23	-2	-4	-15	-28	-94	-43	12	56	

Córdoba/Argentinien (B l a γ) (subtropische Bewässerungsoase)
31° 24' S/64° 11' W; Höhe ü. NN: 425 m

Element	Einheit	J	F	M	A	M	J	J	A	S	O	N	D	Jahr
T	°C	24,2	23,2	20,7	16,8	13,8	11,0	10,6	12,3	15,1	17,9	20,8	23,1	17,4
Tae	°C	51,0	49,7	46,9	37,5	32,1	25,9	23,5	22,5	29,1	36,1	42,7	47,8	37,1
N	mm	101	88	93	39	24	10	8	15	29	77	88	108	680
rF	mm	57	60	67	68	72	72	62	55	52	56	56	56	61
oB/pV	Ratio	0,81	0,77	0,63	0,50	0,45	0,40	0,33	0,41	0,44	0,55	0,68	0,78	0,56
pV	mm	170	154	120	93	70	57	69	78	108	123	145	163	1350
pLV	mm	138	108	76	47	32	23	23	32	48	68	99	127	821
N-pLV	mm	-37	-20	17	-8	-8	-13	-15	-17	-19	9	-11	-19	

El Paso/USA (B 1 a δ) (subtropische Wüstensteppe)
31° 48' N/106° 24' W; Höhe ü. NN: 1194 m

Element	Einheit	J	F	M	A	M	J	J	A	S	O	N	D	Jahr
T	°C	6,6	9,8	12,7	17,4	22,2	26,9	27,4	26,6	23,9	18,6	11,2	7,3	17,6
Tae	°C	15,1	18,9	22,0	27,7	35,3	46,9	55,8	57,4	48,8	36,6	22,0	16,3	33,21
N	mm	12	10	9	7	10	18	33	30	29	23	8	12	201
rF	%	49	43	36	31	29	33	47	51	49	48	48	48	43
oB/pV	Ratio	0,15	0,15	0,15	0,29	0,35	0,41	0,45	0,41	0,31	0,20	0,15	0,15	0,26
pV	mm	59	83	108	147	192	241	228	217	192	147	88	60	1762
pLV	mm	9	12	16	43	67	99	103	89	60	29	13	9	549
N-pLV	mm	3	-2	-7	-36	-57	-81	-70	-59	-31	-6	-5	3	

Mendoza/Argentinien (B 1 a δ) (subtropische Wüstensteppe)
32° 53' S/68° 50' W; Höhe ü. NN: 769 m

Element	Einheit	J	F	M	A	M	J	J	A	S	O	N	D	Jahr
T	°C	23,6	22,5	20,2	15,6	11,5	8,1	7,6	10,2	13,9	16,7	20,4	22,7	16,1
Tae	°C	49,7	48,1	41,0	32,2	24,8	19,2	18,3	19,8	25,1	31,5	37,8	44,9	32,7
N	mm	28	21	22	10	11	8	7	10	14	23	20	32	197
rF	mm	53	57	54	55	59	62	60	47	42	46	45	48	52
oB/pV	Ratio	0,45	0,41	0,35	0,31	0,29	0,15	0,15	0,15	0,15	0,30	0,31	0,41	0,28
pV	mm	180	160	146	112	79	56	57	81	112	131	160	180	1454
pLV	mm	81	66	51	35	23	8	9	12	17	39	50	74	465
N-pLV	mm	-53	-45	-29	-25	-12	0	-2	-2	-3	-16	-30	-42	

Gebirgsklimate der Subtropen

San Carlos de Bariloche/Argentinien (B m sh β) (sommergrüner/immergrüner Laub-Mischwald)
41° 06' S/71° 10' W; Höhe ü. NN: 836 m

Element	Einheit	J	F	M	A	M	J	J	A	S	O	N	D	Jahr
T	°C	14,5	14,4	12,0	8,0	5,6	2,9	2,3	2,9	4,7	7,8	11,2	13,8	8,3
Tae	°C	31	31	27	21	18	13	12	13	15	20	25	30	21,3
N	mm	37	12	28	51	141	89	143	104	51	23	16	22	717
rF	%	60	62	65	72	80	83	82	79	74	67	64	59	71
oB/pV	Ratio	0,80	0,70	0,90	1,00	0,91	0,75	0,52	0,67	0,90	1,00	0,90	0,80	0,82
pV	mm	96	91	74	45	28	18	17	21	31	51	70	94	636
pLV	mm	77	64	67	45	25	14	9	14	28	51	63	75	532
N-pLV	mm	-40	-52	-39	6	116	75	134	90	23	-28	-47	-53	

Tehran/Iran (B l sa γ) (xeromorphe Strauchsteppe)
35° 41' N/51° 25' E; Höhe ü. NN: 1220 m

Element	Einheit	J	F	M	A	M	J	J	A	S	O	N	D	Jahr
T	°C	2,2	5,0	9,4	15,6	21,1	26,4	29,7	28,9	25,0	18,0	11,7	5,6	16,6
Tae	°C	11,6	15,0	19,3	30,4	42,9	55,3	63,2	61,2	51,6	37,2	27,4	17,9	36,1
N	mm	46	38	46	36	13	3	3	3	3	8	20	30	246
rF	%	76	66	50	47	51	50	46	47	49	54	65	76	56
oB/pV	Ratio	0,42	0,49	0,56	0,57	0,58	0,33	0,23	0,24	0,28	0,41	0,57	0,54	0,43
pV	mm	22	40	74	124	162	213	263	250	203	132	74	34	1591
pLV	mm	9	20	41	71	94	70	60	60	57	54	42	18	596
N-pLV	mm	37	18	5	-35	-81	-67	-57	-57	-54	-46	-22	12	

Kermanschah/Iran (B l sh γ) (mediterrane Hartlaubgehölze)
34° 21' N/47° 06' E; Höhe ü. NN: 1306 m

Element	Einheit	J	F	M	A	M	J	J	A	S	O	N	D	Jahr
T	°C	1,1	2,5	6,7	11,7	16,4	20,3	25,3	24,4	19,7	14,7	9,4	3,6	13,0
Tae	°C	10,1	12,2	18,3	25,5	33,7	35,6	43,1	38,7	30,5	24,4	20,6	14,5	25,60
N	mm	66	58	71	56	41	2	2	2	2	10	51	61	422
rF	%	79	77	67	57	55	38	33	28	27	33	57	78	45
oB/pV	Ratio	0,57	0,65	0,79	0,90	1,20	0,72	0,36	0,34	0,30	0,51	0,72	0,60	0,64
pV	mm	17	22	47	85	117	169	221	213	170	125	69	25	1280
pLV	mm	10	14	37	77	140	122	79	72	51	64	50	15	731
N-pLV	mm	56	44	34	-21	-99	-120	-77	-70	-49	-54	1	46	

Kashgar/VR-China (B l sa δ) (subtropische Wüstensteppe)
39° 24' N/76° 07' E; Höhe ü. NN: 1309 m; (S = Schneeverdunstung)

Element	Einheit	J	F	M	A	M	J	J	A	S	O	N	D	Jahr
T	°C	-5,3	-0,6	7,5	15,3	15,3	24,7	26,7	25,6	21,1	13,9	5,3	-2,6	12,2
Tae	°C	0,3	6,4	17,8	29,2	28,9	48,8	57,0	56,9	44,7	29,7	15,5	4,2	28,3
N	mm	15	3	13	5	8	5	10	8	3	3	5	8	86
rF	mm	76	71	57	47	46	44	49	54	55	57	67	79	58
oB/pV	Ratio	S	0,15	0,15	0,29	0,35	0,41	0,45	0,41	0,31	0,20	0,15	S	0,26
pV	mm	1	15	59	119	120	210	224	202	155	99	40	7	1251
pLV	mm	5	2	9	35	42	86	101	83	48	20	6	8	445
N-pLV	mm	10	1	4	-30	-34	-81	-91	-75	-45	-17	-1	0	

Denver/USA (B m sa γ) (Ackerbau mit Weizen und Zuckerrüben)
39° 46' N/104° 53' W; Höhe ü. NN: 1610 m; (b = nichtbebautes Land bzw. Brache)

Element	Einheit	J	F	M	A	M	J	J	A	S	O	N	D	Jahr
T	°C	1,2	1,9	3,6	8,8	14,7	20,8	23,6	22,9	18,4	12,1	4,7	2,6	11,3
Tae	°C	7,8	9,2	11,8	19,7	31,6	45,4	52,0	50,1	41,0	25,1	13,6	10,2	26,45
N	mm	9	16	21	37	65	26	38	31	19	25	14	11	312
rF	%	53	57	57	53	55	57	54	54	56	51	57	56	55
oB/pV	Ratio	b	b	0,38	0,90	0,94	0,78	1,01	0,80	0,70	0,55	0,38	b	0,72
pV	mm		28	31	40	72	110	153	185	178	139	96	45	35	1112
pLV	mm	5	6	15	65	103	119	187	142	97	53	17	7	816
N-pLV	mm	4	10	6	-28	-38	-93	-149	-111	-78	-28	-3	4	

Van/Türkei (B m h β) (mediterrane Hartlaubgehölze)
38° 28' N/43° 21' E; Höhe ü. NN: 1732 m. (S = Schneeverdunstung)

Element	Einheit	J	F	M	A	M	J	J	A	S	O	N	D	Jahr
T	°C	-3,3	-3,3	-0,3	6,1	12,2	17,0	21,1	21,1	17,0	10,9	6,9	-1,1	8,7
Tae	°C	3,4	3,4	8,1	18,1	27,7	35,2	41,7	39,8	32,4	25,7	19,7	6,3	21,8
N	mm	56	41	51	58	36	15	5	3	8	51	38	33	395
rF	mm	73	73	73	69	60	51	45	41	43	61	69	70	61
oB/pV	Ratio	0,57	0,65	0,79	0,90	1,20	0,72	0,36	0,34	0,30	0,51	0,72	0,60	0,64
pV	mm	7	7	17	44	86	133	176	180	142	78	48	15	933
pLV	mm	4	5	13	40	103	96	63	61	43	40	35	9	512
N-pLV	mm	52	36	38	18	-67	-81	-58	-58	-35	11	3	24	

Kabul/Afghanistan (B l sa γ) (Bewässeungsoase in den Winterregensubtropen)
34° 30' N/69° 13' E; Höhe ü. NN: 1815 m; (S = Schneeverdunstung)

Element	Einheit	J	F	M	A	M	J	J	A	S	O	N	D	Jahr
T	°C	-2,8	-0,6	6,4	12,5	18,1	22,0	24,7	23,9	20,0	14,2	8,6	2,8	12,5
Tae	°C	4,0	6,9	16,8	26,4	36,0	40,6	46,3	45,4	36,4	26,3	18,9	11,9	26,3
N	mm	30	36	94	101	20	5	3	3	2	15	20	10	342
rF	%	75	71	60	52	47	38	37	39	38	41	49	65	51
oB/pV	Ratio	S	0,41	0,44	0,55	0,68	0,78	0,80	0,77	0,63	0,50	0,45	0,40	0,62
pV	mm	8	16	52	98	147	193	224	213	173	119	74	32	1351
pLV	mm	8	6	23	54	100	151	179	164	109	60	33	13	900
N-pLV	mm	22	30	71	47	-80	-146	-176	-161	-107	-45	-13	-3	

Chorog/GUS (B m sh γ) (subtropische Strauchsteppe der hochkontinentalen Winterregegebiete)
37° 30' N/71° 30' E; Höhe ü. NN: 2080 m; (S = Schneeverdunstung)

Element	Einheit	J	F	M	A	M	J	J	A	S	O	N	D	Jahr
T	°C	-7,9	-5,8	0,8	9,2	14,9	19,0	22,8	22,6	18,3	10,9	3,4	-3,8	8,7
Tae	°C	-3,3	-0,6	8,93	20,4	29,3	35,4	41,8	38,8	29,4	18,0	10,8	1,8	19,2
N	mm	31	32	39	42	24	9	3	0	1	11	19	24	235
rF	%	70	69	63	51	44	39	35	30	28	28	51	64	48
oB/pV	Ratio	-	-	0,28	0,56	0,58	0,42	0,23	0,24	0,33	0,57	0,41	-	0,40
pV	mm	-	-	26	77	126	166	208	208	162	99	41	-	1113
pLV	mm	3	5	7	45	73	70	48	50	53	56	17	6	433
N-pLV	mm	28	27	32	-3	-49	-61	-45	-50	-52	-45	2	18	

Chang-Du/VR China (B m sh δ) (Strauchsteppe, meophytisches Gebusch)
29° 30' N/113° 13' E; Höhe ü. NN: 3200 m

Element	Einheit	J	F	M	A	M	J	J	A	S	O	N	D	Jahr
T	°C	-2,5	1,4	4,7	8,2	12,3	14,5	15,7	15,0	13,2	9,1	3,1	1,4	7,8
Tae	°C	2,7	7,9	13,4	20,0	28,3	38,1	44,0	41,2	35,9	24,4	10,3	7,9	22,8
N	mm	2	4	11	23	79	88	135	99	81	29	<1	4	556
rF	mm	81	80	77	76	74	80	84	84	85	80	84	83	81
oB/pV	Ratio	0,23	0,27	0,32	0,42	0,57	0,54	0,52	0,49	0,41	0,33	0,28	0,24	0,38
pV	mm		11	34	57	77	105	104	99	96	87	74	45	33	822
pLV	mm	3	9	18	32	60	56	51	47	36	24	13	8	357
N-pLV	mm	-1	-5	-7	-9	19	32	84	52	45	5	-12	-4	

Chang-Du/V.R. China (B m sh δ) (Gebirgsnadelwald)
31° 11' N/96° 59'E; Höhe ü. NN: 3200 m

Element	Einheit	J	F	M	A	M	J	J	A	S	O	N	D	Jahr
T	°C	-2,5	1,4	4,7	8,2	12,3	14,5	15,7	15,0	13,2	9,1	3,1	1,4	7,8
Tae	°C	2,7	7,9	13,4	20,0	28,3	38,1	44,0	41,2	35,9	24,4	10,3	7,9	22,8
N	mm	2	4	11	23	79	88	135	99	81	29	1	4	556
rF	%	46	44	45	50	52	65	71	70	69	61	43	45	53
oB/pV	Ratio	S	0,1	0,1	0,5	1,48	1,31	0,78	0,92	1,0	1,33	0,5	0,1	0,88
pV	mm	11	34	57	77	105	104	99	96	87	74	45	33	822
pLV	mm	7	3	6	39	155	136	77	88	87	98	23	3	722
N-pLV	mm	1	1	5	-16	-76	-48	58	11	-6	-69	-22	1	

Xi-Ning/VR China (B m sh δ) (Hochgebirgs-Strauchsteppe)
36° 35' N/101° 55' E; Höhe ü. NN: 2244 m; (S = Schneeverdunstung)

Element	Einheit	J	F	M	A	M	J	J	A	S	O	N	D	Jahr
T	°C	-6,4	-2,6	2,9	8,6	13,3	15,7	18,3	17,8	12,9	7,9	0,1	-5,3	6,9
Tae	°C	-2,7	1,6	8,7	18,4	27,2	36,1	42,7	43,7	32,5	20,7	6,7	-1,0	19,6
N	mm	1	2	5	18	34	46	73	92	74	27	4	2	378
rF	mm	50	45	40	45	48	58	61	65	68	62	56	54	54
oB/pV	Ratio	S	0,27	0,32	0,42	0,57	0,54	0,52	0,49	0,41	0,33	0,28	0,24	0,40
pV	mm	-	7	40	78	109	117	129	119	81	61	23	-	764
pLV	mm	8	2	13	33	62	63	67	58	33	20	6	10	375
N-pLV	mm	7	0	-8	-15	-28	-17	6	34	41	7	-2	-8	

Lhasa/V.R. China (B m sh δ) (Hochgebirgssteppe)
29° 40' N/91° 07'E; Höhe ü. NN: 3685 m

Element	Einheit	J	F	M	A	M	J	J	A	S	O	N	D	Jahr
T	°C	-1,7	1,1	4,7	8,1	12,2	16,7	16,4	15,6	14,2	8,9	3,9	0,0	8,8
Tae	°C	7,2	12,2	19,5	25,0	31,6	45,6	46,5	46,1	58,0	25,9	17,5	10,3	28,8
N	mm	2	13	8	5	25	64	122	89	66	13	3	0	410
rF	%	71	71	72	67	59	64	71	72	71	64	71	71	69
oB/pV	Ratio	0,23	0,27	0,32	0,42	0,57	0,54	0,52	0,49	0,41	0,33	0,28	0,24	0,38
pV	mm	16	28	43	64	100	127	105	101	131	72	40	23	850
pLV	mm	4	8	14	27	57	69	55	50	54	24	11	6	379
N-pLV	mm	-2	5	-6	-22	-32	-5	67	39	12	-11	-8	-6	

Warmtropen

Iquitos/Peru (A sl ph) (tropischer Regenwald, Amazonas-Becken)
03° 46' S/73° 20' W; Höhe ü. NN: 104 m

Element	Einheit	J	F	M	A	M	J	J	A	S	O	N	D	Jahr
T	°C	27,4	26,6	26,5	26,4	26,0	25,6	25,6	26,3	26,6	26,7	26,9	27,5	26,5
Tae	°C	69,9	69,6	68,8	68,4	67,5	66,6	66,1	65,8	67,9	68,6	69,4	71,2	68,3
N	mm	256	276	349	306	271	199	165	157	191	214	244	217	2845
rF	%	80	81	82	84	83	82	81	79	78	79	80	80	81
oB/pV	Ratio	1,22	1,28	1,5	1,5	1,27	1,02	0,9	0,87	0,99	1,08	1,19	1,09	1,159
pV	mm	110	104	97	86	90	94	99	108	117	113	109	112	1239
pLV	mm	134	133	146	129	114	96	89	94	116	122	130	122	1425
N-pLV	mm	122	143	203	177	157	103	76	63	75	92	114	95	

Uaupés/Brasilien (A sl ph) (tropischer Regenwald, Amazonas-Becken)
00° 08' N/67° 05' S; Höhe ü. NN: 85 m

Element	Einheit	J	F	M	A	M	J	J	A	S	O	N	D	Jahr
T	°C	25,5	25,8	25,6	25,4	25,1	24,7	24,3	25,0	25,5	25,8	26,1	25,7	25,4
Tae	°C	68,8	69,9	70,2	68,4	69,0	67,6	64,6	67,5	68,3	69,9	71,2	70,8	68,85
N	mm	284	261	284	263	329	244	234	186	160	164	190	270	2869
rF	%	88	87	88	90	92	90	90	89	87	87	89	89	89
oB/pV	Ratio	1,33	1,25	1,33	1,24	1,48	1,17	1,13	0,96	0,87	0,89	0,99	1,27	1,159
pV	mm	66	72	67	55	44	54	52	59	70	72	62	62	735
pLV	mm	88	90	89	68	65	63	59	57	61	64	61	79	844
N-pLV	mm	196	171	195	195	264	181	175	129	99	100	129	191	

Fonte Boâ/Brasilien (A sl ph) (tropischer Regenwald, Amazonas-Niederung)
02° 32' S/66° 10' W; Höhe ü. NN: 56 m

Element	Einheit	J	F	M	A	M	J	J	A	S	O	N	D	Jahr
T	°C	24,8	24,9	24,9	24,8	24,7	24,5	24,3	24,9	25,2	25,3	25,3	25,2	24,9
Tae	°C	65,2	66,4	66,4	66,4	67,8	64,1	64,1	67,3	65,1	66,2	70,9	69,8	66,6
N	mm	298	237	278	336	314	238	175	149	150	194	186	247	2802
rF	%	89	89	89	89	90	89	89	88	87	88	89	89	89
oB/pV	Ratio	1,38	1,17	1,30	1,50	1,44	1,17	0,93	0,82	0,83	1,00	0,98	1,19	1,14
pV	mm	57	58	58	58	54	56	56	64	67	63	62	61	714
pLV	mm	79	68	75	87	78	66	52	53	56	63	61	73	811
N-pLV	mm	219	169	203	249	236	172	123	96	94	131	125	174	

Belém/Brasilien (A sl ph) (tropischer Regenwald)
01° 28' S/48° 27' W; Höhe ü. NN: 24 m

Element	Einheit	J	F	M	A	M	J	J	A	S	O	N	D	Jahr
T	°C	25,2	25,0	25,1	25,5	25,8	25,8	25,8	25,9	25,8	26,1	26,3	25,9	25,7
Tae	°C	67,8	68,1	68,2	69,9	69,9	68,4	67,9	68,0	67,9	67,8	69,0	68,6	68,45
N	mm	339	408	436	344	288	175	145	127	118	92	86	175	2733
rF	%	90	91	91	91	88	85	84	84	84	83	85	85	87
oB/pV	Ratio	1,5	1,5	1,5	1,5	1,33	0,93	0,83	0,77	0,72	0,64	0,61	0,95	1,065
pV	mm	54	49	49	50	67	81	86	86	86	91	82	81	862
pLV	**mm**	81	74	74	75	98	75	71	66	62	58	50	77	861
N-pLV	mm	258	334	362	269	190	100	74	61	56	34	36	98	

Paramaribo/Surinam (A sl ph) (tropischer Regenwald, zum Teil Luv-Effekt des Passats)
05° 49' N/55° 26' W; Höhe ü. NN: 4 m

Element	Einheit	J	F	M	A	M	J	J	A	S	O	N	D	Jahr
T	°C	26,4	26,6	27,0	27,2	26,8	26,8	27,1	27,9	28,5	28,55	28,0	26,9	27,3
Tae	°C	70,0	69,3	70,1	70,9	71,9	71,9	70,9	72,8	73,3	73,3	73,2	70,5	71,5
N	mm	193	150	162	232	321	303	226	167	86	87	109	174	2210
rF	%	87	85	85	85	87	87	85	82	80	80	83	86	84
oB/pV	Ratio	1,00	0,82	0,89	1,14	1,46	1,39	1,11	0,90	0,61	0,61	0,70	0,91	0,96
pV	mm	72	82	83	84	74	74	84	103	115	115	98	78	1062
pLV	**mm**	72	67	74	96	108	103	93	93	70	70	69	71	986
N-pLV	mm	121	83	88	136	213	200	133	74	16	17	40	103	

Rio de Janeiro/Brasilien (A sl ph) (tropischer Regenwald)
22° 54' S/43° 10' W; Höhe ü. NN: 31 m

Element	Einheit	J	F	M	A	M	J	J	A	S	O	N	D	Jahr
T	°C	25,1	25,6	24,3	23,6	22,1	21,1	20,2	20,8	21,0	21,8	22,9	22,4	22,7
Tae	°C	62,2	64,4	59,4	57,7	52,6	49,8	46,5	48,4	49,8	52,0	55,4	53,1	54,3
N	mm	157	125	134	102	63	56	51	40	63	80	92	130	1093
rF	%	78	77	78	76	77	77	75	74	77	76	77	77	77
oB/pV	Ratio	0,88	0,78	0,79	0,68	0,53	0,50	0,49	0,46	0,53	0,59	0,63	0,77	0,64
pV	mm	107	116	102	108	95	90	91	98	90	98	100	96	1191
pLV	**mm**	94	90	81	73	50	45	45	45	48	58	63	74	768
N-pLV	mm	63	35	53	29	13	11	6	-5	15	22	29	56	

Salvador de Bahia/Brasilien (A sl ph) (tropischer Regenwald, Luv-Effekt mit Winterregen-Maximum)
12° 57' S/38° 30' W; Höhe ü. NN: 8 m

Element	Einheit	J	F	M	A	M	J	J	A	S	O	N	D	Jahr
T	°C	26,0	26,3	26,3	25,8	24,8	23,8	23,0	22,9	23,6	24,5	25,2	25,6	24,8
Tae	°C	65,8	65,4	66,4	67,0	63,6	59,8	56,5	56,2	59,4	62,5	63,0	65,8	62,6
N	mm	74	78	163	290	298	193	206	111	85	95	141	99	1833
rF	%	79	78	80	82	82	81	80	79	80	80	80	80	80
oB/pV	Ratio	0,57	0,58	0,90	1,35	1,38	1,00	1,01	0,70	0,61	0,65	0,82	0,66	0,85
pV	mm	108	114	104	94	90	89	89	92	92	96	100	102	1170
pLV	mm	62	66	94	127	124	89	90	64	56	62	82	67	983
N-pLV	mm	12	12	69	163	174	104	116	47	29	33	59	32	

Puyo/Ecuador (A sl ph) (tropischer Regenwald im Bereich des ersten Kondensationsniveaus am Andenostabhang)
01° 35' S/77° 54' W; Höhe ü. NN: 950 m

Element	Einheit	J	F	M	A	M	J	J	A	S	O	N	D	Jahr
T	°C	20,5	20,7	20,6	20,7	20,7	20,2	19,8	20,2	20,5	21,0	21,3	20,9	20,6
Tae	°C	56,0	57,3	57,2	57,3	57,3	54,5	54,1	53,7	55,1	57,1	57,4	57,1	56,2
N	mm	299	294	391	453	324	391	339	345	354	360	367	377	4294
rF	%	89	89	89	89	89	89	89	87	87	88	88	88	88
oB/pV	Ratio	1,38	1,37	1,50	1,50	1,50	1,50	1,50	1,50	1,50	1,50	1,50	1,50	1,48
pV	mm	49	50	50	50	50	48	47	55	57	54	55	54	619
pLV	mm	68	69	75	75	75	72	71	83	86	81	83	81	919
N-pLV	mm	231	225	316	378	249	319	268	262	268	279	284	296	

Monrovia/Liberia (A sl ph) (tropischer Regenwald, Monsun-Westseitenklima)
06° 18' N/10° 48' W; Höhe ü. NN: 24 m

Element	Einheit	J	F	M	A	M	J	J	A	S	O	N	D	Jahr
T	°C	26,4	26,1	27,0	26,7	26,1	25,0	24,4	24,7	24,7	25,3	26,1	26,4	25,7
Tae	°C	70,2	68,9	72,3	72,5	68,4	65,8	62,8	65,5	66,9	67,0	69,4	69,7	68,3
N	mm	30	56	96	216	509	973	996	373	744	772	236	130	5131
rF	%	87	85	85	86	84	86	86	86	89	88	86	86	86
oB/pV	Ratio	0,41	0,5	0,64	1,08	1,5	1,5	1,5	1,5	1,5	1,5	1,15	0,78	1,13
pV	mm	72	82	86	80	86	73	70	73	58	64	77	77	898
pLV	mm	30	41	55	86	129	110	105	110	87	96	89	60	998
N-pLV	mm	0	15	41	130	380	863	891	263	657	676	147	70	

Kribi/Kamerun (A sl ph) (tropischer Regenwald)
02° 56' N/09° 54' E; Höhe ü. NN: 19 m

Element	Einheit	J	F	M	A	M	J	J	A	S	O	N	D	Jahr
T	°C	26,3	26,2	26,5	26,3	26,0	25,1	24,0	24,0	24,5	24,6	25,3	26,0	25,4
Tae	°C	70,1	69,5	71,0	69,6	70,2	66,7	62,8	63,6	66,3	68,1	67,5	69,2	67,9
N	mm	104	139	207	258	369	268	114	258	524	524	191	32	2988
rF	%	87	86	86	86	88	88	87	89	91	92	89	86	88
oB/pV	Ratio	0,68	0,81	1,05	1,22	1,5	1,27	0,76	1,22	1,5	1,5	0,99	0,42	1,076
pV	mm	72	77	79	77	67	64	65	56	48	44	59	77	785
pLV	mm	50	62	83	94	101	81	49	68	72	66	58	32	618
N-pLV	mm	54	77	124	164	268	187	65	190	452	458	133	0	

Douala/Kamerun (A sl ph) (tropischer Regenwald, Monsuntyp)
04° 01' N/09° 43' E; Höhe ü. NN: 11 m

Element	Einheit	J	F	M	A	M	J	J	A	S	O	N	D	Jahr
T	°C	26,7	27,0	26,8	26,6	26,3	25,4	24,3	24,1	24,7	25,0	26,0	26,4	25,7
Tae	°C	69,8	69,6	68,9	68,7	67,0	62,2	59,0	58,4	61,1	61,5	65,7	66,1	64,8
N	mm	52	86	198	222	223	510	722	722	530	415	155	67	3902
rF	%	81	80	79	79	81	78	78	77	77	77	79	79	78,7
oB/pV	Ratio	0,5	0,61	1,01	1,1	1,1	1,5	1,5	1,5	1,5	1,5	0,85	0,54	1,32
pV	mm	104	109	114	113	100	107	102	105	110	111	108	109	1292
pLV	mm	52	67	115	124	110	161	153	158	165	167	92	59	1423
N-pLV	mm	0	19	83	98	113	349	569	564	365	248	63	17	

Ouesso/Kongo (A sl ph) (tropischer Regenwald - Kongo-Becken)
01° 37' N/16° 03' E; Höhe ü. NN: 340 m

Element	Einheit	J	F	M	A	M	J	J	A	S	O	N	D	Jahr
T	°C	25,6	26,2	26,8	26,8	26,6	25,5	25,0	24,9	25,2	25,6	25,5	5,3	25,8
Tae	°C	68,7	68,3	72,0	68,3	72,0	68,2	65,7	65,0	66,6	68,5	68,0	66,5	68,2
N	mm	55	100	171	112	159	135	64	137	203	239	166	81	1622
rF	%	83	81	82	81	82	84	83	82	84	82	83	83	83
oB/pV	Ratio	0,50	0,67	0,92	0,71	0,88	0,80	0,60	0,80	1,04	1,18	0,90	0,59	0,78
pV	mm	92	102	102	102	102	86	88	92	84	97	91	89	1132
pLV	mm	46	68	94	72	90	69	53	74	87	114	82	53	902
N-pLV	mm	9	32	77	40	69	66	11	63	116	125	84	28	

Borumbu/Zaïre (A sl ph) (tropischer Regenwald, Kongo-Becken)
01° 14' N/23° 33' E; Höhe ü. NN: 420 m

Element	Einheit	J	F	M	A	M	J	J	A	S	O	N	D	Jahr
T	°C	25,6	25,8	25,6	25,8	25,5	25,2	24,8	24,6	25,2	25,3	24,9	24,8	25,25
Tae	°C	73,4	73,6	72,9	74,1	72,4	70,6	71,2	70,0	70,7	71,3	70,9	71,3	71,86
N	mm	72	87	145	185	158	141	175	166	180	210	192	105	1816
rF	%	91	91	90	92	92	92	94	92	92	93	93	94	92
oB/pV	Ratio	0,57	0,61	0,83	0,97	0,85	0,82	0,93	0,9	0,95	1,05	1,0	0,68	0,85
pV	mm	53	53	58	47	46	45	34	45	45	40	40	34	540
pLV	mm	30	32	48	46	39	37	32	41	43	42	40	23	453
N-pLV	mm	42	55	97	139	119	104	143	125	137	168	152	82	

Antalaha/Madagaskar (A sl ph) (tropischer Regenwald; Passat-Luvseiten-Klima)
14° 53' S/50° 15' E; Höhe ü. NN: 5 m

Element	Einheit	J	F	M	A	M	J	J	A	S	O	N	D	Jahr
T	°C	26,7	26,8	27,3	27,7	27,0	25,9	25,1	25,5	26,1	26,9	27,0	27,0	26,6
Tae	°C	67,0	67,9	67,4	66,7	59,7	56,6	53,0	53,0	53,8	55,5	66,7	66,2	61,1
N	mm	193	198	267	290	160	165	185	142	119	84	99	201	2103
rF	%	81	80	82	82	80	81	80	79	80	77	79	81	80
oB/pV	Ratio	1,00	1,01	1,27	1,34	0,88	0,90	0,98	0,82	0,72	0,60	0,66	1,03	0,93
pV	mm	100	107	95	94	94	85	83	87	85	100	110	99	1139
pLV	mm	100	108	121	126	83	77	81	71	61	60	73	102	1063
N-pLV	mm	93	98	146	164	77	88	104	71	58	24	26	99	

Tela/Hunduras (A sl ph) (tropischer Regenwald; Passat-Ostseitenklima)
15° 43' N/87° 29' W; Höhe ü. NN: 3 m

Element	Einheit	J	F	M	A	M	J	J	A	S	O	N	D	Jahr
T	°C	23,2	23,7	25,1	26,2	26,8	27,1	26,7	26,8	27,2	25,9	24,5	23,5	25,6
Tae	°C	59,2	61,1	64,8	66,3	70,4	72,3	71,8	71,4	72,9	69,5	65,3	61,9	67,2
N	mm	255	146	72	90	103	122	181	240	207	405	410	356	2587
rF	%	86	84	84	80	82	85	85	84	86	87	89	89	85
oB/pV	Ratio	1,22	0,82	0,57	0,62	0,68	0,72	0,95	1,17	1,04	1,5	1,5	1,5	1,02
pV	mm	66	77	82	104	100	86	85	90	81	72	57	54	954
pLV	mm	81	63	47	64	68	62	81	105	84	108	68	81	912
N-pLV	mm	174	83	25	26	35	60	100	135	123	297	342	275	

Legaspi/Philippinen (A sl ph) (tropischer Regenwald; Passat-Ostseitenklima)
13° 88' N/123° 44' E; Höhe ü. NN: 19 m

Element	Einheit	J	F	M	A	M	J	J	A	S	O	N	D	Jahr
T	°C	25,7	25,9	26,7	27,7	28,2	28,1	27,4	27,4	27,3	27,1	26,7	26,2	27,0
Tae	°C	67,4	67,1	69,8	72,7	73,8	74,3	71,7	71,7	72,7	71,9	71,5	68,4	71,1
N	mm	366	265	218	158	178	194	235	209	252	313	479	503	3370
rF	%	83	82	81	80	81	82	83	83	85	84	84	84	83
oB/pV	Ratio	1,5	1,25	1,09	0,88	0,95	1,00	1,16	1,05	1,21	1,43	1,5	1,5	1,21
pV	mm	90	95	104	114	110	105	96	96	86	91	90	86	1163
pLV	mm	135	119	113	100	105	105	111	101	104	130	135	129	1387
N-pLV	mm	231	146	105	58	73	89	124	108	148	183	344	374	

Sandakan/Malaysia (A sl ph) (tropischer Regenwald, Passat Ostseitenklima)
05° 50' N/118° 07' E; Höhe ü. NN: 46 m

Element	Einheit	J	F	M	A	M	J	J	A	S	O	N	D	Jahr
T	°C	26,4	26,7	27,2	28,1	28,1	27,8	27,8	27,8	27,8	27,5	27,2	26,7	27,4
Tae	°C	68,8	71,1	71,6	73,9	73,9	73,6	73,0	73,0	72,4	72,0	72,1	71,6	72,25
N	mm	483	277	218	114	157	188	170	201	236	259	368	470	3141
rF	%	84	83	83	81	81	81	80	80	79	81	84	84	82
oB/pV	Ratio	1,5	1,30	1,08	0,74	0,85	0,98	0,92	1,03	1,14	1,22	1,5	1,5	1,146
pV	mm	87	95	96	110	110	110	115	115	119	108	91	90	1246
pLV	mm	131	124	104	81	94	108	106	118	136	132	137	135	1406
N-pLV	mm	352	153	114	33	63	80	64	83	100	127	231	335	

Singapur/Singapur (A sl ph) (tropischer Regenwald)
01° 18' N/103° 50' E; Höhe ü. NN: 10 m

Element	Einheit	J	F	M	A	M	J	J	A	S	O	N	D	Jahr
T	°C	26,4	27,0	27,5	27,5	27,8	27,5	27,5	27,2	27,2	27,0	27,0	27,0	27,2
Tae	°C	66,7	66,5	67,6	69,2	70,7	69,2	69,2	67,2	67,7	67,0	68,1	69,8	68,2
N	mm	251	173	193	188	173	173	170	196	178	208	254	256	2413
rF	%	80	74	73	76	76	76	76	75	76	75	77	80	76
oB/pV	Ratio	1,20	0,93	1,00	0,99	0,92	0,92	0,91	1,01	0,95	1,05	1,21	1,21	1,02
pV	mm	105	135	142	130	133	130	130	131	127	131	132	110	1527
pLV	mm	126	126	142	129	122	120	118	132	121	138	160	133	1567
N-pLV	mm	125	47	51	59	51	53	52	64	57	70	94	123	

Pontianak/Indonesien (A sl ph) (tropischer Regenwald, Passat-Westseitenklima)
00° 01' S/109° 20' ; Höhe ü. NN: 3m

Element	Einheit	J	F	M	A	M	J	J	A	S	O	N	D	Jahr
T	°C	27,0	28,1	27,8	27,8	28,1	28,1	27,5	27,8	28,1	27,8	27,5	27,2	27,7
Tae	°C	69,7	72,7	72,4	72,9	73,1	73,1	70,2	71,6	71,9	72,3	72,0	70,5	71,86
N	mm	274	208	241	277	282	221	165	203	229	339	389	323	3151
rF	%	80	79	79	80	80	80	78	78	78	79	81	81	79
oB/pV	Ratio	1,29	0,95	1,18	1,28	1,33	1,14	0,9	1,03	1,12	1,5	1,5	1,47	1,101
pV	mm	109	120	119	115	115	115	121	123	124	119	108	105	1393
pLV	mm	141	114	140	147	153	131	109	127	139	179	161	154	1695
N-pLV	mm	133	94	101	130	129	90	56	76	90	160	228	169	

Maimi/USA (A sl ph) (regengrüner Feuchtwald/Feuchtsavanne)
25° 48' N/80° 16' W; Höhe ü. NN: 2 m

Element	Einheit	J	F	M	A	M	J	J	A	S	O	N	D	Jahr
T	°C	19,4	19,9	21,4	23,4	25,3	27,1	27,7	27,9	27,4	25,4	22,4	20,1	23,9
Tae	°C	43,6	45,3	47,4	53,2	58,7	65,1	67,9	68,1	67,2	60,7	50,3	45,8	56,1
N	mm	52	48	58	99	164	187	171	177	241	209	72	42	1520
rF	mm	74	73	70	69	71	72	72	72	75	75	71	74	72
oB/pV	Ratio	0,50	0,48	0,51	0,67	0,9	0,99	0,92	0,93	1,18	1,16	0,57	0,47	0,77
pV	mm	89	95	111	126	133	142	148	149	131	119	114	93	1450
pLV	mm	45	47	57	84	120	141	136	139	155	138	65	44	1171
N-pLV	mm	7	1	1	15	44	46	35	38	86	71	7	-2	

Santarem/Brasilien (A sl ph) (Grenzbereich Regenwald/regengrüner Feuchtwald)
02° 25' S/54° 42' W ; Höhe ü. NN: 20 m

Element	Einheit	J	F	M	A	M	J	J	A	S	O	N	D	Jahr
T	°C	25,8	25,5	25,5	25,6	25,6	25,4	25,4	26,2	26,7	27,0	26,9	26,5	26,0
Tae	°C	69,3	68,0	70,4	67,3	70,9	70,4	69,6	70,2	68,8	68,5	69,8	70,3	69,5
N	mm	197	275	358	362	293	174	112	50	38	46	85	123	1995
rF	%	85	87	88	88	89	88	86	83	80	78	79	81	84
oB/pV	Ratio	1,0	1,29	1,5	1,5	1,36	0,93	0,7	0,49	0,43	0,47	0,6	0,74	0,92
pV	mm	82	70	67	64	62	67	77	94	108	118	115	105	1029
pLV	mm	82	90	101	96	84	62	54	46	46	55	69	78	863
N-pLV	mm	115	185	257	266	209	112	58	4	-8	-9	16	45	

Manaus/Brasilien (A sl ph) (Tropischer Regenwald)
03° 08' S/60° 01' W; Höhe ü. NN: 48 m

Element	Einheit	J	F	M	A	M	J	J	A	S	O	N	D	Jahr
T	°C	26,2	26,2	26,4	26,2	26,3	26,6	26,8	27,5	27,9	27,8	27,6	26,8	26,9
Tae	°C	69,7	69,5	69,7	69,8	70,8	69,9	69,2	69,9	71,3	71,7	71,7	71,3	70,5
N	mm	276	277	301	289	193	98	61	41	62	112	165	228	2103
rF	%	88	89	88	88	86	83	80	77	78	79	82	85	84
oB/pV	Ratio	1,28	1,29	1,40	1,34	1,00	0,67	0,52	0,46	0,52	0,71	0,90	1,11	0,933
pV	mm	66	61	66	66	78	94	109	126	123	118	102	84	1093
pLV	mm	84	79	92	88	78	63	57	58	64	84	92	93	932
N-pLV	mm	192	198	209	201	115	35	4	-17	-2	28	73	135	

Puerto Maldonado/Peru (A sl h) (regengrüner Feuchtwald/Feuchtsavanne)
12° 38' S/69° 12' W; Höhe ü. NN: 256 m

Element	Einheit	J	F	M	A	M	J	J	A	S	O	N	D	Jahr
T	°C	26,6	26,9	26,3	26,5	25,9	25,1	24,1	26,3	27,5	27,2	27,3	26,7	26,4
Tae	°C	69,6	70,4	66,9	66,7	64,4	61,4	56,5	60,2	62,3	65,9	67,1	68,7	65,00
N	mm	262	271	289	118	119	54	55	53	97	140	173	296	1927
rF	%	80	81	80	77	76	76	72	67	63	72	74	78	75
oB/pV	Ratio	1,23	1,27	1,35	0,73	0,73	0,50	0,50	0,50	0,65	0,81	0,92	1,36	0,88
pV	mm	109	105	105	120	121	115	123	155	179	144	136	118	1530
pLV	mm	134	133	142	88	88	58	62	78	116	117	125	160	1301
N-pLV	mm	128	138	147	30	31	-4	-7	-25	-19	23	48	136	

San José/Costa Rica (A sl h) (regengrüner Feuchtwald/Feuchtsavanne)
09° 56' N/84° 08' W; Höhe ü. NN: 1120 m

Element	Einheit	J	F	M	A	M	J	J	A	S	O	N	D	Jahr
T	°C	19,0	19,3	20,3	21,0	21,4	21,2	20,6	20,8	20,9	20,6	19,9	19,3	20,4
Tae	°C	48,6	48,9	51,8	54,1	56,7	57,3	56,7	56,4	57,0	57,5	53,0	49,7	53,97
N	mm	8	5	10	37	244	284	230	233	342	333	172	46	1944
rF	%	80	80	80	79	84	86	86	85	86	88	84	82	83
oB/pV	Ratio	0,32	0,1	0,33	0,43	1,17	1,33	1,06	1,07	1,5	1,49	0,93	0,46	0,87
pV	mm	76	77	81	89	72	63	63	67	63	55	67	70	840
pLV	mm	24	8	28	38	84	84	67	72	95	82	62	32	676
N-pLV	mm	-16	-3	-18	-1	160	200	163	161	247	251	110	14	

Recife/Brasilien (A sl h) (regengrüner Feuchtwald mit Winterregen-Maximum)
08° 01' S/34° 51' W; Höhe ü. NN: 56 m

Element	Einheit	J	F	M	A	M	J	J	A	S	O	N	D	Jahr
T	°C	27,0	27,1	27,0	26,6	25,6	24,7	24,2	24,2	25,0	25,9	26,4	26,7	25,9
Tae	°C	67,1	67,2	69,8	69,7	68,0	64,2	62,9	59,9	61,5	62,9	64,5	66,1	65,3
N	mm	41	89	197	249	335	318	224	147	62	37	25	30	1754
rF	%	76	77	79	81	83	83	82	80	78	76	76	76	79
oB/pV	Ratio	0,45	0,61	1,01	1,19	1,5	1,45	1,11	0,82	0,53	0,43	0,4	0,41	0,826
pV	mm	126	121	115	104	91	86	89	94	106	118	121	124	1295
pLV	mm	57	74	116	124	137	125	99	77	56	51	48	51	1015
N-pLV	mm	-16	15	81	125	198	193	125	70	6	-14	-23	-21	

Três Lagos/Brasilien (A sl h) (regengrüner Feuchtwald, Feuchtsavanne)
20° 47' S/51° 42' W; Höhe ü. NN: 312 m

Element	Einheit	J	F	M	A	M	J	J	A	S	O	N	D	Jahr
T	°C	25,8	25,8	25,3	23,1	20,2	18,9	18,5	21,1	23,2	24,6	25,3	25,8	23,1
Tae	°C	66,3	66,8	64,4	57,1	49,1	45,5	42,9	46,5	51,8	57,4	61,2	64,9	55,4
N	mm	235	203	139	92	63	41	24	19	47	109	128	205	1305
rF	%	79	80	79	78	79	79	74	66	65	69	72	75	75
oB/pV	Ratio	1,16	1,03	0,82	0,64	0,52	0,45	0,36	0,34	0,47	0,70	0,78	1,04	0,69
pV	mm	111	106	105	97	81	76	88	124	139	138	135	127	1327
pLV	mm	129	106	86	62	42	34	32	42	65	97	105	132	932
N-pLV	mm	106	97	53	30	21	7	-8	-23	-18	12	23	73	

Freetown/Sierras Leon (A sl h) (regengrüner Feuchtwald, Monsuntyp)
08° 29' N/13° 31' W; Höhe ü. NN: 68 m

Element	Einheit	J	F	M	A	M	J	J	A	S	O	N	D	Jahr
T	°C	27,0	27,5	27,7	27,7	27,3	26,5	25,6	25,2	25,9	26,4	27,0	27,0	26,7
Tae	°C	67,0	68,1	69,9	70,5	69,4	68,4	68,3	66,4	69,1	67,6	69,6	68,0	68,5
N	mm	10	6	27	81	229	433	869	872	652	288	138	42	3639
rF	%	75	74	75	76	79	81	85	87	86	82	80	77	80
oB/pV	Ratio	0,33	0,2	0,4	0,6	1,11	1,5	1,5	1,5	1,5	1,34	0,81	0,46	0,94
pV	mm	131	138	137	132	114	102	81	68	77	96	109	122	1307
pLV	mm	43	28	55	79	127	153	122	102	116	129	88	56	1098
N-pLV	mm	-33	-22	-28	2	102	280	747	770	536	159	50	-14	

Die Klimate der Erde auf ökophysiologischer Grundlage   251

Brazzaville/Kongo (A sl h) (regengrüner Feuchtwald/Feuchtsavanne, Kongo-Becken)
04° 17' S/15° 15' E; Höhe ü. NN: 309 m

Element	Einheit	J	F	M	A	M	J	J	A	S	O	N	D	Jahr
T	°C	25,7	26,0	26,3	26,5	25,7	23,1	21,7	23,0	25,0	25,7	25,6	25,5	25,0
Tae	°C	65,3	65,6	65,9	66,1	66,8	57,0	51,5	52,5	57,3	62,6	66,2	66,7	61,9
N	mm	120	127	185	201	133	2	0	2	33	142	227	193	1365
rF	%	76	76	76	76	79	78	73	68	66	71	78	79	75
oB/pV	Ratio	0,68	0,75	0,96	1,03	0,79	0,1	0,1	0,1	0,43	0,83	0,72	1,0	0,67
pV	mm	123	123	124	124	110	98	109	131	151	141	114	110	1458
pLV	mm	84	92	119	128	87	10	11	13	65	117	129	110	965
N-pLV	mm	36	35	66	73	46	-8	-11	-11	-32	25	145	83	

Kananga/Zaïre (A sl h) (regengrüner Feuchtwald/Feuchtsavanne, Kongo-Becken)
05° 53' S/22° 25' E; Höhe ü. NN: 675 m

Element	Einheit	J	F	M	A	M	J	J	A	S	O	N	D	Jahr
T	°C	24,5	24,6	25,1	25,0	25,1	24,5	23,6	24,1	24,3	24,3	24,6	24,5	24,5
Tae	°C	65,0	66,4	66,3	66,3	63,9	57,2	60,2	61,9	63,6	62,5	66,4	65,7	63,8
N	mm	131	138	210	203	99	15	18	53	125	149	235	218	1594
rF	%	82	82	81	81	76	66	76	79	81	79	82	83	79
oB/pV	Ratio	0,78	0,79	1,06	1,02	0,67	0,36	0,37	0,5	0,75	0,82	1,11	1,09	0,77
pV	mm	92	94	99	99	120	151	113	102	95	103	94	88	1250
pLV	mm	72	74	105	101	80	54	42	51	71	84	104	96	934
N-pLV	mm	59	64	105	102	19	-39	-24	-2	54	65	131	122	

Trivandrum/Indien (A sl h) (regengrüner Monsun-Feuchtwald)
08° 29' N/76° 57' E; Höhe ü. NN: 61 m

Element	Einheit	J	F	M	A	M	J	J	A	S	O	N	D	Jahr
T	°C	25,6	26,7	28,1	28,3	28,1	26,4	25,9	26,1	26,1	26,1	25,9	25,6	26,6
Tae	°C	60,4	63,6	67,6	70,1	71,7	67,9	67,9	67,0	66,0	67,0	66,3	62,9	66,5
N	mm	20	20	38	114	224	335	198	119	114	272	178	64	1696
rF	%	69	69	70	74	77	82	83	81	79	81	80	74	77
oB/pV	Ratio	0,38	0,38	0,43	0,71	1,10	1,5	1,01	0,73	0,72	1,28	0,95	0,53	0,81
pV	mm	146	153	158	142	129	96	91	100	109	100	104	128	1456
pLV	mm	55	58	68	101	142	144	92	73	78	128	99	68	1106
N-pLV	mm	-35	-38	-30	13	82	191	106	46	36	144	79	-4	

Nan-Ning/V.R. China (A sl ph) (tropisches Kulturland)
22° 48' N/108° 18' E; Höhe ü. NN: 75 m

Element	Einheit	J	F	M	A	M	J	J	A	S	O	N	D	Jahr
T	°C	13,6	14,4	17,9	22,5	26,7	28,0	28,5	28,3	27,6	23,5	19,7	15,6	22,2
Tae	°C	32,2	33,0	42,7	54,4	69,0	73,9	75,8	75,9	70,5	54,3	44,9	36,1	55,2
N	mm	32	55	48	79	167	214	217	225	109	105	37	34	1322
rF	%	77	77	80	78	79	81	81	84	76	71	72	75	78
oB/pV	Ratio	0,40	0,50	0,48	0,58	0,90	1,08	1,08	1,10	0,70	0,69	0,45	0,43	0,67
pV	mm	58	59	67	94	114	110	113	96	132	123	98	71	1135
pLV	mm	23	30	31	55	103	119	122	106	92	85	44	31	841
N-pLV	mm	9	18	17	24	64	95	95	119	17	20	-7	-3	

Ujung Pandang/Indonesien (A sl h) (regengrüner Feuchtwald/Feuchtsavanne; Passat-Ostseiten-Klima)
05° 08' S/119° 28' E; Höhe ü. NN: 2 m

Element	Einheit	J	F	M	A	M	J	J	A	S	O	N	D	Jahr
T	°C	26,1	26,4	26,4	26,7	27,0	26,1	25,6	25,6	25,9	26,4	26,7	26,1	26,3
Tae	°C	69,3	68,0	69,0	70,6	70,3	65,6	64,4	63,9	63,5	65,6	70,3	69,3	67,5
N	mm	686	536	424	150	89	74	36	10	15	43	178	610	2851
rF	%	85	83	84	82	81	79	77	76	75	78	81	85	81
oB/pV	Ratio	1,5	1,5	1,5	0,83	0,61	0,57	0,42	0,33	0,36	0,47	0,95	1,5	0,88
pV	mm	82	91	87	100	105	108	116	120	124	113	105	82	1233
pLV	mm	123	137	131	83	64	62	49	40	45	53	100	123	1010
N-pLV	mm	563	399	293	67	25	12	-13	-30	-30	-10	78	487	

Guang Tri/Vietnam (A sl h) (regengrüner Feuchtwald/Feuchtsavanne)
16° 44' N/107° 11' E; Höhe ü. NN: 7 m

Element	Einheit	J	F	M	A	M	J	J	A	S	O	N	D	Jahr
T	°C	20,0	20,9	22,8	26,4	28,6	29,4	29,4	29,4	27,5	25,3	23,1	20,9	25,3
Tae	°C	49,7	52,5	58,1	65,1	70,5	68,4	67,2	67,2	68,7	64,2	58,3	52,9	61,9
N	mm	170	56	69	56	99	76	89	97	396	561	566	305	2540
rF	%	85	85	84	77	70	65	63	63	75	82	84	86	77
oB/pV	Ratio	0,91	0,50	0,56	0,50	0,67	0,57	0,62	0,65	1,50	1,50	1,50	1,40	0,91
pV	mm	59	62	73	117	165	186	193	193	134	91	74	59	1213
pLV	mm	54	31	41	59	111	106	120	125	201	137	111	82	1178
N-pLV	mm	116	25	28	-3	-12	-30	-31	-26	195	424	455	223	

Djakarta/Indonesien (A sl h) (regengrüner Feuchtwald/Feuchtsavanne)
06° 11' S/106° 50' E; Höhe ü. NN: 8 m

Element	Einheit	J	F	M	A	M	J	J	A	S	O	N	D	Jahr
T	°C	26,1	26,1	26,7	27,2	27,2	27,0	26,7	26,7	27,2	27,0	26,7	26,4	26,8
Tae	°C	68,8	68,8	71,4	71,4	70,8	69,6	68,2	67,1	64,9	65,3	69,3	67,6	68,6
N	mm	300	300	211	147	114	97	64	43	66	112	142	203	1799
rF	%	85	85	84	83	82	80	78	76	71	72	80	82	80
oB/pV	Ratio	1,38	1,38	1,05	0,82	0,68	0,64	0,55	0,46	0,53	0,67	0,81	1,04	0,83
pV	mm	82	82	91	96	100	109	118	126	147	143	109	96	1299
pLV	mm	113	113	96	79	68	70	65	58	78	96	88	100	1022
N-pLV	mm	187	187	115	68	46	27	-1	-15	-12	16	54	103	

Yu-Lin/V.R. China (A sl h) (regengrüner Trockenwald/Trockensavanne)
18° 14' N/109° 32' E; Höhe ü. NN: 2 m

Element	Einheit	J	F	M	A	M	J	J	A	S	O	N	D	Jahr
T	°C	21,4	22,4	24,4	26,6	28,2	28,3	28,5	28,0	27,1	25,9	23,0	21,4	25,5
Tae	°C	49,0	53,0	59,4	69,0	74,3	75,1	76,7	75,5	72,3	65,7	55,1	48,3	64,5
N	mm	11	7	21	28	150	197	149	189	293	190	54	43	1332
rF	%	75	78	79	80	82	83	83	84	85	80	77	73	80
oB/pV	Ratio	0,34	0,2	0,39	0,41	0,83	1,01	0,83	0,99	1,35	0,99	0,51	0,48	0,69
pV	mm	96	91	98	108	105	101	103	95	86	103	99	102	1187
pLV	mm	33	18	38	44	87	102	85	94	116	102	50	49	818
N-pLV	mm	-22	-11	-17	-16	63	95	64	95	177	88	4	-6	

Acapulco/Mexiko (A sl sh) (regengrüner Trockenwald/Trockensavanne)
16° 50' N/99° 56' W; Höhe ü. NN: 3 m

Element	Einheit	J	F	M	A	M	J	J	A	S	O	N	D	Jahr
T	°C	26,7	26,5	27,7	27,5	28,5	28,6	28,7	28,8	28,1	28,1	27,7	26,7	27,7
Tae	°C	58,4	58,6	58,4	58,4	58,6	65,5	65,5	65,5	65,0	65,0	65,5	65,5	62,5
N	mm	6	1	0	1	36	281	256	252	349	159	28	8	1377
rF	mm	73	74	73	73	74	76	76	76	78	78	76	76	75
oB/pV	Ratio	0,2	0,1	0,1	0,1	0,42	1,31	1,21	1,20	1,5	0,88	0,4	0,2	0,635
pV	mm	123	119	121	128	131	123	124	126	112	112	118	113	1450
pLV	mm	25	12	12	13	55	161	150	151	168	99	47	23	916
N-pLV	mm	-19	-11	-12	-12	-19	120	106	101	181	60	-19	-15	

Guatemala-Stadt/Guatemala (A sl sh) (regengrüner Trockenwald/Trockensavanne)
15° 29' N/90° 16' W; Höhe ü. NN: 1300 m

Element	Einheit	J	F	M	A	M	J	J	A	S	O	N	D	Jahr
T	°C	16,3	17,0	18,4	19,5	19,6	18,7	18,5	18,7	18,3	17,7	16,7	16,3	18,0
Tae	°C	39,0	40,5	43,8	47,7	51,2	51,2	49,2	49,6	48,8	47,9	42,9	40,0	46,0
N	mm	3	2	7	19	141	265	211	187	257	159	23	7	1281
rF	%	70	68	69	70	76	83	81	79	83	82	76	73	76
oB/pV	Ratio	0,1	0,1	0,2	0,39	0,81	1,25	1,15	0,99	1,22	0,89	0,39	0,2	0,64
pV	mm	91	101	106	112	96	69	74	82	65	68	81	84	1029
pLV	mm	9	10	21	44	78	86	85	81	79	61	32	17	603
N-pLV	mm	-6	-8	-14	-25	63	179	126	106	178	98	-9	-10	

Barranquilla/Kolumbien (A sl sh) (regengrüner Trockenwald/Trockensavanne)
10° 57' N/74° 47' W; Höhe ü. NN: 13 m

Element	Einheit	J	F	M	A	M	J	J	A	S	O	N	D	Jahr
T	°C	26,8	26,9	27,4	28,4	28,9	28,7	28,7	28,9	28,6	28,2	28,1	28,0	28,1
Tae	°C	69,3	67,8	69,9	72,8	76,6	77,6	76,4	77,2	78,1	76,0	74,8	73,5	74,2
N	mm	1	0	1	11	87	103	54	102	138	202	82	65	846
rF	%	80	77	80	79	80	82	80	81	83	85	83	81	81
oB/pV	Ratio	0,1	0,1	0,1	0,34	0,61	0,69	0,50	0,68	0,80	1,12	0,60	0,53	0,514
pV	mm	109	122	110	120	120	110	120	115	105	90	100	110	1331
pLV	mm	11	12	11	41	73	76	60	78	84	101	60	58	665
N-pLV	mm	-10	-12	-10	-30	14	27	-6	24	54	101	22	7	

Carácas/Venezuela (A sl sh) (regengrüner Trockenwald/Trockensavanne)
10° 30' N/66° 56' W; Höhe ü. NN: 1035 m

Element	Einheit	J	F	M	A	M	J	J	A	S	O	N	D	Jahr
T	°C	19,2	19,7	20,7	21,7	22,0	21,5	21,1	21,6	21,8	21,5	20,8	19,9	21,0
Tae	°C	48,8	50,4	52,5	56,0	57,6	57,3	55,8	58,1	57,8	56,9	56,0	52,3	54,9
N	mm	22	15	10	32	95	106	97	112	94	122	86	44	835
rF	%	74	72	70	71	73	80	82	82	80	78	78	76	76
oB/pV	Ratio	0,39	0,35	0,33	0,41	0,64	0,69	0,66	0,70	0,62	0,74	0,61	0,48	0,55
pV	mm	77	87	99	101	90	77	75	82	86	81	71	74	1000
pLV	mm	30	30	31	41	58	53	50	57	53	60	43	36	542
N-pLV	mm	-8	-15	-21	-9	37	53	47	55	41	62	43	8	

Guayaquil/Ecuador (A sl sh) (regengrüner Trockenwald/Trockensavanne)
02° 12' S/79° 53' W; Höhe ü. NN: 6 m

Element	Einheit	J	F	M	A	M	J	J	A	S	O	N	D	Jahr
T	°C	25,5	26,0	26,4	26,3	25,6	24,4	23,5	23,2	23,8	24,0	24,6	25,4	24,9
Tae	°C	63,5	66,6	67,2	65,4	64,3	59,6	57,3	55,1	57,3	57,0	59,6	57,5	60,9
N	mm	217	189	231	133	38	15	0	0	0	4	1	15	843
rF	%	78	81	81	78	78	79	78	76	75	74	74	72	77
oB/pV	Ratio	1,09	0,99	1,13	0,79	0,45	0,35	0,1	0,1	0,1	0,1	0,1	0,35	0,47
pV	mm	110	99	100	113	112	98	99	103	112	116	121	130	1304
pLV	mm	120	98	113	89	17	35	10	10	11	12	12	46	573
N-pLV	mm	97	91	188	44	21	-20	-10	-10	-11	-8	-11	-31	

Fortaleza/Brasilien [A sl sh] (regengrüner Trockenwald/Trockensavanne)
03° 46' S/38° 33' W; Höhe ü. NN: 26 m

Element	Einheit	J	F	M	A	M	J	J	A	S	O	N	D	Jahr
T	°C	27,2	27,2	26,8	26,8	26,7	26,1	26,0	26,0	26,4	26,8	26,9	27,2	26,7
Tae	°C	67,8	70,7	70,6	69,2	68,8	65,6	63,5	62,7	65,0	65,5	66,0	67,1	66,1
N	mm	82	158	300	306	192	100	31	14	17	9	17	30	1256
rF	%	77	80	82	82	80	78	75	73	74	73	74	75	77
oB/pV	Ratio	0,60	0,88	1,38	1,39	1,0	0,86	0,42	0,36	0,37	0,32	0,37	0,41	0,682
pV	mm	122	111	100	98	108	113	124	132	132	138	134	131	1443
pLV	mm	73	98	138	136	108	77	52	48	49	44	50	54	927
N-pLV	mm	9	60	162	170	84	23	-21	-34	-32	-35	-33	-24	

Villa Luso/Angola (A sl sh) (regengrüner Trockenwald/Trockensavanne)
11° 47' S/19° 55' E; Höhe ü. NN: 1328 m

Element	Einheit	J	F	M	A	M	J	J	A	S	O	N	D	Jahr
T	°C	21,6	21,7	21,5	21,4	19,7	17,4	17,5	19,9	22,6	22,7	21,8	21,5	20,8
Tae	°C	54,9	56,9	53,0	49,7	39,4	32,6	31,3	38,7	43,2	50,6	54,2	53,8	46,5
N	mm	230	168	190	83	3	1	0	1	13	86	146	210	1131
rF	%	72	76	71	65	52	45	39	46	42	57	70	70	59
oB/pV	Ratio	1,12	0,91	0,99	0,59	0,1	0,1	0,1	0,1	0,35	0,60	0,82	1,05	0,647
pV	mm	120	107	120	135	146	138	147	161	193	168	127	113	1675
pLV	mm	134	93	119	80	15	14	15	16	68	101	104	119	878
N-pLV	mm	96	75	71	3	-12	-13	-15	-15	-55	-15	42	91	

Ilorin/Nigeria (A sl sh) (Trockensavanne)
08° 30' N/04° 35' E; Höhe ü. NN: 329 m

Element	Einheit	J	F	M	A	M	J	J	A	S	O	N	D	Jahr
T	°C	26,7	28,0	29,1	28,6	27,5	26,1	25,0	24,7	25,3	26,1	27,0	26,1	26,7
Tae	°C	59,1	61,6	66,1	69,8	68,5	65,4	64,0	64,1	64,3	67,0	65,4	58,7	64,5
N	mm	8	20	54	116	177	192	148	124	259	148	31	10	1287
rF	%	59	58	60	67	72	76	80	81	80	79	70	63	70
oB/pV	Ratio	0,32	0,38	0,5	0,71	0,94	1,0	0,83	0,76	1,22	0,83	0,42	0,33	0,687
pV	mm	187	200	205	179	150	123	101	96	101	110	153	168	1773
pLV	mm	60	76	103	127	141	123	84	73	123	91	64	55	1120
N-pLV	mm	-52	-56	-49	-11	36	69	64	51	136	57	-33	-45	

Juba/Sudan (A sl sh) (regengrüner Trockenwald/Trockensavanne)
04° 51' N/31° 37' E; Höhe ü. NN: 460 m

Element	Einheit	J	F	M	A	M	J	J	A	S	O	N	D	Jahr
T	°C	26,9	28,0	28,5	27,4	26,2	25,2	24,1	24,2	24,9	25,5	26,0	26,5	26,1
Tae	°C	49,3	52,9	58,9	61,1	62,2	60,1	58,9	59,0	58,8	58,4	56,7	53,2	57,4
N	mm	4	15	32	121	150	134	121	133	106	94	35	17	962
rF	%	40	42	50	60	68	70	74	74	68	64	58	49	60
oB/pV	Ratio	0,1	0,36	0,41	0,74	0,83	0,78	0,73	0,78	0,69	0,64	0,44	0,37	0,57
pV	mm	227	236	227	189	155	140	120	130	146	163	184	209	2126
pLV	mm	23	85	93	140	129	109	88	101	101	104	81	77	1131
N-pLV	mm	-19	-70	-61	-19	21	25	33	32	5	-10	-46	-60	

Hárar/Äthiopien (A sl sh) (monatner Trockenwald/Trockensavanne)
09° 22' N/42° 02' E; Höhe ü. NN: 1856 m

Element	Einheit	J	F	M	A	M	J	J	A	S	O	N	D	Jahr
T	°C	18,9	19,7	20,6	20,8	20,8	20,0	18,9	18,6	19,4	20,0	19,4	19,4	19,7
Tae	°C	40,1	41,3	46,4	47,9	55,8	51,6	50,0	49,6	49,6	43,8	39,3	40,6	46,3
N	mm	11	32	60	109	121	101	142	137	98	46	23	10	890
rF	%	47	52	48	55	53	68	80	79	72	48	48	45	58
oB/pV	Ratio	0,32	0,41	0,51	0,70	0,74	0,68	0,82	0,80	0,67	0,47	0,39	0,30	0,56
pV	mm	148	159	158	152	105	109	94	93	101	152	154	150	1575
pLV	mm	47	65	81	106	78	74	77	74	68	71	60	45	846
N-pLV	mm	36	-33	-21	3	43	27	65	63	30	-25	-37	-35	

Die Klimate der Erde auf ökophysiologischer Grundlage

Madras/Indien (A sl sa) (trockener Monsunwald - Wintermonsuntyp)
13° 04' N/80° 15' E; Höhe ü. NN: 16 m

Element	Einheit	J	F	M	A	M	J	J	A	S	O	N	D	Jahr
T	°C	24,4	25,6	27,5	30,3	33,1	32,5	30,9	30,3	29,7	28,1	25,9	24,7	28,6
Tae	°C	58,7	63,1	67,9	76,3	81,8	76,4	73,8	72,7	75,8	72,6	66,5	62,5	70,6
N	mm	36	10	8	15	25	48	91	117	119	305	356	140	1270
rF	%	77	75	74	73	65	60	64	67	73	79	81	80	72
oB/pV	Ratio	0,43	0,33	0,2	0,35	0,39	0,48	0,60	0,63	0,64	1,4	1,5	0,81	0,67
pV	mm	106	123	138	161	222	237	206	186	160	120	99	98	1856
pLV	mm	46	41	28	56	87	114	124	117	102	168	149	79	1111
N-pLV	mm	-10	-31	-36	-41	-62	-66	-33	0	4	137	207	61	

Kalkutta/Indien (A sl sh) (trockener Monsunwald)
22° 32' N/88° 20' E; Höhe ü. NN: 6 m

Element	Einheit	J	F	M	A	M	J	J	A	S	O	N	D	Jahr
T	°C	19,7	22,0	27,2	30,0	30,3	29,7	28,9	28,6	28,9	27,5	23,3	19,4	26,3
Tae	°C	43,7	47,3	60,7	71,7	74,7	79,9	78,9	79,8	79,2	70,7	53,0	41,7	65,1
N	mm	10	30	36	43	140	297	325	328	251	114	20	5	1599
rF	%	69	64	63	66	70	79	83	85	84	79	71	68	73
oB/pV	Ratio	0,33	0,41	0,42	0,47	0,8	1,37	1,47	1,47	1,2	0,71	0,38	0,2	0,77
pV	mm	105	132	174	189	175	132	106	95	100	116	120	103	1547
pLV	mm	35	54	73	89	140	181	156	140	120	82	46	21	1139
N-pLV	mm	-25	-24	-37	-46	0	116	169	188	131	32	-26	-16	

Bangkok/Thailand (A sl sh) (regengrüner Trockenwald/Trockensavanne an der Grenze zum Feuchtwald)
13° 45' N/100° 28' E; Höhe ü. NN: 2 m

Element	Einheit	J	F	M	A	M	J	J	A	S	O	N	D	Jahr
T	°C	26,0	27,8	29,2	30,1	29,7	28,9	28,5	28,4	28,0	27,7	27,0	25,7	28,1
Tae	°C	62,0	69,8	73,2	77,3	79,5	76,7	75,3	74,1	74,7	74,3	69,4	62,7	66,0
N	mm	9	30	36	82	165	153	168	183	310	239	55	8	1438
rF	%	72	75	74	75	79	80	80	81	83	83	80	74	78
oB/pV	Ratio	0,30	0,41	0,44	0,62	0,90	0,85	0,91	0,98	1,41	1,17	0,51	0,20	0,73
pV	mm	135	136	149	151	131	120	118	111	100	99	109	127	1486
pLV	mm	41	56	66	94	118	102	107	109	141	116	56	25	1031
N-pLV	mm	-32	-26	-30	-12	47	51	50	74	169	123	-1	-17	

Darwin/Australien (A sl sh) (regengrüner Trockenwald/Trockensavanne)
112° 28' S/130° 51' E; Höhe ü. NN: 30 m

Element	Einheit	J	F	M	A	M	J	J	A	S	O	N	D	Jahr
T	°C	28,7	28,6	28,7	28,8	27,4	25,8	25,1	26,2	28,1	29,4	29,8	29,4	28,0
Tae	°C	76,7	76,6	76,1	69,5	59,4	53,4	51,1	56,8	64,6	70,6	97,7	73,2	68,8
N	mm	411	314	284	78	8	2	0	1	15	49	110	218	1330
rF	%	80	80	79	68	60	55	55	61	65	69	79	73	68
oB/pV	Ratio	1,50	1,45	1,34	0,58	0,32	0,1	0,1	0,1	0,35	0,48	0,7	1,08	0,665
pV	mm	120	120	125	173	184	186	178	172	176	170	131	154	1889
pLV	mm	180	174	168	100	59	19	18	17	62	82	92	166	1137
N-pLV	mm	231	140	116	-22	-29	-17	-18	-16	-47	-33	18	52	

Maracaibo/Venezuela (A sl sa) (regengrüner Dornwald/Dornsavanne)
10° 41' N/71° 39' W; Höhe ü. NN: 40 m

Element	Einheit	J	F	M	A	M	J	J	A	S	O	N	D	Jahr
T	°C	26,8	26,9	27,2	27,8	28,4	28,6	28,6	28,8	28,7	28,1	27,9	27,4	27,9
Tae	°C	66,7	66,9	66,6	70,6	71,8	73,4	72,8	72,5	73,0	71,5	71,3	60,9	69,8
N	mm	2	1	9	24	78	47	44	56	49	133	77	13	533
rF	%	75	75	74	76	77	75	74	73	74	77	77	76	75
oB/pV	Ratio	0,1	0,1	0,3	0,4	0,59	0,48	0,46	0,50	0,49	0,79	0,59	0,37	0,43
pV	mm	130	131	135	133	129	143	148	153	148	129	128	114	1621
pLV	mm	13	13	41	53	76	69	68	77	73	102	76	42	703
N-pLV	mm	-11	-12	-32	-29	2	-22	-24	-21	-24	31	1	-29	

Quixeramobim/Brasilien (A sl sa) (regengrüner Dornwald/Dornsavanne)
05° 12' S/39° 18' W; Höhe ü. NN: 198 m

Element	Einheit	J	F	M	A	M	J	J	A	S	O	N	D	Jahr
T	°C	28,6	27,6	27,1	26,8	26,5	26,2	26,4	27,3	28,0	28,4	28,5	28,8	27,5
Tae	°C	62,8	64,0	65,2	66,4	64,5	60,0	55,0	54,9	57,2	57,7	59,8	61,1	60,7
N	mm	67	108	188	169	111	54	26	9	3	2	6	21	764
rF	%	56	63	70	73	72	66	56	51	51	51	52	53	60
oB/pV	Ratio	0,55	0,69	0,98	0,91	0,7	0,5	0,4	0,2	0,1	0,1	0,2	0,38	0,485
pV	mm	213	184	152	140	141	158	187	208	216	218	222	222	2261
pLV	mm	117	127	149	127	99	79	75	42	22	22	44	84	987
N-pLV	mm	-50	-57	39	42	12	-25	-49	-33	-19	-20	-38	-63	

Mariscal Estigarribia/Paraguay (A sl sa) (regengrüner Dornwald/Dornsavanne)
22° 01' S/60° 36' W; Höhe ü. NN: 181 m

Element	Einheit	J	F	M	A	M	J	J	A	S	O	N	D	Jahr
T	°C	29,7	28,9	27,4	34,	81,	20,0	19,8	22,8	25,4	27,0	28,4	29,5	25,4
Tae	°C	64,5	64,2	59,9	52,4	48,4	43,2	40,2	42,9	48,1	53,6	57,7	61,4	53,0
N	mm	112	109	80	60	42	31	17	4	26	94	84	99	758
rF	%	54	58	60	62	66	65	57	47	47	49	51	51	56
oB/pV	Ratio	0,71	0,69	0,59	0,52	0,47	0,42	0,36	0,20	0,40	0,62	0,60	0,67	0,52
pV	mm	229	209	186	154	128	117	133	175	196	210	218	232	2187
pLV	mm	163	144	110	80	60	49	48	35	78	130	131	155	1183
N-pLV	mm	-51	-35	-30	-20	-18	-18	-31	-31	-52	-36	-47	-56	

Kano/Nigeria (A sl sa) (Dornsavanne)
12° 02' N/08° 32' E, Höhe ü. NN: 469 m

Element	Einheit	J	F	M	A	M	J	J	A	S	O	N	D	Jahr
T	°C	21,2	23,7	27,8	30,9	30,7	28,4	26,2	25,3	26,4	27,0	24,8	21,9	26,2
Tae	°C	31,8	35,5	40,8	52,8	68,1	65,1	65,9	65,7	66,1	59,0	41,8	34,4	52,25
N	mm	0	0	2	10	66	110	204	302	132	15	0	0	841
rF	%	27	25	22	31	53	62	75	81	75	57	34	30	48
oB/pV	Ratio	0,1	0,1	0,1	0,33	0,54	0,7	1,04	1,38	0,78	0,34	0,1	0,1	0,56
pV	mm	178	204	243	279	247	192	129	98	129	196	211	184	2290
pLV	mm	18	20	24	92	133	134	134	135	101	67	21	18	1103
N-pLV	mm	-53	-61	-73	-82	-67	-24	70	167	31	-52	-63	-55	

Accra/ Ghana (A sl sa) (Regengrüner Dornwald/Dornsavanne)
05° 32' N/00° 12' E; Höhe ü. NN: 65 m

Element	Einheit	J	F	M	A	M	J	J	A	S	O	N	D	Jahr
T	°C	27,5	28,1	28,2	28,3	27,7	26,3	25,2	25,0	25,8	26,7	27,5	27,9	27,0
Tae	°C	70,5	72,2	72,9	74,1	74,1	69,6	66,5	66,3	68,2	71,6	72,6	73,7	71,0
N	mm	16	32	59	86	136	182	47	15	38	63	36	22	732
rF	%	78	78	79	81	82	86	87	87	84	84	82	81	82
oB/pV	Ratio	0,36	0,42	0,51	0,61	0,80	0,95	0,45	0,35	0,44	0,52	0,43	0,39	0,52
pV	mm	122	124	120	111	105	77	68	68	86	90	103	110	1184
pLV	mm	44	52	61	86	84	73	31	24	38	47	44	43	627
N-pLV	mm	-28	-20	-2	0	52	109	16	-9	0	16	-8	-21	

Dodoma/Tansania (A sl sa) (regengrüner Dornbusch, Dornsavanne)
06° 15' S/35° 44' E; Höhe über NN: 1130 m

Element	Einheit	J	F	M	A	M	J	J	A	S	O	N	D	Jahr
T	°C	23,7	23,8	23,3	23,1	22,1	20,3	19,9	20,4	22,0	23,3	24,6	24,5	22,6
Tae	°C	57,6	58,7	56,9	55,9	50,5	44,6	43,8	43,7	46,9	48,8	53,5	57,9	51,7
N	mm	140	105	124	47	5	1	0	0	0	5	27	99	553
rF	%	66	68	70	68	63	60	59	58	55	53	55	63	62
oB/pV	Ratio	0,81	0,68	0,74	0,48	0,20	0,20	0,20	0,20	0,20	0,20	0,41	0,67	0,42
pV	mm	152	146	133	139	145	138	139	142	163	177	186	166	1826
pLV	mm	123	99	98	67	29	28	28	28	33	35	76	111	755
N-pLV	mm	17	6	26	-20	-42	-27	-28	-28	-33	-30	-49	-12	

Jabalpur/Indien (A sl sa) (trockener Mounsunwald)
23° 10' N/79° 59' E; Höhe über NN: 404 m

Element	Einheit	J	F	M	A	M	J	J	A	S	O	N	D	Jahr
T	°C	17,0	19,4	24,7	29,7	33,6	31,4	27,2	26,4	26,7	24,2	19,7	16,4	24,7
Tae	°C	35,0	36,3	40,6	44,2	53,6	71,0	73,9	71,0	69,7	52,7	40,2	32,9	51,8
N	mm	18	18	10	8	13	196	467	419	201	41	10	8	1409
rF	%	59	49	32	22	24	56	83	84	77	61	56	58	55
oB/pV	Ratio	0,37	0,37	0,30	0,20	0,31	1,00	1,50	1,50	1,03	0,47	0,30	0,20	0,63
pV	mm	111	143	212	263	311	241	99	90	126	159	137	107	1999
pLV	mm	41	53	64	53	96	241	149	135	130	75	41	21	1099
N-pLV	mm	-23	-35	-54	-45	-83	-45	318	284	71	-34	-31	-13	

Bombay/Indien (A sl sa) (trockener Mounsunwald)
18° 54' N/72° 49' E; Höhe über NN: 11 m

Element	Einheit	J	F	M	A	M	J	J	A	S	O	N	D	Jahr
T	°C	23,9	23,9	26,1	28,1	29,7	28,9	27,2	27,0	27,0	28,1	27,2	25,6	26,9
Tae	°C	53,3	53,7	60,7	68,0	74,6	75,7	71,6	70,8	70,4	70,8	63,8	58,6	66,0
N	mm	3	3	3	2	18	485	617	340	264	64	13	3	1815
rF	%	66	67	69	71	71	78	83	82	82	76	69	66	73
oB/pV	Ratio	0,1	0,1	0,1	0,1	0,37	1,5	1,5	1,5	1,25	0,54	0,35	0,1	0,71
pV	mm	141	138	146	154	169	131	96	100	100	133	153	155	1616
pLV	mm	14	14	15	15	63	197	144	150	125	72	54	16	744
N-pLV	mm	-11	-11	-12	-13	-45	288	473	190	139	-8	-41	-13	

Townsville/Australien (A sl sa) (regengrüner Dornbusch/Dornsavanne)
19° 14' S/146° 51' E; Höhe ü. NN: 22 m

Element	Einheit	J	F	M	A	M	J	J	A	S	O	N	D	Jahr
T	°C	27,5	27,2	26,6	24,9	22,5	20,1	19,4	20,3	22,3	24,7	26,5	27,5	24,1
Tae	°C	68,6	67,8	65,4	57,9	49,8	43,1	40,4	43,3	48,7	56,8	62,7	67,5	56,0
N	mm	284	346	230	72	29	31	21	11	8	21	62	102	1217
rF	%	75	76	73	70	67	66	64	66	67	68	69	73	70
oB/pV	Ratio	1,33	1,5	1,12	0,57	0,41	0,42	0,39	0,34	0,20	0,39	0,53	0,67	0,66
pV	mm	134	127	138	135	128	114	113	114	125	141	151	142	1562
pLV	mm	178	191	155	77	52	48	44	39	25	55	80	95	1039
N-pLV	mm	106	155	75	-5	-23	-17	-23	-28	-17	-34	-18	7	

Daressalam/Tansania (A sl sa) (regengrüner Dornwald/Dornsavanne)
06° 50' S/39° 18' E; Höhe ü. NN: 76 m

Element	Einheit	J	F	M	A	M	J	J	A	S	O	N	D	Jahr
T	°C	27,8	28,0	27,5	26,4	25,6	24,4	23,6	23,6	23,9	25,0	26,1	27,2	25,8
Tae	°C	71,4	71,9	71,7	68,0	65,0	57,1	56,2	56,2	56,7	60,1	63,9	68,5	63,9
N	mm	65	62	130	277	189	34	27	25	29	42	70	91	1041
rF	%	78	78	81	83	80	74	74	74	74	74	76	78	77
oB/pV	Ratio	0,55	0,54	0,78	1,29	0,99	0,42	0,39	0,38	0,4	0,46	0,60	0,62	0,61
pV	mm	123	124	107	91	102	116	114	114	115	122	120	118	1366
pLV	mm	68	67	83	117	101	49	44	43	46	56	72	73	819
N-pLV	mm	-3	-5	47	160	88	-15	-17	-18	-17	-14	-2	18	

Niamey/Niger (A sl a) (regengrüner Dornwald/Dornsavanne)
13° 31' N/02° 06' E; Höhe ü. NN 230 m

Element	Einheit	J	F	M	A	M	J	J	A	S	O	N	D	Jahr
T	°C	23,8	26,6	30,3	34,0	34,0	31,6	28,8	27,0	29,0	30,6	28,2	24,7	29,1
Tae	°C	33,9	37,5	42,6	56,7	72,8	74,4	71,6	70,5	74,8	71,0	48,4	37,8	57,7
N	mm	0	0	3	8	37	80	142	208	84	19	0	0	581
rF	%	22	20	19	28	48	59	70	80	75	59	35	27	45
oB/pV	Ratio	0,1	0,1	0,1	0,32	0,42	0,59	0,82	1,04	0,60	0,37	0,1	0,1	0,44
pV	mm	202	229	263	312	292	236	167	111	146	225	241	211	2635
pLV	mm	20	23	26	100	123	139	137	115	88	83	24	21	899
N-pLV	mm	-20	-23	-23	-92	-86	-59	5	93	-4	-64	-24	-21	

Wankie/Zimbabwe (A sl a) (regengrüner Dornbusch/Dornsavanne)
18° 22' S/26° 29' E; Höhe ü. NN: 782 m NN

Element	Einheit	J	F	M	A	M	J	J	A	S	O	N	D	Jahr
T	°C	26,4	26,1	25,8	25,3	22,0	19,1	18,9	21,7	26,1	29,4	28,6	27,0	24,7
Tae	°C	66,5	76,6	63,9	57,4	46,2	39,1	37,5	40,2	45,8	52,2	61,7	64,1	54,3
N	mm	147	147	79	18	5	2	0	2	2	18	58	119	597
rF	%	73	75	69	62	56	56	52	43	36	35	51	64	56
oB/pV	Ratio	0,82	0,82	0,59	0,37	0,2	0,1	0,1	0,1	0,1	0,37	0,51	0,72	0,41
pV	mm	140	132	154	169	157	133	139	176	225	260	233	179	2097
pLV	mm	115	108	91	63	31	13	14	18	23	96	119	129	820
N-pLV	mm	32	39	-12	-45	-26	-11	-14	-16	-21	-78	-61	-10	

Dakar/Senegal (A sl a) (regengrüner Dornbusch und Dornsavanne)
14° 44' N/17° 30' E; Höhe ü. NN: 23 m NN

Element	Einheit	J	F	M	A	M	J	J	A	S	O	N	D	Jahr
T	°C	21,3	21,3	21,5	22,1	23,5	26,7	27,7	27,5	27,8	28,0	26,3	23,,2	24,7
Tae	°C	42,9	44,9	48,1	50,1	55,2	66,0	70,0	71,8	72,8	70,7	58,9	47,5	58,2
N	mm	1	1	0	0	1	17	88	254	132	38	2	8	540
rF	%	40	42	41	47	56	69	81	85	84	80	61	48	61
oB/pV	Ratio	0,20	0,20	0,20	0,20	0,20	0,36	0,62	1,21	0,79	0,43	0,20	0,20	0,40
pV	mm	139	129	116	113	116	134	137	107	114	133	160	154	1552
pLV	mm	28	26	23	23	23	48	85	129	90	57	32	31	595
N-pLV	mm	-27	-25	-23	-23	-22	-31	3	125	42	-19	-30	-23	

Onslow/Australien (A sl a) (tropisch/subtropische Halbwüste)
21° 43' S/114° 57' E; Höhe ü. NN: 4 m

Element	Einheit	J	F	M	A	M	J	J	A	S	O	N	D	Jahr
T	°C	29,6	29,7	29,1	26,4	22,4	19,0	18,0	19,3	21,6	23,8	26,6	28,3	24,5
Tae	°C	65,7	67,1	63,8	54,5	45,3	38,7	35,9	37,3	41,7	46,1	54,3	59,3	50,8
N	mm	21	46	62	18	50	40	20	9	1	1	3	3	274
rF	%	57	59	58	56	58	60	58	55	51	50	52	55	56
oB/pV	Ratio	0,39	0,47	0,52	0,37	0,49	0,45	0,38	0,30	0,1	0,1	0,1	0,1	0,31
pV	mm	218	213	207	185	147	120	117	130	158	178	201	206	2080
pLV	mm	85	100	108	68	72	54	44	39	16	18	20	21	645
N-pLV	mm	-64	-54	-46	-50	-22	-14	-24	-30	-15	-17	-17	-18	

Die Klimate der Erde auf ökophysiologischer Grundlage

Hayderabad/Pakistan (A sl pa) (tropisch-subtropische Wüstensteppe)
25° 23' N/68° 25' E; Höhe ü. NN: 29 m

Element	Einheit	J	F	M	A	M	J	J	A	S	O	N	D	Jahr
T	°C	17,5	20,0	25,9	30,6	33,6	34,2	32,2	30,9	30,3	28,9	23,3	18,9	27,2
Tae	°C	31,3	35,5	45,0	56,1	69,4	77,4	79,2	75,0	67,8	55,8	40,5	33,4	55,5
N	mm	5	5	5	2	5	10	76	51	15	2	2	3	181
rF	%	46	44	38	38	45	54	62	65	59	45	41	44	48
oB/pV	Ratio	0,1	0,1	0,1	0,1	0,1	0,33	0,57	0,49	0,36	0,1	0,1	0,1	0,213
pV	mm	130	153	214	267	294	275	233	204	215	236	184	144	2549
pLV	mm	13	15	21	27	29	91	133	100	77	24	18	14	265
N-pLV	mm	-8	-10	-16	-25	-24	-81	-57	-49	-62	-22	-16	-11	

Neu Delhi/Indien (A sl a) (Dornstrauchgehölze)
28° 35' N/77° 12' E; Höhe ü. NN: 218 m

Element	Einheit	J	F	M	A	M	J	J	A	S	O	N	D	Jahr
T	°C	13,9	16,7	22,5	28,1	33,3	33,6	31,4	30,0	28,9	26,1	20,0	15,3	25,0
Tae	°C	28,0	31,9	37,5	43,7	54,9	70,3	77,6	76,9	67,0	48,7	34,7	30,0	50,1
N	mm	23	18	13	8	13	74	180	173	117	10	3	10	642
rF	mm	57	51	36	27	28	45	67	72	62	44	41	56	49
oB/pV	Ratio	0,4	0,38	0,36	0,2	0,36	0,57	0,97	0,93	0,71	0,33	0,1	0,33	0,47
pV	mm	93	121	184	244	302	297	199	168	197	210	157	102	2274
pLV	mm	37	46	66	49	109	169	193	156	140	69	16	34	1084
N-pLV	mm	-14	-28	-53	-41	-96	-95	-13	17	-23	-59	-13	-24	

Lima/Peru (A sl pa) (tropische Feuchtluftwüste)
12° 00' S/77° 07' W; Höhe ü. NN: 11 m

Element	Einheit	J	F	M	A	M	J	J	A	S	O	N	D	Jahr
T	°C	21,5	22,3	21,9	20,1	17,8	16,0	15,3	15,1	15,4	16,3	17,7	19,4	18,2
Tae	°C	53,4	55,2	55,2	49,9	44,5	39,2	37,1	37,5	37,8	39,5	43,4	46,7	43,8
N	mm	1	0	1	0	1	1	2	2	1	0	0	0	9
rF	%	83	83	84	85	86	85	85	87	87	85	83	83	85
oB/pV	Ratio	0,1	0,1	0,1	0,1	0,1	0,1	0,1	0,1	0,1	0,1	0,1	0,1	0,1
pV	mm	72	74	70	59	49	46	44	39	39	47	58	63	660
pLV	mm	7	7	7	6	5	5	4	4	4	5	6	6	66
N-pLV	mm	-6	-7	-6	-6	-4	-4	-2	-2	-3	-5	-6	-6	

San Juan/Peru (A sl pa) (tropische Feuchtluftwüste)
15° 22' S/75° 12' W; Höhe ü. NN: 30 m

Element	Einheit	J	F	M	A	M	J	J	A	S	O	N	D	Jahr
T	°C	21,9	21,8	21,8	20,4	18,3	16,4	15,5	15,3	15,9	17,1	18,4	20,4	18,6
Tae	°C	52,4	51,9	51,5	46,7	41,9	37,7	36,7	35,6	37,5	40,1	42,6	47,7	43,5
N	mm	0,3	0,3	0,1	0,3	0,1	1,1	0,3	0,7	1,6	1,5	0,9	0,4	7,8
rF	%	77	76	75	75	76	78	78	79	79	79	78	78	77
oB/pV	Ratio	0,1	0,1	0,1	0,1	0,1	0,1	0,1	0,1	0,1	0,1	0,1	0,1	0,1
pV	mm	94	98	101	91	79	65	62	59	62	66	73	82	932
pLV	mm	9	10	10	9	8	7	6	6	6	7	7	8	93
N-pLV	mm	-8,7	-9,7	-9,9	-8,7	-7,9	-5,9	-5,7	-5,3	-4,4	-5,5	-6,1	-7,6	

Tessalit/Mali (A sl pa) (tropische Wüste)
20° 12' N/00° 59' E; Höhe ü. NN: 520 m

Element	Einheit	J	F	M	A	M	J	J	A	S	O	N	D	Jahr
T	°C	18,8	21,6	25,2	29,7	33,0	35,2	36,0	33,7	32,7	30,3	24,8	19,8	28,4
Tae	°C	27,5	29,9	35,7	42,4	47,2	56,3	66,7	71,2	59,5	47,6	36,3	29,0	46,6
N	mm	0	0	1	0	1	8	13	30	21	1	0	0	75
rF	%	25	20	21	19	18	24	33	45	34	26	23	25	26
oB/pV	Ratio	0,1	0,1	0,1	0,1	0,1	0,2	0,34	0,41	0,39	0,1	0,1	0,1	0,18
pV	mm	158	183	215	262	295	327	342	301	301	269	214	166	3033
pLV	mm	16	18	22	26	30	65	116	123	117	27	21	17	598
N-pLV	mm	-16	-18	-21	-26	-29	-57	-103	-93	-96	-26	-21	-17	

Timbuktu/Mali (A sl pa) (tropisch-subtropische Halbwüste)
16° 44' N/03° 30' W; Höhe ü. NN: 299 m

Element	Einheit	J	F	M	A	M	J	J	A	S	O	N	D	Jahr
T	°C	20,9	23,3	27,5	31,3	34,0	33,8	31,7	29,8	31,3	30,9	27,0	21,8	28,6
Tae	°C	32,8	34,5	42,1	45,7	55,1	68,7	75,4	75,2	73,2	56,3	41,8	32,8	52,8
N	mm	0	0	1	1	4	21	66	78	34	3	0	0	208
rF	%	31	26	26	21	26	43	60	70	61	37	27	27	38
oB/pV	Ratio	0,1	0,1	0,1	0,1	0,1	0,39	0,54	0,58	0,43	0,1	0,1	0,1	0,23
pV	mm	173	195	238	276	312	301	233	176	221	272	233	183	2813
pLV	mm	17	20	24	28	31	117	126	102	95	27	23	18	629
N-pLV	mm	-17	-20	-23	-27	-27	-96	-60	-24	-61	-24	-23	-18	

Die Klimate der Erde auf ökophysiologischer Grundlage

Tamanrasset (A sl pa) tropische Kernwüste
22° 42' N/05° 31' E; Höhe ü. NN: 1405 m

Element	Einheit	J	F	M	A	M	J	J	A	S	O	N	D	Jahr
T	°C	12,0	13,9	17,5	21,6	25,3	28,3	28,3	27,8	26,1	22,5	18,0	13,6	21,2
Tae	°C	22,7	25,7	33,0	42,0	50,1	59,4	59,4	59,3	53,0	44,6	33,0	25,7	42,3
N	mm	4	1	1	2	6	4	3	10	7	2	2	2	44
rF	%	28	31	26	27	29	24	21	25	26	29	32	31	27
oB/pV	Ratio	0,1	0,1	0,1	0,1	0,2	0,1	0,1	0,33	0,2	0,1	0,1	0,1	0,14
pV	mm	125	136	187	234	272	345	358	340	300	242	172	136	2847
pLV	mm	13	14	19	23	54	35	36	112	60	24	17	14	421
N-pLV	mm	-9	-13	-18	-21	-48	-31	-33	-102	-53	-22	-15	-12	

Faya-Largeau/Tschad (A sl pa) (Wüste)
18° 00' N/19° 10' E; Höhe ü. NN: 234 m

Element	Einheit	J	F	M	A	M	J	J	A	S	O	N	D	Jahr
T	°C	20,9	22,8	26,1	30,5	33,5	34,3	33,2	33,2	30,3	25,4	21,7	20,8	25,5
Tae	°C	35,0	37,5	40,0	48,5	57,2	59,4	68,1	72,4	62,3	49,1	41,9	37,5	50,74
N	mm	0	0	0	0	0	0	10	12	1	0	0	0	23
rF	%	37	34	27	27	30	31	42	51	38	29	34	39	35
oB/pV	Ratio	0,1	0,1	0,1	0,1	0,1	0,1	0,33	0,33	0,1	0,1	0,1	0,1	0,12
pV	mm	280	190	223	271	307	314	304	274	296	267	212	176	3114
pLV	mm	28	19	22	27	31	31	100	90	30	27	21	18	444
N-pLV	mm	-28	-19	-22	-27	-31	-31	-51	-43	-30	-27	-21	-18	

Djibouti/Somalia (A sl pa) (tropische Halbwüste/Wüste)
11° 30' N/43° 03' E; Höhe ü. NN: 6 m

Element	Einheit	J	F	M	A	M	J	J	A	S	O	N	D	Jahr
T	°C	25,7	26,3	27,4	28,9	31,1	33,7	35,5	35,0	33,1	29,7	27,8	26,4	30,1
Tae	°C	63,9	65,0	68,5	75,9	82,8	79,7	78,6	79,4	83,5	74,4	68,8	65,0	73,8
N	mm	10	13	25	13	5	2	2	8	8	10	23	13	132
rF	%	76	77	78	79	77	58	50	53	67	71	73	77	70
oB/pV	Ratio	0,33	0,34	0,40	0,34	0,2	0,1	0,1	0,2	0,2	0,33	0,39	0,34	0,27
pV	mm	120	117	118	125	149	259	303	288	214	168	145	117	2123
pLV	mm	40	40	47	43	30	26	30	58	43	55	57	40	509
N-pLV	mm	-30	-27	-22	-30	-25	-24	-28	-50	-35	-45	-34	-27	

Alice Springs/Australien (A sl pa) (Wüstensteppe)
23° 38' S/132° 35' E; Höhe ü. NN: 579 m

Element	Einheit	J	F	M	A	M	J	J	A	S	O	N	D	Jahr
T	°C	28,1	27,5	24,7	19,8	15,3	12,3	11,6	14,3	18,2	22,8	25,5	27,4	20,6
Tae	°C	47,9	48,5	43,8	35,1	28,7	24,4	22,6	24,6	29,4	36,2	41,6	45,5	35,7
N	mm	44	34	28	10	15	13	7	8	7	18	29	39	252
rF	%	33	36	38	41	49	54	49	40	34	30	31	32	37
oB/pV	Ratio	0,46	0,43	0,4	0,33	0,35	0,34	0,2	0,32	0,2	0,37	0,4	0,44	0,343
pV	mm	246	238	209	159	113	87	89	113	149	194	220	237	2054
pLV	mm	113	102	84	52	40	30	18	36	30	72	88	104	769
N-pLV	mm	-69	-68	-56	-42	-25	-17	-11	-15	-23	-54	-59	-65	

Kalttropen

Darjeeling/Indien (A l ph) (montaner Gebirgsfeuchtwald, Wolkenwald; Monsuntyp)
27° 03' N/88° 16' E; Höhe ü. NN: 2265 m

Element	Einheit	J	F	M	A	M	J	J	A	S	O	N	D	Jahr
T	°C	5,0	5,6	9,7	13,1	14,7	15,9	16,7	16,1	15,3	13,1	8,9	6,1	11,7
Tae	°C	19,3	20,8	27,4	36,1	44,2	49,2	52,9	50,1	46,4	38,7	26,6	20,5	36,01
N	mm	13	28	43	104	216	589	798	638	447	130	23	8	3037
rF	%	83	82	73	78	88	93	95	95	93	87	79	78	85
oB/pV	Ratio	0,35	0,40	0,45	0,67	1,07	1,50	1,50	1,50	1,50	0,77	0,39	0,20	0,85
pV	mm	26	29	58	62	42	28	21	20	26	40	44	35	431
pLV	mm	9	12	26	42	45	42	32	30	39	31	17	7	332
N-pLV	mm	4	16	17	62	171	547	766	608	408	99	6	1	

Yatung/Bhutan (A l ph) (randtropisch-subtropische Hochgebirgssteppe)
27° 09'N/88° 55' E; Höhe ü. NN: 2987 m

Element	Einheit	J	F	M	A	M	J	J	A	S	O	N	D	Jahr
T	°C	0,0	1,4	4,4	8,1	11,1	13,6	15,0	14,4	13,1	8,9	4,2	1,1	7,9
Tae	°C	12,1	14,4	20,7	28,8	36,7	45,4	49,0	46,5	42,9	31,0	20,0	14,0	30,1
N	mm	15	48	64	99	107	119	130	117	101	53	18	5	876
rF	%	91	90	92	89	90	91	92	92	92	90	89	90	91
oB/pV	Ratio	0,23	0,27	0,32	0,42	0,57	0,54	0,52	0,49	0,41	0,33	0,28	0,24	0,38
pV	mm	43	51	104	136	143	121	86	77	80	65	51	44	1001
pLV	mm	10	14	33	57	82	65	45	38	33	21	14	11	423
N-pLV	mm	5	34	31	42	25	54	85	79	68	32	4	-6	

Die Klimate der Erde auf ökophysiologischer Grundlage

Nowara Eliya/Sri Lanka (A sl ph) (montaner Regenwald - Wolkenwald)
06° 58' N/80° 46' E; Höhe ü. NN: 1880 m

Element	Einheit	J	F	M	A	M	J	J	A	S	O	N	D	Jahr
T	°C	13,9	13,9	14,7	15,6	16,4	15,9	15,6	15,9	15,6	15,6	15,3	14,4	15,3
Tae	°C	37,7	37	38,7	44,2	45,0	45,9	44,9	45,2	44,9	45,2	42,8	40,3	42,7
N	mm	170	43	109	119	175	277	300	196	226	269	241	203	2328
rF	%	79	78	75	84	84	88	86	86	86	87	86	86	84
oB/pV	Ratio	0,91	0,45	0,69	0,73	0,94	1,30	1,38	1,01	1,11	1,27	1,18	1,04	1,00
pV	mm	62	65	76	56	57	44	50	50	50	47	47	45	54
pLV	mm	56	29	52	41	54	57	69	51	56	60	55	47	627
N-pLV	mm	114	14	57	78	121	220	231	145	170	209	186	156	

Bogotá/Kolumbien (A l ph) (feuchte Sierra)
04° 38' N/74° 05' W; Höhe ü. NN: 2556 m

Element	Einheit	J	F	M	A	M	J	J	A	S	O	N	D	Jahr
T	°C	12,8	13,2	13,7	13,7	13,7	13,2	12,9	12,9	12,8	12,9	13,1	13,1	13,2
Tae	°C	32,9	32,8	36,5	35,5	34,7	33,3	32,4	31,7	32,0	32,8	34,5	33,4	33,5
N	mm	51	50	69	100	105	57	47	41	52	144	138	85	939
rF	%	66	65	69	70	67	66	65	63	65	67	71	68	67
oB/pV	Ratio	0,49	0,49	0,56	0,66	0,67	0,51	0,46	0,44	0,50	0,82	0,80	0,60	0,58
pV	mm	85	89	88	83	89	88	88	91	87	84	78	83	1033
pLV	mm	42	44	49	55	60	45	40	40	44	69	62	50	600
N-pLV	mm	9	6	20	45	45	12	7	1	8	75	76	35	

Quito/Ecuador (A l ph) (feuchte Sierra)
00° 13' S/78° 30' W; Höhe ü. NN: 2818 m

Element	Einheit	J	F	M	A	M	J	J	A	S	O	N	D	Jahr
T	°C	13,0	13,0	12,9	13,0	13,1	13,0	12,9	13,1	13,2	12,9	12,8	13,0	13,0
13,0	°C	38,5	38,5	38,7	38,4	38,2	36,9	34,9	34,8	35,8	38,3	38,6	38,5	37,5
N	mm	124	135	159	180	130	49	18	22	83	133	110	107	1250
rF	%	81	81	82	84	80	76	70	69	72	81	82	81	78
oB/pV	Ratio	0,78	0,80	0,87	0,96	0,78	0,48	0,37	0,39	0,60	0,78	0,70	0,69	0,683
pV	mm	58	58	55	50	60	69	82	84	78	57	55	58	764
pLV	mm	45	46	48	48	47	33	30	33	47	44	36	40	497
N-pLV	mm	79	89	111	132	83	16	-12	-11	36	89	74	67	

Katmandu/Nepal (A sl h) (montaner Monsunwald, Wolkenwald)
27° 42' N/85° 12' E; Höhe ü. NN: 1337

Element	Einheit	J	F	M	A	M	J	J	A	S	O	N	D	Jahr
T	°C	10,0	11,7	16,1	20,0	23,1	24,4	24,4	24,2	23,6	20,0	15,3	11,1	18,7
Tae	°C	27,4	31,2	36,2	45,0	55,9	64,2	68,4	69,2	67,9	54,9	40,4	29,7	49,2
N	mm	15	41	23	58	122	246	273	345	255	38	8	3	1427
rF	%	80	79	63	61	67	76	84	86	85	85	84	81	78
oB/pV	Ratio	0,32	0,43	0,38	0,50	0,71	1,16	1,27	1,48	1,21	0,42	0,2	0,10	0,682
pV	mm	43	51	104	136	143	121	86	77	80	65	51	44	897
pLV	mm	14	22	40	68	102	140	109	114	97	27	10	4	747
N-pLV	mm	1	19	-17	-10	20	106	164	231	158	11	-2	-1	

Simla/Indien (A sl h) (montaner halbimmergrüner Monsunwald)
31° 06' N/77° 10' E; Höhe ü. NN: 2202

Element	Einheit	J	F	M	A	M	J	J	A	S	O	N	D	Jahr
T	°C	5,3	5,9	10,3	14,7	18,3	19,4	18,1	17,2	16,7	13,9	10,6	7,5	13,2
Tae	°C	14,6	16,0	20,1	26,7	33,6	45,1	53,6	51,6	45,4	29,5	20,8	17,1	31,17
N	mm	61	69	61	53	66	175	424	434	160	33	13	28	1577
rF	%	54	55	41	36	38	60	88	91	76	50	40	47	56
oB/pV	Ratio	0,52	0,55	0,52	0,50	0,54	0,92	1,5	1,5	0,88	0,43	0,34	0,38	0,715
pV	mm	52	56	91	131	160	140	76	37	85	114	96	70	1108
pLV	mm	27	31	47	66	86	129	114	56	75	49	33	27	740
N-pLV	mm	34	38	14	-31	-20	46	310	378	85	-16	-20	1	

Adisababa/Äthiopien (A sl sh) (trockener Dega-Höhenbusch. Grenze zum montanen regengrünen Feuchtwald)
09° 02' N/38° 45' E; Höhe ü. NN: 2450 m

Element	Einheit	J	F	M	A	M	J	J	A	S	O	N	D	Jahr
T	°C	15,9	16,4	17,9	17,6	17,8	16,6	15,0	15,0	15,6	15,8	15,2	15,6	16,2
Tae	°C	32,8	35,2	37,5	40,1	39,5	42,7	42,1	41,8	41,6	33,1	31,5	31,8	37,5
N	mm	14	37	70	85	90	134	285	295	196	21	13	6	1246
rF	%	54	48	48	60	73	78	83	84	78	72	65	59	67
oB/pV	Ratio	0,35	0,42	0,55	0,60	0,61	0,79	1,32	1,37	1,01	0,39	0,35	0,20	0,66
pV	mm	134	130	150	139	143	106	66	69	91	133	126	135	1422
pLV	mm	47	55	83	83	87	84	87	95	92	52	44	27	836
N-pLV	mm	-33	-18	-13	2	3	50	198	200	104	-31	-31	-21	

Huancayo/Peru (A l h) (mesophytische Gebüschvegetation, Kondensationsstufe)
12° 07' S/75° 20' W; Höhe ü. NN: 3380 m

Element	Einheit	J	F	M	A	M	J	J	A	S	O	N	D	Jahr
T	°C	12,1	11,7	11,6	11,3	10,5	9,2	9,8	10,7	11,9	12,5	12,4	12,2	11,3
Tae	°C	35,2	36,4	36,1	32,7	29,2	23,9	25,4	27,0	31,2	33,5	32,0	33,8	31,4
N	mm	119	123	107	55	25	8	8	14	40	69	67	89	724
rF	%	73	78	77	72	65	57	56	55	61	64	62	68	66
oB/pV	Ratio	0,72	0,73	0,69	0,50	0,38	0,2	0,2	0,34	0,45	0,55	0,54	0,61	0,49
pV	mm	74	63	65	71	79	79	86	94	94	93	94	84	976
pLV	mm	53	46	45	36	30	16	17	32	42	51	51	51	470
N-pLV	mm	66	77	62	19	-5	-8	-9	-18	-2	18	16	38	

La Paz/Bolivien (A l sa) (Trockenpuna)
16° 30' S/68° 08' W; Höhe ü. NN: 3632 m

Element	Einheit	J	F	M	A	M	J	J	A	S	O	N	D	Jahr
T	°C	17,5	16,2	15,5	14,1	11,7	10,1	9,8	10,9	14,4	15,5	17,5	17,9	14,3
Tae	°C	51,7	44,3	56,6	40,9	49,1	42,7	27,4	29,3	37,4	39,4	49,7	50,9	44,03
N	mm	92	89	62	26	11	2	4	7	34	28	48	85	488
rF	%	73	74	77	76	75	73	58	59	62	60	65	70	68
oB/pV	Ratio	0,62	0,61	0,52	0,40	0,33	0,1	0,1	0,2	0,42	0,4	0,48	0,6	0,398
pV	mm	109	94	102	107	96	90	89	93	110	122	135	119	1267
pLV	mm	68	57	53	43	32	9	9	19	46	49	65	71	521
N-pLV	mm	24	32	9	-17	-21	-7	-5	-12	-12	-21	-17	14	

Mexico-City/Mexiko (A sl sh) (Matoral, "*Trockenpuna*")
19° 24' N/99° 56' W; Höhe ü. NN: 2485m

Element	Einheit	J	F	M	A	M	J	J	A	S	O	N	D	Jahr
T	°C	12,2	13,3	16,1	17,8	18,9	18,6	17,5	17,5	17,5	15,6	13,9	12,5	15,9
Tae	°C	28,3	27,8	33,3	37,8	40,5	47,1	44,1	44,6	45,4	39,4	33,9	29,6	37,65
N	mm	12	5	10	20	53	119	170	152	130	51	18	8	748
rF	%	57	50	47	48	49	65	67	68	70	65	62	59	59
oB/pV	Ratio	0,34	0,2	0,33	0,38	0,5	0,72	0,91	0,85	0,78	0,49	0,38	0,30	0,515
pV	mm	94	107	136	151	159	128	113	111	106	107	100	94	1406
pLV	mm	32	21	45	57	79	92	103	101	83	52	38	28	731
N-pLV	mm	-20	-16	-35	-37	-26	27	67	51	47	-1	-20	-20	

Sao Hill/Tansania (A l sh) (montaner Trockenwald/Trockensavanne)
08° 20' S/35° 12' E; Höhe ü. NN: 1981 m

Element	Einheit	J	F	M	A	M	J	J	A	S	O	N	D	Jahr
T	°C	17,5	17,8	17,5	16,7	15,6	14,1	13,0	14,1	15,8	17,5	18,0	17,8	14,8
Tae	°C	49,0	49,2	49,4	47,2	42,1	35,8	33,6	36,1	37,2	39,9	43,9	47,6	42,6
N	mm	193	170	224	86	20	3	3	3	<2	10	64	190	966
rF	%	83	80	84	83	79	71	72	72	62	59	66	76	74
oB/pV	Ratio	1,00	0,92	1,10	0,60	0,38	0,15	0,15	0,15	0,15	0,30	0,52	0,99	0,53
pV	mm	66	77	62	63	69	81	73	79	110	127	116	89	1012
pLV	mm	66	71	68	38	26	12	11	12	17	38	60	88	507
N-pLV	mm	127	99	156	48	-6	-9	-8	-9	-15	-28	4	102	

Desé/Äthiopien (A sl sa) (trockener Dega-Höhen-Dornbusch)
11° 03' N/39° 37' E; Höhe ü. NN: 2250 m

Element	Einheit	J	F	M	A	M	J	J	A	S	O	N	D	Jahr
T	°C	16,1	18,6	18,3	19,1	21,1	22,5	20,0	19,1	18,3	17,5	16,1	15,3	18,5
Tae	°C	33,9	41,8	38,0	37,1	41,3	41,0	42,3	43,5	40,8	36,6	32,1	30,0	38,2
N	mm	10	31	62	73	73	104	239	250	157	31	10	0	1040
rF	%	50	54	49	42	42	35	49	57	56	49	45	44	48
oB/pV	Ratio	0,30	0,41	0,51	0,58	0,58	0,67	1,17	1,20	0,83	0,41	0,30	0,15	0,95
pV	mm	131	148	149	165	184	204	166	145	139	144	136	129	1840
pLV	mm	39	61	76	96	107	137	194	174	115	59	41	19	1118
N-pLV	mm	-29	-30	-14	-23	-34	-37	45	76	42	-28	-31	-19	

Cuzco/Peru (A sl sa) (Trockenpuna)
13° 33' S/71° 59' W; Höhe ü. NN: 3312 m

Element	Einheit	J	F	M	A	M	J	J	A	S	O	N	D	Jahr
T	°C	15,9	15,7	15,6	15,5	15,8	15,2	14,5	15,1	15,2	15,9	16,5	16,2	15,6
Tae	°C	41,0	41,6	41,0	39,4	37,4	32,8	31,3	32,0	33,9	36,0	37,5	39,3	36,9
N	mm	151	139	106	39	12	2	5	6	27	52	77	134	750
rF	%	64	66	65	61	55	48	47	46	51	51	52	59	55
oB/pV	Ratio	0,85	0,81	0,69	0,45	0,33	0,1	0,1	0,1	0,40	0,50	0,57	0,80	0,48
pV	mm	115	110	112	119	130	131	128	133	128	136	139	125	1506
pLV	mm	98	89	77	54	43	13	13	13	51	68	79	100	698
N-pLV	mm	53	50	29	-15	-31	-11	-8	-7	-24	-16	-2	34	

Oruro/Bolivien (A 1 a) (Dorn- und Sukkulentenpuna)
17° 58' S/67° 07' W; Höhe ü. NN: 3708 m

Element	Einheit	J	F	M	A	M	J	J	A	S	O	N	D	Jahr
T	°C	13,0	12,6	12,6	11,6	8,3	5,9	5,8	7,9	10,6	12,8	14,0	13,5	10,7
Tae	°C	34,0	34,5	34,5	32,4	26,6	21,7	21,7	24,8	30,3	34,5	38,0	36,7	27,9
N	mm	76	79	40	11	4	3	2	9	14	15	21	51	325
rF	mm	53	56	52	49	42	34	36	30	40	36	34	48	42
oB/pV	Ratio	0,57	0,59	0,46	0,31	0,1	0,1	0,1	0,2	0,35	0,35	0,39	0,51	0,335
pV	mm	123	117	128	127	119	110	106	133	140	169	192	147	1611
pLV	mm	70	69	59	39	12	11	11	27	49	59	75	75	556
N-pLV	mm	6	10	-19	-28	-8	-8	-9	-18	-35	-44	-54	-24	

Arequipa/Peru (A 1 a) (Höhenhalbwüste)
16° 19' S/71° 33' W; Höhe ü. NN: 2525 m

Element	Einheit	J	F	M	A	M	J	J	A	S	O	N	D	Jahr
T	°C	13,9	13,9	13,5	14,1	13,8	13,2	13,1	13,8	14,4	13,6	13,9	14,1	13,8
Tae	°C	31,6	33,5	31,9	29,0	25,3	21,6	20,9	21,9	23,4	22,9	24,5	27,8	26,19
N	mm	31	48	19	0	0	0	0	0	1	0	1	4	104
rF	%	57	63	59	48	37	29	27	26	29	30	34	44	40
oB/pV	Ratio	0,41	0,49	0,38	0,1	0,1	0,1	0,1	0,1	0,1	0,1	0,1	0,1	0,182
pV	mm	105	96	101	116	122	117	117	124	127	123	124	120	1392
pLV	mm	43	47	38	12	12	12	12	12	13	12	12	12	236
N-pLV	mm	-12	1	-19	-12	-12	-12	-12	-12	-12	-12	-11	-8	